AF548545

Jacqueline Naumann

KRITIS

Anforderungen, Pflichten, Nachweisprüfung

Liebe Leserin, lieber Leser,

wenn Sie in Ihrer Organisation für die Nachweisprüfungen des BSI zuständig sind, schlagen wahrscheinlich zwei Herzen in Ihrer Brust: Einerseits ist es unbestritten, dass die Sicherheit kritischer Infrastrukturen und Dienstleistungen wichtig ist. Daran zweifelt niemand, und es überrascht auch nicht, dass sich in Deutschland inzwischen eine Menge Fachleute diesen Aufgaben verschrieben haben. Andererseits ist der Aufwand, der durch die Pflichten und Prüfungen, durch die zusätzliche Bürokratie und Audits entsteht, beachtlich. Es muss nicht nur grundsätzlich für einen sicheren Betrieb gesorgt werden, sondern dieser muss auch transparent dokumentiert und überprüfbar sein.

Damit Sie sich darauf konzentrieren können, worauf es wirklich ankommt, hilft Ihnen Jacqueline Naumann in diesem Leitfaden bei der Vorbereitung und Durchführung eines KRITIS-Audits. Frau Naumann führt seit Jahren sicherheitskritische Audits nach ISO 27001, IT-Grundschutz oder dem BSI-Gesetz durch und kennt den Ablauf aus zahlreichen eigenen Projekten. Sie schildert Ihnen aus der Praxis, worauf Sie bei der Vor- und Nachbereitung achten müssen, und betrachtet unterschiedliche Blickwinkel, damit Sie die Hintergründe und Motivation der Bestimmungen nachvollziehen können.

Dieser Perspektivwechsel hilft Ihnen auch, falls Sie sich in diesem Bereich fortbilden wollen und selbst Prüfungskompetenzen erlangen möchten. Dazu finden Sie zahlreiche Beispielfragen und Schulungsmaterial.

Ein Wort zum Abschluss: Dieses Buch wurde mit größter Sorgfalt geschrieben und hergestellt. Sollten Sie dennoch Fragen, Kritik oder inhaltliche Anregungen haben, freue ich mich, wenn Sie mit mir in Kontakt treten.

Ihr Dr. Christoph Meister
Lektorat Rheinwerk Computing

christoph.meister@rheinwerk-verlag.de
www.rheinwerk-verlag.de
Rheinwerk Verlag · Rheinwerkallee 4 · 53227 Bonn

Auf einen Blick

Wir hoffen, dass Sie Freude an diesem Buch haben und sich Ihre Erwartungen erfüllen. Ihre Anregungen und Kommentare sind uns jederzeit willkommen. Bitte bewerten Sie doch das Buch auf unserer Website unter **www.rheinwerk-verlag.de/feedback**.

An diesem Buch haben viele mitgewirkt, insbesondere:

Lektorat Christoph Meister
Korrektorat Friederike Daenecke, Zülpich
Fachgutachten Daniel Jedecke
Herstellung Stefanie Meyer
Typografie und Layout Vera Brauner
Einbandgestaltung Silke Braun
Coverbild iStock: 1282585696 © marchmeena29, 1411009469 © Marco VDM, 1552877787 © Jacob Wackerhausen
Satz SatzPro, Krefeld
Druck Beltz Grafische Betriebe, Bad Langensalza

Dieses Buch wurde gesetzt aus der TheAntiquaB (9,35/13,7 pt) in FrameMaker.

Gedruckt wurde es mit mineralölfreien Farben auf chlorfrei gebleichtem, FSC®-zertifiziertem Offsetpapier (90 g/m²).

Hergestellt in Deutschland.

Bibliografische Information der Deutschen Nationalbibliothek:
Die Deutsche Nationalbibliothek verzeichnet diese Publikation in der Deutschen Nationalbibliografie; detaillierte bibliografische Daten sind im Internet über *http://dnb.dnb.de* abrufbar.

ISBN 978-3-8362-9758-5

1. Auflage 2024

Informationen zu unserem Verlag und Kontaktmöglichkeiten finden Sie auf unserer Verlagswebsite **www.rheinwerk-verlag.de**. Dort können Sie sich auch umfassend über unser aktuelles Programm informieren und unsere Bücher und E-Books bestellen.

Inhalt

Materialien zum Buch

Auf der Webseite zu diesem Buch stehen folgende Materialien für Sie zum Download bereit:

- Begleitdokumentation und Schulungsmaterial. Achten Sie dazu auf die Infokästen im Buch.

Gehen Sie auf *www.rheinwerk-verlag.de/5782*. Klicken Sie auf den Reiter MATERIALIEN. Sie sehen die herunterladbaren Dateien samt einer Kurzbeschreibung des Dateiinhalts. Klicken Sie auf den Button HERUNTERLADEN, um den Download zu starten. Je nach Größe der Datei (und Ihrer Internetverbindung) kann es einige Zeit dauern, bis der Download abgeschlossen ist.

Einleitung

Eine neue Orientierungshilfe, eine neue Kritisverordnung, ein neues Meldeportal, neue Nachweisdokumente, neue Anforderungen, eine neue Schulung, neue Sektoren, neue Fristen, ein neues Gesetz – und dies alles, während ich nur ein einziges Buch zu KRITIS schrieb.

Für die einen ist sie eine ressourcentechnische Herausforderung, für die anderen eine Gelddruckmaschine und für wieder andere ist sie ein Kündigungsgrund: die Nachweisprüfung nach dem BSI-Gesetz (1).

Als ich dieses Buch schrieb, startete ich mit der Gliederung. Diese enthielt alles, was ich für wichtig hielt, um eine Nachweisprüfung zu erbringen. Der Aufbau erschien mir anfangs sinnvoll, doch als ich die Kapitel mit Inhalten befüllte, strukturierte ich meine Gliederung etwa alle vierzehn Tage vollständig um. Einzelne Themen erschienen mir einmal als zu früh eingeführt und anderes Mal als viel zu spät. Das ständige Auseinanderreißen von Themenkomplexen ähnelte zunächst dem Drehen eines Zauberwürfels (Rubik's Cube), aber ich spürte nach und nach wachsende Begeisterung für den Ablauf der Kapitel.

Immer wieder stellte ich mir die Frage: Wie werden das die Menschen empfinden, für die ich dieses Buch schreibe?

Die eine Gruppe, für die ich das Buch schrieb, sind *Informationssicherheitsbeauftragte* (ISB), die bei KRITIS-Betreibern angestellt sind. Für diese Gruppe wollte ich die Zusammenhänge gern einfach und verständlich formulieren. Oft ist diese Personengruppe nur versehentlich in die ISB-Rolle geschlittert und hatte im Vorfeld eher nur am Rande mit Informationssicherheit zu tun.

Die zweite Gruppe, für die ich das Buch schrieb, sind Menschen, die als *Nachweisprüfer* kritische Infrastrukturen auditieren werden. Für diese Personen wollte ich gern sehr viele Fakten darstellen, um sie beim Argumentieren mit Kunden zu unterstützen. Mir war es für diese Gruppe wichtig, die konkreten Quellen und Hintergründe anzugeben und sie auf eine mögliche Personenzertifizierung zur zusätzlichen Prüfverfahrenskompetenz nach dem BSIG vorzubereiten.

Ich hoffe, dass mir dieser Spagat beim Schreiben gelungen ist und dass die Angehörigen beider Gruppen ihre Inhalte finden und sich beim Lesen auch in die Position der jeweils anderen hineinversetzen können.

Die dritte Gruppe, für die ich das Buch schrieb, sind die *Berater von KRITIS-Betreibern*, deren Aufgabe es ist, beide Seiten zu verstehen und zwischen ihnen zu vermitteln. Berater müssen nicht nur die Pflichten der Betreiber kennen, sondern auch die Herangehensweise von Auditoren in einer Nachweisprüfung.

Dieses Buch war mir ein großes Anliegen, da ich in meinem beruflichen Umfeld sehr viele persönliche Kontakte zu KRITIS-Betreibern pflege. In den letzten sechs Jahren konnte ich in der Zusammenarbeit mit diesen Betreibern feststellen, dass die Nachweisprüfungen ihren Schrecken der ersten Stunde bis zum heutigen Tag nicht verloren haben.

Ich hoffe deshalb, mit diesem Buch ein gutes Nachschlagewerk für Informationssicherheitsbeauftragte, Auditoren und Berater erstellt zu haben.

Wie Ihnen dieses Buch helfen kann – und was es nicht ist

In diesem Buch geht es um die regelmäßig wiederkehrenden Nachweisprüfungen für Kritische Infrastrukturen aller Sektoren, aber auch um *Unternehmen im besonderen öffentlichen Interesse* (UBIs). Mit dem IT-Sicherheitsgesetz aus dem Jahr 2015 verabschiedete der Bundestag einige neue Pflichten für systemrelevante Organisationen. Neben dem Aufbau von Schutzvorkehrungen gehört deren Nachweis gegenüber dem BSI zu den größten Herausforderungen, denen sich diese Organisationen stellen müssen.

Seit 2018 führe ich Nachweisprüfungen sowie Schulungen zum Erwerb der notwendigen Prüfverfahrenskompetenz durch. Seitdem spezifizierten sich die Anforderungen an Nachweisprüfungen immer heftiger.

Für dieses Buch studierte ich mehr als einhundert Quellen. Von diesen wählte ich siebenundsechzig für Sie aus und gebe deren relevantesten Inhalte im Buch wieder. An vielen Stellen versuche ich, Ihnen die Anforderungen an Nachweisprüfungen auch durch Abbildungen oder Tabellen visuell darzustellen. Dort, wo es mir möglich war, stelle ich zusätzlich elektronische Dateien als Begleitmaterial zum Buch bereit. Dabei sammelte ich zweiundfünfzig Dokumente für Sie.

Zugriff auf diese Dateien haben Sie immer dann, wenn Sie einen Infokasten, wie den folgenden mit dem Hinweis zum Begleitmaterial vorfinden. Die von mir zusammengestellten Begleitmaterialien stammen beispielsweise vom Bund, vom BMI, vom BSI, von der Bundesnetzagentur, vom UP KRITIS oder auch von mir in Form von Vorlagen. Die Namen fast aller Dokumente beginnen mit dem Ausgabejahr und dem Monat. Nur selten fand ich lediglich eine Jahreszahl.

Hinweis zum Begleitmaterial

Das BSI-Errichtungsgesetz vom Dezember 1990 finden Sie im Dokument:

- 1990-12_BSI-Errichtungsgesetz

Ich habe für Sie interessante Stellen aus den Gesetzen und Regulatorien der Begleitmaterialien herausgepickt und zitiere diese. Sie müssten die Gesetzestexte somit nicht vollständig im Original lesen, da ich auf alle relevanten Stellen im Buch eingehe.

Die Zitate sind vor allem für Trainer interessant, um die Hintergründe genauer erläutern und Aussagen mit Quellen belegen zu können.

Außerdem streute ich für angehende Nachweisprüfer etwa achtzig potenzielle Prüfungsfragen in die Abschnitte ein. Wenn Sie eine Zertifizierung im Seminar »Zusätzliche Prüfverfahrenskompetenz nach dem BSIG« anstreben, können Sie Ihr Wissen im Buch testen.

Die potenziellen Prüfungsfragen erkennen Sie an Infokästen, wie dem nachfolgend gezeigten. Die Nummer der Frage entspricht dem Kapitel und einer laufenden Nummer. Ihre Lösungen können Sie im Abschnitt 15.2, »Überprüfung Ihrer Antworten«, kontrollieren. Beachten Sie bitte: Bei einer BSI-Prüfung können immer eine, mehrere oder alle Antworten richtig sein und eine Frage gilt nur dann als korrekt beantwortet, wenn Sie alle richtigen Antworten ausgewählt haben.

[/]

F-01-1: Das IT-Sicherheitsgesetz ist ...

a) ein europäisches Gesetz
b) ein Artikelgesetz
c) ein Gesetz des Landes
d) ein Gesetz des Umweltministeriums

Während ich das Manuskript zum Buch schrieb, konnte ich an vielen Stellen geplante Änderungen im Prüfungs- und Nachweisprozess für den Zeitraum ab Oktober 2024 wahrnehmen. Deshalb veränderte ich mir bekannte Prüfungsfragen bereits für die Zukunft, indem ich zum Beispiel Paragrafen aus den Fragen löschte oder neue Sektoren hinzufügte. Wie alt oder neu Prüfungsfragen bei einer BSI-Personenzertifizierung dann sind, vermag ich allerdings nicht zu beurteilen.

An einigen Stellen gebe ich zusätzliche Hinweise zu Anforderungen, auf die Sie achten müssen. Hinweise erkennen Sie an Infokästen in folgendem Format.

[!]

Nachweisdokument KI / KI*

Vergessen Sie nicht den Stempel der Organisation.

Konkrete Umsetzungsmöglichkeiten für Krankenhäuser, IT-Sicherheitsstandards oder BaFin-Anforderungen werde ich in diesem Buch nicht behandeln.

Was gibt es stattdessen?

Sie erhalten die Anforderungen und Pflichten für KRITIS-Betreiber und alle relevanten Aspekte rund um die Nachweisprüfung nach dem BSIG.

Als ich das Buch schrieb, war mein Ziel, ein zentrales Werk zum Thema Nachweisprüfungen zu schaffen. Ich hoffe, dass mir dies geglückt ist und dass ich Sie mit diesem Handbuch gut unterstützen kann, damit Sie Ihre nächste Nachweisprüfung reibungslos überstehen.

Sehen wir uns im folgenden Abschnitt gemeinsam den Aufbau dieses Buches an.

Der Weg durch das Buch

Dieser Abschnitt soll Ihnen zeigen, wie Sie sich in diesem Buch zurechtfinden.

Das Buch ist in fünf Hauptthemen unterteilt und umfasst insgesamt sechzehn Kapitel. Den ersten Schwerpunkt des Buches legte ich auf die gesetzlichen Anforderungen für unsere Nachweisprüfungen und auf die Einführung von Begriffen und Regelwerken.

Als ich an diesem Buch arbeitete, entwickelte sich nach und nach ein Prozessverständnis, das ich als *doppelten Reformprozess für Kritische Infrastrukturen* bezeichne und Ihnen in Abbildung 1 zeige.

Anhand dieses Reformprozesses kann ich Ihnen gut erklären, welche Dinge es für Kritische Infrastrukturen und KRITIS-Betreiber bereits gibt und wo wir uns befinden.

Im ersten Teil des Buches starte ich auf der linken Seite von Abbildung 1, die ich *öffentlichen Reformprozess* nenne. Dort beginnt jeder Verbesserungskreislauf mit Artikelgesetzen, deren Paragrafen in Gesetze überführt werden und durch Verordnungen ihre Macht entfalten.

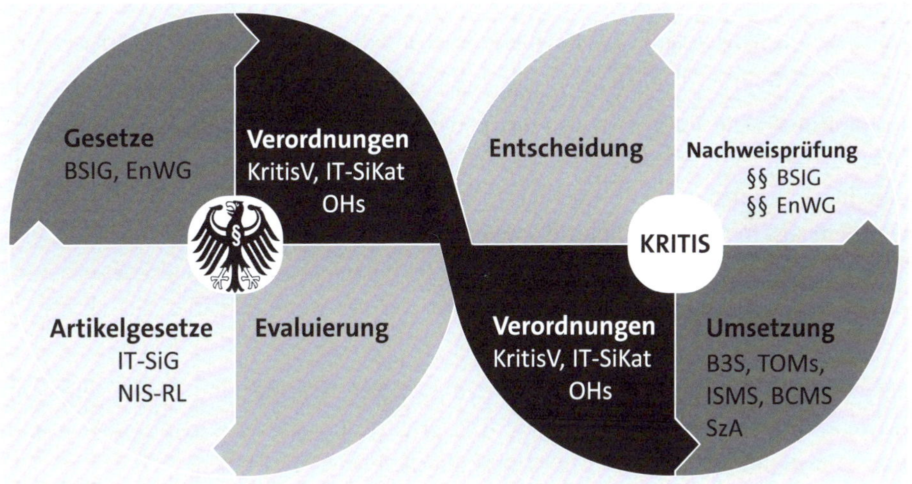

Abbildung 1 Doppelter Reformprozess für Kritische Infrastrukturen

Diese Kraft der Verordnungen schwappt hinüber in den *wirtschaftlichen Verbesserungskreislauf*, fordert von den Sektoren die unterschiedlichsten Umsetzungen und mündet in regelmäßige Nachweisprüfungen. Mein Ziel ist es, diesen fast letzten Aspekt im doppelten Reformprozess erfolgreich beenden zu können.

Sie erkennen: Anschließend müssen Entscheidungen getroffen werden, die bis in die öffentlichen Verbesserungen durch Evaluierungen führen können. Jeder Reformprozess kann für sich allein kontinuierlich verbessert werden. Doch neue Verordnungen zwingen die Wirtschaft zum Handeln, und Ergebnisse aus Nachweisprüfungen führen zu Entscheidungen auf Wirtschafts- und öffentlicher Seite.

Zu **Teil I**, »Gesetzliche Anforderungen und Begriffe im KRITIS-Umfeld«, gehören die ersten drei Kapitel.

Kapitel 1, »Geschichtliche Hintergründe zur Nachweisprüfung«, beginnt mit einem Rückblick auf die letzten fast fünfunddreißig Jahre. Ich beginne mit der Gründung des BSI, in der ich den späteren offiziellen Start aller Nachweisprüfungen für KRITIS-Betreiber in Deutschland sehe.

In **Kapitel 2**, »Die Kritisverordnung«, erläutere ich die Begriffe rund um Kritische Infrastrukturen und die BSI-Kritisverordnung. Die Kritisverordnung legt für Sie als Betreiber den Grundstein, um zu bestimmen, ob Sie als Kritische Infrastruktur gelten und Nachweise beim Bundesamt für Sicherheit in der Informationstechnik (BSI) einreichen müssen oder nicht.

Kapitel 3, »Die IT-Sicherheitskataloge (IT-SiKat) für den Sektor Energie«, rückt für Betreiber und Prüfer im Sektor Energie die IT-Sicherheitskataloge und deren Verwendung in den Fokus. Mit diesem Kapitel endet der Rückblick und somit der erste Teil des Buches.

Den zweiten Schwerpunkt des Buches lege ich auf die Bedeutung und Verantwortung des BSI. Auch dieser **Teil II** des Buches umfasst drei Kapitel:

In **Kapitel 4**, »Die Unterstützung durch das BSI«, können Sie sich einen Überblick über die Aufgaben des BSI verschaffen. Ich stütze mich dabei auf die öffentlich zugänglichen Informationen und begrenze die Schwerpunkte auf eine Analyse der Sicherheitslage in Deutschland und die Warnung der Betreiber. Bei der Auswahl dieser Themen habe ich diejenigen Paragrafen aus dem BSI-Gesetz (BSIG) stärker gewichtet, die Aufgaben für das BSI definieren. Natürlich ist dies nur ein kleiner Ausschnitt aus den BSI-Aufgaben.

Nachdem das BSI drei *Orientierungshilfen* (OH) für Betreiber und Prüfer veröffentlichte, erläutere ich diese in **Kapitel 5**, »Die Orientierungshilfen (OH) des BSI«, um Ihnen Hilfestellungen und Orientierung im Nachweisprozess zu geben.

Das BSIG gibt dem BSI die Befugnisse, Vorgaben für die Art und Weise von Nachweisprüfungen zu definieren. In **Kapitel 6**, »Vorgaben an die Art und Weise von Nachweisprüfungen«, bereitete ich diese Vorgaben in Form von Dokumenten und Vorlagen für Sie auf, um Ihnen die Vorbereitung und Durchführung von Nachweisprüfungen zu vereinfachen. In diesem Kapitel beschäftigen wir uns auch mit den *grundsätzlichen Anforderungen im Nachweisprozess* (GAiN). Mit dem sechsten Kapitel endet der zweite Teil des Buches.

Den dritten Schwerpunkt des Buches legte ich auf die Pflichten und Möglichkeiten der KRITIS-Betreiber. Dieser **Teil III**, »Pflichten und Möglichkeiten des KRITIS-Betreibers«, umfasst zwei Kapitel.

In **Kapitel 7**, »Ihre Pflichten als KRITIS-Betreiber«, zeige ich Ihnen, welche Aufgaben auf Sie als Betreiber einer kritischen Infrastruktur zukommen. Wir sehen uns in diesem Kapitel beispielsweise die Bestimmung des Geltungsbereiches, das Risikomanagement, die *Systeme zur Angriffserkennung* und die *Gemeinsame übergeordnete Ansprechstelle* (GÜAS) genauer an.

Weil die Möglichkeit besteht, als Betreiber auch an einem *Branchenspezifischen Sicherheitsstandard* (B3S) mitzuwirken und diesen durch das BSI bestätigen zu lassen, zeige ich Ihnen in **Kapitel 8**, »Einen branchenspezifischen Sicherheitsstandard (B3S) veröffentlichen«, wie ein B3S erstellt werden könnte und welche Schritte nötig sind, um ihn als offizielle Prüfgrundlage beim Betreiber einsetzen zu können. Mit dem achten Kapitel endet Teil III des Buches.

Kommen wir nun zum vierten Themenschwerpunkt des Buches, der eigentlichen Nachweisprüfung nach dem BSIG. **Teil IV**, »Die Nachweisprüfung gemäß § 8a Abs. 3 BSIG«, umfasst fünf Kapitel.

In **Kapitel 9**, »Planung der Nachweisprüfung durch den Betreiber«, gehe ich auf die Planung einer Nachweisprüfung durch die KRITIS-Betreiber ein, und in **Kapitel 10**, »Vorarbeiten für die Nachweisprüfung durch Prüfer«, zeige ich Ihnen, welche Schritte vor einer Nachweisprüfung durch die Prüfstelle umgesetzt werden müssen.

Zu diesen Vorarbeiten gehören beispielsweise die Auswahl und Definition einer Prüfgrundlage, die Bestimmung der notwendigen Prüfer-Kompetenzen, die Prüfplanung nach GAiN, die Auswahl von Stichproben und die Berücksichtigung von externen Dienstleistern.

Sind dann alle Vorarbeiten abgeschlossen, kann die Durchführung der Prüfung beginnen. Diese erläutere ich Ihnen in **Kapitel 11**, »Die Nachweisprüfung durchführen«. Zur Prüfdurchführung gehören beispielsweise Remote Audits, die unterschiedlichen Prüfmethoden, die Berücksichtigung bestehender ISO/IEC 27001-Zertifikate, die Prüfung branchenspezifischer Maßnahmen und des Notfallmanagements (BCMS). Auch die Aktualität der Nachweisdokumente besprechen wir im elften Kapitel.

In **Kapitel 12**, »Nacharbeiten nach der Nachweisprüfung«, geht es um die Arbeiten, die Prüfer und Betreiber nach einer abgeschlossenen Nachweisprüfung erledigen müssen. Die Nacharbeiten beginnen für Prüfer mit der Bewertung der ISMS- und BCMS-Reifegrade sowie mit den SzA-Umsetzungsgraden.

Zu den Nacharbeiten für Betreiber gehören die Umsetzungsplanung für Maßnahmen und die Selbsterklärung für die AWV-UBI (Außenwirtschaftsverordnung-UBI, UBI 1).

Zuletzt erkläre ich in diesem Kapitel, wie Betreiber die Nachweise an das BSI übermitteln oder wie die Zertifizierungsstellen ihre Nachweise an die Bundesnetzagentur (BNetzA) weiterleiten.

In **Kapitel 13**, »Prüfung der eingereichten Nachweise durch das BSI«, zeige ich Ihnen, was Sie als Betreiber nach Einreichung Ihrer Unterlagen vom BSI möglicherweise noch an Eskalationen, Nachforderungen oder Sonderprüfungen erwarten dürfen. Auch auf Bußgelder kommen wir in diesem Kapitel zu sprechen.

Der **Teil IV** des Buches endet mit dem dreizehnten Kapitel und somit mit dem Abschluss der Nachweisprüfung.

Im fünften und letzten Teil des Buches lege ich den Schwerpunkt auf Erfahrungen aus der Praxis und wie Sie als zukünftige Nachweisprüfer in die Praxis hineinfinden. **Teil V**, »Aus der Praxis – in die Praxis«, umfasst drei Kapitel.

In **Kapitel 14**, »Untersuchung zu Umfang und Komplexität der Nachweisprüfung«, zeige ich Ihnen die Ergebnisse aus meiner Untersuchung zur Komplexität von Nachweisprüfungen im Sommer 2023. Dieses Kapitel beginnt mit einem Vergleich der BSI-Studie vom Winter/Frühjahr 2023 zur Umsetzung der IT-Sicherheitsgesetze mit den Ergebnissen meiner Studie.

Anschließend habe ich für alle, die zukünftig selbst Nachweisprüfungen durchführen möchten und den Kompetenznachweis dafür benötigen, in **Kapitel 15** die Prüfung zur »Zusätzlichen Prüfverfahrenskompetenz nach dem BSIG« in den Mittelpunkt gestellt. In diesem Kapitel erfahren Sie, wie die Prüfung abläuft, und können Ihre Ergebnisse testen, die Sie während der Lektüre dieses Buches anhand der potenziellen Prüfungsfragen gesammelt haben.

Am Ende des Buches ziehe ich in **Kapitel 16** ein Fazit und möchte Ihnen noch einige Ausblicke auf aktuelle Entwicklungen geben.

Danksagung

Während ich dieses Buch schrieb, stellte ich mir die unterschiedlichsten Fragen, sei es zu Anforderungen für KRITIS-Betreiber oder zu Urheberrechten für Abbildungen oder zu Dokumenten. Wenn ich mir selbst nicht weiterhelfen konnte, schrieb ich Personen an und bat diese um Hilfe. In den meisten Fällen erhielt ich die benötigten Antworten oder auch Abbildungen.

Ich möchte mich deshalb an dieser Stelle bei all den freundlichen Helfern und Unterstützern bedanken.

Da von öffentlicher Stelle der Wunsch geäußert wurde, mich nicht nur bei einzelnen Personen zu bedanken, weil hinter jeder Person immer ein ganzes Team steht, möchte ich wenigstens die Organisationen oder Referate angeben, aus denen ich Hilfe erhielt.

Mein Dank gilt besonders den nachfolgend Genannten:

- **Bundesamt für Sicherheit in der Informationstechnik (BSI)**
- **Geschäftsstelle UP KRITIS**
- **Referat WG 13 KRITIS-Sektoren Ernährung, Transport und Verkehr**

  für Erläuterung zu UP KRITIS und UP KRITIS-Gremien,

  für die Foto- und Grafiken-Verwendungserlaubnis,

  für Verwendungserlaubnis der Verkehrsstatistiken,

  für die Abbildung zur Sektor-Mauer und mehrere BSI-Flyer
- **Bundesamt für Sicherheit in der Informationstechnik (BSI)**
- **KRITIS-Büro**
- **Referat WG 11 Kritische Infrastrukturen – Grundsatz**

  für Informationen zum Schulungs-Starterpaket zur »Zusätzlichen Prüfverfahrenskompetenz nach § 8a (3) BSIG« aus dem Jahr 2018 und Abbildungen dieser Schulung
- **Bundesamt für Sicherheit in der Informationstechnik (BSI)**
- **Referat OC 25 Industrielle Steuerungs- und Automatisierungssysteme**

  für Vernetzung zum Kontakt für BSIG-Schulungen,

  für das Interview und Hinweise zu CSAF

  (Common Security Advisory Framework)
- **Bundesnetzagentur für Elektrizität, Gas, Telekommunikation, Post und Eisenbahnen, Referat 627**

  für Auskünfte zur Betroffenheit kleiner Betreiber von Energieversorgungsnetzen

- **OpenKRITIS-Autoren**

  für die aktuellen Informationen im KRITIS-Umfeld auf der OpenKRITIS-Webseite, insbesondere zu NIS-2

- **Daniel Jedecke, Senior Expert, BSI Forensiker, HiSolutions AG**

  für das Testlesen und die Fachexpertise im KRITIS-Kontext

- **Friederike Daenecke, Freie Lektorin, Lektoratsservice**

  für die Korrekturarbeit am Manuskript

- **Markus Woehl, Geschäftsführer, IT / OT Security, VIDEC Data Engineering GmbH**

  für Informationen und Fotos zur IRMA®

- **Prof. Dr. Dennis-Kenji Kipker**

  für den Videovortrag zum Werkstattgespräch zu NIS-2

- **René Bürger, Vorstand der Siemenskrankenkasse**

  für Hinweise zu KRITIS und NIS-2

  für Hinweise zum B3S Betriebskrankenversicherung

- **SWARCO Traffic Systems GmbH**

  für Hinweise zum B3S für die Verkehrssteuerungs- und Leitsysteme im kommunalen Straßenverkehr

- **Vladislav Lokshin, Berater für ISO/IEC 27001 und ISO/IEC 27019**

  für Hinweise zu Referentenentwürfen zu NIS-2- und KRITIS-Dachgesetz

- **Jochen Steparsch, Fachkoordinator / Industry Expert KRITIS / § 8a BSIG. DEKRA Certification GmbH**

  für Hinweise zum Geltungsbereich für IT-SiKat-Zertifikate

- **Victoria Bogdol, Marketing-Managerin beim Rheinwerk-Verlag**

  für das Marketing und die Öffentlichkeitsarbeit

- **KRITIS-Betreibern (anonym)**

  für die vertrauensvolle Beantwortung meiner Fragebögen in der Studie zur Komplexität von Nachweisprüfungen (07/23–08/23)

- **Josephine Naumann, Schülerin**

  für ihre Begleitung und Anregungen zu Fotomotiven

- **Dr. Christoph Meister, Senior-Lektor Computing beim Rheinwerk-Verlag**

  Ich möchte mich an dieser Stelle auch bei meinem Chef-Lektor, Herrn Dr. Christoph Meister vom Rheinwerk Verlag, bedanken. So ein Buch schreibt sich nicht nur mit hoher Ambition und Eigenmotivation, sondern benötigt noch einiges mehr. Dieses Mehr war in diesem Buchprojekt meine persönliche Verpflichtung Herrn Meister gegenüber. Herr Meister führte zu Beginn dieses Projektes viele

Gespräche mit mir, und ich setzte mir das Ziel, unsere Abstimmungen unbedingt einhalten zu wollen. Auch erhielt ich von ihm in jeder Phase des Schreibprozesses immer wieder wichtige Hilfestellungen und Unterstützung. Auch wäre dieses Buchprojekt nicht zustande gekommen, wenn er nicht sehr großes Vertrauen mir gegenüber und dem Thema Nachweisprüfungen aufgebracht hätte.

Deshalb vielen Dank an Herrn Dr. Christoph Meister.

Jacqueline Naumann,
Trainer, Berater und Auditor für Informationssicherheit, Dresden

TEIL I

Gesetzliche Anforderungen und Begriffe im KRITIS-Umfeld

Kapitel 1
Geschichtliche Hintergründe zur Nachweisprüfung

Fünfunddreißig Jahre: Jahre voller Arbeit, Arbeit am Wachstum, Wachstum der Informationssicherheit. Informationssicherheit in Gesetzen, Gesetze für Betreiber, Betreiber von Betrieben, unserer Betriebe für die nächsten Jahre, Jahre unserer Zukunft.

Falls Sie sich erstmalig mit der Thematik »Nachweisprüfung nach dem BSIG« beschäftigen, empfehle ich Ihnen, den historischen Abriss in diesem Kapitel nicht zu überspringen. Wenn Sie die hier genannten Hintergründe kennen, verstehen Sie besser, warum bestimmte Anforderungen heute so sind, wie sie sind. Da die Bestimmungen einem System entspringen, das sich ständig weiterentwickelt, ergänzt und reformiert wird, wäre es gut, wenn Sie diese Entwicklungen auch nach der Lektüre im Blick behalten, um stets vollständig informiert zu sein.

Wir starten dazu gemeinsam im Jahr 1990. Damals beschloss der Bund die Gründung des Bundesamtes für die Sicherheit der Informationstechnik (BSI) als Bundesbehörde, die dem Bundeministerium des Inneren (BMI) unterstellt sein würde. Der Beschluss wurde als *BSI-Errichtungsgesetz* verabschiedet. Das Gesetz trat zum 1. Januar 1991 in Kraft.

Mehr Inhalte zu diesem Errichtungsgesetz habe ich in Kapitel 4, »Die Unterstützung durch das BSI«, für Sie aufbereitet.

Hinweis zum Begleitmaterial

Das BSI-Errichtungsgesetz vom Dezember 1990 finden Sie im Dokument:

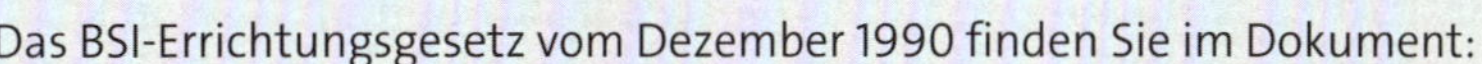

- 1990-12_BSI-Errichtungsgesetz

Im Jahr 2005 folgte der *Nationale Plan zum Schutz der Informationsinfrastrukturen* und es entstand der *Umsetzungsplan KRITIS* zum Schutz Kritischer Infrastrukturen (2).

Hinweis zum Begleitmaterial

Die Broschüre zum Umsetzungsplan KRITIS aus dem Jahr 2005 finden Sie im Dokument:

- 2005_BMI_Umsetzungsplan_KRITIS

Dieser *Umsetzungsplan KRITIS* sowie der *Umsetzungsplan Bund* wurden im Jahr 2007 veröffentlicht. In Abbildung 1.1 zeige ich Ihnen die ersten relevanten Jahre, die uns auf den Weg zur Nachweisprüfung brachten.

Abbildung 1.1 Vom BSI-Errichtungsgesetz bis zum Nationalen Plan zum Schutz der Informations-Infrastrukturen (Bildquelle: BSI)

In Abbildung 1.2 sehen Sie, wie sich die Entwicklung in den folgenden Jahren fortsetzte. Das BMI veröffentlichte im Jahr 2009 die *Nationale Strategie zum Schutz Kritischer Infrastrukturen*, die sogenannte *KRITIS-Strategie*. In diese wurden besonders hohe Risiken und Gefährdungen aufgenommen.

Das erste Gesetz, das sich mit dem Schutz kritischer Infrastrukturen befasste, war das *BSI-Gesetz* (BSIG, (1)), das vom Bundestag beschlossen wurde und am 14. August 2009 in Kraft trat. Die Sektoren waren zu dem Zeitpunkt jedoch noch nicht definiert.

Hinweis zum Begleitmaterial

Das erste BSI-Gesetz vom August 2009 finden Sie im Dokument:

- 2009-08_BSI-Gesetz

Im Jahr 2011 veröffentlichte das BMI die *Cyber-Sicherheitsstrategie für Deutschland* mit dem Hauptziel, kritische Informationsinfrastrukturen zu schützen. Zeitgleich gründeten sich der *Cyber-Sicherheitsrat* und das *Cyber-Abwehrzentrum*.

Abbildung 1.2 Von der Nationalen KRITIS-Strategie über das BSI-Gesetz zur Cyber-Sicherheitsstrategie für Deutschland (Bildquelle: BSI)

Im Jahr 2014 tauchte erstmals öffentlich die Formulierung *UP KRITIS* auf. Sie benennt die »Öffentliche-Private Partnerschaft zum Schutz Kritischer Infrastrukturen«, zu der ich Ihnen weitere Informationen in Abschnitt 1.1 geben möchte. An dieser Stelle können Sie sich jedoch schon die BSI-Broschüre zu UP KRITIS aus dem Jahr 2014 ansehen.

Hinweis zum Begleitmaterial

Die erste Broschüre zu UP KRITIS vom Februar 2014 finden Sie im Dokument:

- 2014-02_BSI_WICHTIGE_Broschüre_UPK-Grundlagen-Ziele

Eines der ersten Ziele der UP KRITIS-Zusammenarbeit war die Herausarbeitung der kritischen Sektoren. Die Ergebnisse konnten wir im IT-Sicherheitsgesetz nachlesen, das der Bundestag am 17. Juli 2015 verabschiedete. In Abschnitt 1.2, »Das IT-Sicherheitsgesetz von 2015«, habe ich für Sie weitere Informationen dazu aufbereitet.

Hinweis zum Begleitmaterial

Das IT-Sicherheitsgesetz vom Juli 2015 finden Sie im Dokument:

- 2015_IT-Sicherheitsgesetz

In Abbildung 1.3 zeige ich Ihnen die ersten Schritte des Weges zu unseren heutigen Nachweisprüfungen.

Nachdem das IT-Sicherheitsgesetz die kritischen Sektoren und deren neue Pflichten zur Nachweisprüfung vorgab, veröffentlichte das BSI am 14. Dezember 2015 eine *Orientierungshilfe zu Inhalten und Anforderungen an branchenspezifische Sicherheitsstandards (B3S) gemäß § 8a Absatz 2 BSIG* in Version 0.9. Weitere Einzelheiten zum

B3S finden Sie in Kapitel 8, »Einen branchenspezifischen Sicherheitsstandard (B3S) veröffentlichen«.

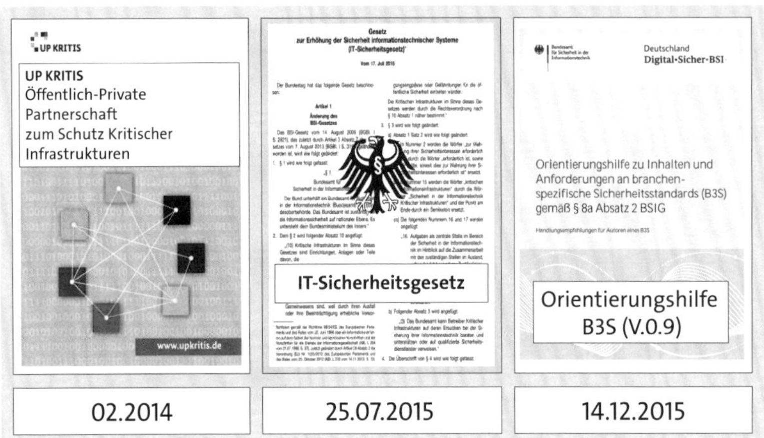

Abbildung 1.3 Von der UP KRITIS zum IT-Sicherheitsgesetz bis zur ersten Orientierungshilfe für B3S (Bildquelle: BSI)

In Deutschland wurde im Jahr 2016 eine aktualisierte Cyber-Sicherheitsstrategie verabschiedet, und im April 2016 konnten die Betreiber der kritischen Sektoren *Energie, Wasser, IT und TK* sowie *Ernährung* erstmals die im BSI-Gesetz angekündigte Rechtsverordnung einsehen und überprüfen, ob sie selbst einen Versorgungsgrad für die Bevölkerung bereitstellen, der als kritisch definiert ist.

Diese erste Rechtsverordnung, auch *Kritisverordnung* oder *KritisV* genannt, war vom Bundesministerium des Innern im Einvernehmen mit anderen Bundesministerien offiziell angeordnet worden. In Abbildung 1.4 sehen Sie diese Rechtsverordnung links.

Die oben genannten vier Sektoren galten als *Korb 1*. Ab diesem Zeitpunkt konnten Betreiber dieser Sektoren für sich selbst klären, ob sie unter das BSI-Gesetz fallen. Fortan wurden diese Betreiber auch als *KRITIS-Betreiber* bezeichnet.

Die Nachweisprüfer, die zukünftig KRITIS-Betreiber auditieren wollten, konnten im Oktober 2016 für die geplanten Audits eine *Orientierungshilfe zu Nachweisen* (ebenfalls in Version 0.9) von der BSI-Webseite herunterladen und sich einen ersten Überblick verschaffen, welche Anforderungen an eine Nachweisprüfung bestehen würden.

Im Juni 2017 folgte für die drei Sektoren *Gesundheit, Transport und Verkehr* sowie *Finanzen und Versicherungen* die Veröffentlichung einer zweiten Rechtsverordnung. Diese drei Sektoren bezeichneten wir als *Korb 2*. In dieser zweiten Rechtsverordnung waren nun alle sieben Sektoren beider Körbe enthalten.

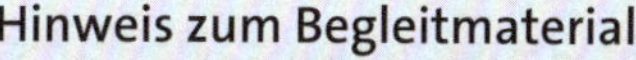

Hinweis zum Begleitmaterial

Die Kritisverordnung für den zweiten Korb vom Juni 2017 finden Sie im Dokument:

- 2017-06_BSI-KritisV

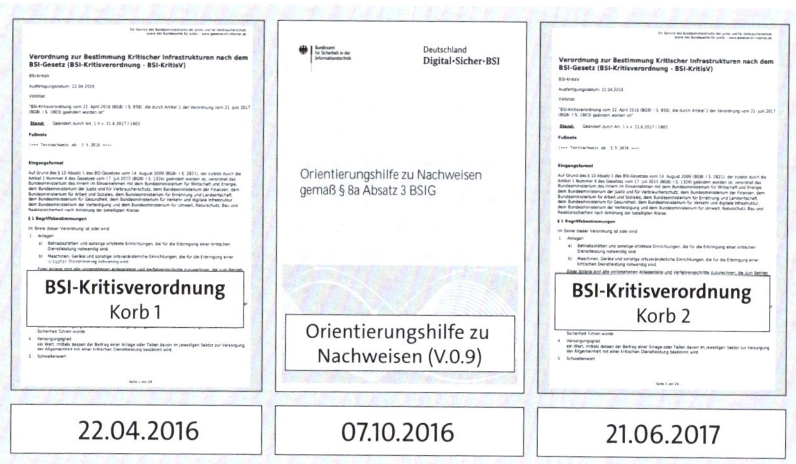

Abbildung 1.4 Von der ersten Kritisverordnung über die Orientierungshilfe zu Nachweisen zur zweiten Kritisverordnung

Somit stand spätestens im Juni 2017 für alle damals relevanten Sektoren und deren Betreiber fest, ab welchen Schwellenwerten ein Betreiber nachweispflichtig ist und ab welchem Zeitpunkt ein Nachweis über die umgesetzten Vorkehrungen zu erbringen ist.

Zu den ersten Pflichten aller KRITIS-Betreiber gehörte es, eine permanent erreichbare Kontaktstelle an das BSI zu melden.

Die Meldung dieser Kontaktstelle mussten die Betreiber jeweils sechs Monate nach Inkrafttreten der für sie geltenden Kritisverordnung vornehmen.

Mit Veröffentlichung der Rechtsverordnungen trat für die jeweiligen Sektoren eine zweijährige Nachweisfrist in Kraft. In diesen zwei Jahren mussten die Betreiber organisatorische und technische Vorkehrungen treffen, um ihre Kritischen Infrastrukturen vor Ausfällen und Störungen zu schützen. Das zu schützende Ziel war dabei immer die Versorgungssicherheit der Bevölkerung sowie der soziale Friede. Die zu treffenden Vorkehrungen wurden allgemein als *Informationssicherheitsmanagementsysteme* (ISMS) bezeichnet, die aufgebaut werden mussten. Genauere Termine zu allen Fristen rund um die KRITIS-Betreiber und deren Nachweiserbringung habe ich für Sie in Abschnitt 12.2.3, »Fristen für Betreiber«, dokumentiert.

Im Juni 2017 trat das geänderte BSIG in Kraft, und Schulungsanbieter boten für zukünftige Prüfer die Schulung »Zusätzliche Prüferverfahrenskompetenz für Paragraf 8a Absatz 3 BSIG« an. Der Titel wird sich 2024 ändern, weshalb ich die Schulung an dieser Stelle letztmalig mit vollem Paragrafen nenne. Diese Termine habe ich für Sie in Abbildung 1.5 dargestellt.

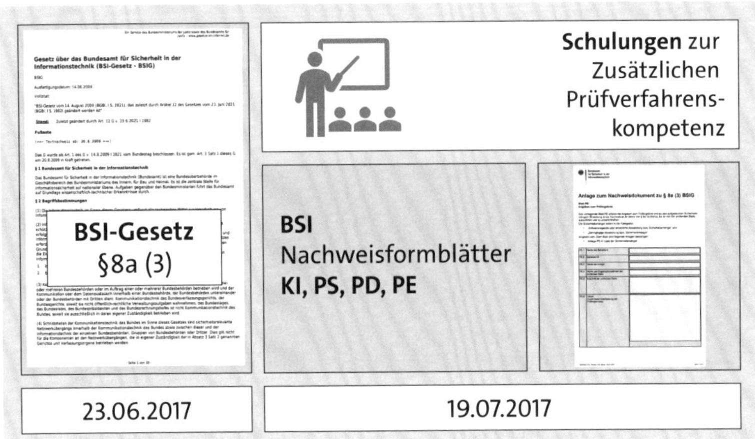

Abbildung 1.5 Vom § 8a im BSIG über Schulungen zur Zusätzlichen Prüfverfahrenskompetenz zu ersten BSI-Nachweisformblättern

Als ich von dieser Schulung erfuhr, nahm ich selbstverständlich mit großem Interesse sofort an ihr teil. Allerdings verstand ich nicht, um was es konkret ging. Wir waren etwa fünfundzwanzig Teilnehmer und diskutierten zu jeder Folie ausgiebig. Eine Frage ist mir dabei im Kopf geblieben. Sie lautete:

> *»Wieso ist das Schienennetz eine kritische Anlage? Über eine Schiene gehen doch gar keine Informationen!«*

Wir erhielten dann Antworten in der Art:

> *»Das müssen Sie das BSI fragen.«*

Die Prüfungsfragen empfand ich als eher unpassend zu dem, was ich zuvor in der Schulung gelernt hatte. Da ich davon ausging, durch die Prüfung gefallen zu sein, notierte ich mir aus der Erinnerung die Fragen, um bei einer Wiederholungsprüfung besser vorbereitet zu sein. Es stellte sich aber heraus, dass ich die Prüfung bestanden hatte, und ich erhielt mein Zertifikat.

Ich war nach dem Besuch der Schulung allerdings nicht zufrieden, ein Zertifikat zu haben, sondern eher enttäuscht, weil ich als Selbstständige selbst für meine Weiterbildungen bezahle und eigentlich Wissen aufbauen wollte. Für mich war das Thema deshalb nach der Schulung abgehakt. Ich ging davon aus, nie wieder etwas mit BSI-Nachweisprüfungen zu tun haben zu müssen.

Überraschenderweise erhielt ich nach der Schulung vermehrt Anfragen von KRITIS-Betreibern, die mich als Nachweisprüfer beauftragen wollten. Ich war mir sicher, mit meinem erworbenen Halbwissen, das ich besaß, konnte ich nicht in eine Nachweisprüfung gehen.

Also bot ich mich als Trainer bei Schulungsanbietern an, um die Schulung zur »Zusätzlichen Prüfverfahrenskompetenz nach dem BSIG« selbst zu halten und durch das Einarbeiten in den Stoff und das anschließende Erklären doch noch ausreichendes Wissen aufzubauen. Tatsächlich verstand ich durch das immer wiederkehrende Einarbeiten in die Thematik und das Erklären im Seminar immer besser, um was es eigentlich bei dieser Nachweisprüfung ging und wie sie abzulaufen hatte.

Durch meine langjährige Erfahrung als Trainerin seit 2018 bin ich mittlerweile überzeugt, Ihnen vieles erklären zu können, was in einem zweitägigen Seminar aufgrund der Kürze der Zeit nicht alles zur Sprache kommen kann. Sie finden einige meiner damaligen Prüfungsfragen, aber auch viele neue in diesem Buch. Weitere Informationen zu diesem Kompetenzerwerb gebe ich Ihnen in Kapitel 15, »Zusätzliche Prüfverfahrenskompetenz nach dem BSIG«.

Das BSI veröffentlichte beinahe zeitgleich zum BSI-Gesetz auch erste BSI-Nachweisformblätter, mittels derer die Nachweise erbracht werden sollten. Zu den aktuellen Dokumenten gebe ich Ihnen in Abschnitt 6.4, »Die Vorgabedokumente im Nachweisprozess«, einen Überblick.

Bis Mai 2018 mussten die KRITIS-Betreiber des ersten Korbes eine Nachweisprüfung durchführen lassen und deren Ergebnisse an das BSI-KRITIS-Büro übermitteln. In Abbildung 1.6 zeige ich Ihnen die Sektoren der beiden Körbe.

Abbildung 1.6 Die Sektoren in den Körben 1 und 2

Ein Jahr später betraf die Nachweisprüfung auch die KRITIS-Betreiber im zweiten Korb, also die Sektoren *Gesundheit, Transport und Verkehr* sowie den Sektor *Finanzen und Versicherungen*. Für diese Sektoren lief die Frist zur Abgabe der Nachweise über die Umsetzung von Schutzmaßnahmen Ende Juni 2019 ab. Viele Betreiber implementierten zu dieser Zeit ein ISMS (Informationssicherheitsmanagementsystem).

Zur Unterstützung der Betreiber, die keine ISO/IEC 27001 oder auch nicht den IT-Grundschutz zum Aufbau eines ISMS einsetzten, veröffentlichte das BSI am 28. Februar 2020 einen Katalog mit dem Titel *Konkretisierung der Anforderungen an die gemäß § 8a Absatz 1 BSIG umzusetzenden Maßnahmen*. Prüfer hatten nun ebenfalls die Möglichkeit, diesen Katalog als Prüfgrundlage einzusetzen. In Abbildung 1.7 zeige ich Ihnen diesen Katalog auf der linken Seite. Dieser Katalog basiert auf dem *Anforderungskatalog Cloud-Computing (C5)*, wodurch seine Anforderungen indirekt aus der ISO/IEC 27001 und dem IT-Grundschutz stammen.

Hinweis zum Begleitmaterial

Die Konkretisierung der Anforderungen an umzusetzende Maßnahmen finden Sie im Dokument:

- 2020-02_Konkretisierung_Anforderungen_Massnahmen_KRITIS

Prüfer und KRITIS-Betreiber hatten sich gerade an die Prozesse gewöhnt, als das BMI im Einvernehmen mit anderen Bundesministerien im Mai 2021 das zweite IT-Sicherheitsgesetz veröffentlichte, das auch als *IT-Sicherheitsgesetz 2.0* bezeichnet wird.

Hinweis zum Begleitmaterial

Das *Zweite Gesetz zur Erhöhung der Sicherheit informationstechnischer Systeme vom Mai 2021* finden Sie im Dokument:

- 2021-05_IT-Sicherheitsgesetz_2-0

Eine Anpassung hatten alle Beteiligten erwartet. Die Vermutungen gingen dahin, dass möglicherweise nun auch kleinere KRITIS-Betreiber nachweispflichtig werden würden.

Aber die Aktualisierungen waren gravierender: Von allen KRITIS-Betreibern wurde nun verlangt, *Systeme zur Angriffserkennung* (SzA) zu implementieren und nach zwei Jahren nachzuweisen. Die gesetzliche Anforderung konnte ab Juni 2021 auch im BSIG nachgelesen werden. »Systeme zur Angriffserkennung« möchte ich mit Ihnen in Abschnitt 7.3 betrachten.

Auch tauchten in diesem IT-Sicherheitsgesetz erstmalig *Unternehmen im besonderen öffentlichen Interesse* auf, die oft einfach als *UBIs* bezeichnet werden. Für diese UBIs waren Anforderungen an Nachweise beschrieben. Die Selbsterklärung für UBIs, die unter die Außenwirtschaftsverordnung (AWV-UBI) fallen, sehen wir uns in Abschnitt 6.4.9, »Selbsterklärung für AWV-UBI (UBI 1)«, an. Die Änderungen für das BSI-Gesetz aus dem IT-Sicherheitsgesetz 2.0 traten mit der Veröffentlichung des BSIG am 23. Juni 2021 in Kraft.

Abbildung 1.7 Vom »Katalog der Konkretisierten Anforderungen an Maßnahmen« über das zweite IT-Sicherheitsgesetz zu den Änderungen im BSIG zu »Systemen zur Angriffserkennung« (SzA) und UBIs

Hinweis zum Begleitmaterial

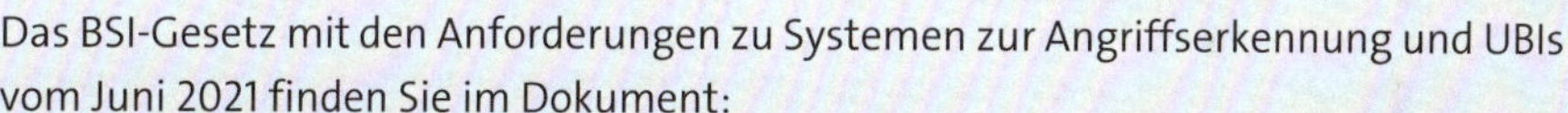

Das BSI-Gesetz mit den Anforderungen zu Systemen zur Angriffserkennung und UBIs vom Juni 2021 finden Sie im Dokument:

- 2021-06_BSIG

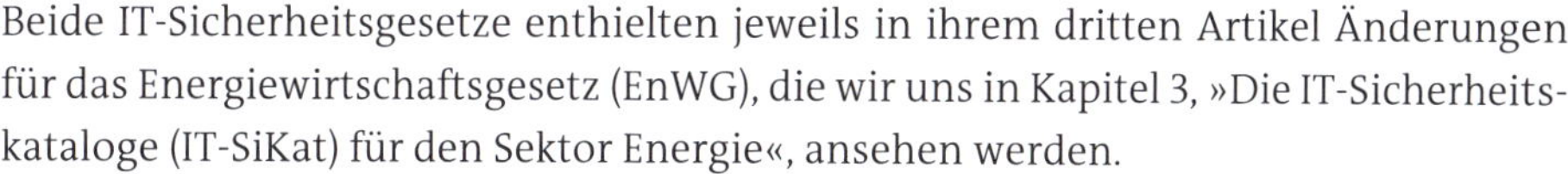

Beide IT-Sicherheitsgesetze enthielten jeweils in ihrem dritten Artikel Änderungen für das Energiewirtschaftsgesetz (EnWG), die wir uns in Kapitel 3, »Die IT-Sicherheitskataloge (IT-SiKat) für den Sektor Energie«, ansehen werden.

Wenn Sie an dieser Stelle an den *doppelten Reformprozess* denken, können Sie sich vielleicht noch an die ersten drei Schritte erinnern. Wir starteten mit Artikelgesetzen, also den IT-Sicherheitsgesetzen, gefolgt von Gesetzen, also dem BSI-Gesetz oder dem Energiewirtschaftsgesetz, und anschließend folgten Verordnungen. Genauso trat es im Jahr 2021 ein.

Im September 2021 folgte auf das neue BSI-Gesetz eine neue Rechtsverordnung, und ein Jahr später, im September 2022, erschien die *Orientierungshilfe zu Systemen zur Angriffserkennung* (*SzA*). Die geänderte Kritisverordnung und die Orientierungshilfe zu SzA sehen Sie in Abbildung 1.8.

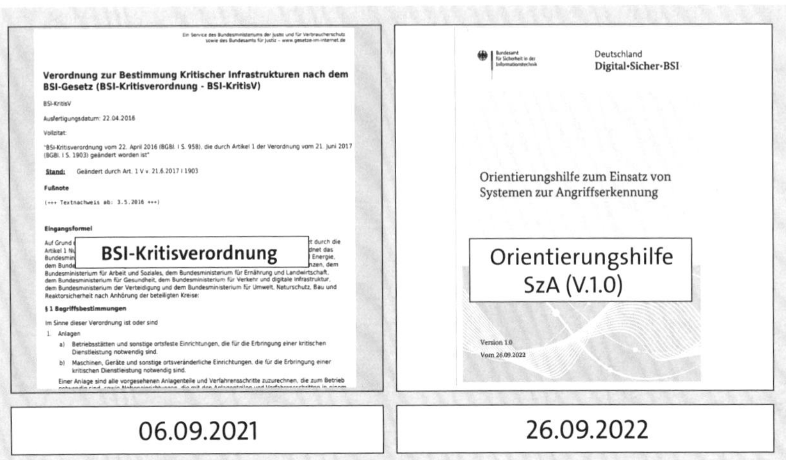

Abbildung 1.8 Von der überarbeiteten Kritisverordnung im Jahr 2021 zur »Orientierungshilfe zum Einsatz von Systemen zur Angriffserkennung«

Hinweis zum Begleitmaterial

Die BSI-Kritisverordnung vom Juni 2021 finden Sie im Dokument:

- 2021-06_BSI-KritisV

Die Orientierungshilfe zu SzA kam für viele KRITIS-Betreiber und Prüfer zur Unzeit: Viele Betreiber hatten bereits Prüfstellen beauftragt oder mit eigenen Mitteln die Anforderungen an SzA nach bestem Wissen umgesetzt.

Hinweis zum Begleitmaterial

Die erste Orientierungshilfe zu Systemen zur Angriffserkennung vom September 2022 finden Sie im Dokument:

- 2022-09_OH-SzA

Durch die Veröffentlichung der Orientierungshilfe zu SzA im September 2022 entstand für viele KRITIS-Betreiber und Prüfer ein Mehraufwand. Externe Beratungshäuser wurden öfter beauftragt, bei der Konzeptionierung und Implementation der SzA zu unterstützen, da die Nachweispflicht für Energieversorger am 1. Mai 2023 endete.

Bei vielen Betreibern spielten die fehlenden Kapazitäten der externen Beratungs- und Dienstleistungshäuser eine entscheidende Rolle.

Auch für die Prüfstellen war diese neue Orientierungshilfe eine Herausforderung. Fragelisten mussten ergänzt oder neu erstellt werden.

Zwischen Oktober 2022 bis Juli 2023 (siehe Abbildung 1.9) wurde außerdem das *Nachweisdokument P* für prüfende Stellen (siehe Abschnitt 6.4.4, »Das Nachweisdokument P für Prüfer«) dreimal aktualisiert.

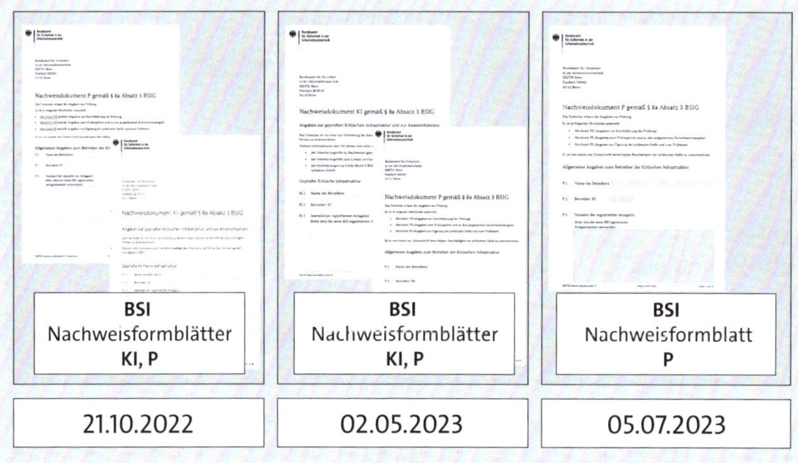

Abbildung 1.9 Die BSI-Formblätter im Wandel der Zeit von Oktober 2022 bis Juli 2023

Als ich im März 2023 erste Nachweisprüfungen zu SzA durchführte, war die Zufriedenheit mit der Umsetzung der SzA auf Betreiber-Seite durchwachsen. Viele wären gern weiter gewesen.

Für zahlreiche Betreiber trat mitten im Nachweisprozess am 23. Februar 2023 die *Dritte Verordnung zur Änderung der BSI-Kritisverordnung* (3) in Kraft. Sie sehen in Abbildung 1.10 das Bundesgesetzblatt, durch das auch die Kritisverordnung verkündet wurde. Auf der rechten Seite der Abbildung sehen Sie Ergänzungen, auf die ich nun eingehen möchte.

Das Bundesgesetzblatt habe ich Ihnen als Begleitmaterial abgelegt.

Hinweis zum Begleitmaterial

Das Bundesgesetzblatt vom 23. Februar 2023 finden Sie im Dokument:

- 2023-02_Bundesgesetzblatt_Regelungstext_BSI-KritisV

Auf die Kritisverordnung werde ich in Kapitel 2 eingehen. An dieser Stelle möchte ich nur kurz auf Ergänzungen im Bundesgesetzblatt erwähnen.

In Abbildung 1.11 zeige ich Ihnen eine neue Anlagenkategorie, die LNG-Anlage. Im Bundesgesetzblatt wurden Textergänzungen für den Kapitel 1 der Kritisverordnung bestimmt, die eine LNG-Anlage beschreiben und den Schwellenwert angeben. Den Beschreibungstext habe ich in der Abbildung etwas gekürzt.

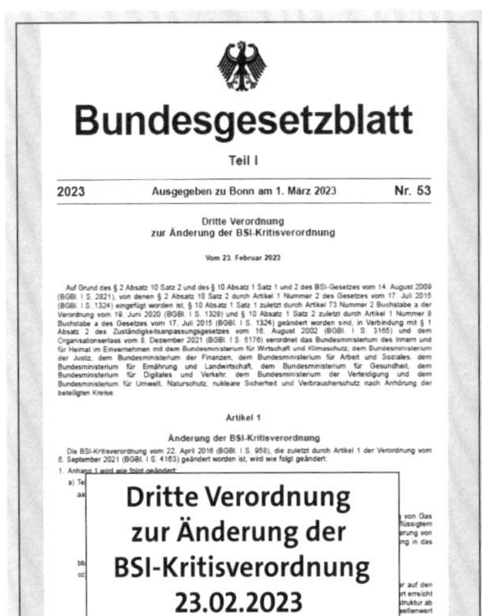

Bundesgesetzblatt

Teil I

2023 Ausgegeben zu Bonn am 1. März 2023 Nr. 53

Dritte Verordnung
zur Änderung der BSI-Kritisverordnung

Vom 23. Februar 2023

Auf Grund des § 2 Absatz 10 Satz 2 und des § 10 Absatz 1 Satz 1 und 2 des BSI-Gesetzes vom 14. August 2009 (BGBl. I S. 2821), von denen § 2 Absatz 10 Satz 2 durch Artikel 1 Nummer 2 des Gesetzes vom 17. Juli 2015 (BGBl. I S. 1324) eingefügt worden ist, § 10 Absatz 1 Satz 1 zuletzt durch Artikel 73 Nummer 2 Buchstabe a der Verordnung vom 19. Juni 2020 (BGBl. I S. 1328) und § 10 Absatz 1 Satz 2 zuletzt durch Artikel 1 Nummer 8 Buchstabe a des Gesetzes vom 17. Juli 2015 (BGBl. I S. 1324) geändert worden sind, in Verbindung mit § 1 Absatz 2 des Zuständigkeitsanpassungsgesetzes vom 16. August 2002 (BGBl. I S. 3165) und dem Organisationserlass vom 8. Dezember 2021 (BGBl. I S. 5176) verordnet das Bundesministerium des Innern und für Heimat im Einvernehmen mit dem Bundesministerium für Wirtschaft und Klimaschutz, dem Bundesministerium der Justiz, dem Bundesministerium der Finanzen, dem Bundesministerium für Arbeit und Soziales, dem Bundesministerium für Ernährung und Landwirtschaft, dem Bundesministerium für Gesundheit, dem Bundesministerium für Digitales und Verkehr, dem Bundesministerium der Verteidigung und dem Bundesministerium für Umwelt, Naturschutz, nukleare Sicherheit und Verbraucherschutz nach Anhörung der beteiligten Kreise:

Artikel 1

Änderung der BSI-Kritisverordnung

Die BSI-Kritisverordnung vom 22. April 2016 (BGBl. I S. 958), die zuletzt durch Artikel 1 der Verordnung vom 6. September 2021 (BGBl. I S. 4163) geändert worden ist, wird wie folgt geändert:

1. Anhang 1 wird wie folgt geändert:

Dritte Verordnung
zur Änderung der
BSI-Kritisverordnung
23.02.2023

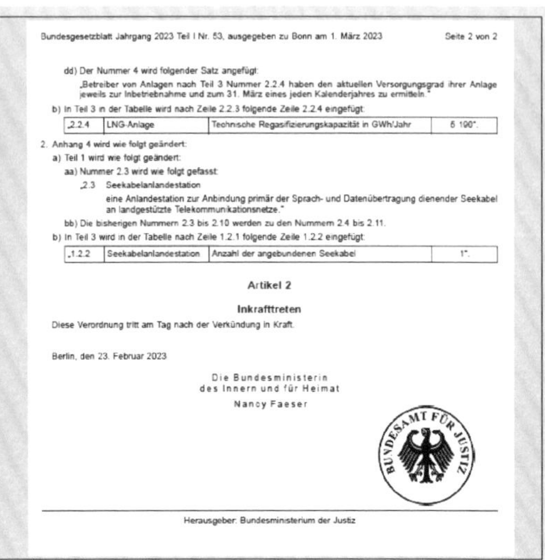

Bundesgesetzblatt Jahrgang 2023 Teil I Nr. 53, ausgegeben zu Bonn am 1. März 2023 Seite 2 von 2

dd) Der Nummer 4 wird folgender Satz angefügt:
„Betreiber von Anlagen nach Teil 3 Nummer 2.2.4 haben den aktuellen Versorgungsgrad ihrer Anlage jeweils zur Inbetriebnahme und zum 31. März eines jeden Kalenderjahres zu ermitteln."

b) In Teil 3 in der Tabelle wird nach Zeile 2.2.3 folgende Zeile 2.2.4 eingefügt:

„2.2.4	LNG-Anlage	Technische Regasifizierungskapazität in GWh/Jahr	5 190".

2. Anhang 4 wird wie folgt geändert:

a) Teil 1 wird wie folgt geändert:

aa) Nummer 2.3 wird wie folgt gefasst:
„2.3 Seekabelanlandestation
eine Anlandestation zur Anbindung primär der Sprach- und Datenübertragung dienender Seekabel an landgestützte Telekommunikationsnetze."

bb) Die bisherigen Nummern 2.3 bis 2.10 werden zu den Nummern 2.4 bis 2.11.

b) In Teil 3 wird in der Tabelle nach Zeile 1.2.1 folgende Zeile 1.2.2 eingefügt:

„1.2.2	Seekabelanlandestation	Anzahl der angebundenen Seekabel	1".

Artikel 2

Inkrafttreten

Diese Verordnung tritt am Tag nach der Verkündung in Kraft.

Berlin, den 23. Februar 2023

Die Bundesministerin
des Innern und für Heimat
Nancy Faeser

BUNDESAMT FÜR JUSTIZ

Herausgeber: Bundesministerium der Justiz

Abbildung 1.10 Das Bundesgesetzblatt zur dritten Veränderung der Kritisverordnung vom 23. Februar 2023

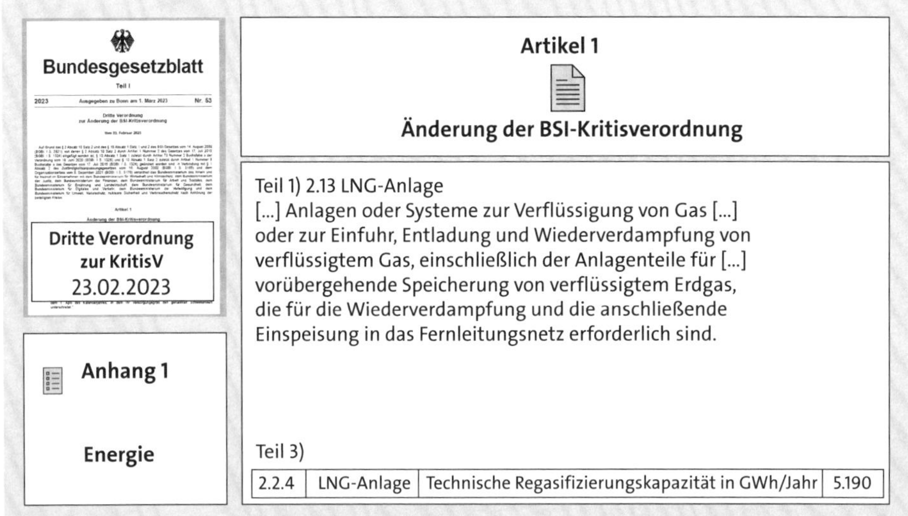

Abbildung 1.11 Änderungstext für die BSI-Kritisverordnung, Kapitel 1 Energie

Eine weitere Ergänzung betraf den Kapitel 4 der Kritisverordnung. In Abbildung 1.12 können Sie die Seekabelanlandestation als neue Anlage sehen. Die Beschreibung dieser Anlage finden wir zukünftig in der Kritisverordnung in Kapitel 4 im Teil 1. Auf die Anhänge der Kritisverordnung gehe ich in Abschnitt 2.6, »Anhänge zu den Sektoren«, ein. Der Schwellenwert beträgt 1 und wird in Teil 3 in der Kritisverordnung ergänzt.

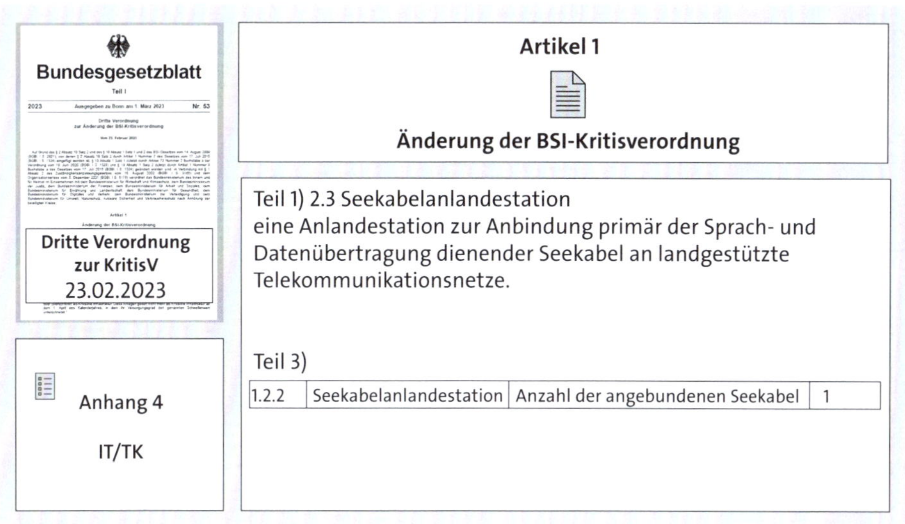

Abbildung 1.12 Änderungstext für die BSI-Kritisverordnung, Kapitel 4 IT/TK

In der Kritisverordnung vom Februar 2023 waren die gerade gezeigten Ergänzungen noch nicht enthalten. Da sie aber mit dem Bundesgesetzblatt in Kraft traten, müssen sich die Betreiber von LNG-Anlagen und Seekabelanlandestationen an die Nachweispflichten halten.

Im Mai 2023 gab es für Betreiber, Berater und Prüfer umfangreiche Aktualisierungen der Nachweisdokumente, des Meldeprozesses, des Meldeportals und der *Orientierungshilfe zu Nachweisen* (siehe Abbildung 1.13).

Die Abkürzung *GAiN*, die für *Grundsätzliche Anforderungen im Nachweisverfahren* steht, tauchte plötzlich auf und verlangte Anpassungen im Prüfplan, in der Mängelliste und im Nachweisprozess. Viele Prüfer erstellen ihre Prüfpläne jedoch einige Monate vor der eigentlichen Prüfung und stimmen Termine ab, deshalb fehlten die GAiN-Angaben oft in den vor Mai 2023 beim BSI eingereichten Prüfplänen. Egal zu welchem Zeitpunkt die Prüfungen im ersten Halbjahr 2023 abgeschlossen oder Nachweise an das BSI eingereicht worden waren – fast alle Prüfer mussten im Juli 2023 die Prüfpläne und Nachweisdokumente ihrer letzten Prüfungen auf Anweisung des BSI neu ausfüllen, da sich zwischen Mai und Juli 2023 neue gesetzliche Anforderungen und Nachweisdokumente ergeben hatten.

Im Abschnitt 6.4.1, »Grundsätzliche Anforderungen im Nachweisprozess (GAiN)«, sehen wir uns die GAiN-Anforderungen an.

Alle Aspekte der Nachweisprüfung, die ab Mai 2023 gültig sind, möchte ich Ihnen in den nächsten Abschnitten als Hilfestellung aufzeigen. Im nächsten Abschnitt gehe ich auf den Begriff UP KRITIS ein.

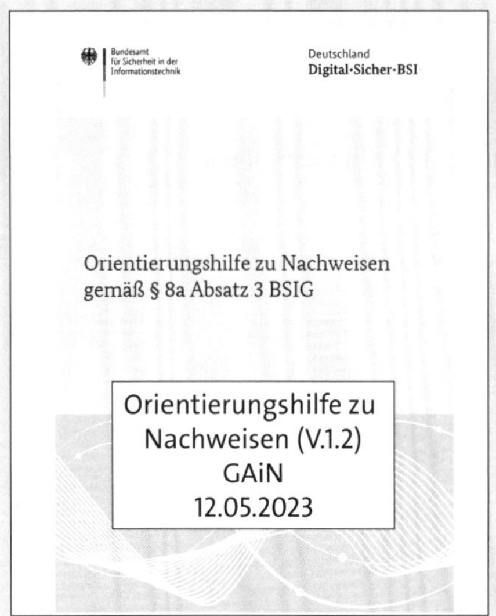

Bundesamt für Sicherheit in der Informationstechnik

Deutschland Digital•Sicher•BSI

Orientierungshilfe zu Nachweisen gemäß § 8a Absatz 3 BSIG

Orientierungshilfe zu Nachweisen (V.1.2) GAiN 12.05.2023

Abbildung 1.13 Die Orientierungshilfe mit den grundsätzlichen Anforderungen an Nachweise (GAiN)

1.1 UP KRITIS

Dieser Abschnitt soll Ihnen helfen, den Eigennamen *UP KRITIS* vollumfänglich zu verstehen. Die meisten KRITIS-Betreiber sind gut über UP KRITIS informiert, allerdings benötigen Prüfer zum Bestehen der Personenzertifizierung zusätzliches Wissen über UP KRITIS, weshalb ich in diesem Abschnitt zusätzliche Informationen für Prüfer, aber auch für Trainer und Berater zusammengestellt habe.

Das BSI stellt zum Thema UP KRITIS eine Webseite (4) mit Informationen zur Verfügung. Die beiden Produkte, die Sie in Abbildung 1.14 sehen, können Sie auf dieser Seite herunterladen.

An dieser Stelle möchte ich stark gekürzt zuerst auf die Inhalte der linken Broschüre (5) eingehen. Sie ist vom Februar 2014 und wird wohl die erste offizielle Information zu UP KRITIS gewesen sein. Wir finden sie heute auf der Seite »Sektorübergreifende Publikationen des UP KRITIS« (6). In ihr sind die Grundlagen und Ziele der »Öffentlich-Privaten Partnerschaft zum Schutz Kritischer Infrastrukturen« dargelegt.

Die Broschüre begründet die partnerschaftliche Zusammenarbeit wie folgt: Deutschland gehöre zu den führenden industriell und technologisch geprägten Nationen und eine schwerwiegende Störung oder ein Ausfall der Infrastrukturen, die für uns lebenswichtige Dienstleistungen erbringen, würde zu einer massiven Beeinträchtigung im gesellschaftlichen Zusammenleben führen.

Dabei kristallisierten sich die Bereiche Energieversorgung, Informationstechnik und Telekommunikation, Transport und Verkehr, Gesundheit, Wasser, Ernährung, Finanz- und Versicherungswesen, Staat und Verwaltung sowie Medien und Kultur als wichtig heraus. Die Organisationen und Einrichtungen, die in diesen Bereichen Dienstleistungen erbringen, wurden von den UP KRITIS als *Kritische Infrastrukturen* identifiziert.

Zum Schutz dieser Kritischen Infrastrukturen erarbeiteten die UP KRITIS in den Jahren 2005 und 2006 einen Umsetzungsplan und veröffentlichten diesen im Jahr 2007.

Anschließend überführte die öffentlich-private Zusammenarbeit diesen Plan in eine anerkannte Form und bezeichnete ihn als *UP KRITIS*. Sie sehen, der Eigenname UP KRITIS war früher die Abkürzung für einen Umsetzungsplan.

Der Schutz sollte vor allem sektorübergreifend erfolgen. Die UP KRITIS, wie wir sie heute kennen, hatte deshalb nicht nur die IT im Blick, sondern alle Aspekte, die zur Erbringung von kritischen Dienstleistungen vonnöten sind.

In Abbildung 1.14 sehen Sie auf der rechten Seite den UP KRITIS-Flyer aus dem Jahr 2022. In diesem Flyer können Sie sich auf sechs Seiten einen Überblick verschaffen, was Kritische Infrastrukturen sind, was UP KRITIS bedeutet, wie die Zusammenarbeit erfolgt und wie Interessierte sich an der Zusammenarbeit beteiligen können.

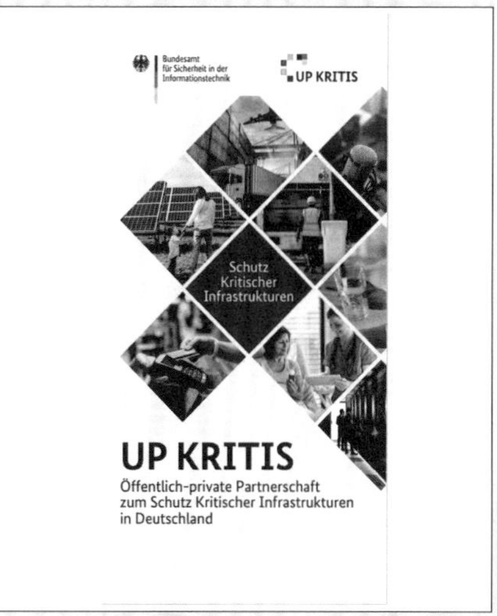

Abbildung 1.14 Broschüre und Flyer des BSI zu UP KRITIS (Quelle: BSI)

Beide Dokumente habe ich für Sie als Begleitmaterial abgelegt.

Hinweis zum Begleitmaterial

Die UP KRITIS-Broschüre und den UP KRITIS-Flyer habe ich Ihnen unter folgenden Bezeichnungen abgelegt:

- 2014-02_BSI_WICHTIGE_Broschüre_UPK-Grundlagen-Ziele
- 2022_BSI_UPK-Flyer

Die Kooperation und vertrauensvolle Zusammenarbeit erfolgt branchenübergreifend zwischen zuständigen staatlichen Stellen und der Wirtschaft. Als *Wirtschaft* bezeichnen wir die Betreiber Kritischer Infrastrukturen und ihre Branchenverbände.

Die Mitglieder des UP KRITIS arbeiten in Gremien und Arbeitskreisen sowohl sektorspezifisch als auch sektorübergreifend an technischen, organisatorischen und politischen Fragestellungen (4).

Ihre Ziele sind die Erarbeitung von Konzepten und Lösungsansätzen zur Vorbereitung auf Sicherheitsvorfälle und Versorgungsausfälle sowie deren mögliche Verhinderung. Die Mitglieder tauschen sich zum Stand der Technik, zur Bedrohungslage und zu aktuellen Krisen und zur Krisenbewältigung aus.

Sie kooperieren außerdem im Meldewesen und führen Notfallübungen gemeinsam durch (6).

Im Infokasten habe ich die Ziele, die Sie im UP KRITIS-Flyer finden, für Sie aufgelistet.

UP KRITIS-Flyer (4) – Auszug

Im Einzelnen verfolgt der UP KRITIS die folgenden Ziele:

- Förderung der Robustheit der kritischen Prozesse
- Erarbeitung gemeinsamer Empfehlungen und Positionen
- Umsetzung und Begleitung der KRITIS-Regulierung
- gemeinsames Handeln gegenüber Dritten
- gemeinsame Einschätzung und Bewertung von Risiken, Abhängigkeiten, der (Cyber-)Sicherheitslage und aktuellen Krisen
- vertraulicher Austausch über aktuelle Vorfälle
- koordinierte Krisenreaktion und Krisenbewältigung
- Auf- und Ausbau von Strukturen zum Krisenmanagement

Der Begriff UP KRITIS kann verwirrend sein, denn man vermutet dahinter eine Abkürzung. Im Folgenden möchte ich Ihnen zeigen, welche Bedeutungen ich in den letzten Jahren hörte.

September 2018

Im September 2018 besuchte ich wie viele andere angehende Prüfer die Schulung zur »Zusätzlichen Prüfverfahrenskompetenz nach dem BSIG« und erfuhr dort erstmalig vom Begriff »UP KRITIS«. Gezeigt wurde damals eine Folie, auf der eine Wippe abgebildet war, wie Sie sie in Abbildung 1.15 sehen.

Die linke Wippenseite symbolisierte, durch den Bundesadler dargestellt, die öffentlichen staatlichen Stellen. Die rechte Wippenseite repräsentierte die Wirtschaft und zeigte das Logo von »UP KRITIS« sowie das Logo der »Allianz für Cyber-Sicherheit«. Wie Sie erkennen, standen sich beide Seiten gleichberechtigt gegenüber, denn die Wippe war ausgeglichen. Keine Seite beanspruchte mehr Gewicht als die andere.

Diese Abbildung ist veraltet, dennoch möchte ich sie Ihnen an dieser Stelle noch einmal zeigen. Salopp wurde das »UP« damals übersetzt mit den »Unternehmenspartnern der kritischen Infrastrukturen« oder »Unternehmenspartner KRITIS«. Die letzte Formulierung nutzte ich in meinen Trainings bis Anfang 2023.

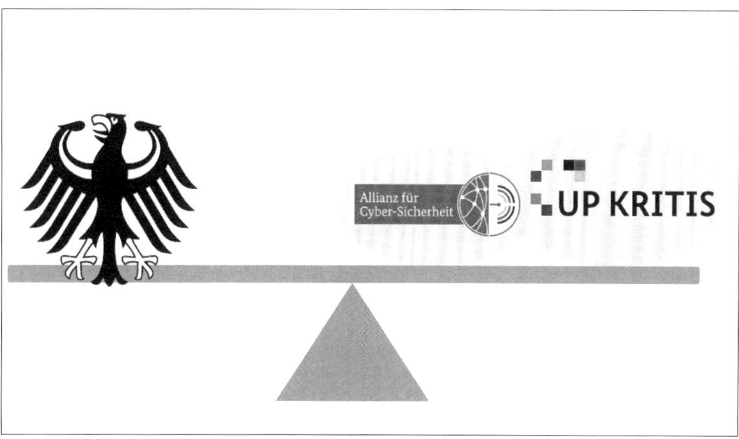

Abbildung 1.15 Bund und Unternehmenspartner KRITIS (UP KRITIS) stehen sich gleichberechtigt gegenüber (veraltete BSI-Darstellung aus dem Jahr 2017)

Mai und Juli 2023

Anfang 2023 hörte ich für die Abkürzung UP KRITIS zusätzlich die Übersetzung »Umsetzungsplan KRITIS«, fand aber, das Wippenbild passe nicht dazu. Da ich diese Folie seit 2019 im Seminar einsetzte, wollte ich gern sichergehen, die richtige Übersetzung für UP KRITIS zu verwenden.

Auf der BSI-Seite fand ich im Mai 2023 den Alt-Text »Initiative zur Zusammenarbeit von Wirtschaft und Staat zum Schutz Kritischer Infrastrukturen in Deutschland« (7) für UP KRITIS. Nun hatte ich sogar drei Formulierungen.

Also schrieb ich das BSI mit der Bitte um Klarstellung der UP KRITIS-Formulierung an. Vielleicht würden ja mehrere Bedeutungen im KRITIS-Kontext gelten, ohne den ursprünglichen Sinn zu verlieren.

Ich erhielt eine Rückmeldung mit dem Hinweis:

> *»UP KRITIS ist kein Unternehmenspartner und auch kein Unternehmensplan. Der UP KRITIS ist eine Öffentlich-Private Partnerschaft zum Schutz Kritischer Infrastrukturen. Das ›UP‹ in UP KRITIS wurde in Gründungszeiten für den Umsetzungsplan in dem Namen UP KRITIS mit eingebracht. Da dieser Umsetzungsplan nun bereits seit mehreren Jahren abschließend umgesetzt wurde, zählt das ›UP‹ nur noch als Eigenname und steht für keine besondere Bedeutung mehr.«*

Außerdem erhielt ich eine korrigierte Abbildung (siehe Abbildung 1.16) zum Thema »UP-KRITIS-Gremien«, die ich Ihnen hier mit etwas größerer Schrift zeige. Die Original-Abbildung finden Sie im UP-KRITIS-Flyer.

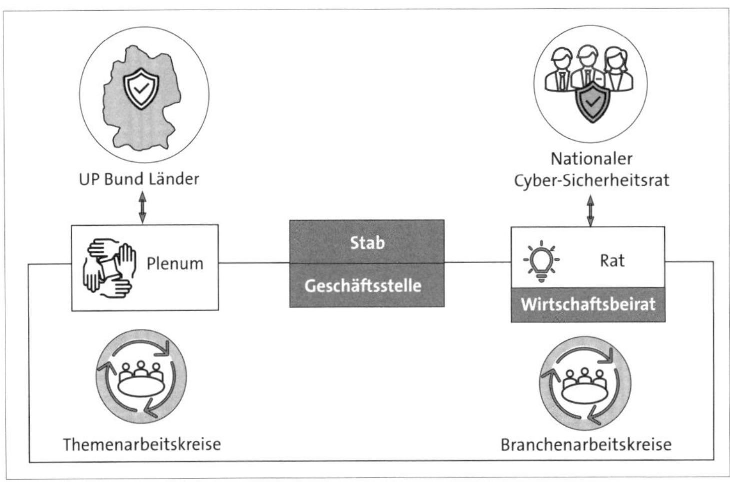

Abbildung 1.16 UP KRITIS-Gremien in Anlehnung an die BSI-Darstellung (Quelle: BSI, Mai 2023)

Ich war früher der Ansicht, die Strukturen der UP KRITIS-Gremien seien hierarchisch. Aber auch dazu gibt uns der UP KRITIS-Flyer Auskunft.

An dieser Stelle zitiere ich eine gekürzte Formulierung zur Organisation im UP KRITIS und zur Abbildung 1.16, die mir freundlicherweise ein BSI-Mitarbeiter im Juli 2023 übermittelte:

> *»Alle Arbeitskreise haben Sprecherinnen oder Sprecher, die sich im Plenum treffen. Dieses Plenum ist das eigentliche Entscheidungsgremium im UP KRITIS. Im Plenum ist außerdem jeweils eine Person aus der Arbeitsgruppe der Koordinierungsstellen KRITIS der Länder, dem ›KoSt KRITIS‹ zu den Themen der physischen Sicherheit vertreten.*

Der Stab ist für die gesamte Koordination zuständig. Die Geschäftsstelle hat ihren Sitz beim BSI und unterstützt organisatorisch.

Im Rat ist die hochrangige Vertretung der KRITIS-Betreiber und der staatlichen Stellen. Er setzt Impulse zu strategischen Zielen und Projekten. Den Wirtschaftsrat bilden Ratsmitglieder aus der Wirtschaft. Er gilt als politische Stimme des UP KRITIS und kann über sein Mandat auch Gesetzesentwürfe kommentieren.

Der ›UP Bund‹ war nur in den Anfangsjahren bis etwa 2007 an der Umsetzungsplanung beteiligt.

Im Plenum des UP KRITIS sind die Länder jeweils mit einer Person aus der Länderarbeitsgruppe Cybersicherheit vertreten. Aus dem Plenum wird ein Mitglied der KRITIS-Wirtschaft in den Nationalen Cyber-Sicherheitsrat (NCSR) entsendet.«

Ich denke, jetzt sollten wir ausreichend Informationen über UP KRITIS gesammelt haben und uns Ergebnisse dieser Zusammenarbeit ansehen können. Diese mündeten beispielsweise 2015 im IT-Sicherheitsgesetz, das ich Ihnen im nächsten Abschnitt vorstellen möchte.

1.2 Das IT-Sicherheitsgesetz von 2015

Im Juni 2015 sagte ein Kollege zu mir:

»Ach, Sie haben aber Glück. Sie haben genau aufs richtige Pferd gesetzt. Durch das neue IT-Sicherheitsgesetz müssen jetzt bald alle Unternehmen ein ISMS nachweisen, und da werden Berater wie Sie sich vor Aufträgen nicht retten können.«

Na ja, ganz so kam es dann doch nicht. Die meisten KRITIS-Betreiber bauten intern ISMS-Teams auf und bildeten diese weiter, damit die gesetzlich vorgeschriebenen Maßnahmen durch Interne umgesetzt werden können.

Allerdings gab es für Prüfer schon eine deutliche Zunahme an Verfahren. Für die ISO/IEC 27001 war 2015 erst eine überschaubare Anzahl an Unternehmen zertifiziert. Diese Anzahl verdoppelte sich bis 2023 nahezu jährlich.

Aber um was ging es eigentlich, was mir mein Kollege vorausgesagt hatte?

Im Mai 2015 tagte der Bundesrat zu den geplanten Änderungen am BSI-Gesetz und weiteren Gesetzen. Diese Änderungen bezüglich des Schutzes kritischer Infrastrukturen waren artikelweise im IT-Sicherheitsgesetz aufgelistet.

Schon damals wurde darüber spekuliert, welche Betreiber konkret unter eine mögliche Nachweisprüfungen fallen würden und welches Ausmaß dieser Nachweis haben würde.

Als der Bundestag im Juli 2015 die Änderungen am BSI-Gesetz verabschiedete, beruhigten sich viele Betreiber und deren Beraterorganisationen, da erst eine Rechtsverordnung Klarheit darüber schaffen sollte, welche Betreiber zur Nachweisprüfung verpflichtet sein würden und ab wann die Nachweispflicht beginnen würde. Viele Betreiber und Berater gingen davon aus, dass die Rechtsverordnung frühestens in ein bis zwei Jahren in Kraft treten könne.

Alle Änderungen, die das BSI-Gesetz, aber auch andere Gesetze zur Steigerung der Informationssicherheit betrafen, konnten im *Gesetz zur Erhöhung der Sicherheit informationstechnischer Systeme*, dem sogenannten *IT-Sicherheitsgesetz* nachgelesen werden.

Da das IT-Sicherheitsgesetz mehrere Artikel zu Gesetzesänderungen auflistet, wird es als *Artikelgesetz* bezeichnet. Als ich 2018 nach diesem Begriff in der BSI-Prüfung gefragt wurde, war er mir nicht klar. Als Informatikerin hatte ich mich bis dato nur am Rande mit rechtlichen Begrifflichkeiten auseinandergesetzt. Deshalb möchte ich Ihnen diesen Begriff im nächsten Abschnitt erläutern, bevor Sie eventuell in eine Prüfung gehen.

Aber was waren die hauptsächlichen Aufgaben des IT-Sicherheitsgesetzes und was sollte es unterstützen? Im Infokasten sind seine Funktionen aufgelistet.

Die Aufgaben des IT-Sicherheitsgesetzes

Das IT-Sicherheitsgesetz sollte Folgendes unterstützen:

- die IT der UP KRITIS-Mitarbeiter,
- die gesamte IT der Betreiber Kritischer Infrastrukturen sowie
- die IT, die für die Funktionsfähigkeit der Kritischen Infrastruktur erforderlich ist.

Wie Sie gerade gesehen haben, musste ich in den letzten Jahren einige Begriffe lernen – und dazu zählt auch der Begriff *Artikelgesetz*.

An dieser Stelle möchte ich Ihnen eine erste potenzielle Prüfungsfrage zeigen, die mir selbst im Jahr 2018 gestellt wurde und auf die ich damals etwas ratlos reagierte.

F-01-1: Das IT-Sicherheitsgesetz ist ...

a) ein europäisches Gesetz

b) ein Artikelgesetz

c) ein Gesetz des Landes

d) ein Gesetz des Umweltministeriums

Damit Sie informierter in die Prüfung gehen können, sind die nächsten beiden Abschnitte dem Aufbau des IT-Sicherheitsgesetzes sowie Änderungen im BSI-Gesetz (BSIG) und im Energiewirtschaftsgesetz (EnWG) gewidmet.

1.2.1 Änderungen im BSIG

In diesem Abschnitt sehen wir uns an, welche Änderungen durch das im Jahr 2015 veröffentlichte IT-Sicherheitsgesetz in das BSI-Gesetz einfließen sollten.

Hinweis zum Begleitmaterial

Das IT-Sicherheitsgesetz vom Juli 2015 finden Sie im Dokument:

- 2015_IT-Sicherheitsgesetz

Der größte Änderungsbedarf des IT-Sicherheitsgesetzes galt dem BSIG. In Abbildung 1.17 zeige ich Ihnen ausgewählte Artikel des IT-Sicherheitsgesetzes, die ich besonders interessant fand.

Abbildung 1.17 Aufbau des IT-Sicherheitsgesetzes aus mehreren Artikeln

Jeder dieser Artikel gilt einem anderen Gesetz. Artikel 1 galt den Änderungen im BSI-Gesetz und musste durch das BSI eingearbeitet werden.

Der Artikel 3 galt Änderungen im Gesetz über die Elektrizitäts- und Gasversorgung (*Energiewirtschaftsgesetz*, kurz *EnWG*), das die Bundesnetzagentur verantwortet, und musste durch diese eingearbeitet werden. In diesem Buch beschränke ich mich auf die beiden Artikel 1 und 3.

Oft wird mir die Frage gestellt, ob das IT-Sicherheitsgesetz auch mit der Veröffentlichung der Datenschutz-Grundverordnung im Mai 2018 zu tun hatte. Das kann ich verneinen. Wie Sie in Abbildung 1.17 sehen, waren im IT-Sicherheitsgesetz keine Änderungen für das Datenschutzgesetz vorgesehen. Ich hoffe, Sie finden für die folgende Prüfungsfrage alle richtigen Antworten.

F-01-2: Welche Gesetze wurden durch das IT-Sicherheitsgesetz nicht geändert?

a) Telekommunikationsgesetz

b) Datenschutzgesetz

c) Energiewirtschaftsgesetz

d) Atomgesetz

Das IT-Sicherheitsgesetz definierte für uns auch neue Fristen. So war mit seiner Veröffentlichung klar, dass ein KRITIS-Betreiber

- innerhalb von sechs Monaten gegenüber dem BSI eine ständig erreichbare Kontaktstelle melden muss,
- innerhalb von zwei Jahren einen ersten Nachweis über seine umgesetzten Schutzmaßnahmen erbringen muss und
- Nachweise anschließend alle zwei Jahre wiederkehrend wiederholen muss.

In Abbildung 1.18 zeige ich Ihnen einen kleinen Ausschnitt an Paragrafen aus Artikel 1 des IT-Sicherheitsgesetzes, die im BSI-Gesetz geändert werden mussten.

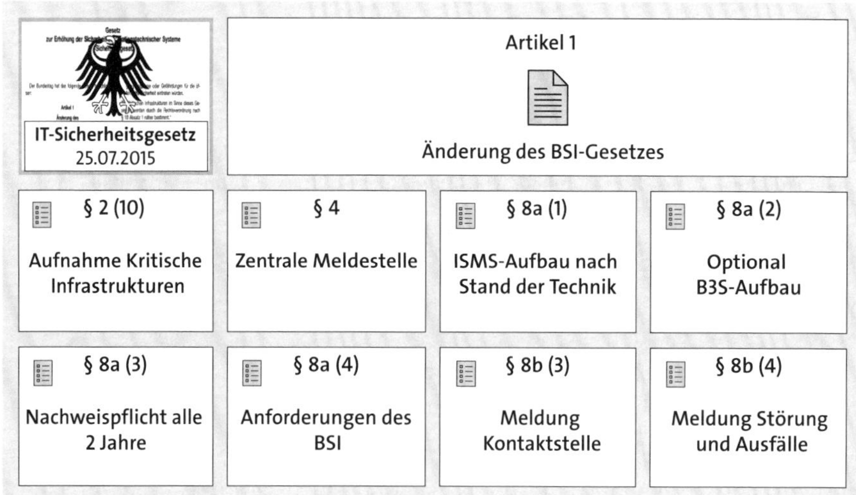

Abbildung 1.18 Artikel 1 des IT-Sicherheitsgesetzes von 2015 sorgte für die Änderungen an den genannten Paragrafen des BSIG.

Sie können sehen, dass in § 8a Abs. 1 BSIG die Anforderungen an den Aufbau von organisatorischen und technischen Schutzmaßnahmen enthalten waren, die ich in der Abbildung kurz als *ISMS-Aufbau* bezeichne. In § 8a Abs. 3 BSIG finden wir die zweijährliche Nachweispflicht. Die Art und Weise, wie Nachweise erbracht und Prüfungen stattfinden müssen, konnte das BSI aufgrund von § 8a Abs. 4 BSIG vorgeben.

Im Folgenden möchte ich Ihnen ausgewählte Inhalte aus diesen Paragrafen vorstellen. Die Zitate sind vor allem für Prüfer, Berater und Trainer relevant. Wenn Sie die Zitate überspringen, geht Ihnen kein Wissen verloren, da ich auf alle Anforderungen auch in späteren Kapiteln noch detaillierter und mit Abbildungen eingehe.

Sehen wir uns nun an, welche Stellen im damaligen BSI-Gesetz geändert werden sollten.

Paragraf 2

In § 2 BSIG sollte konkretisiert werden, was Kritische Infrastrukturen sind, welche Sektoren zu ihnen gehören und welche Bedeutung Störungen oder Ausfälle haben würden. Wie lesen hier von einer hohen Bedeutung für das Gemeinwesen, wenn es zu Versorgungsengpässen oder zur Gefährdung der öffentlichen Sicherheit käme.

Hier finden wir zum allerersten Mal die Sektoren, für die in den nächsten Jahren Nachweisprüfungen anstanden.

In Abbildung 1.19 zeige ich Ihnen das Zitat für die Ergänzung von Abs. 10 in § 2 BSIG. Wir finden hier die Sektoren Energie, IT und TK, Transport und Verkehr, Gesundheit, Wasser, Ernährung sowie das Finanz- und Versicherungswesen.

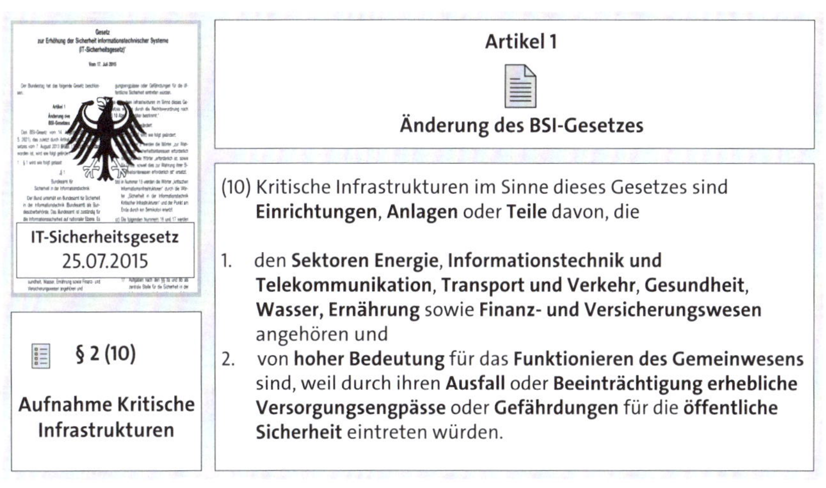

Abbildung 1.19 Das IT-SiG von 2015 ergänzte § 2 BSIG um einen Absatz 10.

Paragraf 8a

Die bedeutendste Änderung galt dem **§ 8a BSIG**. Nach ihm wurden Schulungen und Nachweisprüfungen benannt.

In Absatz 1 (siehe Abbildung 1.20) dieses Paragrafen finden wir die Verpflichtung für KRITIS-Betreiber, angemessene Vorkehrungen nach dem Stand der Technik aufzubauen sowie mit der Umsetzung spätestens zwei Jahre nach der Veröffentlichung der Rechtsverordnung fertig zu sein.

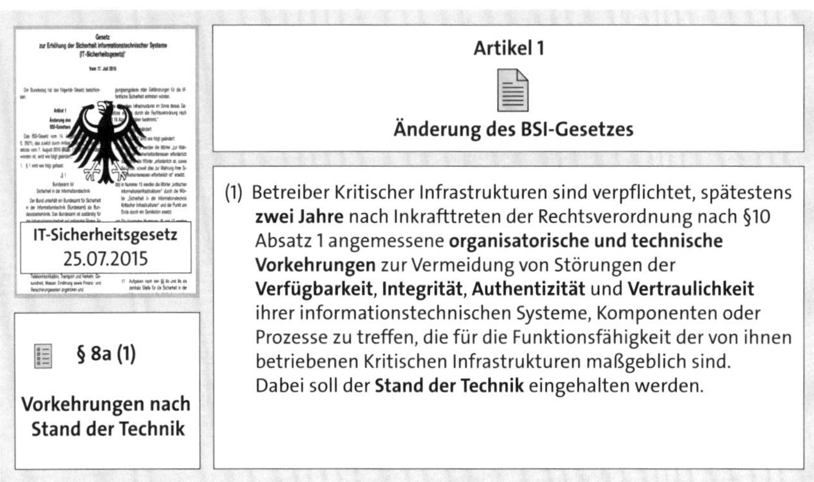

Abbildung 1.20 Das IT-SiG von 2015 ergänzte § 8a im BSIG. Der dazugehörige Absatz 1 definiert die Aufgaben der Betreiber kritischer Infrastrukturen.

Im Infokasten möchte ich Ihnen die Definition von *Vorkehrungen* zeigen.

Merkmale für die Angemessenheit von organisatorischen und technischen Vorkehrungen

Der erforderliche Aufwand steht nicht außer Verhältnis zu:

- den Folgen eines Ausfalls oder
- einer Beeinträchtigung der betroffenen Kritischen Dienstleistung.

§ 8a Abs. 2 räumt den KRITIS-Betreibern und ihren Branchenverbänden die Möglichkeit ein, einen branchenspezifischen Sicherheitsstandard (B3S) aufzubauen und beim BSI einzureichen. Das Zitat zeige ich Ihnen in Abbildung 1.21. Die Erstellung eines B3S ist dabei optional. Wir erkennen dies an der Formulierung »können vorschlagen«.

Die Überprüfungen finden anschließend durch das BSI im Benehmen mit dem BBK (*Bundesamt für Bevölkerungsschutz und Katastrophenhilfe*) und im Einvernehmen mit den Aufsichtsbehörden statt.

§ 8a Abs. 3 BSIG verpflichtet die KRITIS-Betreiber, die Umsetzung ihrer Vorkehrungen mindestens alle zwei Jahre gegenüber dem BSI nachzuweisen. Auch die Art der Nachweisprüfung ist definiert.

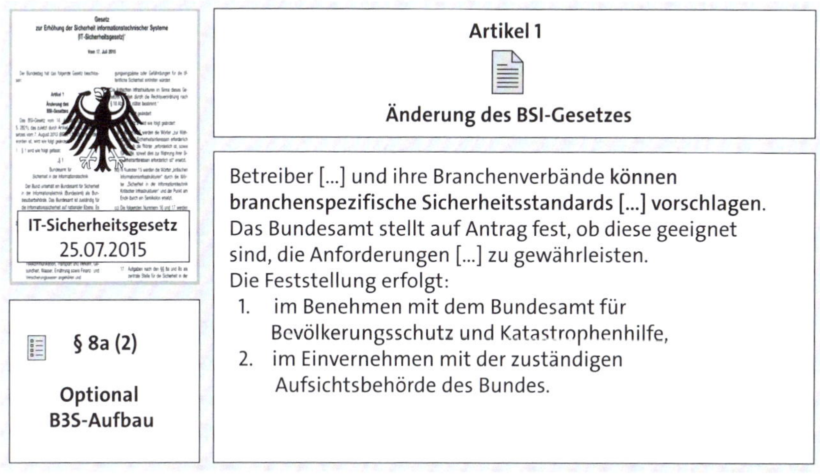

Abbildung 1.21 § 8a Abs. 2 BSIG gibt Betreibern die Möglichkeit, einen B3S vorzuschlagen.

Wer als angehender Prüfer die Prüfverfahrenskompetenz aufbauen möchte, um diese Nachweisprüfungen durchzuführen, wird die Schulung »Zusätzliche Prüfverfahrenskompetenz nach BSIG« besuchen. Diese Schulung hat für Prüfer das Hauptziel, genau diese Anforderungen zu verstehen und einzuhalten. Natürlich werden alle anderen Paragrafen in dieser Schulung ebenfalls behandelt und sind wichtig. In Abbildung 1.22 zeige ich Ihnen den Text, der in das BSIG eingebracht werden sollte.

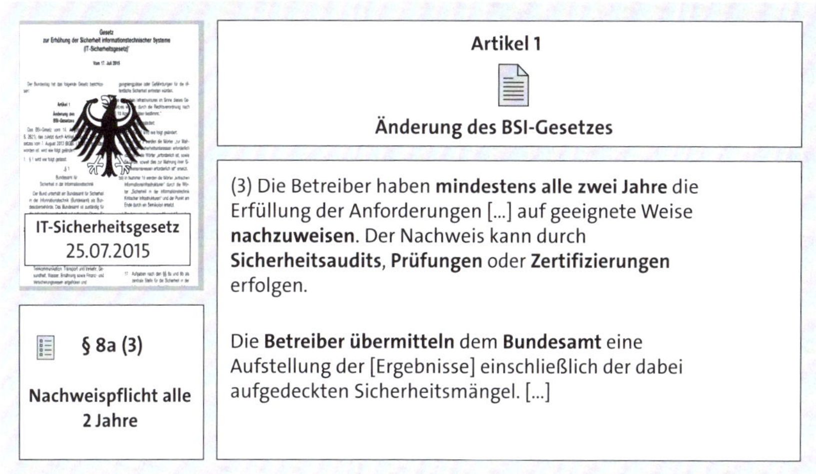

Abbildung 1.22 § 8a Abs. 3 BSIG beschreibt die Verpflichtung der Betreiber, ihre Vorkehrungen nachzuweisen.

§ 8a Abs. 4 BSIG räumt dem Bundesamt die Befugnis ein, selbst Anforderungen an die Nachweise zu definieren, die Prüfungsstellen vorzugeben oder Dokumente nachzufordern. Diese Befugnisse rutschten durch das zweite IT-Sicherheitsgesetz in Abs. 5, weshalb ich Ihnen den Inhalt der Anforderungen erst in Abbildung 1.44 zeige (siehe Abschnitt 1.4.1, »Änderungen im BSIG«).

Paragraf 8b

Kommen wir nun zu § 8b BSIG, wie er durch Artikel 1 des IT-Sicherheitsgesetzes definiert wurde. In meinen Schulungen nannte ich gern folgende Eselsbrücke:

> *»Das ›B‹ im Paragraf 8b steht für BSI und beinhaltet zu großen Teilen dessen Aufgaben.«*

In **§ 8b BSIG** waren mehrere Änderungen zu Meldeketten definiert. Im ersten Absatz dieses Paragrafen wird das BSI als zentrale Meldestelle bestimmt. Wir erinnern uns: Erst mit dem Inkrafttreten der ersten Kritisverordnung im Jahr 2016 mussten die Betreiber dem BSI gegenüber Kontaktpersonen melden. **§ 8b Abs. 1 BSIG** (siehe Abbildung 1.23) verlangt deshalb, diese Meldestelle beim BSI einzurichten.

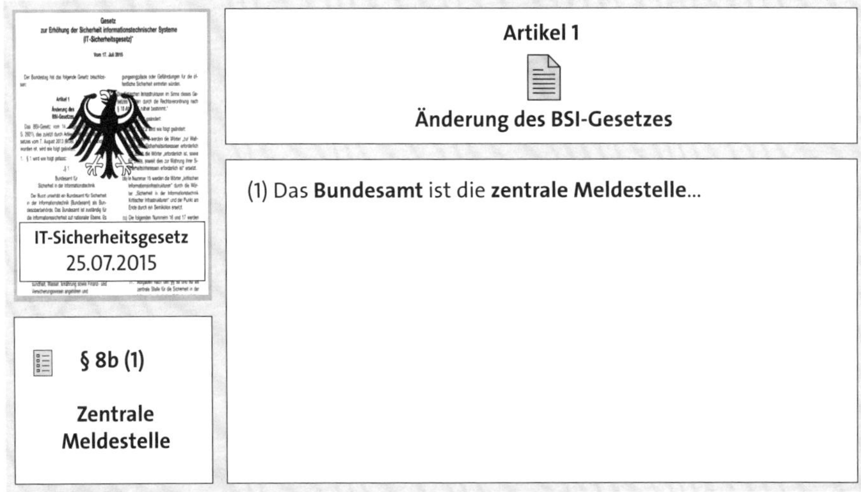

Abbildung 1.23 Das IT-SiG von 2015 ergänzte § 8b Abs. 1 im BSIG. Das BSI wird zur zentralen Meldestelle.

Über **§ 8b Abs. 2 BSIG** erhält das BSI verschiedene Aufgaben, die ich für Sie in Kapitel 4, »Die Unterstützung durch das BSI«, aufbereitet habe. In Abbildung 1.24 sehen Sie die beiden wesentlichen Aufgaben: Informationen zu sammeln und zu analysieren sowie Lagebilder erstellen.

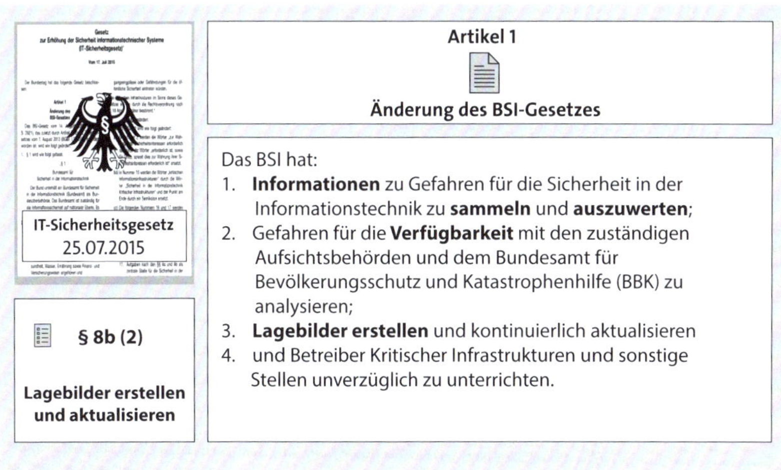

Abbildung 1.24 § 8b Abs. 2 BSIG definiert die Aufgaben des BSI.

In **§ 8b Abs. 3** wird von den KRITIS-Betreibern verlangt, innerhalb von sechs Monaten eine Kontaktstelle an das BSI zu melden (siehe Abbildung 1.25)

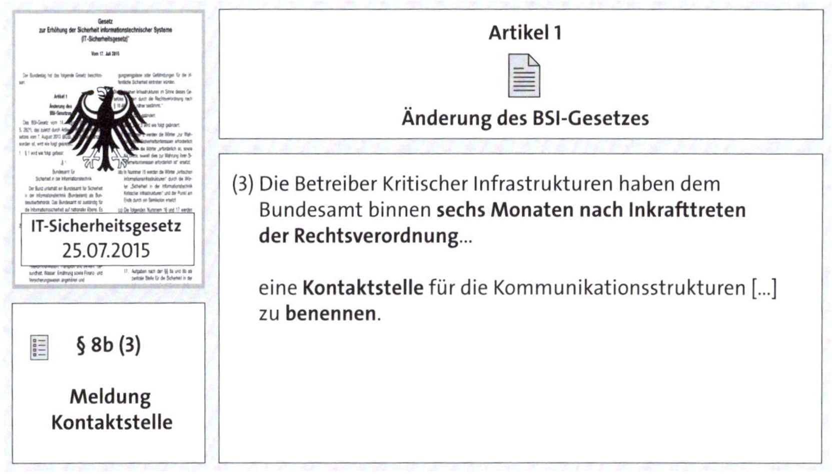

Abbildung 1.25 § 8b Abs. 3 BSIG definiert die Pflicht, Kontaktstellen zu benennen.

§ 8b Abs. 3a BSIG gilt der Registrierungspflicht. Sollte ein Betreiber sich nicht registrieren, obwohl eine Pflicht dazu bestünde, wird das BSI die Registrierung für ihn selbst vornehmen. Die Befugnis dazu sehen Sie in Abbildung 1.26.

In **§ 8b Abs. 4 BSIG** werden Betreiber verpflichtet, Störungen der Verfügbarkeit, Integrität, Vertraulichkeit und der Authentizität ihrer IT-Systeme zu melden. Auch das folgende Zitat gebe ich gekürzt in Abbildung 1.27 wieder.

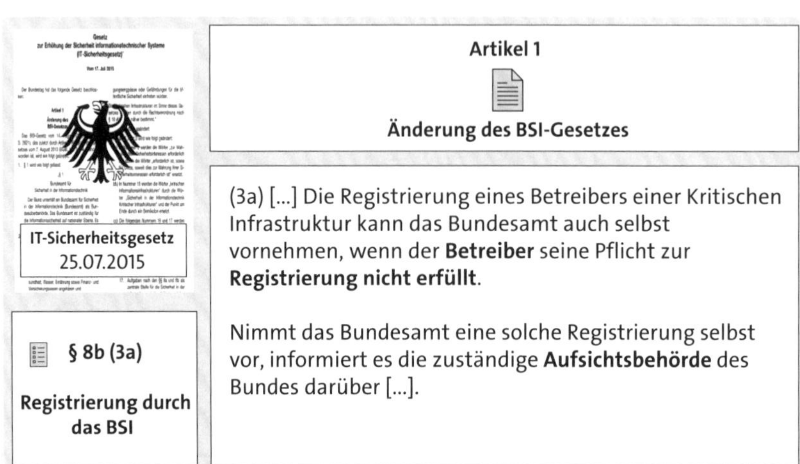

Abbildung 1.26 § 8b Abs. 3a BSIG definiert die Registrierungspflicht.

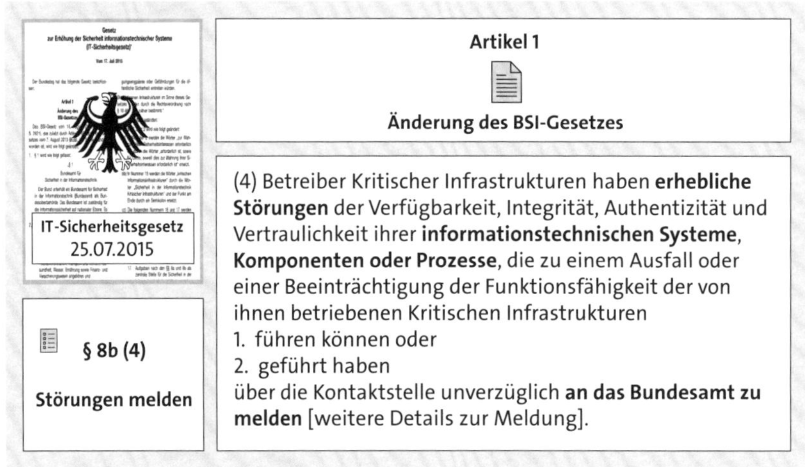

Abbildung 1.27 § 8b Abs. 4 BSIG definiert die Pflicht, Störungen zu melden.

Über **§ 8b Abs. 5 BSIG** (siehe Abbildung 1.28) erhielten Betreiber die Möglichkeit, eine gemeinsame übergeordnete Ansprechstelle zu benennen, die kurz mit *GÜAS* bezeichnet werden. In Abschnitt 7.6, »Gemeinsame übergeordnete Ansprechstelle (GÜAS)«, finden Sie weitere Informationen zur GÜAS.

Schon im Jahr 2015 war **§ 8b Abs. 6 BSIG** (siehe Abbildung 1.29) definiert, wie das BSI Hersteller von informationstechnischen Produkten und Systemen zur Beseitigung von Störungen auffordern kann.

Mit Abbildung 1.29 haben wir uns die aus meiner Sicht relevantesten Änderungen für das damalige BSIG angesehen. Prüfen Sie am besten Ihr Wissen gleich mit der folgenden Prüfungsfrage.

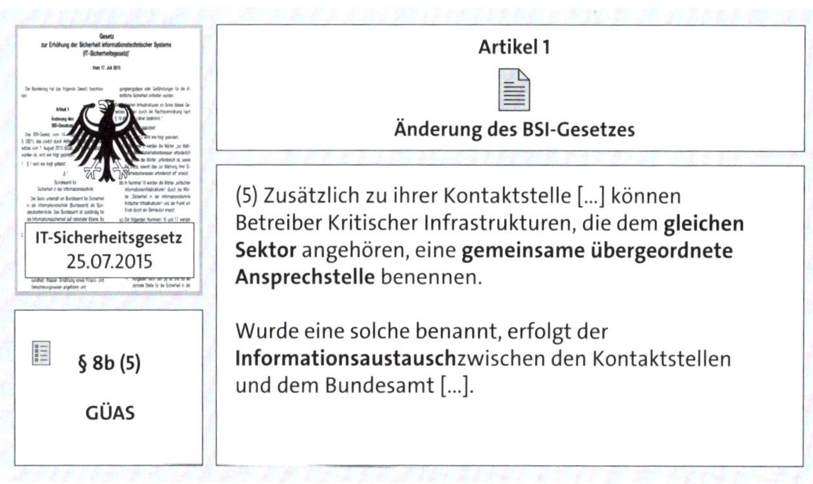

Abbildung 1.28 § 8b Abs. 5 BSIG ermöglicht es den Betreibern, eine GÜAS zu benennen.

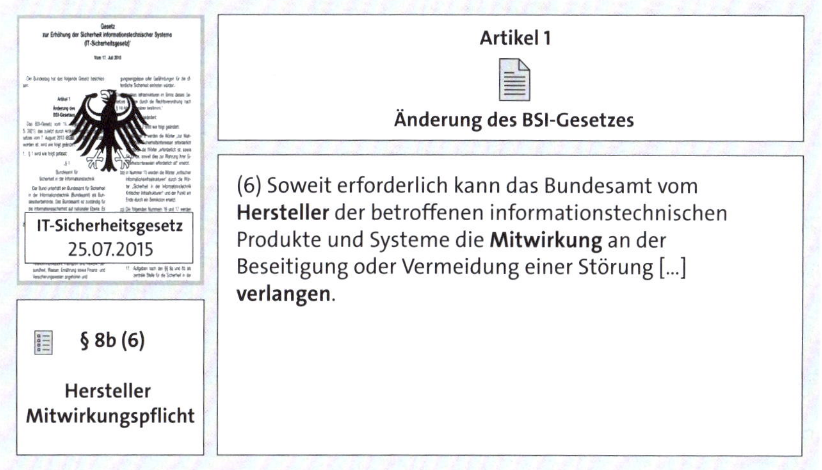

Abbildung 1.29 § 8b Abs. 6 BSIG erlaubt es dem BSI, von den Herstellern die Beseitigung oder Vermeidung von Störungen zu verlangen.

F-01-3: Welche Punkte werden im IT-Sicherheitsgesetz (IT-SiG) geregelt?

a) Meldepflichten und Informationsrechte

b) Erweiterte Kompetenzen des BSI

c) Die Zusammenarbeit zwischen Bund und Ländern

d) Verpflichtungen von Betreibern zur Umsetzung von Sicherheitsmaßnahmen

Diese zuvor genannten Änderungen betrafen das BSIG. Das IT-Sicherheitsgesetz enthielt in Artikel 3 diejenigen Änderungen, die das Energiewirtschaftsgesetz (EnWG) betrafen. Auf diese gehe ich im nächsten Abschnitt ein.

1.2.2 Änderungen im Energiewirtschaftsgesetz (EnWG)

In diesem Abschnitt möchte ich Ihnen zwei wichtige Änderungen zeigen, die durch das IT-Sicherheitsgesetz 2015 in Kraft traten und in das Energiewirtschaftsgesetz (EnWG) einfließen sollten.

In Abbildung 1.30 sehen Sie den Artikel 3 des IT-Sicherheitsgesetzes, der die gezeigten beiden Änderungen an **§ 11 EnWG** umfasst. Ich konzentriere mich dabei bewusst nur auf die beiden Absätze 1a und 1b in § 11 EnWG, weil die Bundesnetzagentur später für diese beiden Absätze jeweils einen IT-Sicherheitskatalog veröffentlicht hat.

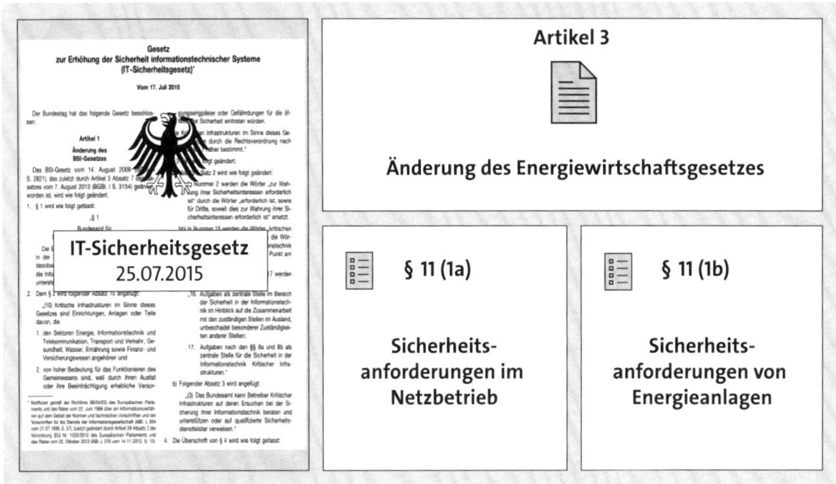

Abbildung 1.30 Artikel 3 des IT-Sicherheitsgesetzes von 2015 änderte Paragrafen des Energiewirtschaftsgesetzes.

Für die Änderungen in § 11 gebe ich auszugsweise hier einen kurzen Überblick:

- Was für die meisten KRITIS-Betreiber der § 8a Abs. 1 BSIG war, war für die Netzbetreiber im Sektor Energie der § 11 Abs. 1a EnWG.
- Auch diese Betreiber mussten spätestens zwei Jahre nach Inkrafttreten der Rechtsverordnung einen angemessenen Schutz ihrer Telekommunikations- und elektronischen Datenverarbeitungssysteme umgesetzt haben und diesen nachweisen.
- Für diese Betreiber erstellte die *Bundesnetzagentur* (BNetzA) einen eigenen Katalog von Sicherheitsanforderungen, der auch als *IT-Sicherheitskatalog* oder *IT-SiKat* bezeichnet wird.

Die Änderungen an **§ 11 Abs. 1b EnWG** möchte ich Ihnen an dieser Stelle in Abbildung 1.31 zitieren: Sie gelten für Betreiber von Energieanlagen, die durch die Rechtsverordnung als Kritische Infrastruktur bestimmt wurden und an ein Energieversorgungsnetz angeschlossen sind.

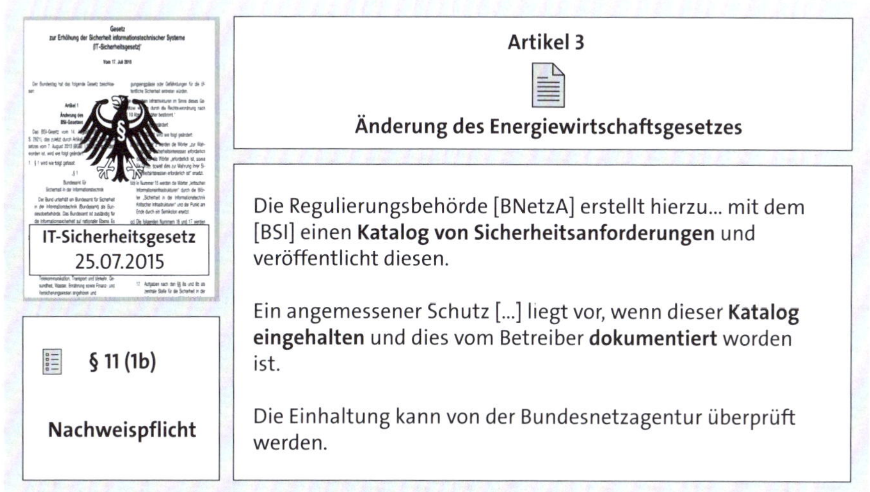

Abbildung 1.31 Auszug aus der Ergänzung von Abs. 1b in § 11 EnWG (IT-SiG, 2015)

Betreiber von Energieanlagen erhalten darüber hinaus die Aufgabe, innerhalb von zwei Jahren angemessene Schutzmaßnahmen aufzubauen. Außerdem sehen wir die Aufgabe der Bundesnetzagentur, gemeinsam mit dem BSI einen Katalog von Sicherheitsanforderungen (später auch IT-Sicherheitskatalog bezeichnet) aufzubauen. Dieser soll Betreibern dabei helfen, einen angemessenen Schutz umzusetzen. Auch kann die BNetzA diese Umsetzung kontrollieren.

Dieser *IT-Sicherheitskatalog* ist seitdem Prüfgrundlage für KRITIS-Audits im Energie-Sektor, und die Nachweiserbringung erfolgt durch eine Zertifizierung nach dem IT-Sicherheitskatalog.

Zum IT-Sicherheitskatalog finden Sie zusätzliche Informationen in Kapitel 3, »Die IT-Sicherheitskataloge (IT-SiKat) für den Sektor Energie«.

Sobald alle Gesetzesänderungen aus einem Artikelgesetz in die jeweiligen Gesetze eingearbeitet sind, hat es seinen Zweck erfüllt. Weitere Aufgaben hat ein Artikelgesetz nicht. Somit hatte das IT-Sicherheitsgesetz von 2015 anschließend keine weiteren Aufgaben zu erfüllen.

Im nächsten Abschnitt zeige ich Ihnen ein weiteres relevantes Artikelgesetz, das »Gesetz zur Umsetzung der Richtlinie (EU) 2016/1148«.

1.3 Das Gesetz zur Umsetzung der NIS-Richtlinie

Im Juni 2017 wurde das Gesetz zur Umsetzung (*NIS-Umsetzungsgesetz* (8)) der europäischen »Richtlinie zur Gewährleistung einer hohen Netzwerk- und Informationssicherheit (NIS-Richtlinie (9))« verkündet. Die NIS-Richtlinie war bereits im Juni 2016 vom Europäischen Parlament und vom Europäischen Rat verabschiedet worden (10).

In Abbildung 1.32 zeige ich Ihnen das Europäische Parlament in Brüssel, in dem – zusätzlich zum Hauptsitz in Straßburg – ebenfalls Plenartagungen stattfinden. (Das Foto gelang mir während eines Urlaubs im Sommer 2023, und ich kann die Stadt absolut empfehlen.)

Abbildung 1.32 Das Europäische Parlament in Brüssel

Das Ziel dieser europäischen Richtlinie war die Gewährleistung eines hohen gemeinsamen Sicherheitsniveaus von *Netz- und Informationssystemen (NIS)* in der Europäischen Union.

Die Richtlinie dient als einheitlicher Rechtsrahmen für den EU-weiten Aufbau nationaler Kapazitäten für die Cyber-Sicherheit und eine stärkere Zusammenarbeit der Mitgliedstaaten. Die Richtlinie enthält Mindestsicherheitsanforderungen und Meldepflichten für Kritische Infrastrukturen. Die Richtlinie musste von den Mitgliedstaaten der Europäischen Union bis Mai 2018 in nationales Recht umgesetzt werden.

Da Deutschland bereits im Juli 2015 das IT-Sicherheitsgesetz verabschiedet hatte, in dem schon die Regeln für die Zusammenarbeit von Staat und KRITIS-Betreibern und umzusetzende Anforderungen an den »Stand der Technik« definiert worden waren sowie ein Meldeprozess etabliert worden war, konnten die noch fehlenden Themen schnell ergänzt werden:

- Zu diesen offenen Themen gehörten erweiterte Aufsichts- und Durchsetzungsbefugnisse des BSI gegenüber den KRITIS-Betreibern.
- Vollkommen neu hinzu kamen lediglich Regelungen für Anbieter digitaler Dienste.

Das NIS-Umsetzungsgesetz ist wie das IT-Sicherheitsgesetz ein *Artikelgesetz* das Änderungen an mehreren Gesetzen definiert. Auch im NIS-Umsetzungsgesetz wurden Änderungen für das BSIG in Artikel 1 und Änderungen für das Energiewirtschaftsgesetz (EnWG) im Artikel 3 definiert.

In Abbildung 1.33 zeige ich Ihnen die sechs Artikel des NIS-Umsetzungsgesetz von 2017.

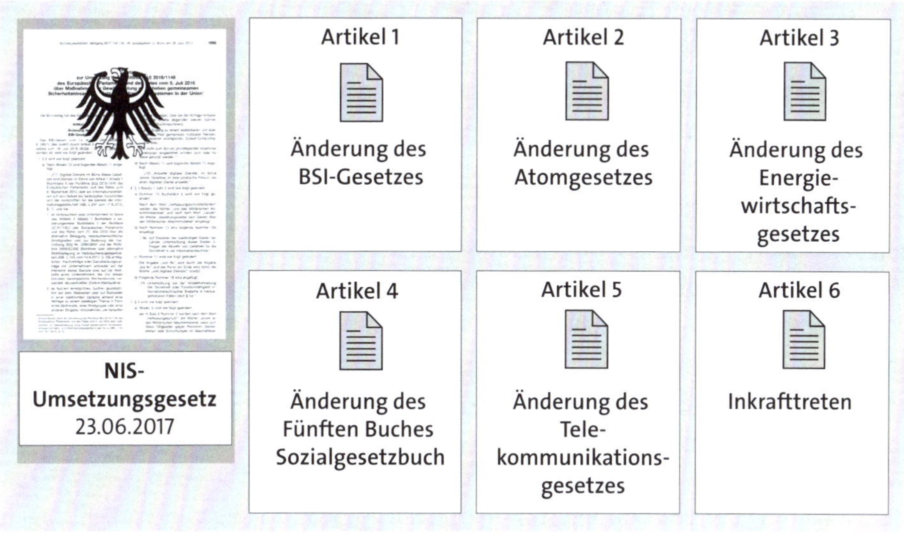

Abbildung 1.33 Die Artikel des NIS-Umsetzungsgesetzes

In Abbildung 1.34 sehen Sie Artikel 1 des NIS-Umsetzungsgesetz sehen, der die Änderungen für das BSI-Gesetz definierte.

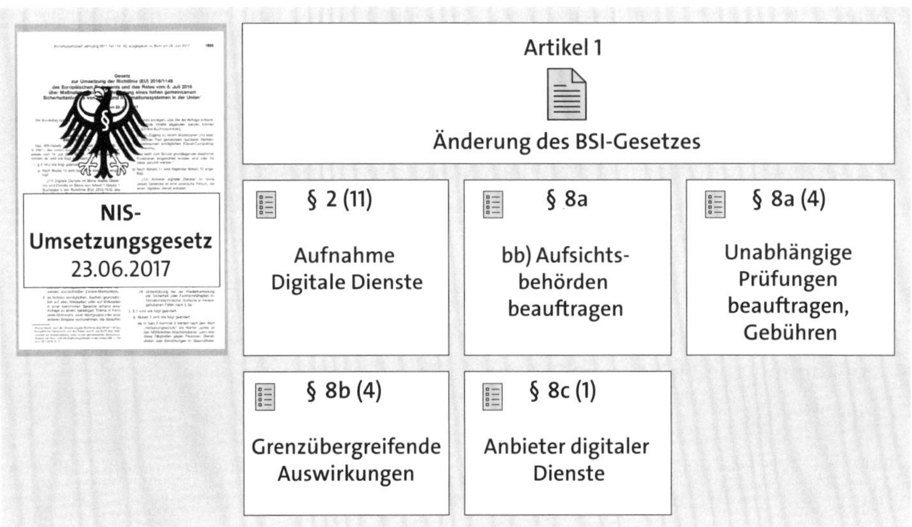

Abbildung 1.34 Artikel 1 des NIS-Umsetzungsgesetzes enthält die Änderungen an den Paragrafen des BSIG.

Im **BSIG** wurden in **§ 2 Abs. 11** die *digitalen Dienste* durch das NIS-Umsetzungsgesetz ergänzt. In **§ 8a** erhielt das BSI die Möglichkeit, Aufsichtsbehörden zu beauftragen, um bei Mängeln unterstützend mitzuwirken.

Aufgrund von **§ 8a Abs. 4** konnte das BSI nun unabhängige Dritte damit beauftragen, bei KRITIS-Betreibern eine zusätzliche Überprüfung oder eine Sonderprüfung durchzuführen. Auch die Gebühren für diese zusätzlich durch das BSI beauftragten Prüfungen wurden in diesem Absatz ergänzt.

Mit den Änderungen an **§ 8b Abs. 4** traten außerdem Anforderungen an die Informationssicherheit bei mögliche Störungen im grenzübergreifenden Miteinander der Mitgliedsstaaten in Kraft. In **§ 8c Abs. 1** kamen Anforderungen an die Anbieter digitaler Dienste hinzu.

Den Gesetzestext zur Prüfung durch unabhängige Dritte (**§ 8a Abs. 4 BSIG**) möchte ich Ihnen in stark gekürzter Form in Abbildung 1.35 zeigen. Im letzten Satz finden wir auch das Thema Gebühren, die nur fällig werden, wenn das BSI berechtigte Zweifel an der Einhaltung der gesetzlichen Anforderungen zur Umsetzung von Vorkehrungen erkennt.

Für Betreiber im Energie-Sektor wurden die Meldepflichten in **§ 11 Abs. 1c EnWG** konkretisiert (siehe Abbildung 1.36).

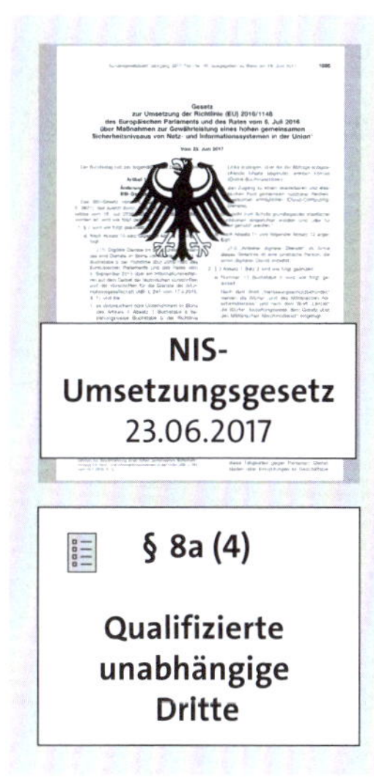

Das [BSI] kann beim [Betreiber] die Einhaltung der Anforderungen [...] überprüfen; es kann sich bei der Durchführung eines **qualifizierten unabhängigen Dritten** bedienen.

- Der [Betreiber] hat dem [BSI] und den in dessen Auftrag handelnden Personen [...] das **Betreten** der **Geschäfts-und Betriebsräume** [...] zu gestatten und auf Verlangen [...] Aufzeichnungen, Schriftstücke und sonstigen Unterlagen [...] vorzulegen, Auskunft zu erteilen und die [...] Unterstützung zu gewähren.
- Für die Überprüfung erhebt das [BSI] **Gebühren** [...] nur, sofern [...] berechtigte Zweifel an der Einhaltung der Anforderungen [...] [bestehen].

Abbildung 1.35 Die Ergänzung von § 8a Abs. 4 BSIG im NIS-Umsetzungsgesetz von 2017

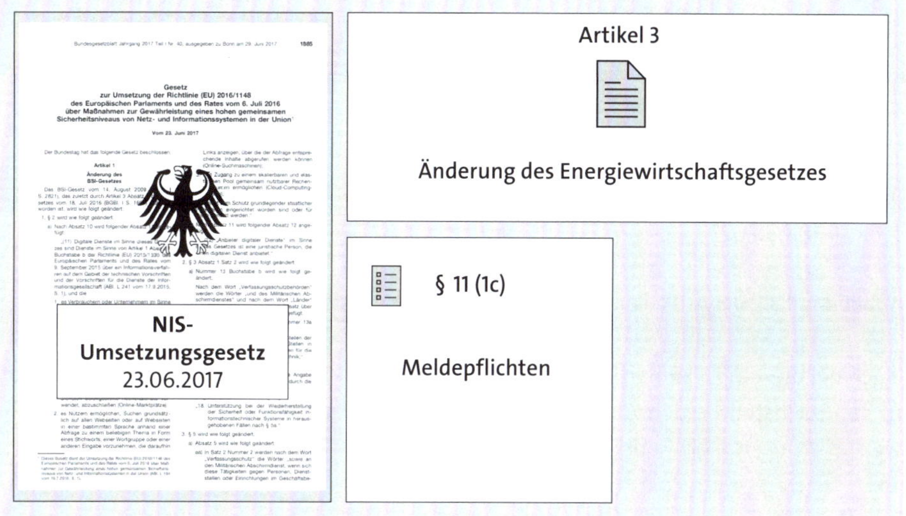

Abbildung 1.36 Artikel 3 des NIS-Umsetzungsgesetzes enthält die Änderungen an Paragrafen des Energiewirtschaftsgesetzes.

Mit der Einarbeitung der Anforderungen aus der NIS-Richtlinie in die deutschen Gesetze waren die organisatorischen Aufgaben für Deutschland umgesetzt.

Die Gesetzesanpassungen zeigten sich im »IT-Sicherheitsgesetz 2.0«, auf das ich im nächsten Abschnitt eingehen möchte.

1.4 Das IT-Sicherheitsgesetz 2.0

Am 18. Mai 2021 beschloss der Bundestag das »Zweite Gesetz zur Erhöhung der Sicherheit informationstechnischer Systeme (11)«.

Dieses IT-Sicherheitsgesetz, das auch mit der Ergänzung »2.0« zitiert wird, definierte mehrere Ergänzungen und Konkretisierungen im BSIG.

In Abbildung 1.37 zeige ich Ihnen das zweite IT-Sicherheitsgesetz mit den wichtigsten Artikeln. Sie können erkennen, dass dieses Artikelgesetz viel weniger Gesetze umfasste als sein Vorgänger aus dem Jahr 2015.

In Artikel 1 befinden sich die Änderungen für das BSI-Gesetz und im Artikel 3 die Änderungen für das Energiewirtschaftsgesetz.

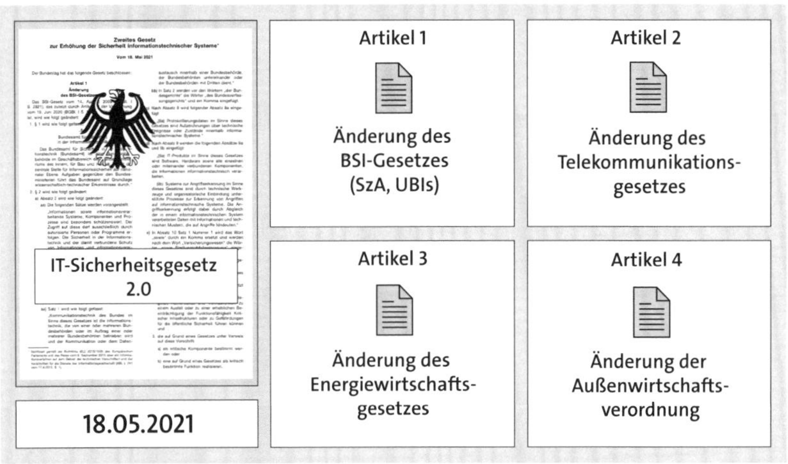

Abbildung 1.37 Die Artikel des zweiten IT-Sicherheitsgesetzes

Auch bei diesem IT-Sicherheitsgesetz möchte ich mit Ihnen gemeinsam diese Artikel in den nächsten beiden Abschnitten etwas genauer ansehen, da diese in der Nachweisprüfung eine größere Rolle spielen.

1.4.1 Änderungen im BSIG

In diesem Abschnitt betrachten wir die Änderungen, die für das BSIG in Artikel 1 des IT-Sicherheitsgesetzes 2.0 (*IT-SiG 2.0*) definiert sind. In Abbildung 1.38 habe ich für Sie die acht Stellen der Änderungen herausgepickt, die ich besonders interessant finde.

Als wesentlich möchte ich dabei die

- *Systeme zur Angriffserkennung* (SzA),
- den Sektor *Siedlungsabfallentsorgung* sowie die
- UBIs (*Unternehmen im besonderen öffentlichen Interesse*)

hervorheben. In den folgenden Abbildungen zeige ich Ihnen auszugsweise die Inhalte dieser Neuerungen.

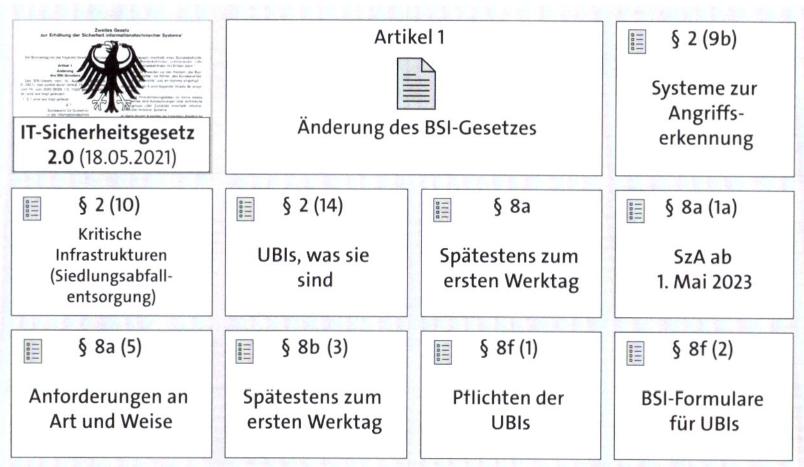

Abbildung 1.38 Artikel 1 des IT-Sicherheitsgesetzes 2.0 enthält die Änderungen an den Paragrafen des BSIG.

In **§ 2 Abs. 9b BSIG** finden wir die Definition von Systemen zur Angriffserkennung (siehe Abbildung 1.39) und sehen die Anforderungen, die ein KRITS-Betreiber umzusetzen hat.

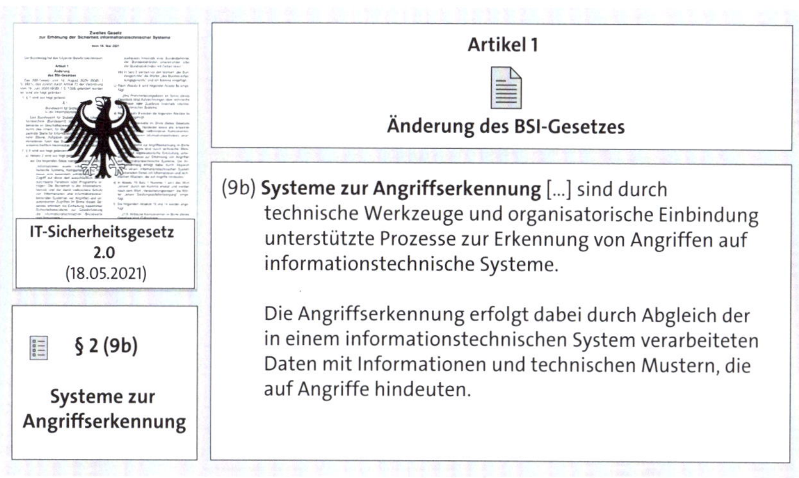

Abbildung 1.39 Das IT-SiG 2.0 von 2021 ergänzte Abs. 9b in § 2 BSIG.

Da Zitate aus Gesetzen jedoch recht anstrengend zu lesen sind, habe ich mich entschieden, Ihnen auch in diesem Abschnitt die relevanten Stellen stark gekürzt in Abbildungen zusammenzustellen.

In **§ 2 Abs. 10 BSIG** wurde der Sektor Siedlungsabfallentsorgung ergänzt (siehe Abbildung 1.40).

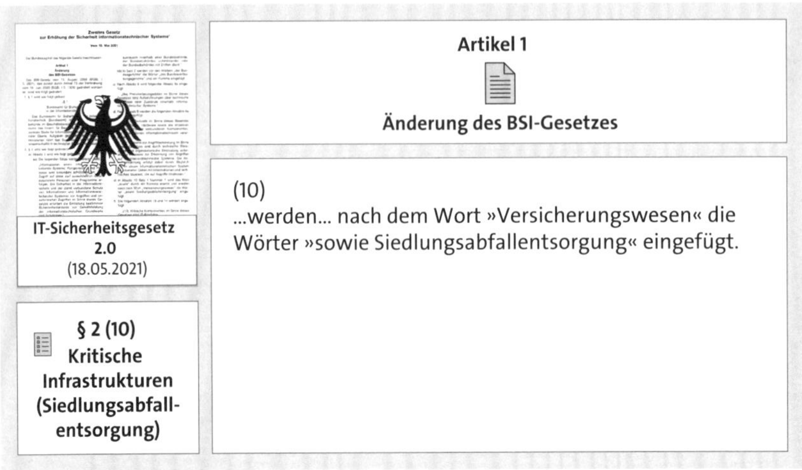

Abbildung 1.40 Das IT-SiG 2.0 von 2021 zählte auch die Siedlungsabfallentsorgung zur kritischen Infrastruktur hinzu.

In **§ 2 Abs. 14 BSIG** wurden zusätzlich auch die Unternehmen aufgenommen, die im besonderen öffentlichen Interesse stehen (UBIs). In Abbildung 1.41 zeige ich Ihnen den umfangreichen Gesetzestext zu UBIs stark gekürzt. Weitere Informationen zu UBIs habe ich für Sie in Abschnitt 2.8, »Unternehmen im besonderen öffentlichen Interesse (UBIs)«, aufbereitet.

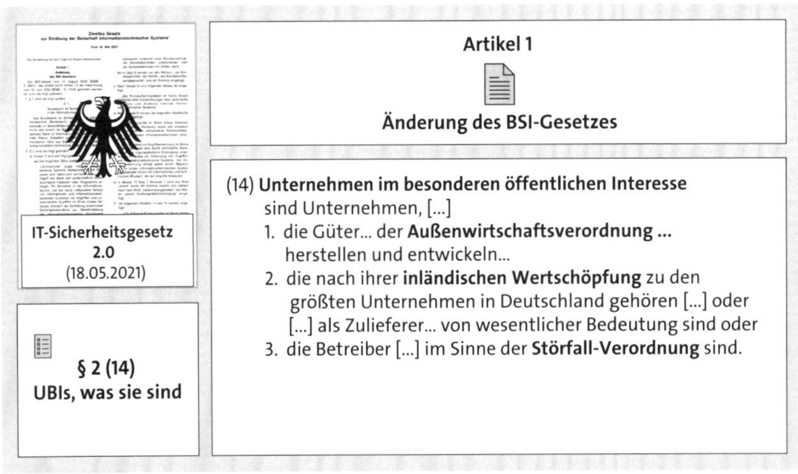

Abbildung 1.41 Mit § 2 Abs. 14 BSIG führte das IT-SiG 2.0 auch die UBIs ein.

In **§ 7b BSIG, »Detektion von Sicherheitsrisiken für die Netz- und IT-Sicherheit und von Angriffsmethoden«**, finden wir viele hilfreiche Hinweise. Ich möchte hier nur den Verweis auf diesen Paragrafen geben und Ihnen empfehlen, diesen einmal zu studieren. Die Ergänzungen für ihn sind sehr umfangreich und würden die Zielsetzung dieses Buches sprengen.

In **§ 8a** erkennen wir die Änderung an den bisherigen Fristen zur Umsetzung von Sicherheitsmaßnahmen. Bisher galt eine Zweijahresfrist, aber mit der Einarbeitung dieses Artikels in das BSIG verkürzt sich diese Frist auf den nächsten Werktag.

Das bedeutet: Alle Betreiber, die vermuten, ein KRITIS-Betreiber zu sein, sollten umgehend mit der Umsetzung von Sicherheitsmaßnahmen beginnen, wenn sie dies noch nicht getan haben!

Die Änderung für **§ 8a BSIG** zeige ich Ihnen gekürzt in Abbildung 1.42.

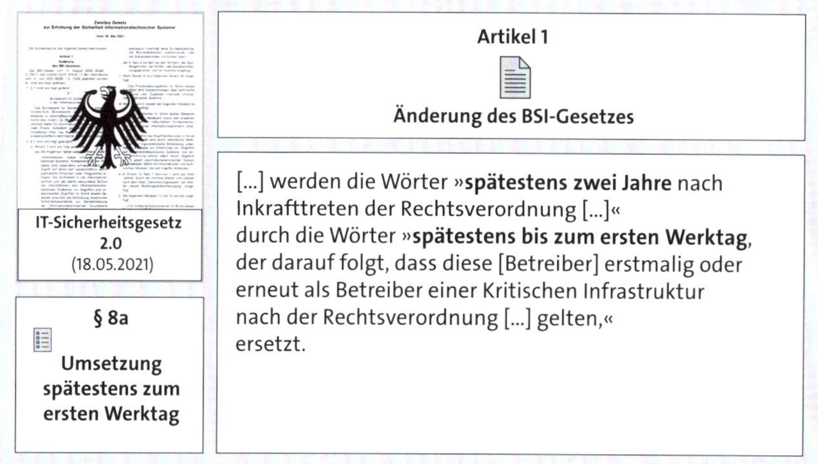

Abbildung 1.42 Durch das IT-SiG 2.0 wurde die Frist für die Umsetzung von Sicherheitsmaßnahmen erheblich verkürzt!

F-01-4: Zu welchem Zeitpunkt müssen Betreiber Kritischer Infrastrukturen Sicherheitsvorkehrungen nach dem BSIG umgesetzt haben?

a) Spätestens 6 Monate nach Veröffentlichung der BSI-Kritisverordnung

b) Spätestens 2 Jahre nach Veröffentlichung der BSI-Kritisverordnung

c) Spätestens bis zum ersten Werktag, der darauf folgt, dass diese erstmalig oder erneut KRITIS-Betreiber sind.

d) Spätestens, wenn eine Störmeldung beim BSI eingereicht werden soll.

In **§ 8a Abs. 1a** können wir die Anforderung nachlesen, Systeme zur Angriffserkennung umzusetzen. Für Betreiber im Energie-Sektor galt hier eine kürzere Frist bis zum 1. Mai 2023 (siehe Abbildung 1.48 im Abschnitt 1.4.2 »Änderungen im EnWG«). Alle anderen KRITIS-Betreiber mussten in ihren Nachweisprüfungen ab Mai 2023 (siehe Abbildung 1.43) den Nachweis über die SzA-Umsetzung erbringen.

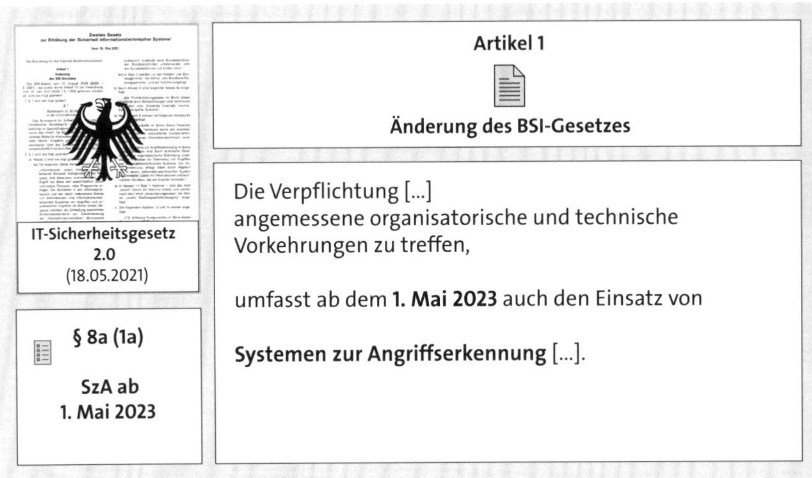

Abbildung 1.43 Das IT-SiG 2.0 ergänzte Abs. 1a in § 8a BSIG.

§ 8a Abs. 5 (siehe Abbildung 1.44) räumte dem Bundesamt die Befugnis ein, selbst Anforderungen an die Nachweise zu definieren, die Prüfungsstellen vorzugeben oder Dokumente nachzufordern.

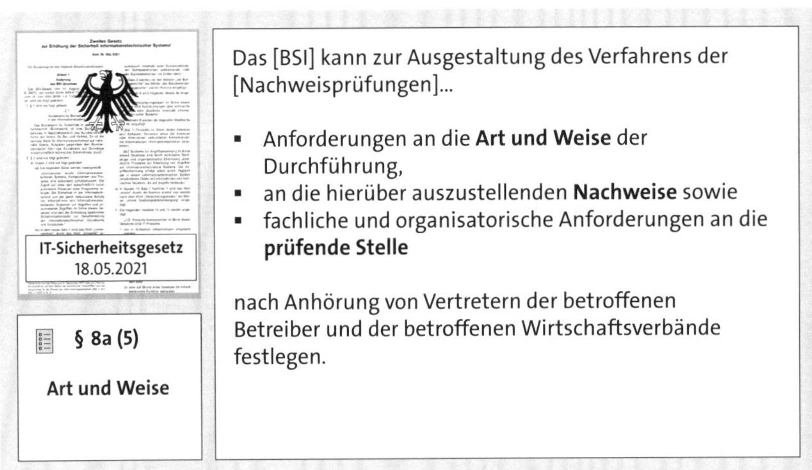

Abbildung 1.44 Das IT-SiG 2.0 ergänzte Abs. 5 in § 8a BSIG.

Durch **§ 8b Abs. 3** verkürzte sich das Melden von Kontaktstellen von bisher sechs Monaten auf den nächsten Werktag (siehe Abbildung 1.45) nach dem Tag, an dem ein Betreiber feststellt, selbst ein KRITIS-Betreiber zu sein.

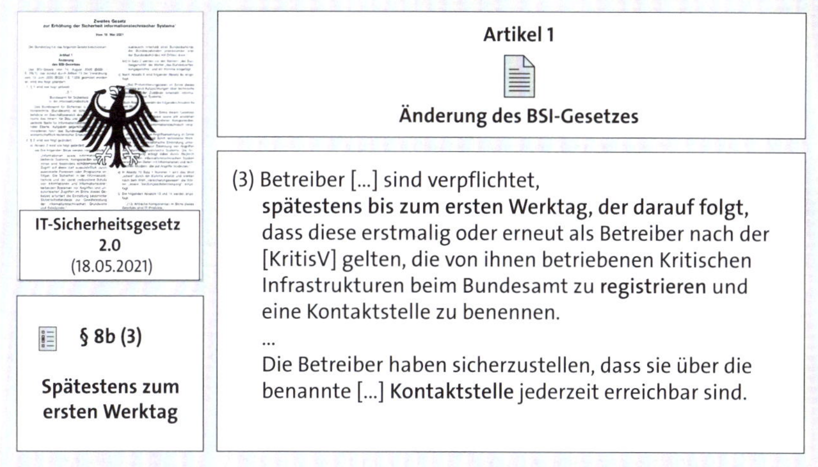

Abbildung 1.45 Das IT-SiG 2.0 ergänzte Abs. 3 in § 8b BSIG.

[/]

F-01-5: Zu welchem Zeitpunkt müssen Betreiber dem BSI eine Kontaktstelle benennen?

a) Spätestens 6 Monate nach Veröffentlichung der BSI-Kritisverordnung
b) Spätestens bis zum ersten Werktag, der darauf folgt, dass diese erstmalig oder erneut KRITIS-Betreiber sind.
c) Spätestens 2 Jahre nach Veröffentlichung der BSI-Kritisverordnung
d) Spätestens, wenn eine Störmeldung beim BSI eingereicht werden soll.

§ 8b Abs. 4a gilt dem Ablauf während erheblicher Störungen. In diesem Fall kann das BSI auch vertrauliche Informationen verlangen und bei der Störungsbewältigung unterstützen.

Für die Unternehmen, die im besonderen öffentlichen Interesse stehen (UBIs), galt ab der Veröffentlichung des geänderten BSIG die Pflicht, eine Selbsterklärung am nächsten Werktag einzureichen. Welche Art die Selbsterklärungen haben können, zeige ich Ihnen in Abbildung 1.46. Laut **§ 8f Abs. 1** sind also Zertifizierungen zur Informationssicherheit oder Sicherheitsaudits möglich, bei denen die Prüfgrundlage und der Geltungsbereich angegeben werden muss. Es wäre jedoch auch möglich, die Schutzmaßnahmen zu beschreiben, die nach dem Stand der Technik umgesetzt sein sollen.

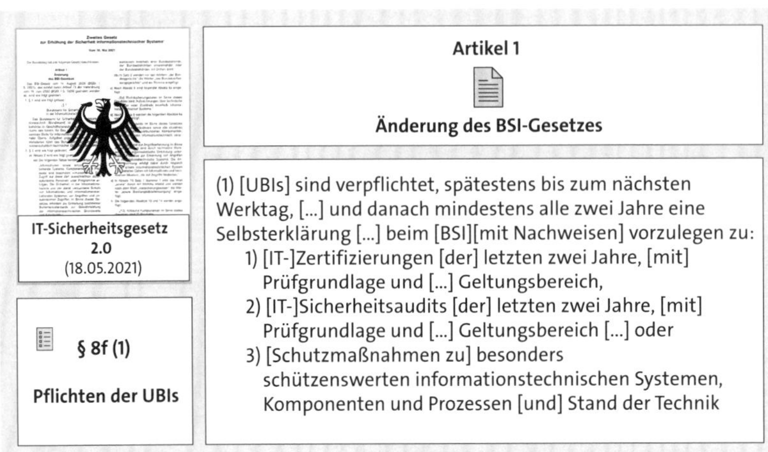

Abbildung 1.46 Das IT-SiG 2.0 ergänzte mit § 8f Abs. 1 im BSIG die Pflicht zur Selbsterklärung für UBIs.

Für UBIs stellt das Bundesamt Formulare bereit, mit deren Hilfe sie ihre Selbsterklärungen abgeben und einreichen können. Zu UBIs habe ich Ihnen in Abschnitt 2.8, »Unternehmen im besonderen öffentlichen Interesse (UBIs)«, weitere Informationen zusammengestellt. Das Formular für die Selbsterklärung der AWV-UBIs (UBI 1) können Sie in Abschnitt 6.4.9, »Selbsterklärung für AWV-UBI (UBI 1)«, ansehen.

Bereits im Juni 2021 waren die in diesem Abschnitt betrachteten Anforderungen im neuen BSIG integriert. Die Änderungen, die das Energiewirtschaftsgesetz betrafen, zeige ich Ihnen im folgenden Abschnitt.

1.4.2 Änderungen im EnWG

In diesem Abschnitt möchte ich für neue Betreiber oder Prüfer im Energie-Sektor etwas Klarheit schaffen. Ich denke, die Betreiber, die schon länger am Markt sind, kennen bereits die Gesetzesanforderungen, die bis Ende 2023 nachgewiesen werden mussten.

Es gibt zwei Arten von Betreibern im Energie-Sektor:

- Die eine Gruppe wurde durch Inkrafttreten der Rechtsverordnung als Kritische Infrastrukturen *bestimmt* (§ 11 Abs. 1d EnWG).
- Daneben gibt es Betreiber, die durch die Rechtsverordnung als Kritische Infrastrukturen *gelten*, also nicht bestimmt sind (§ 11 Abs. 1e EnWG).

Die Änderungen finden wir in Artikel 3 des zweiten IT-Sicherheitsgesetzes in den Absätzen 1d und 1e von § 11, die ich Ihnen in Abbildung 1.47 zeige.

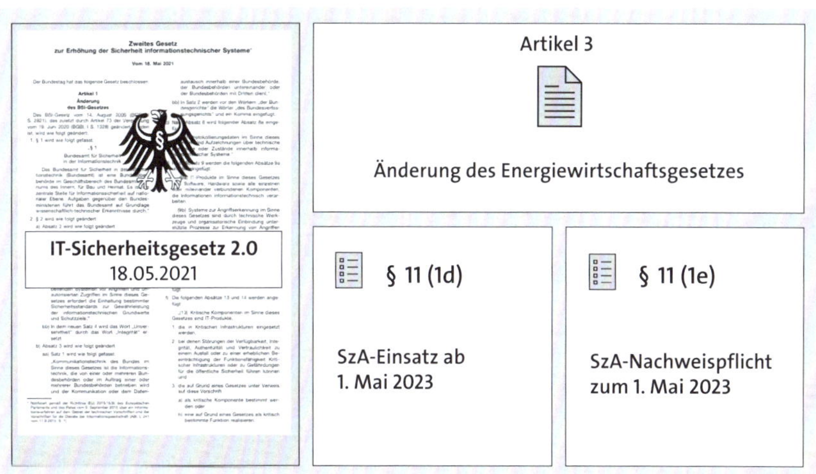

Abbildung 1.47 Artikel 3 des IT-Sicherheitsgesetzes 2.0 enthält die dargestellten Änderungen an § 11 des Energiewirtschaftsgesetzes.

Nachfolgend sehen Sie die Neuerungen für das EnWG in Abbildung 1.48.

Für die durch die KritisV lediglich *bestimmten* Betreiber gilt der Einsatz von für Systemen zur Angriffserkennung ab dem 1. Mai 2023.

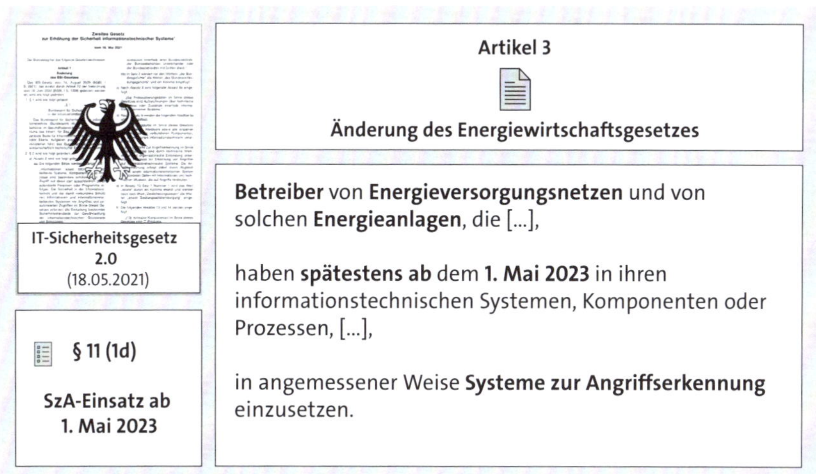

Abbildung 1.48 Ergänzung aus dem IT-Sicherheitsgesetz 2.0 von Abs. 1d in § 11 EnWG (IT-SiG 2.0, 2021)

Für die Betreiber, die darüber hinaus anhand der Rechtsverordnung als KRITIS-Betreiber *gelten*, lief die erste Frist zur Nachweiserbringung am 1. Mai 2023 aus. In Abbildung 1.49 sehen Sie den Unterschied: Die erste Gruppe der Betreiber musste Systeme zur Angriffserkennung nur *einsetzen*, die zweite Gruppe musste diese Systeme am 1. Mai 2023 dem BSI gegenüber sogar *nachweisen*.

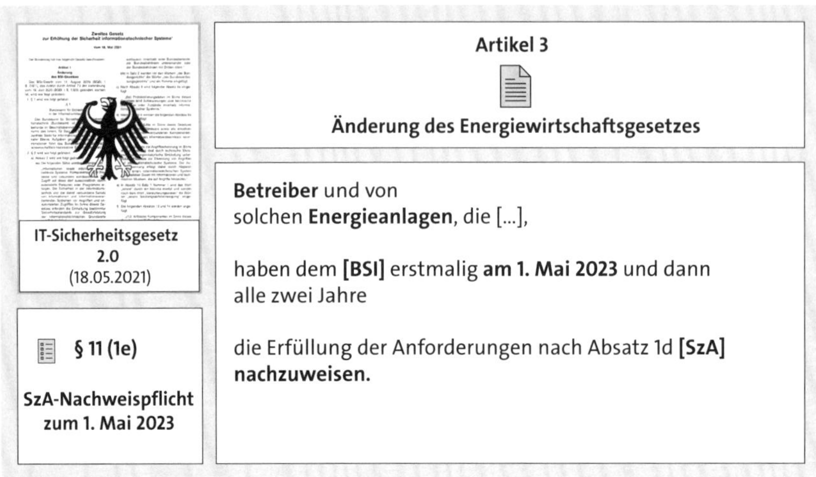

Abbildung 1.49 Ergänzung aus dem IT-Sicherheitsgesetz 2.0 von Abs. 1e in § 11 EnWG (IT-SiG 2.0, 2021)

Wir stellen fest: Diese Betreiber sind auch zukünftig zu regelmäßigen Nachweisprüfungen gesetzlich verpflichtet. Zu dieser Gruppe zählen alle Betreiber von Energieversorgungsnetzen, unabhängig von ihren Bemessungskriterien und Schwellenwerten aus der BSI-Kritisverordnung.

1.5 Die NIS-2-Richtlinie

In diesem Abschnitt gehe ich kurz auf die NIS-2-Richtlinie ein, die am 14. Dezember 2022 als zweite europäische *Richtlinie über Maßnahmen für ein hohes gemeinsames Cybersicherheitsniveau in der Union* ((12), Artikel 21, Abs. 5) vom Europäischen Parlament und dem Rat der Europäischen Union verabschiedet wurde.

Hinweis zum Begleitmaterial

Die Richtlinie (EU) 2022/255 vom 14. Dezember 2022 finden Sie im Dokument:

- 2022-12_NIS-2-RL_DE

Die Mitgliedsstaaten müssen diese Richtlinie, die auch als *NIS-2* bezeichnet wird, bis zum 17. Oktober 2024 in eine Rechtsverordnung umsetzen und veröffentlichen. Ab dem 18. Oktober 2024 sind die Vorschriften anzuwenden ((12), Artikel 41, Abs. 1).

Die Anforderungen betreffen technische und methodische Anforderungen an Maßnahmen. Betroffen sind unterschiedliche Anbieter, die Sie in der folgenden Auflistung sehen:

- DNS-Dienstanbieter
- TLD-Namensregister
- Cloud-Computing-Dienstleister
- Anbieter von Rechenzentrumsdiensten
- Betreiber von Inhaltszustellnetzen
- Anbieter von verwalteten Diensten
- Anbieter von verwalteten Sicherheitsdiensten
- Anbietern von Online-Marktplätzen
- Online-Suchmaschinen
- Plattformen für Dienste sozialer Netzwerke und
- Vertrauensdiensteanbieter

Außerdem werden angemessene und verhältnismäßige Korrekturmaßnahmen für Einrichtungen gefordert, die ihre Maßnahmen nicht umsetzen. Unter Korrekturmaßnahmen können wir Bußgelder verstehen.

Die Bußgelder sollen wirksam, verhältnismäßig und abschreckend sein ((12), Artikel 34, Abs. 8). Dabei betragen die Bußgelder bis zu 10.000.000 € oder haben einen Höchstbetrag von mindestens 2 % des gesamten weltweiten Umsatzes, den das Unternehmen im vorangegangenen Geschäftsjahr getätigt hat ((12), Artikel 34, Abs. 4).

Abbildung 1.50 Die »Sektoren mit hoher Kritikalität«, die in der NIS-2-Richtlinie bestimmt sind

In Kapitel 1 der NIS-2-Richtlinie finden Sie die Liste der *Sektoren mit hoher Kritikalität*, die ich Ihnen in Abbildung 1.50 dargestellt habe.

Sie können in der NIS-2-Richtlinie Sektoren erkennen, die bisher nicht zu den kritischen Sektoren gehörten. So finden Sie beispielsweise nun auch die Sektoren *Weltraum, digitale Infrastruktur* und *öffentliche Verwaltung*.

Die Umsetzung fordert deshalb strukturelle Änderungen im BSIG und eine neue Rechtsverordnung. Durch die NIS-2-Richtlinie werden außerdem weitere Sektoren nachweispflichtig.

In Kapitel 2 der NIS-2-Richtlinie können wir zusätzlich die Liste der *sonstigen kritischen Sektoren* finden, die ich Ihnen in Abbildung 1.51 zeige. Sie sehen hier beispielsweise *verarbeitendes Gewerbe / Herstellung, Post- und Kurierdienste* und die *Produktion chemischer Stoffe*.

Abbildung 1.51 Die »sonstigen kritischen Sektoren«, die in der NIS-2-Richtlinie bestimmt sind

Auch hier wird interessant sein, wie sich die *sonstigen kritischen Sektoren* im BSIG und in der neuen Rechtsverordnung wiederfinden. Für die Unternehmen, die bis 2023 nachweispflichtig waren, wird sich erst einmal auch in Zukunft nichts ändern.

Mich interessiert außerdem: Woher werden die benötigen Prüfer und Auditoren kommen, wenn diese nicht zeitnah geschult werden können?

Meine zweite Frage lautet: Wie können Sektoren Bußgelder (siehe Abschnitt 13.5, »Bußgelder«) vermeiden, die für zu spät eingereichte Nachweise drohen, wenn die Verspätungen lediglich aufgrund fehlender Prüfer eintreten?

Über NIS-2 kommen zwei Beurteilungs- und Bewertungskriterien auf Betreiber zu: einmal auf qualitativer Ebene und auf der anderen Seite die quantitative Sicht.

Betreiber können *qualitativ prüfen*, ob ihre eigene Branche überhaupt aufgelistet ist. Da der Versorgungsumfang auf EU-Ebene definiert ist, können Betreiber *quantitativ prüfen*, ob sie selbst diesen Umfang erreichen. Wichtig ist, beide Kriterien zu berücksichtigen.

Wir können Cybersicherheit nicht nur national denken, sondern müssen dies auch auf EU-Ebene tun. Letztlich muss jeder KRITIS-Betreiber mit seiner Rechtsberatung abklären, ob er von NIS-2 betroffen ist.

Die NIS-2-Richtlinie war zu dem Zeitpunkt, als dieses Buch entstand, noch nicht vollständig in deutsches Gesetz eingeflossen. Welche rechtlichen Anforderungen bereits bestehen, können Sie im BSIG nachlesen. Das BSI-Gesetz sehen wir uns im nächsten Abschnitt an.

1.6 Das BSI-Gesetz (BSIG)

Nachdem im Jahr 2015 das IT-Sicherheitsgesetz veröffentlicht worden war, übertrug das BSI die relevanten Stellen in das BSIG. Anschließend wurde es vom Bundestag verabschiedet.. Genau dieser Zeitpunkt war der Startschuss unserer aktuellen Nachweisprüfungen für KRITIS-Betreiber.

Mittlerweile gab es weitere Aktualisierungen des BSIG, und ich möchte die Fassung, die zum 23. Juni 2021 (BSIG (1)) in Kraft trat, neben den bisher im Buch vorgestellten Ergänzungen berücksichtigen. Sie finden das BSIG aus dem Jahr 2021 im Begleitmaterial.

Hinweis zum Begleitmaterial

Das BSI-Gesetz vom 23. Juni 2021 finden Sie im Dokument:

- 2021-06_BSIG

Da ich das BSI-Gesetz in diesem Buch an vielen Stellen zitiere, ist es mir wichtig, Ihnen seinen aktuellen Aufbau zu erläutern.

In Abbildung 1.52 zeige ich Ihnen einige Paragrafen des 2021er-BSIG mit ihren jeweiligen Schwerpunkten. In dieser Fassung des BSIG galten die Neuerungen vor allem den neuen Begriffen, den Sektoren, der BSI-Meldestelle und den Nachweisprüfungen.

Die Änderungen, die 2021 in Kraft traten, umfassten zum Beispiel »Systeme zur Angriffserkennung« und »Unternehmen im besonderen öffentlichen Interesse« (UBIs). Auch verkürzten sich die Fristen für Meldungen, Umsetzungen und Nachweise für KRITIS-Betreiber, die zukünftig erstmals den Schwellenwert eines definierten Versorgungsgrads überschreiten. Vorher hatten die Betreiber eine Meldefrist von sechs Monaten beziehungsweise eine Nachweisfrist von zwei Jahren einzuhalten. Mit Inkrafttreten des neuen BSIG waren diese Fristen auf den nächsten Werktag vorgezogen.

Für Nachweisprüfer gilt vor allem **§ 8a BSIG**.

Abbildung 1.52 Die geänderten Paragrafen, die mit dem BSI-Gesetz vom Juni 2021 in Kraft traten

Für Betreiber besteht die Möglichkeit, eine *gemeinsame übergeordnete Ansprechstelle* (GÜAS) zu bestimmen. Den Gesetzestext dazu sehen Sie in Abbildung 1.53. Diese Möglichkeit eignet sich für Betreiber, die intern keine ständig erreichbare Kontaktstelle für das BSI bereitstellen können.

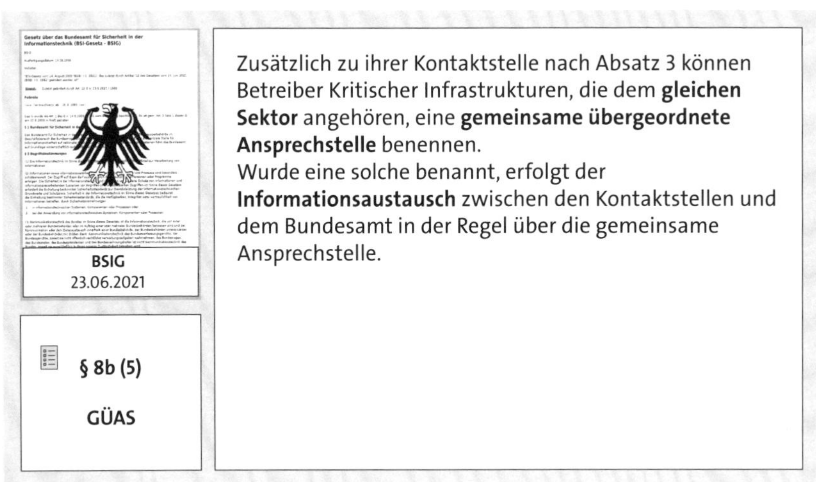

Abbildung 1.53 § 8b Abs. 5 BSIG 2021 definiert die GÜAS.

Den *Bußgeld-Paragrafen* (§ 14 BSIG) unterschlug ich Ihnen in Abbildung 1.52 absichtlich, weil ich auf ihn gesondert eingehen möchte.

In Abbildung 1.54 sehen Sie einen groben Überblick über diesen Paragrafen. Die oberste Zeile zeigt Ihnen zwei Absätze. Im ersten Absatz, den ich unterlegt habe, wird der Begriff *Ordnungswidrigkeit* definiert.

Im zweiten Absatz finden wir die elf Verstöße, die zu einem Bußgeld führen. In der Abbildung beschränkte ich mich jedoch auf acht Verstöße. Wie hoch die Bußgelder sein können und welche Verstöße definiert sind, habe ich in Abschnitt 13.5, »Bußgelder«, für Sie aufbereitet.

Abbildung 1.54 § 14 – die Bußgeldvorschriften im BSIG vom Juni 2021

Das **BSIG in der Fassung von 2024** erhält durch die Anforderungen der NIS-2-Richtlinie auch eine neue Struktur. Die Themen werden dort kapitelweise dargestellt, wie ich Ihnen in Abbildung 1.55 zeige.

Für die Nachweisprüfungen sehe ich die größten Änderungen und die größte Relevanz in **Teil 3**: Die Nachweispflicht wird nicht mehr in § 8a BSIG zu finden sein. Somit müssen sich die Bezeichnungen für und die Verweise in Nachweisdokumenten, Orientierungshilfen und selbst für die Weiterbildungen ändern.

Als ich dieses Buch schrieb, war ich deshalb zwiegespalten, ob ich Ihnen die aktuellen Verweise oder die zukünftigen oder beide angeben sollte.

Meine Entscheidung ist risikobasiert gefallen: Ich werde die Verweise aus den IT-Sicherheitsgesetzen im Original zeigen, wie Sie in den letzten Abschnitten sehen konnten.

Abbildung 1.55 Der geänderte Aufbau des BSIG, der durch das NIS2UMsuCG geplant ist (Stand: November 2023)

Für das BSIG verwende ich allerdings nur Verweise auf die konkreten Anforderungen, die durch die ersten IT-Sicherheitsgesetze oder durch beide NIS-Richtlinien in Kraft traten. An späteren Stellen im Buch werde ich möglichst auf zusätzliche Paragrafen verzichten.

In Abbildung 1.55 sind die Teile des Gesetzes, die wir für KRITIS-Betreiber und Nachweisprüfungen im Blick halten sollten, mit weißem Hintergrund dargestellt. Im Dezember 2023 konnte ich das Thema *Nachweisprüfung* in **Teil 3 Kapitel 2 § 39** finden.

Die Übernahme der NIS-2-Richtlinie in deutsche Gesetze führte über einen Referentenentwurf im Juli 2023 und ein Diskussionspapier im September 2023 zu einem Werkstattgespräch von Anfang November 2023. Für März 2024 war außerdem ein weiterer Referentenentwurf für das *NIS-2-Umsetzungs- und Cybersicherheitsstärkungsgesetz (NIS2UmsuCG)* geplant.

Hinweis zum Begleitmaterial

Den Referentenentwurf vom Juli 2023, das Diskussionspapier vom September 2023 sowie die Ergebnisse aus dem Werkstattgespräch habe ich für Sie als Begleitmaterial abgelegt:

- 2023-07_BMI_RefE_NIS2UmsuCG
- 2023-09_BMI_NIS-2-UmsetzungWirtschaft_DisP
- 2023-11_BMI_Werkstattgespraech-NIS-2-Dokumentation

Die im Jahr 2021 hinzugekommenen UBIs könnten ab Oktober 2024 durch *besonders wichtige und wichtige Einrichtungen* ersetzt werden (§ 28 BSIG). Möglicherweise werden auch beide Kategorien parallel geführt.

An dieser Stelle möchte ich Ihnen keine weiteren Zitate zeigen, da wir die relevanten Stellen in den Abschnitten zu den IT-Sicherheitsgesetzen bereits ausreichend bearbeitet haben.

Zum Schluss dieses umfangreichen Kapitels können Sie noch einmal Ihr Wissen an einer potenziellen Prüfungsfrage testen.

F-01-6: Welche Arten von Nachweisen sieht das BSIG vor?

a) Sicherheitsaudits
b) Prüfungen
c) Zertifizierungen
d) Selbsterklärungen

Nachdem die Aktualisierungen im BSIG in Kraft getreten waren, folgte stets eine neue Rechtsverordnung, um KRITIS-Betreibern Rechtssicherheit zu geben. Der geschichtliche Abriss soll jedoch an dieser Stelle vorerst beendet sein und ich möchte hiermit zu Kapitel 2, »Die Kritisverordnung«, überleiten.

Kapitel 2
Die Kritisverordnung

Hat Rubik's Cube 'nen tief'ren Sinn, mal wird gruppiert, dann liquidiert? Ganz ähnlich sieht's für KRITIS aus, nach Diensten sind sie strukturiert. Die Ordnung finden ist hier Ziel, nach Strom, IT und selbst Verkehr. Betreibern scheint's leicht abgedreht. Verordnung heißt die Lösung hier.

Können Sie sich an dieser Stelle noch an Abbildung 1.4 im ersten Kapitel erinnern? Die Abbildung zeigte uns die ersten beiden Kritisverordnungen aus den Jahren 2016 und 2017 und stellte den Startpunkt für die Meldung einer Kontaktstelle und die Nachweispflicht dar.

In diesem Kapitel möchte ich nicht mehr auf diese alten, bereits ersetzten Rechtsverordnungen eingehen, sondern auf die derzeit aktuelle Kritisverordnung (13) vom 23. Februar 2023.

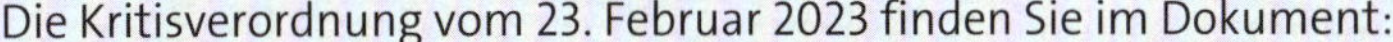

Hinweis zum Begleitmaterial

Die Kritisverordnung vom 23. Februar 2023 finden Sie im Dokument:

- 2023-02_BSI-KritisV

In den folgenden Abschnitten zeige ich Ihnen Hintergründe zur Erarbeitung und zum Aufbau dieser Kritisverordnung.

2.1 Kritische Infrastrukturen

Logischerweise gelten nicht alle Organisationen in Deutschland als Betreiber kritischer Infrastrukturen. Um sich zu ihnen zählen zu können, muss ein Unternehmen essenzielle Dienstleistungen oder Produkte für unsere Bevölkerung gewinnen, herstellen, bereitstellen, verarbeiten oder vertreiben.

Die Fokussierung auf bestimmte Organisationen geschah in einem längeren Entscheidungsprozess, den ich Ihnen in Kapitel 1 aufgezeigt habe. Die Frage, die dabei geklärt werden musste, lautete: Was benötigt unsere Gesellschaft – und damit jeder Einzelne von uns – mit besonders hoher Priorität?

Daraus entstand die Konzentration auf Unternehmen, die genau dieses von uns benötigte Angebot liefern können. Für diese Unternehmen entstand die Bezeichnung *Kritische Infrastruktur*. Früher lag diese Entscheidung bei den Betreibern. Sie regulierten die Zusammenarbeit mit anderen Institutionen weitestgehend selbst.

Wenn wir darüber nachdenken, welche Produkte oder Dienstleistungen für uns unentbehrlich geworden sind, werden wir erkennen, dass mindestens die Kernthemen Stromversorgung, Computer und Internet, Ernährung, Gesundheit, Trinkwasser oder Bargeld für uns relevant sind, aber noch weitere, die im ersten Augenblick gar nicht so wichtig erscheinen. Aber auch diese *kritischen Dienstleistungen (kDL)* sollen uns möglichst ununterbrochen zur Verfügung stehen.

Diese von uns benötigten Dienstleistungen wurden schwerpunktmäßig zu *Sektoren* zusammengefasst, und für jeden Sektor wurden die Anlagen bestimmt, die zur Gewinnung, Erzeugung, Verarbeitung, Bereitstellung oder Verteilung vonnöten sind.

Um als Betreiber nun erkennen zu können, ob das eigene Unternehmen zu den KRITIS-Betreibern zählt, können wir die Kritisverordnung zu Hilfe nehmen. Wie das funktioniert, möchte ich Ihnen in den nächsten Abschnitten dieses Kapitels erläutern.

Testen Sie zum Schluss dieses Abschnitts noch Ihr Wissen:

F-02-1: Auf welche Art und Weise wurde vor dem Erlass der BSI-Kritisverordnung Kritische Infrastrukturen definiert?

a) Das BSI hat den Betreibern Kritischer Infrastrukturen ein entsprechendes Zertifikat ausgestellt.

b) Es gab ein System der Selbstregulierung im Rahmen der öffentlich-privaten Partnerschaft von Wirtschaft und Staat im UP KRITIS.

c) Die Einschätzung, ob Infrastrukturen als kritisch anzusehen sind, lag beim Betreiber.

d) Die Betreiber wurden per Rechtsverordnung zu Betreibern Kritischer Infrastrukturen erklärt.

2.2 Die Erarbeitung der Kritisverordnung

In diesem Abschnitt erfahren Sie, welche Institutionen an der Erarbeitung der Kritisverordnung beteiligt waren. Dieses Hintergrundwissen ist für diejenigen von Interesse, die eine Prüfung zur *Zusätzlichen Prüfverfahrenskompetenz* ablegen wollen.

An der Erarbeitung der letzten Kritisverordnung waren beteiligt:

- das Bundesministerium des Inneren (BMI),
- die Kreise der UP KRITIS sowie
- Aufsichtsbehörden.

Außerdem mitgewirkt haben:

- das Bundesministerium für Wirtschaft und Klimaschutz (BMWK),
- das Bundesministerium der Finanzen (BMF),
- das Bundesministerium der Justiz (BMJ),
- das Bundesministerium für Arbeit und Soziales (BMAS),
- das Bundesministerium für Ernährung und Landwirtschaft (BMEL),
- das Bundesministerium für Verkehr und digitale Infrastruktur (BMDV),
- das Bundesministerium für Gesundheit (BMG) und
- das Bundesministerium für Umwelt, Naturschutz, nukleare Sicherheit und Verbraucherschutz (BMVU).

Während ich diesen Abschnitt schrieb, überprüfte ich die Abkürzungen der Bundesministerien immer mal wieder und stellte dabei fest, dass sich einige Bezeichnungen seit Februar 2023 weiterentwickelten. Sie können dies selbst in der Eingangsformel auf der ersten Seite der Kritisverordnung überprüfen.

Anhand der großen Gruppe von Beteiligten können Sie erkennen, wie umfangreich die Erarbeitung der Kritisverordnung gewesen sein muss.

F-02-2: Wer war an der Erstellung der BSI-Kritisverordnung beteiligt?

a) das Bundesministerium des Inneren (BMI) und weitere Bundesministerien
b) Aufsichtsbehörden
c) die Wirtschaft im Rahmen der UP KRITIS
d) das europäische Parlament

In Abbildung 2.1 sehen Sie grafisch dargestellt, welche Bundesministerien und andere Gruppen an der Erarbeitung der letzten Kritisverordnung mitgewirkt haben. Wir finden die Autoren, wie oben schon erwähnt, in der Eingangsformel der Kritisverordnung.

Im nächsten Abschnitt möchte ich auf die Begriffe eingehen, die in der Kritisverordnung verwendet werden.

Abbildung 2.1 Die BSI-Kritisverordnung von 2023 wurde durch das Bundesministerium des Inneren (BMI) in Zusammenarbeit mit anderen Bundesministerien und den Kreisen der UP KRITIS erarbeitet.

2.3 Begriffe und Definitionen

Die Kritisverordnung (13) besitzt eine zweiteilige Struktur aus Paragrafen und Anhängen.

Im **§ 1 Abs. 1 der Kritisverordnung** finden wir die Definitionen für die Begriffe *Anlage, Betreiber, Kritische Dienstleistung, Versorgungsgrad* und *Schwellenwert*.

In Abbildung 2.2 zeige ich Ihnen die Definitionen für *Anlage* und *Betreiber*.

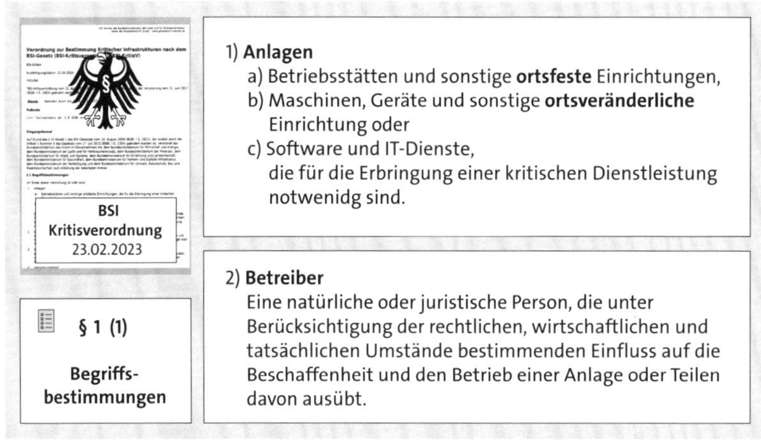

Abbildung 2.2 Begriffsbestimmung zu »Anlagen« und »Betreiber« (KritisV, 02.2023)

In Abbildung 2.3 zeige ich Ihnen die Definitionen für die *kritische Dienstleistung* und für den *Versorgungsgrad*. Ein Ausfall von kritischen Dienstleistungen kann zu erheblichen Beeinträchtigungen und zu sozialen Unruhen führen.

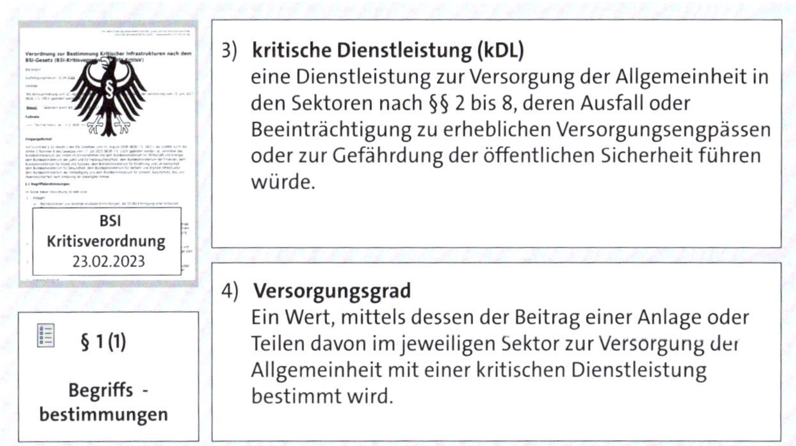

Abbildung 2.3 Begriffsbestimmung zu »kritische Dienstleistung« und »Versorgungsgrad« (KritisV, 02.2023)

Zuletzt finden wir den Begriff *Schwellenwert* im § 1, dessen Definition ich Ihnen in Abbildung 2.4 zeigen möchte.

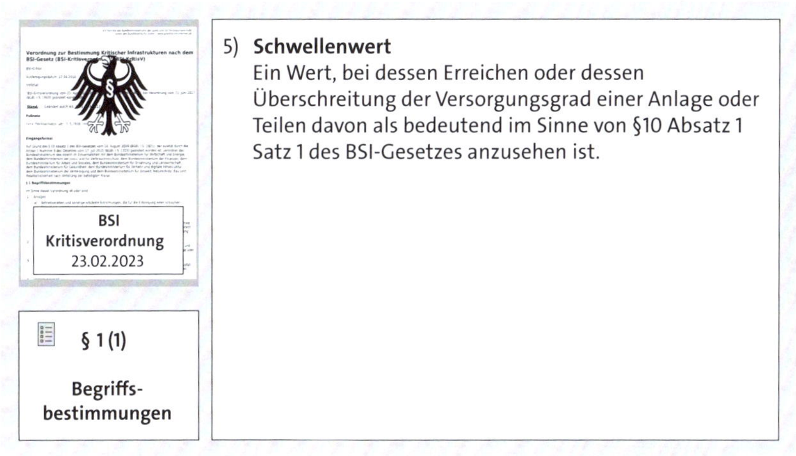

Abbildung 2.4 Begriffsbestimmung »Schwellenwert« (KritisV, 02.2023)

Diese Begriffe werden in der Kritisverordnung verwendet und müssen oft auch in Zertifizierungsprüfungen zur Prüfverfahrenskompetenz bekannt sein.

Als ich selbst die Personenzertifizierung zum Nachweisprüfer im Spätsommer 2018 ablegte und zu Paragrafen der Kritisverordnung gefragt wurde, dachte ich mir: »Verdammt, um welche Paragrafen geht es hier eigentlich?« Mich hatten bis dahin nur die Anhänge interessiert.

F-02-3: Was beinhalten die Paragrafen der BSI-Kritisverordnung?

a) Berechnungsformeln
b) Anlagenkategorien
c) Meldepflichten
d) Begriffsbestimmungen

Ich war überrascht, in der Prüfung zu konkreten Paragrafen befragt zu werden. Bis dahin ging ich davon aus, ich könnte jederzeit alles nachschlagen. Doch diese Prüfung findet als Closed-Book-Verfahren statt, was bedeutet, dass keine zusätzlichen Unterlagen oder Hilfsmittel erlaubt sind.

Testen Sie also Ihr Wissen:

F-02-4: Welche Begriffe bestimmt § 1 der BSI-Kritisverordnung?

a) Versorgungsgrad
b) Anlagen
c) Betreiber
d) kritische Dienstleistung

In Abbildung 2.5 zeige ich Ihnen die **§§ 2 bis 8 der Kritisverordnung**, in denen die kritischen Sektoren und ihre Dienstleistungen definiert sind.

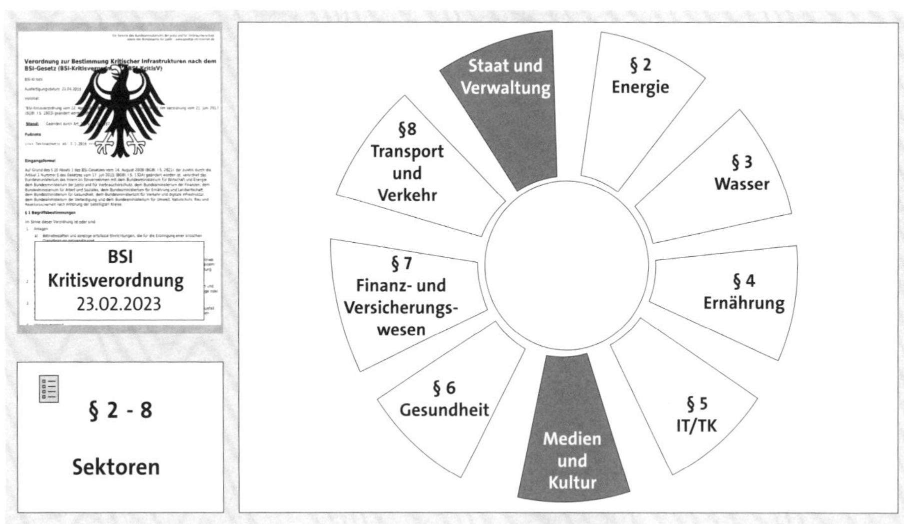

Abbildung 2.5 Sektoren nach der KritisV vom 23.02.2023

Sie sehen: 2023 gab es keine Paragrafen für die Sektoren »öffentliche Verwaltung« und »Medien und Kultur«.

Dieser Sektorkreis stammt aus dem Jahr 2018 und vom BSI und wird in einigen Schulungen noch zur Darstellung eingesetzt. In ihm fehlt auch der Sektor »Siedlungsabfallentsorgung«. Zukünftig wird der Sektorkreis durch die Sektormauer des BSI ersetzt, die ich Ihnen in Abschnitt 2.4 in Abbildung 2.6 zeigen werde.

Wir können an beinahe allen denkbaren Orten auf *kritische Dienstleistungen* stoßen. Welche dazu zählen und in welchen Sektoren diese zu finden sind, zeige ich Ihnen im nächsten Abschnitt.

2.4 Sektoren nach dem BSIG

In diesem Abschnitt kommen wir nun endlich zu den spannenden Sektoren, in die sich Betreiber einsortieren müssen. Wie ich Ihnen im letzten Abschnitt gezeigt habe, finden Sie die Definitionen für die kritischen Dienstleistungen der einzelnen Sektoren in den **§§ 2 bis 8 der Kritisverordnung** (13).

Im UP KRITIS-Flyer auf der BSI-Seite (4) erhalten wir eine Antwort darauf, weshalb nicht alle Sektoren, obwohl sie relevant sind, unter das BSIG fallen:

> *»Neun der zehn Sektoren Kritischer Infrastrukturen wurden im UP KRITIS behandelt. Der zehnte Sektor ›Staat und Verwaltung‹ wird durch Sicherheitsaktivitäten auf Bundes-, Länder- oder Kommunalebene geregelt.« (4)*

Später zeigte sich, dass auch der Sektor »Medien und Kultur« auf Länderebene geregelt wird und nicht durch das BSI-Gesetz.

F-02-5: Der Sektor »Medien & Kultur« wird nicht durch die BSI-Kritisverordnung geregelt, weil ...

a) ... dieser Sektor im BSI-Gesetz geregelt wird.
b) ... dieser Sektor bei der Bundesnetzagentur geregelt wird.
c) ... dieser Sektor bei der Internetagentur geregelt wird.
d) ... dieser Sektor im Wesentlichen durch Landesgesetzgebung oder andere Rechtsnormen geregelt wird.

Im aktuellen BSI-Gesetz finden wir nun auch den Sektor *Siedlungsabfallentsorgung* und die *Unternehmen im besonderen öffentlichen Interesse* (UBIs). Wie oben schon erwähnt, könnten die UBIs ab Oktober 2024 durch *besonders wichtige und wichtige Einrichtungen* möglicherweise ersetzt werden.

In Abbildung 2.6 zeige ich Ihnen die sogenannte *Sektormauer*. Diese Abbildung stellte mir das BSI im Mai 2023 freundlicherweise zur Verfügung. Wir können den neuen

Sektor *Siedlungsabfallentsorgung* rechts oben erkennen, aber auch die Sektoren *Staat und Verwaltung* (hier »Öffentliche Verwaltung«) sowie *Medien und Kultur* sind gleichwertig dargestellt. Möglicherweise ist diese Darstellung bereits auf die erwartete NIS-2-Umstellung zurückzuführen, denn wie Sie in Abschnitt 1.5, »Die NIS-2-Richtlinie«, sehen konnten, werden bald noch weitere kritische Sektoren betroffen sein.

Abbildung 2.6 Die Sektormauer des BSI vom Mai 2023

Für zukünftige Nachweisprüfer oder auch als Berater für einen KRITIS-Betreiber ist es wichtig, die Sektoren der Kritisverordnung zu kennen.

F-02-6: Welche Sektoren der Kritischen Infrastrukturen werden im BSIG definiert?

a) Gesundheit

b) Staat und Verwaltung

c) Genehmigungsinhaber nach Atomgesetz

d) Energie

In den folgenden Unterabschnitten gehe ich auf die Versorgungsaspekte der einzelnen Sektoren ein. Wir starten mit dem Sektor Energie.

2.4.1 Der Sektor Energie

Für den *Sektor Energie* möchte ich Ihnen an dieser Stelle die relevanten Dienstleistungen aus **§ 2 der Kritisverordnung** (13) in Abbildung 2.7 zeigen.

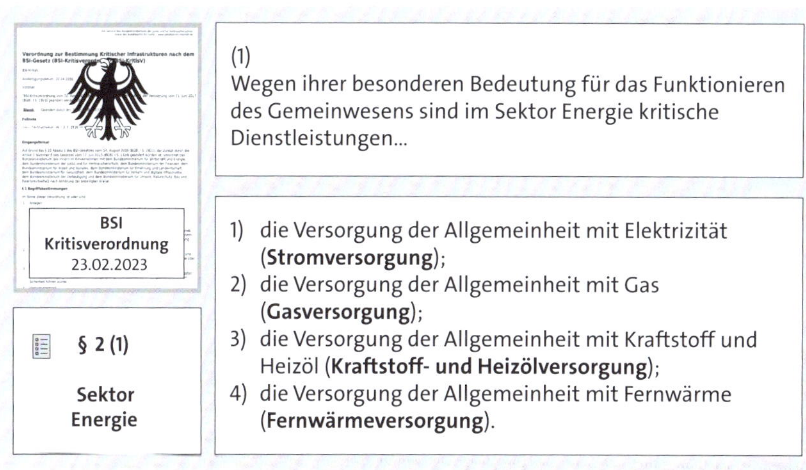

Abbildung 2.7 Kritische Dienstleistungen in § 2 »Sektor Energie« (KritisV, 02.2023)

Zusammengefasst können wir feststellen: Stromversorgung, Gasversorgung, Kraftstoff- und Heizölversorgung sowie Fernwärme sind im Sektor Energie von hoher Bedeutung.

In Abbildung 2.8 zeige ich Ihnen ein Umspannwerk. Von rechts sehen Sie die Hochspannungsleitungen, die mit 110 kV freischwingend ankommen. In dem Generator, der rechts neben dem Trafohaus steht, wird der Strom herunterwandelt.

Abbildung 2.8 Ansicht eines Umspannwerkes vom Hochspannungsnetz zum Mittelspannungsnetz

In Abbildung 2.9 zeige ich Ihnen eine Gasverdichtungsanlage. Hier wird Gas, das einen zu niedrigen Druck besitzt, verdichtet, um mit höherem Druck weitergeleitet werden zu können.

Abbildung 2.9 Ansicht einer Gasverdichtungsstation

In Abbildung 2.10 sehen Sie ein Heizkraftwerk zur Wärmegewinnung. Für mich als Prüferin sind Audits bei Energieversorgern jedes Mal ein spannendes Erlebnis.

Abbildung 2.10 Ansicht eines Heizkraftwerkes

Der nächste Abschnitt gilt dem Sektor Wasser.

2.4.2 Der Sektor Wasser

Für den *Sektor Wasser* sind die relevanten Dienstleistungen in der Kritisverordnung (13) in **§ 3** aufgelistet, den ich Ihnen in Abbildung 2.11 zeigen möchte.

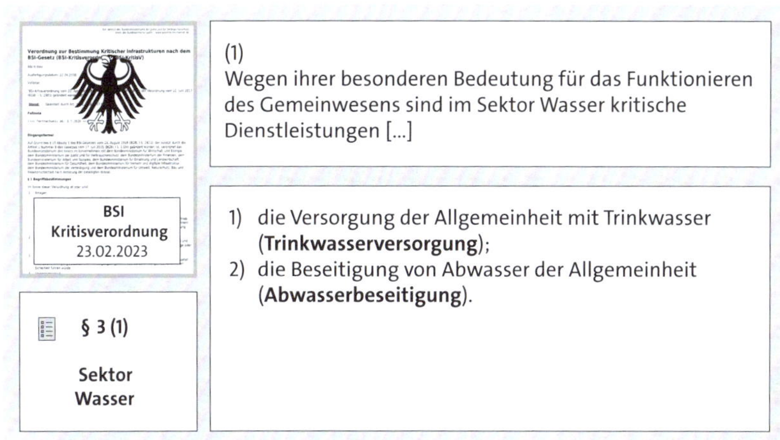

Abbildung 2.11 Kritische Dienstleistungen in § 3 »Sektor Wasser« (KritisV, 02.2023)

In Abbildung 2.12 sehen Sie einen künstlerisch gestalteten Trinkwasserhochbehälter. Er dient uns als Trinkwasserspeicher.

Abbildung 2.12 Ansicht eines Trinkwasserhochbehälters, auch als Wasserspeicherreservoir bezeichnet

In Abbildung 2.13 sehen Sie links eine Wasserpumpe, die in einer Pumpstation steht. Solche Pumpen erzeugen ordentlich Geräusche. Pumpstationen zählen zur Kanalisation.

Rechts in der Abbildung sehen Sie ein Klärwerk von oben. Die Siedlungsentwässerung ist der Abwasserbeseitigung zugeordnet.

Abbildung 2.13 Trinkwasserpumpe in einer Pumpstation; Draufsicht auf eine Kläranlage

In Abbildung 2.14 blicken wir über eine Kläranlage. Es gibt Monate, in denen eine Kläranlage spektakuläre Düfte verströmt, was den Besuch nicht immer angenehm macht. Nebenbei möchte ich erwähnen, dass KRITIS-Betreiber im Sektor Wasser während eines Audits gern selbst erzeugtes Trinkwasser anbieten.

Abbildung 2.14 Ansicht einer Kläranlage zur Reinigung von Abwasser

Fehlendes Trinkwasser oder nicht abgeführtes Schmutzwasser würden definitiv zu sozialen Unruhen führen, weshalb dieser Sektor im Jahr 2018 mit einer der ersten Sektoren war, die zu einer Nachweisprüfung verpflichtet wurden.

Der nächste Abschnitt gilt dem Sektor Ernährung.

2.4.3 Der Sektor Ernährung

Für den *Sektor Ernährung* möchte ich Ihnen in Abbildung 2.15 seine Definition als kritische Dienstleistung in **§ 4** der Kritisverordnung (13) zeigen.

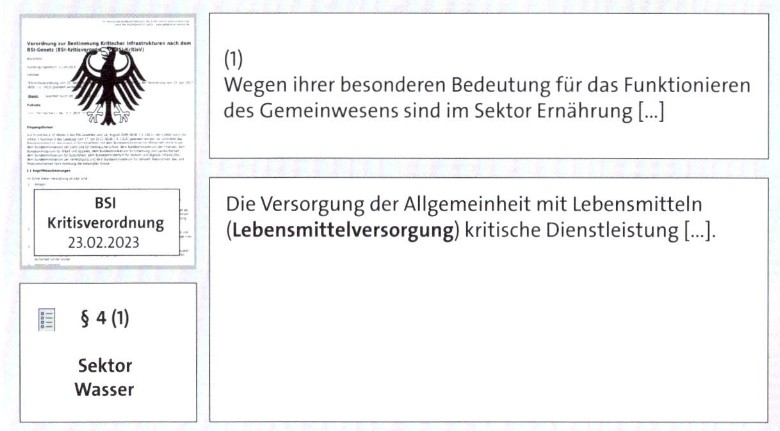

Abbildung 2.15 Kritische Dienstleistung in § 4 »Sektor Ernährung« (KritisV, 02.2023)

Die Lebensmittelversorgung gilt allgemein als wichtig für uns. Die Versorgung umfasst dabei die Lebensmittelherstellung und -behandlung sowie den Lebensmittelhandel.

In Abbildung 2.16 sehen Sie einen Bereich mit Kühltruhen in einem Einkaufsmarkt. Nebenbei angemerkt: Auch dieser ist von Strom abhängig, um die Lebensmittel zu kühlen.

Abbildung 2.16 Ansicht eines Kühlbereichs im Lebensmittelhandel

Der folgende Abschnitt ist dem Sektor IT und TK gewidmet.

2.4.4 Sektor Informationstechnik und Telekommunikation

Für den *Sektor Informationstechnik und Telekommunikation* sind in **§ 5** der Kritisverordnung (13) die relevanten Dienstleistungen aufgelistet, die ich Ihnen in Abbildung 2.17 zeigen möchte.

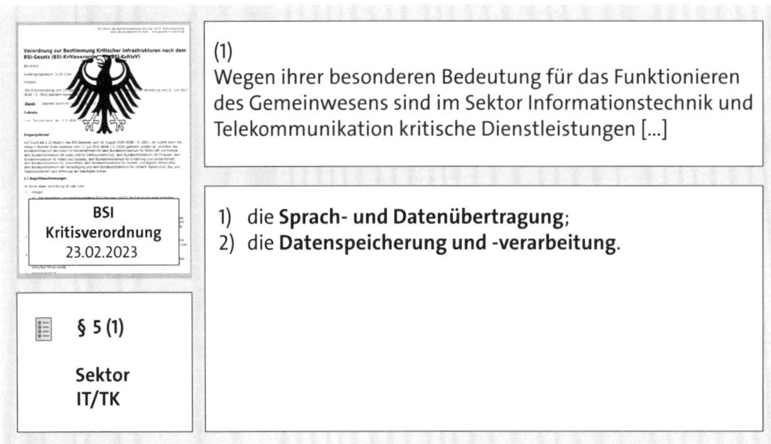

Abbildung 2.17 Kritische Dienstleistungen in § 5 »Sektor Informationstechnik und Telekommunikation« (KritisV, 02.2023)

Wer hätte vor über fünfunddreißig Jahren geahnt, dass die Sprach- und Datenübertragung sowie die Datenspeicherung und Datenverarbeitung aus unserem Leben nicht mehr wegzudenken sein würden? Sie gehören eindeutig zu unseren kritischen Dienstleistungen, deren Ausfall wir als Bürgerinnen und Bürger unter keinen Umständen akzeptieren würden.

Im nächsten Abschnitt befassen wir uns mit dem Sektor Gesundheit.

2.4.5 Sektor Gesundheit

In diesem Abschnitt sehen wir uns die relevanten Dienstleistungen für den *Sektor Gesundheit* an. Die vier Schwerpunktthemen aus **§ 6** der Kritisverordnung zeige ich Ihnen in Abbildung 2.18.

Im Gesundheitssektor sind die stationäre medizinische Versorgung, lebenserhaltende Medizinprodukte oder auch Arzneimittel und Bluttransfusionen von hoher Bedeutung. Wie wichtig auch die Dienstleistung der Labore ist, wurde uns während der Corona-Pandemie verdeutlicht.

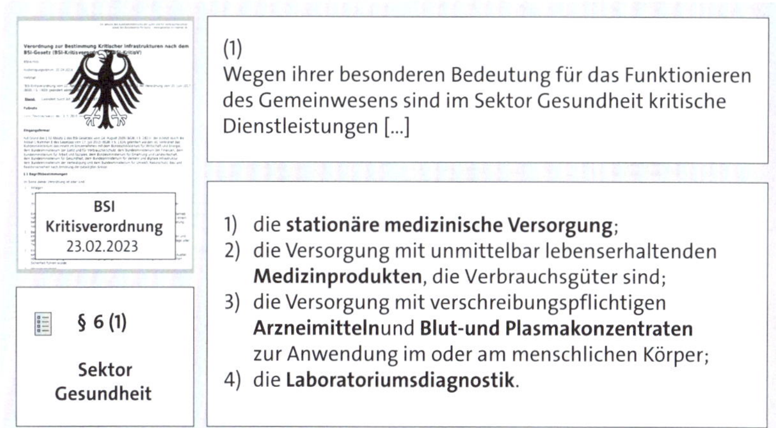

Abbildung 2.18 Kritische Dienstleistungen in § 6 »Sektor Gesundheit« (KritisV, 02.2023)

Wie wir gerade feststellen konnten, gehören Krankenhäuser zu den kritischen Infrastrukturen. In Abbildung 2.19 zeige ich Ihnen ein Frauen-, Kinder- und Geburtsklinikum.

Abbildung 2.19 Ansicht eines Frauen-, Kinder- und Geburtsklinikums

In Abbildung 2.20 sehen Sie eine Apotheke, die sich an der Versorgung mit verschreibungspflichtigen Arzneimitteln beteiligt.

Im nächsten Abschnitt stelle ich den Sektor Finanz- und Versicherungswesen vor.

Abbildung 2.20 Ansicht einer Apotheke zur Versorgung mit verschreibungspflichtigen Arzneimitteln

2.4.6 Sektor Finanz- und Versicherungswesen

Für den *Sektor Finanz- und Versicherungswesen* sind in **§ 7** der Kritisverordnung die relevanten Dienstleistungen aufgelistet, die ich Ihnen in Abbildung 2.21 zeigen möchte.

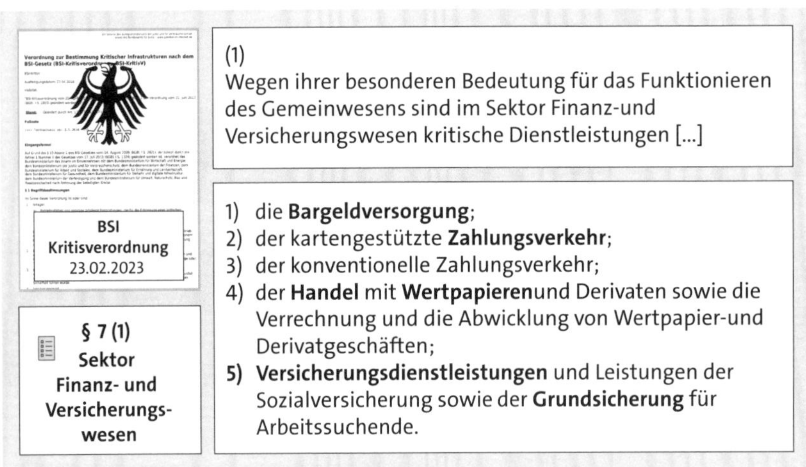

Abbildung 2.21 Kritische Dienstleistungen in § 7 »Sektor Finanz- und Versicherungswesen« (KritisV, 02.2023)

Auch fehlende Finanzen oder Versicherungsleistungen können zu sozialen Unruhen führen und müssen uns deshalb permanent bereitgestellt werden.

Stellen Sie sich vor, Versicherungsleistungen würden im Notfall nicht zeitnah ausgezahlt. In Abbildung 2.22 zeige ich Ihnen den Eingang zu einem Standort der Deutschen Rentenversicherung.

Abbildung 2.22 Eingang zu einem Standort der Deutschen Rentenversicherung

In Abbildung 2.23 sehen Sie einen Eingang zur Agentur für Arbeit und zum JobCenter. Auch die Grundsicherung für Arbeitssuchende ist eine kritische Dienstleistung, weil das fehlende Auszahlen dieser Gelder zu Unfrieden führen könnte.

Abbildung 2.23 Eingang zur Agentur für Arbeit als Anlaufstelle für Arbeitssuchende

Bevor ich in den nächsten Unterabschnitt zum Sektor Transport und Verkehr wechsle, biete ich Ihnen eine Prüfungsfrage an, mit der Sie Ihr aktuelles Sektoren-Wissen testen können.

F-02-7: Welche Sektoren der Kritischen Infrastrukturen werden im BSIG definiert?

a) Automobilindustrie
b) Medien und Kultur
c) Wasser
d) Finanz- und Versicherungswesen

Die kritischen Dienstleistungen im Sektor Transport und Verkehr sehen wir uns im folgenden Abschnitt an.

2.4.7 Sektor Transport und Verkehr

§ 8 der Kritisverordnung definiert die relevante Dienstleistung für den *Sektor Transport und Verkehr*, die ich Ihnen in Abbildung 2.24 zeigen möchte.

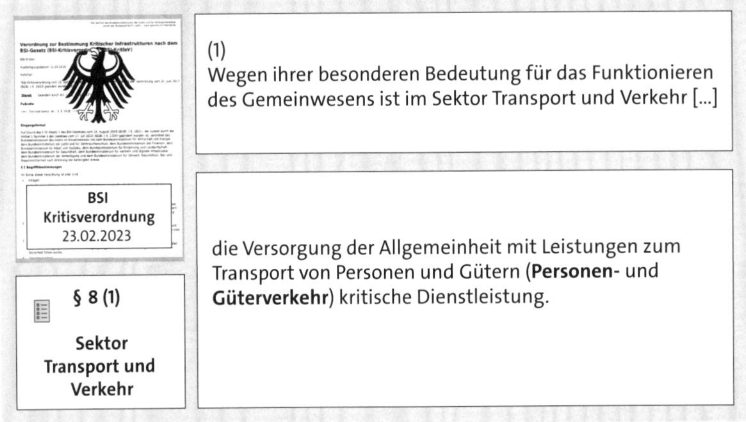

Abbildung 2.24 Kritische Dienstleistungen in § 8 »Sektor Transport und Verkehr« (KritisV, 02.2023)

In Abbildung 2.25 zeige ich Ihnen Anlagen für den Infrastrukturbetrieb eines Flughafens. Hier zählen die Passagiere pro Jahr: Sobald an einem Flughafen zwanzig Millionen Passagiere abgefertigt werden, gehört ein Flughafen zur Kritischen Infrastruktur.

In Abbildung 2.26 sehen Sie das Schienennetz vor einem Bahnhof. Auch Schienen gelten als kritische Anlage, weil über sie die kritische Dienstleistung des Personen- und Gütertransports erbracht wird.

Resümierend können wir feststellen, dass sogar der Transport von Personen und Gütern im Notfall zu Komplikationen führen könnte, wenn dieser Transport nicht reibungslos abläuft.

Abbildung 2.25 Infrastrukturbetrieb eines Flughafens zur Beförderung von Passagieren

Abbildung 2.26 Eisenbahnschienennetz zum Personen- und Gütertransport

Im letzten Unterabschnitt zu den Sektoren gehe ich auf den neuen Sektor der Siedlungsabfallentsorgung ein.

2.4.8 Sektor Siedlungsabfallentsorgung

Für den *Sektor Siedlungsabfallentsorgung* gab es in der Kritisverordnung vom Februar 2023 noch keine eigene Definition, keine Anlagenkategorien und keine Schwellenwerte. Ich gehe aber davon aus, dass es in der zukünftigen Kritisverordnung einen eigenen Abschnitt zu ihm geben wird.

Was können wir erwarten?

Es geht um die Beseitigung von Abfällen durch die Müllentsorgungsunternehmen und im Speziellen um Fahrzeuge, Müllsortierungs- und Müllverbrennungsanlagen.

Mein Kollege Daniel Jedecke von HiSolutions hat mir freundlicherweise die Tabelle 2.1 von OpenKritis zur Verfügung gestellt. In dieser Tabelle sehen Sie wahrscheinliche Versorgungsbereiche, Dienstleistungen und Anlagen für die Siedlungsabfallentsorgung, die in der nächsten Kritisverordnung erwähnt werden. Bis Dezember 2023 kamen diese bereits bei zwei Versorgern bei Nachweisprüfungen zum Einsatz.

Bereich	Definition kritische Dienstleistung	Mögliche Anlagen
Sammlung	Einsammeln von Abfällen, einschließlich deren vorläufiger Sortierung und vorläufiger Lagerung zum Zweck der Beförderung zu einer Abfallbehandlungsanlage.	Steuerung und Tourenplanung der Müllabfuhr; Sortieranlage, Abfallbehandlungsanlage
Verwertung	Verfahren, als dessen Hauptergebnis die Abfälle innerhalb der Anlage oder in der weiteren Wirtschaft einem sinnvollen Zweck zugeführt werden, indem sie entweder andere Materialien ersetzen, die sonst zur Erfüllung einer bestimmten Funktion verwendet worden wären, oder indem die Abfälle so vorbereitet werden, dass sie diese Funktion erfüllen.	Verbrennungsanlage, Müllverbrennungsanlage
	Möglicherweise auch die stoffliche Verwertung mit der Vorbereitung zur Wiederverwendung, das Recycling und die Verfüllung.	Recyclinghof, Wertstoffhof
Beseitigung	Verfahren, das keine Verwertung ist, auch wenn das Verfahren zur Nebenfolge hat, dass Stoffe oder Energie zurückgewonnen werden.	Deponien; Anlagen zur Behandlung, Verpressung und Verbrennung

Tabelle 2.1 Der »Sektor Siedlungsabfallentsorgung«, mögliche Anlagen und Dienstleistungen (Stand: November 2023, Quelle: OpenKritis)

Ein mögliches Schadensszenario wurde mir vor einigen Jahren von einem Stadtreinigungsunternehmen erläutert. Das Szenario hat überhaupt nichts mit der Entsorgung zu tun, wohl aber mit den Müllfahrzeugen.

Das besagte Unternehmen hatte eine Risikobewertung durchgeführt und festgestellt, dass das Risiko eines Müllautodiebstahls bisher nicht in Betracht gezogen worden war. Bei der Risikoidentifikation stellten die Kollegen allerdings fest, dass ein Diebstahl gar nicht so abwegig sei: Bis zur Betrachtung möglicher Schwachstellen wurden die Fahrzeugschlüssel nämlich am Schicht- beziehungsweise am Tagesende auf dem Fahrersitz abgelegt, sodass am Folgetag ein anderer Kollege reibungslos mit dem Müllfahrzeug zu seiner Schicht abfahren konnte.

Nach dem Terroranschlag auf dem Berliner Weihnachtsmarkt, der im Jahr 2016 mit einem gestohlenen LKW durchgeführt wurde, änderte das Stadtreinigungsunternehmen sein Vorgehen mit den Fahrzeugschlüsseln. Seither ist es dort verboten, die Müllfahrzeuge am Schichtende unverschlossen abzustellen.

Nach diesen Erläuterungen zu den Sektoren der Kritisverordnung möchte ich im nächsten Abschnitt mit Ihnen auf Anlagenkategorien eingehen.

2.5 Anlagenkategorien für kritische Dienstleistungen

Die Zuordnung zu einem kritischen Sektor fällt Betreibern in der Regel leicht. Schwierigkeiten können dann entstehen, wenn zwei Sektoren scheinbar passen. Das kann zum Beispiel bei Krankenversicherungen vorkommen, die sich dem Sektor *Gesundheit* und gleichzeitig dem Sektor *Finanz- und Versicherungswesen* zugehörig fühlen. Oder bei Betreibern von Tankstellen, die sich den Sektoren *Transport und Verkehr* und *Energie* zuordnen möchten.

Um hier eine Hilfestellung zu erhalten, können wir in der Kritisverordnung (13) den Begriff *Anlagen* betrachten. Die Begriffsdefinition für Anlagen habe ich Ihnen in Abbildung 2.2 (in Abschnitt 2.3, »Begriffe und Definitionen«) gezeigt.

Außerdem finden wir in **§ 1 Abs. 2** der Kritisverordnung für eine Anlage und ihre Betreiber zusätzliche Bestimmungen, die ich Ihnen stark gekürzt in Abbildung 2.27 zeigen möchte.

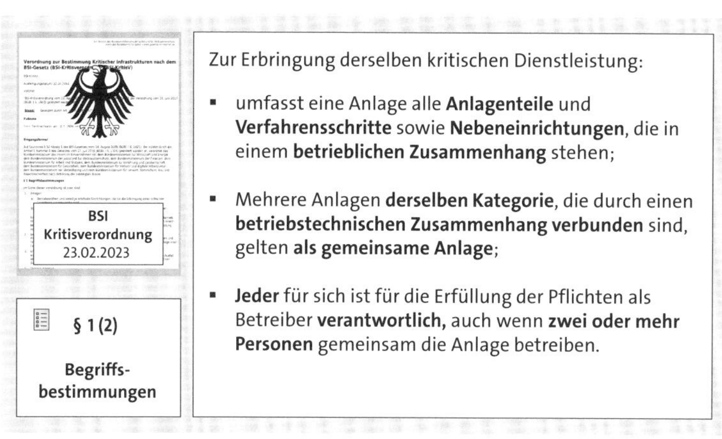

Abbildung 2.27 Begriffsbestimmung zu »Anlagen« und »Betreibern« (KritisV, 02.2023)

Sie können in dieser Zusammenfassung sehen, unter welchen Bedingungen eine Anlage als *gemeinsame Anlage* zählt und wer für eine Anlage verantwortlich ist, wenn mehrere Personen eine Anlage betreiben. Dies finde ich wichtig für die spätere Definition des Geltungsbereiches einer Kritischen Infrastruktur.

Die kritischen Anlagen werden in *Anlagenkategorien* geclustert.

Jeder Sektor besitzt seine eigenen Anlagenkategorien, die wir in den derzeit sieben Anhängen der Kritisverordnung finden.

Falls Sie als Betreiber nicht sofort feststellen können, zu welchem Sektor Sie gehören, müssen Sie in die Anhänge der Kritisverordnung schauen, um zu prüfen, welchem Sektor Ihre Anlagen zugeordnet sind. Wir wechseln deshalb im nächsten Abschnitt zu den Anhängen der Kritisverordnung.

2.6 Anhänge zu den Sektoren

In der Kritisverordnung vom Februar 2023 (13) finden wir nach den Paragrafen sieben Anhänge, die jeweils für einen Sektor gelten und stets drei Teile besitzen.

Die Inhalte dieser Anhänge gliedern sich jeweils in:

- *Teil 1 – Grundsätze und Fristen*
- *Teil 2 – Berechnungsformeln zur Ermittlung der Schwellenwerte*
- *Teil 3 – Anlagenkategorien und Schwellenwerte*

In Abbildung 2.28 zeige ich Ihnen die Anhänge 1 bis 7 für die Sektoren sowie die drei Teile, die jeder Anhang besitzt.

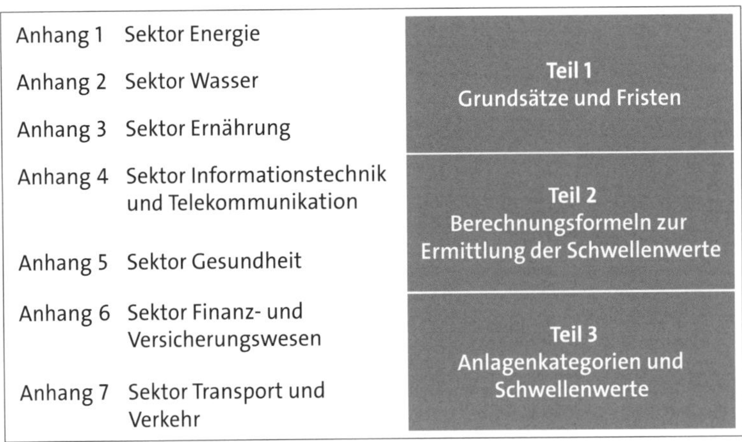

Abbildung 2.28 Übersicht über die Anhänge der Kritisverordnung und die drei Teile, in die sie jeweils gegliedert sind

Die Anhänge sind in der gleichen Reihenfolge wie die Paragrafen angeordnet.

Für den Sektor *Energie* finden Sie die Konkretisierung im Kapitel 1 der Kritisverordnung.

Die Inhalte der Anhänge möchte ich gern mit Ihnen in den drei folgenden Unterabschnitten beleuchten.

2.6.1 Teil 1 – Grundsätze und Fristen (Kritische Anlagen)

Wir betrachten jetzt den ersten Teil eines beliebigen Anhangs der Kritisverordnung. Wir erinnern uns: Jeder Anhang ist einem Sektor gewidmet.

Der erste Teil dient uns dazu, zu erkennen, ob unsere Anlagen, die eine kritische Dienstleistung erbringen, zu diesem Sektor gehören.

Anlagen sind zur Gewinnung, zur Erzeugung, zur Aufbereitung, zum Transport, zur Verteilung, zur Steuerung oder zur Überwachung von kritischen Dienstleistungen notwendig.

Um zu identifizieren, ob eine unserer Anlagen relevant ist, wurden diese Anlagen in Kategorien eingeteilt, und diese finden wir im ersten Teil der Anhänge.

Nicht jede einzelne Anlage ist kritisch. Sie ist es nur dann, wenn sie für eine kritische Dienstleistung einen festgelegten Schwellenwert überschreitet.

In Abbildung 2.29 zeige ich Ihnen einen kleinen Einblick in Anlagenkategorien. Für jeden Sektor nenne ich bewusst nur zwei Kategorien, um die Lesbarkeit nicht zu gefährden.

Beispiele für Anlagenkategorien

Sektoren	Beispiel 1	Beispiel 2
Energie	Stromverteilnetz	Tankstellennetz
Wasser	Leitzentrale	Kläranlage
Ernährung	Anlage oder System zur Herstellung von Lebensmitteln	Anlage oder System zum Inverkehrbringen von Lebensmitteln
IT/TK	Rechenzentrum (Housing)	Serverfarm (Hosting)
Gesundheit	Krankenhaus	Labor
Finanz-/Versicherungswesen	Autorisierungssystem	Kontoführungssystem
Transport und Verkehr	Infrastrukturbetrieb eines Flugplatzes	Verkehrssteuerungs- und Leitsystem

Abbildung 2.29 Anlagenkategorien-Beispiele (KritisV, 2023)

Wenn Sie als Betreiber kritische Dienstleistungen erbringen und sich unsicher sind, ob Sie eine gesetzliche Nachweisprüfung durchführen müssen, prüfen Sie bitte die Anlagenkategorien für Ihren Sektor in der aktuellen Kritisverordnung. Möglicherweise ist Ihre Anlage nicht aufgelistet; dann müssen Sie derzeit keinen Nachweis gegenüber dem BSI erbringen.

Falls Sie jedoch eine Ihrer Anlagen in Teil 1 entdeckt haben, sollten Sie prüfen, ob die von Ihnen erbrachte Versorgungsmenge bereits systemrelevant ist und den festgelegten Schwellenwert in Teil 3 erreicht oder übersteigt.

Jeder Sektor besitzt andere Fristen zur Ermittlung seines Versorgungsgrades. Diese Fristen finden Sie in Teil 1 eines jeden Sektor-Anhangs.

Zur Verdeutlichung zeige ich beispielhaft die Fristen für den Sektor Energie in Abbildung 2.30.

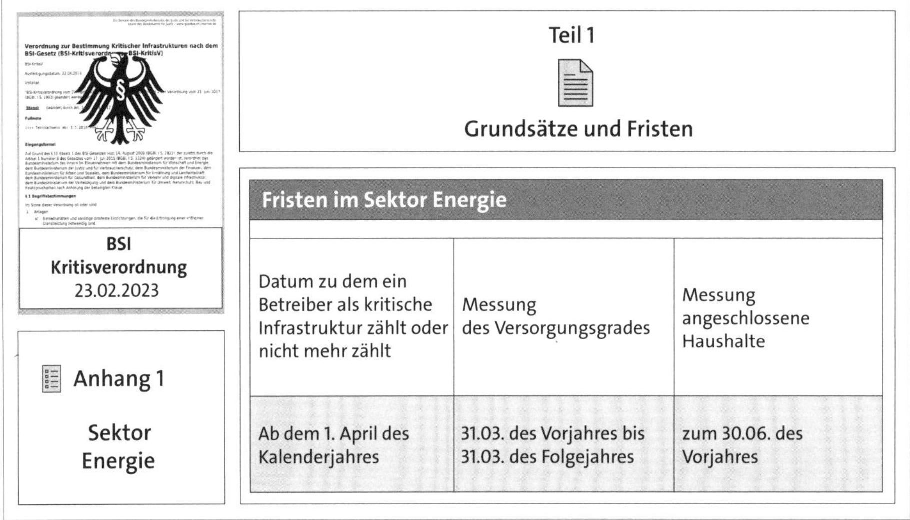

Fristen im Sektor Energie		
Datum zu dem ein Betreiber als kritische Infrastruktur zählt oder nicht mehr zählt	Messung des Versorgungsgrades	Messung angeschlossene Haushalte
Ab dem 1. April des Kalenderjahres	31.03. des Vorjahres bis 31.03. des Folgejahres	zum 30.06. des Vorjahres

Abbildung 2.30 Fristen zur Messung des Versorgungsgrades im Sektor Energie für KRITIS-Betreiber

Für jeden Sektor gelten eigene Fristen, weshalb ich darauf verzichten möchte, alle Fristen zum Ermitteln der Versorgungsgrade hier aufzulisten.

In Teil 2 der Anhänge finden wir die Berechnungsformeln, die ich Ihnen im folgenden Abschnitt erläutern möchte.

2.6.2 Teil 2 – Berechnungsformeln für die kritische Dienstleistung

In diesem Abschnitt sehen wir uns die Berechnungsformeln an, die zur Definition der Schwellenwerte eingesetzt wurden.

Diese Formeln sind für Betreiber, aber auch für Nachweisprüfer relevant. Wir finden sie jeweils im zweiten Teil der Sektor-Anhänge in der Kritisverordnung.

Mit Stand Dezember 2023 lässt sich sagen: Wenn Sie 500.000 Bürger mit Ihrer Dienstleistung versorgen, dann gehören Ihre Anlagen mit hoher Wahrscheinlichkeit zu den kritischen Infrastrukturen und Sie sind ein KRITIS-Betreiber.

Diese Anzahl an versorgten Personen hat sich seit 2016 noch nicht geändert. Im gesamten Jahr 2023 wurde allerdings oft über die Änderung dieser Bezugsgröße durch die NIS-2-Richtlinie gesprochen.

Für Sie bedeutet das: Falls Sie bisher kein KRITIS-Betreiber waren, müssen Sie bei der Veröffentlichung jeder neuen Kritisverordnung im zweiten Teil Ihres Sektor-Anhangs prüfen, ob die Regelung mit den 500.000 Bürgern erhalten geblieben ist oder ob Sie eventuell trotz weniger versorgter Bürger plötzlich auch zu den kritischen Infrastrukturen gezählt werden.

Aber sehen wir uns zuallererst an, was diese Anzahl an Personen bedeutet. Um sich die Zahl besser vorstellen zu können, sollten Sie sich die Städte in Tabelle 2.2 ansehen und mit der Einwohnerzahl Ihres Kreises vergleichen. Die Versorgungsdienstleister dieser Städte sind meistens auch KRITIS-Betreiber.

Platz	Stadt	Einwohnerzahl
1	Berlin	3.664.088
2	Hamburg	1.852.478
3	München	1.488.202
4	Köln	1.083.498
5	Frankfurt am Main	764.104
6	Stuttgart	630.305
7	Düsseldorf	620.523
8	Leipzig	597.493
9	Dortmund	587.696
10	Essen	582-415
11	Bremen	566.573
12	Dresden	556.227

Tabelle 2.2 Einwohnerzahlen großer Städte
(Quelle: Statistisches Bundesamt, 08.05.2023)

Platz	Stadt	Einwohnerzahl
13	Hannover	534.49
14	Nürnberg	515.543
15	Duisburg	495.885

Tabelle 2.2 Einwohnerzahlen großer Städte (Quelle: Statistisches Bundesamt, 08.05.2023) (Forts.)

Ein Betreiber, der eine Stadt von der Größe Dresdens, Nürnbergs oder Hannovers von ihrem Abwasser befreit, wäre somit bereits ein KRITIS-Betreiber im Sektor Wasser.

Damit Sie verstehen, wie die *Schwellenwerte* ermittelt wurden, habe ich Ihnen in Abbildung 2.31 die Grundlagen dargestellt.

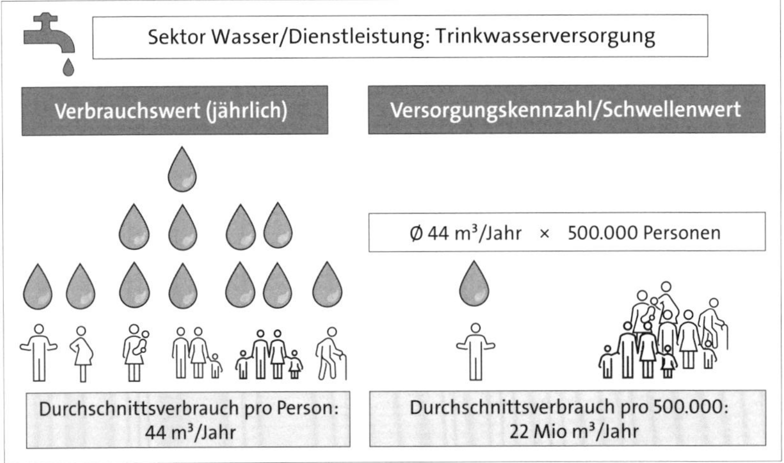

Abbildung 2.31 Darstellung der Berechnungsformel für 500.000 Personen für die kritische Dienstleistung Trinkwasser

Wir starten mit der Auswahl im Sektor Wasser und wählen als Dienstleistung die Trinkwasserversorgung aus. Anschließend wird statistisch ermittelt, wie hoch der Trinkwasserverbrauch für einen Bürger in zwölf Monaten ist. In unserem Beispiel haben wir den Verbrauch von vierundvierzig Kubikmetern Trinkwasser. Das sind 44.000 Ein-Liter-Flaschen Wasser für nur eine Person pro Jahr.

Diese Menge wurde anschließend mit 500.000 Personen multipliziert. Der Gesamtverbrauchswert für 500.000 Menschen ergab 22 Millionen Kubikmeter Trinkwasser, und so entstanden die Schwellenwerte. Es müssen also keine einzelnen Bürger gezählt werden, sondern der Verbrauchswert an Dienstleistungen und Produkten eines Betreibers. Diesen Schwellenwert sehen wir uns gleich im folgenden Abschnitt an.

Die folgende Prüfungsfrage entspricht in etwa einer Frage, die seit 2018 in Prüfungen gestellt wurde.

F-02-8: Was ist die grundlegende Zielgröße für die Berechnung von Schwellenwerten?

a) das Volumen, mit dem die Bewohner im Einzugsgebiet einer Industrieanlage versorgt werden müssen
b) der Verbrauchswert einer Gruppe von 500.000 Personen
c) der Energiebedarf einer Anlage multipliziert mit 500.000
d) der Anzahl aller Haushalte einer Stadt oder Gemeinde, geteilt durch die Anzahl der zu versorgenden Haushalte

Sie wissen jetzt, wie Sie selbst die Schwellenwerte berechnen und wo Sie nach Neuerungen suchen können. Dazu noch eine Frage:

F-02-9: Wo befindet sich die Berechnungsformel für kritische Anlagen?

a) In Teil 2 der Anhänge der Kritisverordnung
b) im IT-Sicherheitsgesetz
c) im BSI-Gesetz
d) Es gibt keine Berechnungsformel. Kritische Anlagen wurden per Gesetz zu kritischen Anlagen.

Wenn Sie ein *Energieversorgungsnetz* betreiben, spielen die Schwellenwerte bei der Nachweispflicht jedoch keine Rolle: Alle Energieversorger erhielten im November 2022 ein Schreiben mit der Aufforderung, bis zum 1. Mai 2023 »Systeme zur Angriffserkennung« nachzuweisen. Das Schreiben können Sie sich in Abschnitt 12.2.3, »Fristen für Betreiber«, in Abbildung 12.15 ansehen.

Dies führte zu einiger Verwirrung bei Netzbetreibern, da viele der Meinung waren, einen geringeren Versorgungsgrad zu besitzen, als die Kritisverordnung vorgibt. Das Anschreiben weist jedoch auf die Unerheblichkeit der Schwellenwerte für Netzbetreiber hin. Auf Anfrage bei der BNetzA erhielt ich im November 2023 auch eine schriftliche Bestätigung, dass alle Netzbetreiber betroffen seien.

Im Zuge der Überführung von NIS-2 in deutsche Gesetze hörte ich im Laufe des Jahres 2023 oft die Vermutung, die Schwellenwerte seien nach dessen Umsetzung für alle Sektoren irrelevant. Sollte das tatsächlich zutreffen, verschwinden vielleicht die Berechnungsformeln aus zukünftigen Kritisverordnungen, wodurch plötzlich viele kleine Versorger nachweispflichtig würden.

Falls Sie das Buch zu einer Zeit lesen, in der es keine Berechnungsformeln mehr gibt, bitte ich Sie, diesen Abschnitt als historischen Rückblick zu betrachten. Bis Oktober

2024 gelten die Formeln aber definitiv mindestens noch, und Betreiber, die im Jahr 2023 zu den Kritischen Infrastrukturen gehörten, werden auch zukünftig dazu zählen und Nachweise erbringen müssen.

Die Ergebnisse dieser Berechnungen finden Sie in den Anhängen der Kritisverordnung jeweils in Teil 3. Diesen stelle ich Ihnen im folgenden Abschnitt vor.

2.6.3 Teil 3 – Anlagenkategorien und Schwellenwerte

Nachdem wir in **Teil 2** der Sektoren-Anhänge in der Kritisverordnung die Berechnungsformeln kennengelernt haben, wechseln wir in den **Teil 3**, um die Anlagen zu finden, die für unsere Produkt- oder Dienstleistungserbringung benötigt werden.

Für das Beispiel zum Sektor *Wasser* sehen Sie in Abbildung 2.32 die Anlagen zur *Trinkwasserversorgung*. Diese sind die *Gewinnungsanlage*, das *Wasserwerk*, das *Wasserverteilungssystem* und die *Leitzentrale*.

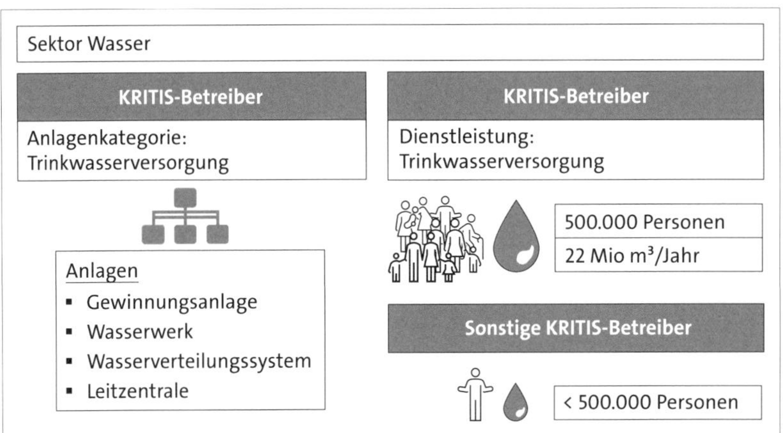

Abbildung 2.32 Anlagen und Schwellenwerte für die kritische Dienstleistung Trinkwasserversorgung

Leben im Einzugsgebiet eines Betreibers mindestens 500.000 Personen egal welchen Alters oder verarbeitet der Betreiber 22 Millionen Kubikmeter Trinkwasser, dann zählt er zu den KRITIS-Betreibern und ist nachweispflichtig gemäß BSIG.

Alle anderen Betreiber, die eine Trinkwasserversorgung bereitstellen, jedoch weniger als 500.000 Personen versorgen, gehören zu den *sonstigen* KRITIS-Betreibern und sind bisher nicht nachweispflichtig.

Zwei weitere Beispiele, die ich Ihnen zeigen möchte, stammen aus dem Kapitel 7 für den Sektor *Transport und Verkehr*.

Das erste Beispiel betrifft den *Personentransport* im öffentlichen Personennahverkehr (*ÖPNV*). Hier werden die Fahrgäste für ein Jahr gezählt. Betreiber, die mehr als

125 Millionen Fahrgäste im Jahr transportieren, gehören zu den KRITIS-Betreibern. Die Anlagen und Schwellenwerte für den Personentransport können Sie in Abbildung 2.33 sehen. Die Abkürzung *ÖSPV* steht für »Öffentlicher Straßenpersonenverkehr«.

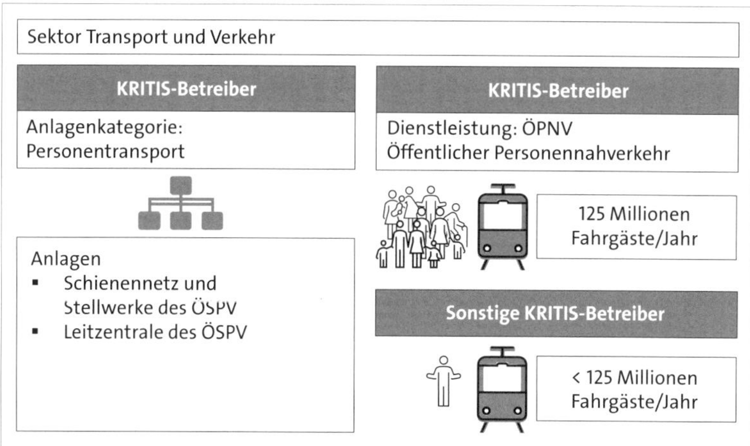

Abbildung 2.33 Anlagen und Schwellenwerte für den Personentransport

Beim zweiten Beispiel handelt es sich um Dienstleistungen im *Straßenverkehr*.

Wenn ein KRITIS-Betreiber die *Verkehrssteuerungs- und Leitsysteme* oder ein *intelligentes Verkehrssystem* verantwortet und dabei 500.000 Einwohner beziehungsweise angeschlossene Nutzer im Versorgungsgebiet versorgt, dann gehört er zu den KRITIS-Betreibern. Die Anlagen und Schwellenwerte für den Straßenverkehr können Sie in Abbildung 2.34 sehen.

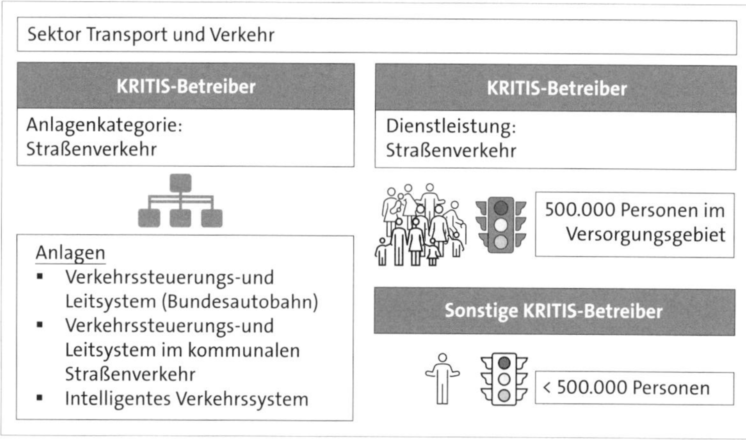

Abbildung 2.34 Anlagen und Schwellenwerte für den Straßenverkehr

Die Bundesautobahnen werden auf Bundesebene verantwortet.

Teil 3 der Anhänge in der Kritisverordnung ist meiner Meinung nach der spannendste Teil der in den Anhängen. Hier können Sie als Betreiber überprüfen, ob Ihre Anlage überhaupt als KRITIS-relevant aufgelistet ist, welche Einheit das Bemessungskriterium für diese Anlage ist und wie hoch der Schwellenwert liegt, ab dem Ihre Anlage zur Nachweisprüfung verpflichtet ist.

Die Darstellung in Teil 3 ist tabellarisch und gliedert sich in vier Spalten.

Die vier Spalten in Teil 3 der Kritisverordnung

- In Spalte A finden wir eine laufende Nummer, die der kritischen Dienstleistung zugeordnet ist.
- In Spalte B sehen wir die Anlagenkategorien, die in Teil 1 erläutert wurden.
- In Spalte C ist das Bemessungskriterium formuliert, und
- in Spalte D können wir den Schwellenwert ablesen.

Ich möchte Ihnen anschließend den Tabellenaufbau von *Teil 3* an zwei Beispielen zeigen: Tabelle 2.3 stellt die Gliederung für die Trinkwasserversorgung und die Abwasserbeseitigung dar.

In Abbildung 2.32 hatte ich Ihnen die vier möglichen Anlagen für die Trinkwasserversorgung aufgelistet. Die erste *Anlagenkategorie* war die *Gewinnungsanlage*, die wir in der Tabelle der Nummer 1.1.1 zugeordnet in Spalte B wiederfinden.

Als *Bemessungskriterium* (das erkennen wir in Spalte C) ist die *gewonnene Wassermenge* in Millionen Kubikmeter berücksichtigt.

Der *Schwellenwert* in Spalte D zeigt 22 Millionen an. Diese Wassermenge ist der Grenzwert, ab dem eine Anlage als KRITIS-relevant gilt und ihr Betreiber nachweispflichtig ist.

Würde Ihre Gewinnungsanlage weniger als 22 Millionen Kubikmeter Wasser gewinnen, wäre sie nicht nachweispflichtig und Sie als Betreiber müssten keinen Nachweis nach dem BSIG erbringen.

In der folgenden Prüfungsfrage können Sie Ihr Wissen zu Kritischen Infrastrukturen testen.

F-02-10: Warum war die Art und Weise der Definition Kritischer Infrastrukturen vor dem Erlass der BSI-Kritisverordnung problematisch?

a) Die vorherige Verordnung verstieß gegen EU-Recht.

b) Es war nicht sichergestellt, dass ein gleichwertiges und hinreichendes Schutzniveau erreicht wird.

c) Die IT-Systeme der Betreiber Krischer Infrastrukturen waren nicht gegen IT-Angriffe geschützt.

d) Die bisherige Art und Weise war regulativ und musste geändert werden.

Als zweites Beispiel in Tabelle 2.3 dient jetzt die *Anlagenkategorie* Kanalisation mit der zugeordneten Nummer 2.1.2.

Das *Bemessungskriterium* sind die *angeschlossenen Einwohner*. Es wird dabei gezählt, wie viele Einwohner an die Kanalisation angeschlossen sind. Der *Schwellenwert* liegt bei 500.000 Einwohnern. Besitzt eine Kanalisation so viele angeschlossene Einwohner, gilt sie als KRITIS-relevant, und Sie als Betreiber müssen eine Nachweisprüfung für Ihre Anlage durchführen lassen.

Sind weniger Einwohner angeschlossen, ist die Kanalisation nicht nachweispflichtig.

Spalte A	**Spalte B**	**Spalte C**	**Spalte D**
Nr.	**Anlagenkategorie**	**Bemessungskriterium**	**Schwellenwert**
1	**Trinkwasserversorgung**		
1.1	Gewinnung		
1.1.1	Gewinnungs-anlage	Gewonnene Wassermenge in Millionen m^3/Jahr	22
2	**Abwasserbeseitigung**		
2.1	Siedlungsentwässerung		
2.1.2	Kanalisation	Angeschlossene Einwohner	500 000

Tabelle 2.3 Auszug aus Teil 3 »Anlagenkategorien und Schwellenwerte«

Jeder Teil 3 in den Anhängen der Kritisverordnung hat diese tabellarische Struktur, in der Sie sich schnell zurechtfinden werden. Dazu noch eine Prüfungsfrage:

F-02-11: Bei der fachlichen Erstellung der BSI-Kritisverordnung hat sich das Kernteam den folgenden Themenfeldern gewidmet:

a) Exportkontrollen

b) Produktionsgrenzen

c) Schwellenwerten

d) Anlagenkategorien

Ab wann ein KRITIS-Betreiber seine Anlagen an- und wieder abmelden kann, habe ich in Abschnitt 12.2.3, »Fristen für Betreiber«, für Sie zusammengefasst.

Wenn wir die Schwellenwerte aus der Kritisverordnung von 2017 mit denen aus den Jahren 2021 und 2023 vergleichen, erkennen wir, dass im Sektor Energie die Durchschnittsverbrauchswerte von Bürgern um fast das Vierfache gesunken sind. Somit sind seit 2021 mehr KRITIS-Betreiber im Energiesektor zu finden als in der ersten Nachweisrunde.

Schauen wir uns die Schwellenwerte in der alten Kritisverordnung aus dem Jahr 2017 und in der Verordnung aus dem Jahr 2023 genauer an, stellen wir fest, dass die Stromerzeugungsanlagen im Jahr 2023 mit einem geringeren Schwellenwert bereits als KRITIS-Betreiber definiert sind. Aber wie oben bereits erwähnt wurde, sind *alle* Betreiber eines Energieversorgungsnetzes nachweispflichtig.

F-02-12: Wo kann ein Betreiber überprüfen, ob seine Anlage als kritische Anlage gilt?

a) in Teil 3 des Anhangs seines Sektors in der Kritisverordnung
b) im BSI-Gesetz
c) in der Orientierungshilfe B3S
d) Er wird durch das BSI dazu bestimmt.

Nicht alle Betreiber fallen unter das BSIG. Es gibt Betreiber, die unter andere Gesetze fallen. Diese Aspekte möchte ich mit Ihnen im folgenden Abschnitt betrachten.

2.7 Welche Betreiber fallen unter das BSIG?

Ob Sie als Betreiber unter die Nachweispflicht nach dem BSIG fallen, können Sie relativ einfach kontrollieren: Sie schlagen Ihren Sektor in der Kritisverordnung nach und prüfen, ob Ihre Dienstleistung aufgelistet wurde.

Sobald Sie Ihre Anlage in der Kritisverordnung in einem Teil 3 wiederfinden und Ihre Anlage außerdem den Schwellenwert erreicht, sind Sie ein KRITIS-Betreiber.

F-02-13: Welche Leitfragen lagen der methodischen Bewertung, wer Betreiber Kritischer Infrastrukturen ist, zugrunde?

a) Welche Anlagen werden für die Erbringung kritischer Dienstleistungen benötigt?
b) Ab welchem Schwellenwert ist die Anlage für die kritische Dienstleistung kritisch?
c) Welche Betreiber gehören zu den oberen zehn Prozent bei der Größe der Belegschaft?
d) Welche Betreiber können zusätzliche Überprüfungen finanziell bewältigen?

Aber es gilt noch weitere Eigenschaften zu erfüllen, um als KRITIS-Betreiber tatsächlich nachweispflichtig nach dem BSIG zu sein.

Im BSI-Gesetz finden wir die Betreiber, die anderen Gesetzen unterliegen oder zu klein, also Kleinstunternehmen sind. In Abbildung 2.35 zeige ich Ihnen gekürzt diese Betreiber. Wir sehen zum Beispiel Kleinstunternehmen, Betreiber im Sektor Energie oder Genehmigungsinhaber des Atomgesetzes.

Unter *Kleinstunternehmen* verstehen wir Unternehmen, die nur bis zu zehn Mitarbeiter haben und weniger als 2.000.000 € Umsatz im Jahr erwirtschaften. Für die hier gezeigten Betreiber galt im Dezember 2023 keine Verpflichtung, eine vollumfängliche Nachweisprüfung gegenüber dem BSI nachzuweisen. Für den Sektor *Energie* wurde meiner Meinung nach mit der Nachweispflicht über SzA dieser Anwendungsbereich etwas aufgeweicht.

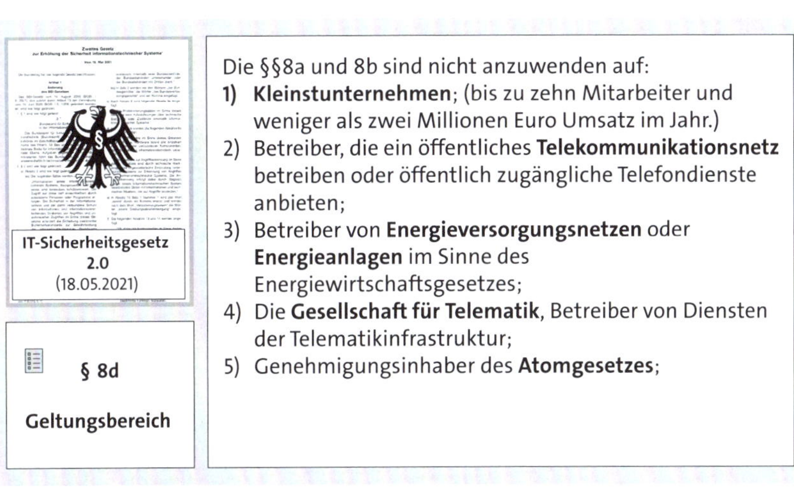

Abbildung 2.35 Anwendungsbereich nach § 8d BSIG (2021)

Außer den Kleinstunternehmen haben Betreiber von Anlagen, die in Abbildung 2.35 aufgelistet sind, meist strengere oder zumindest vergleichbare Nachweispflichten.

F-02-14: Für welche Betreiber gelten nach dem BSIG Sonderregelungen?

a) Betreiber von Energieversorgungsnetzen oder Energieanlagen
b) Die Gesellschaft für Telematik
c) Genehmigung nach dem Atomgesetz
d) für Betreiber in der Lebensmittelproduktion

Den nächsten Abschnitt habe ich den *wichtigen Einrichtungen* oder den *Unternehmen im besonderen öffentlichen Interesse* gewidmet.

2.8 Unternehmen im besonderen öffentlichen Interesse (UBIs)

In diesem Abschnitt möchte ich auf die Unternehmen eingehen, die derzeit noch vor ihrer ersten Nachweisprüfung stehen und für die bisher eine Selbsterklärung ausreicht.

Nicht nur Betreiber kritischer Infrastrukturen müssen einen Nachweis über ihre umgesetzten Maßnahmen einreichen, sondern mit der Änderung des BSI-Gesetzes im Jahr 2021 auch *Unternehmen*, die *im besonderen öffentlichen Interesse* stehen. Umgangssprachlich werden diese Unternehmen als *UBIs* bezeichnet. In der NIS-2-Richtlinie werden die UBIs nun als *besonders wichtige Einrichtungen* oder *wichtige Einrichtungen* bezeichnet. Im Buch bleibe ich dennoch bei der Abkürzung UBI, da die BSI-Prozesse und Selbsterklärungen diese Abkürzung im Dezember 2023 einsetzten.

Auf der BSI-Webseite (14) sind drei Kategorien von UBIs analog zum BSIG definiert, die ich Ihnen in Abbildung 2.36 zeigen möchte. In Abbildung 1.41 sahen Sie dazu bereits die Definition von UBIs im IT-Sicherheitsgesetz 2.0.

UBI 1	Hersteller/Entwickler nach Außenwirtschaftsverordnung (AWV), im Bereich Waffen, Munition und Rüstungsmaterial oder im Bereich von Produkten mit IT-Sicherheitsfunktionen	UBI 1 AWV-UBI
UBI 2	sind die nach ihrer inländischen Wertschöpfung größten Unternehmen Deutschlands sowie wesentliche Zulieferer für diese Unternehmen.	UBI 2 Wertschöpfungs-UBI
UBI 3	sind Betreiber »eines Betriebsbereiches der oberen Klasse im Sinne der Störfall-Verordnung« oder Betreiber, die »nach der Störfall-Verordnung« gleichgestellt sind	UBI 3 Störfall-UBI

Abbildung 2.36 Die drei Kategorien für »Unternehmen im besonderen öffentlichen Interesse« nach § 2 Abs. 14 Nummer 1 bis 3 BSIG

Die Pflichten, die UBIs einhalten müssen, habe ich Ihnen in Abbildung 1.46 gezeigt. Die Pflicht zur Selbsterklärung gegenüber dem BSI gilt derzeit für die AWV-UBIs.

Das Formular zur Selbsterklärung für diese UBIs sehen wir uns in Abschnitt 6.4.9, »Selbsterklärung für AWV-UBI (UBI 1)«, genauer an. Dieses steht Ihnen auf der BSI-Seite seit November 2022 als Vorlage (15) zur Verfügung.

Hinweis zum Begleitmaterial

Die Selbsterklärung zur IT-Sicherheit für Unternehmen im besonderen öffentlichen Interesse für UBI 1 vom November 2022 finden Sie im Dokument:

- 2022-11_BSI_Selbsterklaerung_UBI

Mit dieser kurzen Vorstellung von »Unternehmen im besonderen öffentlichen Interesse« beziehungsweise »besonders wichtigen und wichtigen Einrichtungen« ist das Kapitel zur Kritisverordnung beendet. In Kapitel 3 sehen wir uns die IT-Sicherheitskataloge für den Sektor Energie genauer an.

Kapitel 3
Die IT-Sicherheitskataloge (IT-SiKat) für den Sektor Energie

Warum statt Luftzug gleich Zugluft? Im Sektor Energie weht seit 2015 ein noch unerbittlicherer Wind. IT-Sicherheitskataloge. Darum!

In diesem Kapitel wollen wir uns einige Aspekte im Sektor Energie ansehen: Wir starten mit der Bundesnetzagentur (BNetzA), werfen kurz einen Blick auf das Energiewirtschaftsgesetz (EnWG), wechseln anschließend in den Prüfkatalog für KRITIS-Betreiber im Energie-Sektor und sehen uns noch die Norm ISO/IEC 27019 an.

Derzeit werden in Deutschland an vielen Orten die Straßen aufgegraben, um die Verlegung von Glasfaserkabeln vorzubereiten. Eines der aktuell hohen Risiken für Energie-Betreiber sind diese Baggerarbeiten, die immer mal wieder eine Störung der Stromversorgung verursachen.

Um in solchen Fällen die Stromverbindungen schnell wiederherstellen zu können, verwenden die Betreiber meist Notfallpläne, die schon unendlich oft geübt worden sind.

Als Auditoren haben wir die Aufgabe, auch das Notfallmanagement neben den geforderten Schutzmaßnahmen anzusehen und zu beurteilen. Aber nicht nur die Stromversorgung gehört zu den kritischen Dienstleistungen, sondern auch die Gas- oder die Fernwärmeversorgung. In Abschnitt 2.4.1, »Der Sektor Energie«, hatte ich Ihnen diese Dienstleistungen aufgelistet.

In Audits nach den IT-Sicherheitskatalogen sehen wir Auditoren uns Umspannwerke, Trafostationen, Gasdruckregelstationen und die Leitwarten des Netzbetreibers an. Wir achten dabei beispielsweise auf die Zugänge und die Überwachung.

Zur Einstimmung zeige ich Ihnen in Abbildung 3.1 einen Strommast, der Hochspannungsleitungen über Land trägt. Zu seinen Füßen führen die Kabel in ein Umspannwerk (USW). In der Abbildung ist das USW zu erkennen: Es ist das weiße Häuschen links hinter der Wiese. In diesem Umspannwerk wird die Hochspannung von 110 kV (Kilovolt) heruntergeregelt auf nur noch 10 bis 30 kV. Es findet dort also ein Wechsel vom Hochspannungsnetz zum Mittelspannungsnetz statt. Bei noch höheren Spannungen als im Hochspannungsnetz sprechen wir vom *Deutschen Höchstspannungsnetz* mit 220 und 380 kV. Damit hatte ich bisher keinen Auditkontakt.

Abbildung 3.1 Hochspannungsleitungen zur Energieversorgung ganzer Städte

Die 10 bis 30 kV werden ins Mittelspannungsnetz übertragen und führen unterirdisch zu den uns bekannten kleineren Trafostationen.

Wer schon immer mal wissen wollte, wie es in einem Trafohaus aussieht, kann das in Abbildung 3.2 nachholen. Von vorne ist es unspektakulär bis auf ein Schild, auf dem auf die Lebensgefahr hingewiesen wird. Rechts in der Abbildung sehen Sie den Teil des Trafohauses, in dem die Mittelspannung über Starkstromkabel in einen Transformator eingeführt und dort für das Niedrigspannungsnetz umgewandelt wird. Unten links im Bild erkennen Sie die Zuteilung zu Straßen und Einfamilienhäusern.

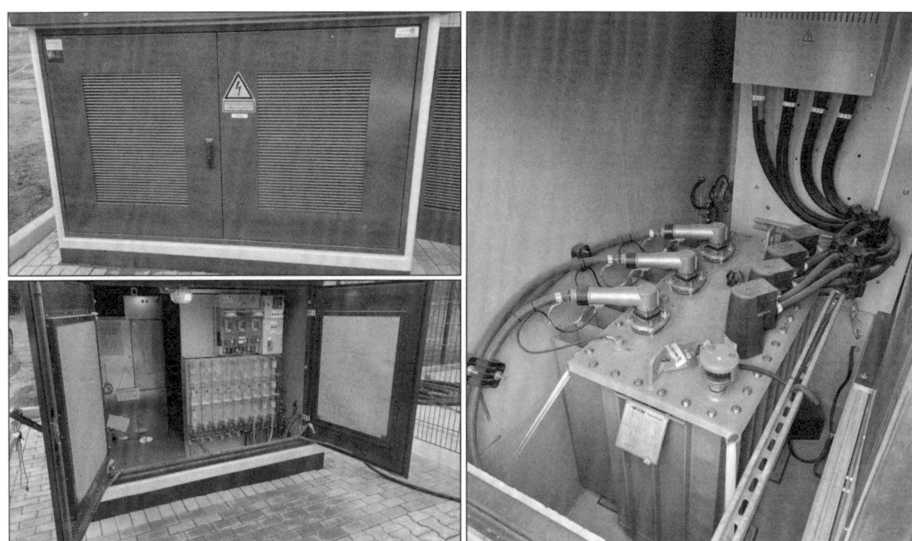

Abbildung 3.2 Blick in ein Trafohaus

Das deutsche Bahnnetz verteilt Hochspannung von 110 kV zu den eigenen Unterwerken. Die Unterwerke arbeiten als Trafostationen und wandeln die Hochspannung in eine Mittelspannung von 15 kV um. Diese Mittelspannung wird in die Oberleitungen eingespeist, um die elektrischen Züge anzutreiben.

Als Endverbraucher erhalten wir über einen Hausanschlusskasten Strom aus dem Niederspannungsnetz. Zukünftig soll dieses Netz hauptsächlich durch Solarstrom versorgt werden.

Für die Betreiber stellen die unterschiedlichen erneuerbaren Energien eine Herausforderung dar, die von ihnen noch gelöst werden muss. Derzeit gibt es immer mal Spannungsspitzen, wenn über Solar- oder Windkraftanlagen sehr viel Strom erzeugt wird. Die Betreiber müssen ihre kritischen Infrastrukturen weiterhin vorhalten, auch wenn es keine Abnehmer ihrer Dienstleistungen gibt und sie nichts verdienen. Sie müssen für den Fall, dass keine Sonne scheint, kein Wind weht und kein Bio-Gas erzeugt wird, bereitstehen und vorsorgen.

Sehen wir uns im nächsten Abschnitt die Bundesnetzagentur an.

3.1 Die Bundesnetzagentur (BNetzA)

In diesem Abschnitt möchte ich Ihnen die Bundesnetzagentur kurz vorstellen, da sie die IT-Sicherheitskataloge verfasst und veröffentlicht hat.

Die Bundesnetzagentur stellte sich im Sommer 2023 auf ihrer Startseite im Internet (»Über uns«, (16)) mit den Worten vor:

> *»Wir sind die zentrale Infrastrukturbehörde Deutschlands und fördern den Wettbewerb in den Märkten für Energie, Telekommunikation, Post und Eisenbahnen ... Als Verbraucherschutzbehörde wahren wir gleichzeitig die Interessen der Menschen, die Netze nutzen.«*

Wir finden auf der Seite der Bundesnetzagentur eine Zeitleiste, die bis ins Jahr 1997 zurückreicht. Auf der Suche nach ersten Hinweisen zu kritischen Infrastrukturen wurde ich für das Datum 19. Dezember 2013 fündig. An diesem Tag erfolgte die erste Entscheidung über die Systemrelevanz eines Kraftwerks. Drei Monate zuvor, am 16. September 2013, wurde erstmals der Bedarf an Reservekraftwerken festgestellt.

Der Donnerschlag im Energie-Sektor erfolgte am 12. August 2015 mit der Veröffentlichung des ersten IT-Sicherheitskatalogs (siehe Abschnitt 3.3, »Die IT-Sicherheitskataloge«) für Energieversorgungsnetze durch die Bundesnetzagentur.

Am 29. Mai 2018 feierte die Bundesnetzagentur ihr 20. Jubiläum und veröffentlichte zu diesem Anlass die Rede ihres damaligen Präsidenten, Herrn Jochen Homann, und Fotos des Festaktes. Beides können Sie immer noch auf der Webseite betrachten.

Ein weiteres interessantes Datum aus meiner Sicht ist der 5. Mai 2020, an dem die Bundesnetzagentur den Antrag der *Nord Stream 2 AG* auf Freistellung der Regulierung ablehnte.

Zu den vielen anderen interessanten Terminen zählten auch die Standorteröffnung in Cottbus am 28. Oktober 2021 sowie die Neubesetzung des Präsidentenamtes mit Herrn Klaus Müller am 1. März 2022.

Einige der letzten Termine zeigen am 8. September 2022 die Feststellung der förmlichen Unterversorgung mit Telekommunikationsdiensten und den Start der *Sicherheitsplattform Gas* am 29. September 2022.

Im nächsten Abschnitt möchte ich auf das aktuelle Energiewirtschaftsgesetz eingehen.

3.2 Das Energiewirtschaftsgesetz (EnWG)

Das Energiewirtschaftsgesetz (EnWG (17)) wurde am 7. Juli 2005 erstmals in Kraft gesetzt und dient dazu, mehrere EU-Richtlinien umzusetzen.

Hinweis zum Begleitmaterial

Das Energiewirtschaftsgesetz (EnWG) in der Fassung vom Juli 2023 finden Sie im Dokument:

- 2023-07_EnWG

Das Gesetz besteht aus zehn Teilen, die jeweils mehrere Paragrafen beinhalten. Im Nachweisprozess ist für uns vor allem Teil 3 zur Regulierung des Netzbetriebs interessant. In ihm finden wir **§ 11 »Betrieb von Energieversorgungsnetzen«**.

Bevor wir jedoch zu Teil 3 springen, können wir in Teil 1 »Allgemeine Vorschriften« unter **§ 3 »Begriffsbestimmungen«** prüfen, ob unsere kritischen Anlagen oder Dienstleistungen dort überhaupt aufgelistet sind.

Kommen wir nun zu § 11, der die Pflichten für Betreiber von Energieversorgungsnetzen bestimmt und dessen Inhalt ich nur auszugsweise in Abbildung 3.3 darstelle.

In § 11 Abs. 1 können wir erkennen, dass neben der Zuverlässigkeit des Netzversorgungsbetriebes auch die wirtschaftliche Betrachtung erwartet wird: Kein KRITIS-Betreiber soll sein Unternehmen in den Ruin treiben, um gesetzliche Anforderungen zu erfüllen.

In **§ 11 Abs. 1a EnWG** finden wir die gesetzliche Anforderung an die Bundesnetzagentur, gemeinsam mit dem BSI einen Katalog von Sicherheitsanforderungen zu erstellen, den die Energie-Betreiber umsetzen müssen. Auch die regelmäßigen Überprüfungen der Umsetzung durch die Betreiber finden wir im Gesetzestext sowie das Recht der BNetzA, diese Umsetzung zu kontrollieren.

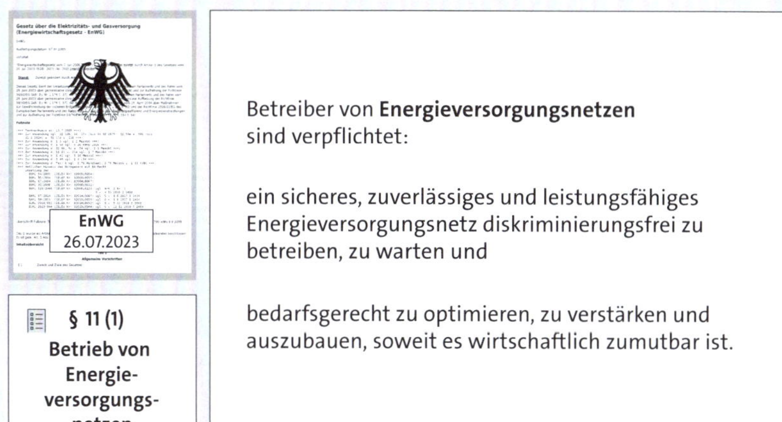

Abbildung 3.3 Auszug aus § 11 Abs. 1 EnWG (Juli 2023)

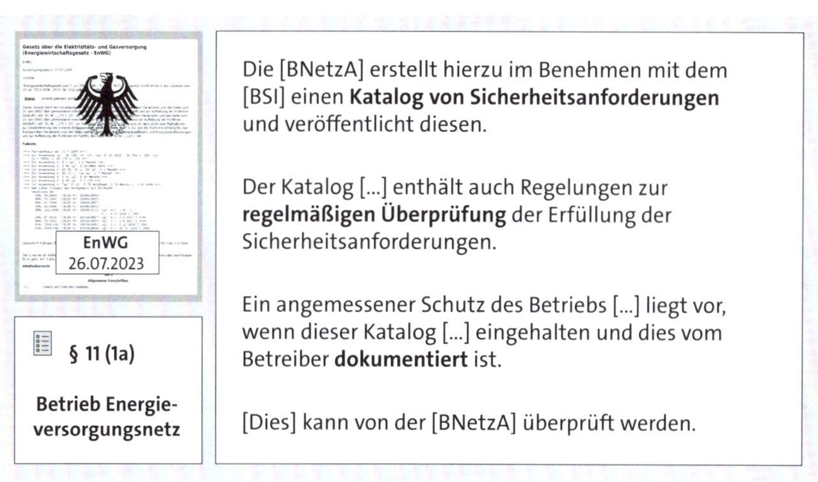

Abbildung 3.4 Auszug aus § 11 Abs. 1a EnWG (Juli 2023)

Der im Energiewirtschaftsgesetz in § 11 Abs. 1a genannte Katalog wurde erstmals 2015 für Strom- und Gasnetze sowie 2018 für Energieanlagen veröffentlicht und als *IT-Sicherheitskatalog* bezeichnet. Auf die IT-Sicherheitskataloge gehe ich im nächsten Abschnitt detaillierter ein.

3.3 Die IT-Sicherheitskataloge

In diesem Abschnitt möchte ich Ihnen die Anforderungen aus den beiden derzeit vorliegenden IT-Sicherheitskatalogen vorstellen. Wenn Sie Betreiber im Energie-Sektor sind, können Sie vielleicht für Ihr ISMS noch einige Hinweise zu seiner Verbesserung finden, und wenn Sie als neuer Auditor diese Abschnitte lesen, entdecken Sie eventuell noch Besonderheiten, die Sie für das nächste Audit nach IT-Sicherheitskatalog beachten sollten.

Auf der Seite der Bundesnetzagentur zum ersten *IT-Sicherheitskatalog für Strom- und Gasnetze* (18) finden Sie einen Gesamtüberblick über die Informationssicherheitsziele, Ansprechpartner und das Konformitätsbewertungsprogramm. Eine weitere Informationsseite liefert Informationen zum *IT-Sicherheitskatalog für Energieanlagen* (19). Auf dieser Seite finden Sie zusätzlich zu den Informationssicherheitszielen auch ein Meldeformular zum Registrieren eines Ansprechpartners bei der Bundesnetzagentur. Diese Meldung ist gesetzliche Pflicht für beide Arten von KRITIS-Betreibern im Energie-Sektor. Alle anderen Betreiber melden ihre Kontaktstelle an das BSI.

Als Netzbetreiber oder Betreiber von Energieanlagen sind Sie verpflichtet, ein *Konformitätsbewertungsaudit* durchführen zu lassen. Weitere Hinweise dazu gebe ich Ihnen in den folgenden beiden Abschnitten.

Um einen Konformitätsnachweis über eine Netz- oder Energieanlage erstellen zu dürfen, muss die Prüfstelle zwingend eine durch die DAkkS akkreditierte Zertifizierungsstelle sein. Deshalb finden Sie auf den Informationsseiten zusätzlich die Verlinkung zur Datenbank der *Deutschen Akkreditierungsstelle* (*DakkS*), in der die zugelassenen Zertifizierungsstellen enthalten sind.

Zu jedem Prüfteam gehört immer ein Fachexperte oder ein ISO/IEC 27001-Auditor mit Fachexpertenstatus. In Abschnitt 10.3, »Fachexperten auswählen und einsetzen«, gehe ich auf die Weiterbildung ein, die Sie benötigen, um als Fachexperte für Audits nach dem IT-Sicherheitskatalog berufen werden zu können.

F-03-1: Welche zwei IT-Sicherheitskataloge (IT-SiKat) gelten für den Sektor Energie?

a) IT-SiKat für Batterien

b) IT-SiKat für Strom- und Gasnetze

c) IT-SiKat für Energieanlagen

d) IT-SiKat für E-Mobilität

Da die beiden IT-Sicherheitskataloge Anforderungen für unterschiedliche Zielgruppen vorgeben, möchte ich sie in den nächsten beiden Abschnitten mit Ihnen näher betrachten.

3.3.1 Der IT-Sicherheitskatalog für Strom- und Gasnetze (2015)

Kommen wir nun zum *IT-Sicherheitskatalog für Strom- und Gasnetze* (20). Ihn veröffentlichte die Bundesnetzagentur im August 2015.

Hinweis zum Begleitmaterial

Den IT-Sicherheitskatalog für Strom- und Gasnetze gemäß § 11 Abs. 1a EnWG vom August 2015 finden Sie im Dokument:

- 2015-08_BNetzA_IT_Sicherheitskatalog_EnWG-11-1a

Dieser IT-Sicherheitskatalog enthält Anforderungen für einen sicheren Netzbetrieb, der die Verfügbarkeit, Integrität und Vertraulichkeit der Systeme und Daten unterstützt. Als Netzbetreiber sind Sie verpflichtet, die Anforderungen aus diesem Katalog umzusetzen und zu dokumentieren.

Die wichtigste Sicherheitsanforderung möchte Ihnen in Abbildung 3.5 zeigen. Wie Sie sehen, reicht es nicht aus, auf deutsche Übersetzungen der ISO/IEC 27001 (21) zu warten und solange nach einer veralteten Übersetzung zu arbeiten. Sobald eine neue ISO/IEC 27001 veröffentlicht wurde, müssen Sie als Betreiber Änderungen in Ihrem ISMS berücksichtigen.

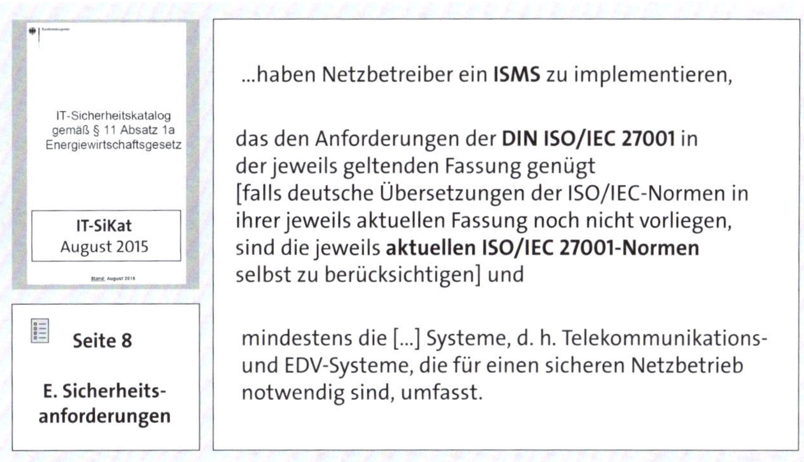

Abbildung 3.5 IT-SiKat, S. 8 »E. Sicherheitsanforderungen« (August 2015)

Das bedeutet: Solange die deutsche Übersetzung der ISO/IEC 27001:2022 und anderer zukünftiger ISO-Standards noch nicht vorliegt, müssen Betreiber selbstständig die Aktualisierungen der neuen Standards einarbeiten.

Für Prüfer von Zertifizierungsstellen ist das etwas kniffelig. Wir werden in der Regel für ein Audit beauftragt, in dem die Prüfgrundlage bereits fest definiert ist. Die Beauftragungen müssen durch die Betreiber selbst vorgenommen werden. Hier können Prüfer nur auf neuere Normen hinweisen.

Eine weitere wichtige Anforderung betrifft die Implementierung des ISMS, die ich Ihnen in Abbildung 3.6 zeigen möchte.

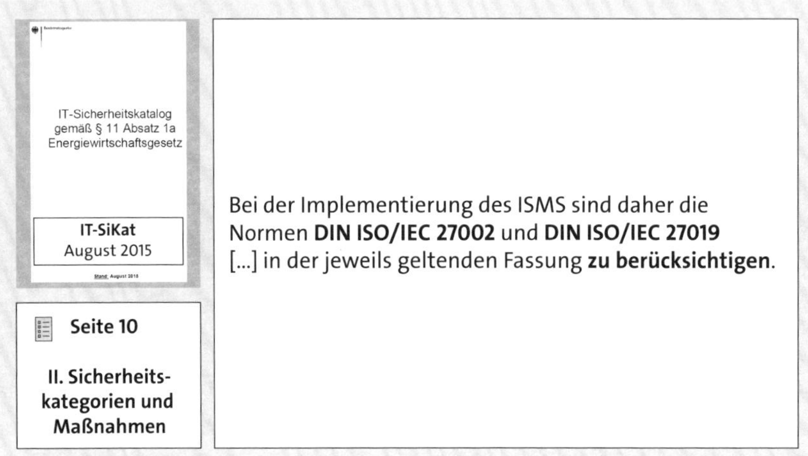

Abbildung 3.6 IT-SiKat, S. 10 »II Sicherheitskategorien und Maßnahmen« (August 2015)

Die aktuelle ISO/IEC 27002 ist seit Februar 2022 veröffentlicht und ihre deutsche Übersetzung kann seit August 2022 als Entwurf beim Beuth Verlag erworben werden. Die ISMS der KRITIS-Betreiber im Energiesektor müssen somit bis zum nächsten Rezertifizierungsaudit nach den Anforderungen der neuen ISO/IEC 27002 umgestellt sein. Für viele Energie-Betreiber starten diese Audits im ersten Halbjahr 2024. Zur ISO/IEC 27019 finden Sie Hinweise in Abschnitt 3.4.

Der IT-Sicherheitskatalog gibt uns zu Netzstrukturplänen im Energie-Sektor klare Vorgaben, welche Technologien darzustellen sind. Anders als für alle anderen Sektoren liegt hier der Fokus verstärkt auf den Technologien, die ich Ihnen auch im Infokasten aufgelistet habe.

Die relevanten Technologiekategorien im Netzstrukturplan

- Leitsysteme und Systembetrieb
- Übertragungstechnik/Kommunikation
- Sekundär-, Automatisierungs- und Fernwirktechnik

Für die Risikoeinschätzung erhalten wir im IT-Sicherheitskatalog ebenfalls Vorgaben, die wir in Hinblick auf das Risikomanagement eines KRITIS-Betreibers im Energie-Sektor beachten müssen. Die Schadenskategorien orientieren sich an existenziellen, beträchtlichen und überschaubaren Auswirkungen:

Schadenskategorien zur Risikoeinschätzung für Strom- und Gasnetze

- *Kritisch* – existentiell bedrohliches, katastrophales Ausmaß
- *Hoch* – beträchtliche Schadensauswirkungen
- *Mäßig* – begrenzte und überschaubare Schadensauswirkungen

Diese formalen Bezeichnungen übersetzen einige KRITIS-Betreiber in Ziffern, um die Risikopotenziale durch einfache Multiplikation von Schadenskategorien mit ihren Eintrittswahrscheinlichkeiten einfacher und automatisch ermitteln zu können.

Einige KRITIS-Betreiber haben sich allerdings auch komplexe Farbcodierungen für das Zusammentreffen von formalen Schadenskategorien und Eintrittswahrscheinlichkeiten überlegt und in Excel-Dateien mit WENN-DANN-Regeln hinterlegt.

Wichtig aus meiner Sicht sind die Nachvollziehbarkeit und die dokumentierte Vorgehensweise. Im Audit muss auch ein Vertreter das Risikomanagement erklären können.

Aber nicht nur die Auswirkungen allgemein werden im IT-Sicherheitskatalog vorgegeben, sondern auch Schadenskriterien, die wir zwingend in der Umsetzung und in der Prüfung beachten müssen. Dazu zählen:

Schadenskriterien für Netzbetreiber

- Beeinträchtigung der Versorgungssicherheit
- Einschränkung des Energieflusses
- betroffener Bevölkerungsanteil
- Gefährdung für Leib und Leben
- Auswirkungen auf weitere Infrastrukturen (z. B. Wasserversorgung)
- Gefährdung der Datensicherheit und des Datenschutzes durch Offenlegung oder Manipulation
- finanzielle Auswirkungen

Weitere Gefährdungen sollen wir aus dem IT-Grundschutz-Kompendium berücksichtigen. Der IT-Sicherheitskatalog nennt einige Beispiele für vorsätzliche Handlungen:

Mögliche vorsätzliche Schadensursachen für Netzbetreiber

- gezielte IT-Angriffe
- Computer-Viren, Schadsoftware
- Abhören der Kommunikation
- Diebstahl von Rechnern usw.

Aber auch für nicht vorsätzliche Gefährdungen finden wir Beispiele, die Sie als Netzbetreiber beachten müssen:

Mögliche nicht vorsätzliche Schadensursachen für Netzbetreiber

- elementare Gefährdungen
- höhere Gewalt
- organisatorische Mängel
- menschliche Fehlhandlungen
- technisches Versagen
- Versagen oder Beeinträchtigung anderer für die Netzsteuerung relevanter Infrastrukturen und externer Dienstleistungen
- ungezielte Angriffe und Irrläufer von Schadsoftware

Alle Risikobehandlungsmaßnahmen müssen nach dem *Stand der Technik* (siehe Abschnitt 7.2.3) umgesetzt werden.

Die Fristen, die dieser IT-Sicherheitskatalog Ihnen vorgibt, sind längst abgelaufen. Jedoch übermitteln Zertifizierungsstellen weiterhin die Konformitätsbewertungsnachweise für Netzbetreiber regelmäßig an die Bundesnetzagentur.

Als Konformitätsnachweis gelten ausschließlich Zertifikate, die belegen, dass alle Anforderungen an ein ISMS nach dem IT-Sicherheitskatalog umgesetzt sind.

Pflichten des Netzbetreibers

- Zertifizierung nach IT-Sicherheitskatalog § 11 Abs. 1a EnWG
- Meldung einer Kontaktperson gegenüber der Bundesnetzagentur bis zum 30.11.2015
- eine Kopie des Zertifikats an die Bundesnetzagentur bis zum 31.01.2018
- Aufbau von geeigneten Kommunikationsstrukturen, um Lageberichte und Warnmeldungen zu erhalten

Im nächsten Abschnitt gehe ich auf den zweiten IT-Sicherheitskatalog für die Anlagenbetreiber ein.

3.3.2 Der IT-Sicherheitskatalog für Energieanlagen (2018)

Wenn Sie Anlagenbetreiber sind oder Anlagenbetreiber prüfen möchten, ist dieser Abschnitt für Sie bestimmt.

Der IT-Sicherheitskatalog in diesem Abschnitt enthält Anforderungen an einen sicheren Betrieb von Energieanlagen und an den Schutz der Verfügbarkeit, Integrität und

Vertraulichkeit (22). Diesen Anforderungskatalog hat die Bundesnetzagentur im Dezember 2018 veröffentlicht.

Hinweis zum Begleitmaterial

Den IT-Sicherheitskatalog für Energieanlagen gemäß § 11 Abs. 1b Energiewirtschaftsgesetz vom Dezember 2018 finden Sie im Dokument:

- 2018-12_BNetzA_IT_Sicherheitskatalog_EnWG-11-1b

Als besonders schützenswert werden in diesem IT-Sicherheitskatalog die Erzeugungs- und Speicheranlagen sowie die Gasförderungsanlagen und Gasspeicher bezeichnet.

Die relevanten Anlagenkategorien

- Erzeugungsanlagen und Speicheranlagen
- Gasförderanlagen und Gasspeicher

Ein KRITIS-Betreiber, der diese Anlagen betreibt, wird nach dem IT-Sicherheitskatalog gemäß **§ 11 Abs. 1b EnWG** zertifiziert.

Anlagenbetreiber müssen ihr Netz in sechs Zonen aufteilen. Die Anforderung dazu möchte ich Ihnen in Abbildung 3.7 zeigen. Wie Sie sehen können, reicht es nicht, nur die eigentliche Kritische Infrastruktur zu bewerten. Sie müssen auch die Büro- und Verwaltungsinformationssysteme einbeziehen.

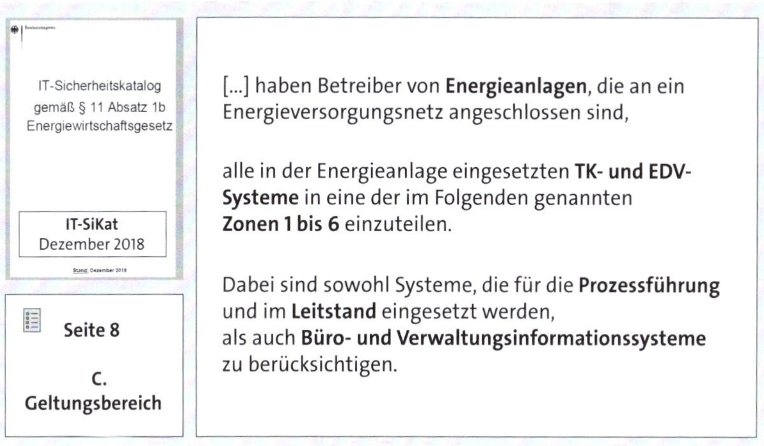

Abbildung 3.7 IT-SiKat, S. 8, C. »Geltungsbereich« (Dezember 2018)

Es geht hierbei somit nicht um eine Netzsegmentierung, sondern um die Klassifizierung von Anwendungen, Systemen und Komponenten einer Energieanlage und ihres Betreibers. Wir konzentrieren uns bei der Zoneneinteilung auf die Telekommunikations- und EDV-Systeme, die ich Ihnen im Infokasten zeige:

Klassifizierung der Zonen für Anlagen, Systeme und Komponenten einer Energieanlage

- *Zone 1* – zwingend notwendig für den sicheren Betrieb der Energieanlage
- *Zone 2* – dauerhaft notwendig für den Betrieb der Energieanlage
- *Zone 3* – notwendig für den Betrieb der Energieanlage
- *Zone 4* – bedingt zwingend notwendig für den Betrieb
- *Zone 5* – notwendig für die organisatorischen Prozesse der Energieanlage
- *Zone 6* –bedingt notwendig für die organisatorischen Prozesse

In Abbildung 3.8 zeige ich Ihnen die Zoneneinteilung von Anwendungen, Systemen und Komponenten in Energieanlagen. Das Original finden Sie im IT-Sicherheitskatalog auf Seite 11. Die Pfeilspitzen zeigen jeweils die zunehmende Bedeutung für den Informationsfluss und den sicheren Anlagenbetrieb.

Das ISMS eines KRITIS-Betreibers muss mindestens die Anwendungen, Systeme und Komponenten der Zonen 1 bis 3 umfassen. Im Audit überprüfen wir Auditoren dies.

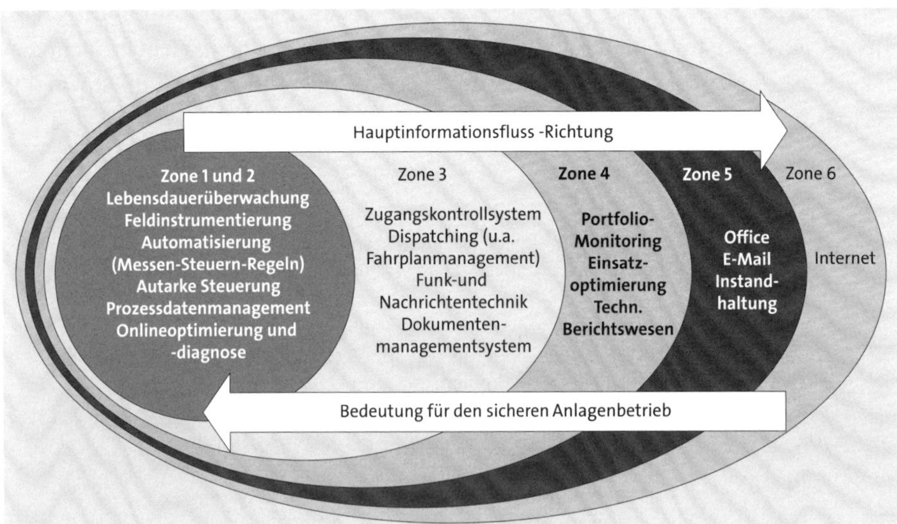

Abbildung 3.8 Die Zoneneinteilung von Anwendungen, Systemen und Komponenten in Energieanlagen in Anlehnung an den VGB-Standard, S. 16

Genau wie im IT-Sicherheitskatalog für Strom- und Gasnetze muss auch das ISMS für Anlagenbetreiber die Empfehlungen aus der DIN EN ISO/IEC 27002 und der DIN EN ISO/IEC 27019 berücksichtigen.

Für die Risikoeinschätzung finden wir in diesem IT-Sicherheitskatalog noch eine weitere Schadenskategorie, nämlich für Schäden, die wir vernachlässigen können:

[«] 3

Schadenskategorien zur Risikoeinschätzung für Energieanlagen

- *Kritisch* – existentiell bedrohliches, katastrophales Ausmaß
- *Hoch* – beträchtliche Schadensauswirkungen
- *Mäßig* – begrenzte und überschaubare Schadensauswirkungen
- *Gering* – Schadensauswirkungen sind vernachlässigbar.

Als Anlagenbetreiber müssen Sie außerdem vier grundlegende Schadenskriterien bewerten, die im IT-Sicherheitskatalog genannt sind. Da Sie nicht direkt an die Bevölkerung ausliefern, wäre die Bewertung des betroffenen Bevölkerungsanteils schwierig zu bewerkstelligen.

Als Strom- und Gaserzeuger überführen Sie die erbrachten Dienstleistungen in der Regel in die Betreibernetze, und erst dort kann bewertet werden, wie groß der nicht versorgte Bevölkerungsanteil ist. Aber genau wie bei den Netzbetreibern muss auch bei Ihnen als Anlagenbetreiber die Gefahr für Leib und Leben berücksichtigt werden. Die Schadenskategorien zeige ich Ihnen im folgenden Infokasten:

[«]

Zwingend zu berücksichtigende Schadenskriterien durch den Anlagenbetreiber

- Beeinträchtigung der Aufgabenerfüllung – Einschränkung der Energielieferung und damit des Beitrages zur Versorgungssicherheit
- Gefährdung für Leib und Leben
- Gefährdung für Datensicherheit und Datenschutz durch Offenlegung oder Manipulation
- finanzielle Auswirkungen

Auch für Sie als Anlagenbetreiber gilt: Sie müssen weitere Gefährdungen aus dem IT-Grundschutz-Kompendium berücksichtigen.

Für alle Anwendungen, Systeme und Komponenten der Zonen 1 bis 3 müssen wir die Risikobehandlung abschließen. Das bedeutet, wir prüfen, ob es Konzepte gibt, wie den Risiken zu begegnen ist und ob Maßnahmen existieren, die auch tatsächlich umgesetzt sind. Lediglich ein mittleres akzeptiertes Risikoniveau darf verbleiben. Das Risikoniveau setzt sich jeweils aus der *Schadenskategorie* und der *Eintrittswahrscheinlichkeit* zusammen.

Die *Bundesnetzagentur* kann Sie und alle anderen Betreiber zum Umsetzungsstand des ISMS befragen und Auskünfte zu Sicherheitsvorfällen verlangen. Die Anfragegründe habe ich für Sie im Infokasten aufgelistet:

Auskünfte, die ein Anlagenbetreiber auf Anfrage der Bundesnetzagentur liefern muss

- Umsetzungsstand der Anforderungen aus dem IT-Sicherheitskatalog
- aufgetretene Sicherheitsvorfälle sowie Art und Umfang hervorgerufener Auswirkungen, die eine Meldepflicht auslösen
- Ursache aufgetretener Sicherheitsvorfälle sowie Maßnahmen zu deren Behebung und zukünftiger Vermeidung

Auch die Fristen, die dieser IT-Sicherheitskatalog Ihnen als Anlagenbetreiber gesetzt hatte, sind längst abgelaufen. Jedoch übermitteln auch zu dieser Überprüfung Zertifizierungsstellen weiterhin Nachweise an die Bundesnetzagentur. Die Pflichten, die wir im IT-Sicherheitskatalog finden, habe ich für Sie im folgenden Infokasten aufgelistet:

Pflichten des Anlagenbetreibers

- Zertifizierung nach IT-Sicherheitskatalog § 11 Abs. 1b EnWG
- Meldung einer Kontaktperson gegenüber der Bundesnetzagentur bis zum 28.02.2019
- eine Kopie des Zertifikats an die Bundesnetzagentur bis zum 31.03.2023

Die IT-Sicherheitskataloge enthalten Umsetzungsempfehlungen für die Betreiber und dienen uns Auditoren als Prüfgrundlage.

Für sogenannte Audits nach IT-SiKat erstellen wir unsere Auditpläne nach der ISO/IEC 27001 und integrieren relevante Anforderungen aus der ISO/IEC 27019, auf die ich im nächsten Abschnitt eingehen möchte.

3.4 Die ISO/IEC 27019 – Steuerungssysteme der Energieversorgung

Die ISO/IEC 27019 (23) ist ein informativer Standard für Organisationen im Sektor Energie. Ihr vollständiger Titel lautet *Informationstechnik – Sicherheitsverfahren – Leitfaden für das Informationssicherheitsmanagement von Steuerungssystemen der Energieversorgung auf Grundlage der ISO/IEC 27002.*

Sie gibt uns Empfehlungen für Informationssicherheitsmaßnahmen in der Energieversorgung. Die letzte deutsche Übersetzung ist vom August 2020.

Die ISO/IEC 27019 dient genau wie die ISO/IEC 27002 (24) als Umsetzungsleitfaden. Die Maßnahmenempfehlungen der ISO/IEC 27019 ähneln denen aus der ISO/IEC 27002, nur benennt die ISO/IEC 27019 konkrete Themen für Energieunternehmen, die für den regulären Netz- oder Anlagenbetrieb relevant sind.

Die aktuelle DIN EN ISO/IEC 27019 besitzt die gleiche Struktur wie der Anhang der alten DIN EN ISO/IEC 27001:2017.

Bisher konnten die Betreiber im Energie-Sektor ihre Dokumentation und vor allem auch ihre *Erklärung zur Anwendbarkeit* (*Statement of Applicability*, *SoA*) an der gültigen ISO/IEC 27001 ausrichten und Aspekte aus der ISO/IEC 27019 integrieren. Durch den Normwechsel der ISO/IEC 27001 im Jahr 2022 müssen die beiden Standards einige Zeit parallel dokumentiert werden – zumindest so lange keine neue ISO/IEC 27019 veröffentlicht ist. Im September 2023 lag ein erster Entwurf einer neuen ISO/IEC 27019 vor, der noch bis Dezember 2023 diskutiert werden konnte.

In Tabelle 3.1 zeige ich Ihnen ein paar Beispiele für die Zuordnungen zwischen der ISO/IEC 27019 und der alten sowie der neuen ISO/IEC 27001. Die Empfehlungen aus der ISO/IEC 27019, die ich ganz spannende finde, sehen Sie in der letzten Spalte.

ISO/IEC 27001:2022	ISO/IEC 27001:2017	ISO/IEC 27019:2020
A.5.5 Kontakt zu Behörden	A.6.1.3 Kontakt zu Behörden	6.1.3 Kontakt zu nationalen und internationalen Behörden und Kooperationseinrichtungen zum Schutz Kritischer Infrastrukturen, nationale und internationale CERT-Organisationen, Katastrophenschutz- sowie Katastrophenhilfsorganisationen Besondere Anforderungen für Betreiber kritischer Infrastrukturen sind berücksichtigt.
A.6.3 Informations-sicherheits-bewusstsein, -ausbildung und -schulung	A.7.2.2 Informations-sicherheits-bewusstsein, -ausbildung und -schulung	7.2.2 Kompetenz und Fachwissen zu Prozesssteuerungssystemen sind berücksichtigt, inklusive moderne Informationssystemtechnologien und Informationssicherheit.
A.5.9 Inventar von Informationen und anderen damit verbundenen Werten	A.8.1.1 Inventarisierung der Werte	8.1.1 Prozesssteuerungssysteme einschließlich der Informationswerte und Anwendungen sollten erfasst werden.

Tabelle 3.1 Einige Beispiele der Zuordnungen aus ISO/IEC 27019 zu ISO/IEC 27001

ISO/IEC 27001:2022	ISO/IEC 27001:2017	ISO/IEC 27019:2020
A.5.15 Zugangssteuerung	A.9.1.1 Richtlinie zur Zugangssteuerung	9.1.1 Besondere Beachtung der Verwendung von Gruppenkonten, wo persönliche Nutzerkonten nicht möglich sind, insbesondere auch hinsichtlich Nachvollziehbarkeit. Umgang mit Systemen, die keine starken Passwörter erlauben. Berücksichtigung des Zugangs bei Notfallsituationen. Absicherung der Kommunikation für nicht ausreichend authentifizierte Systeme.
A.7.1 Physischer Sicherheitsperimeter	A.11.1.1 Physischer Sicherheitsperimeter	11.1.1 Beachtung der unbesetzten Außenstandorte und deren Absicherung, inklusiver Restrisiko und kompensierende Maßnahmen.
A7.3 Sicherung von Büros, Räumen und Einrichtungen	A.11.1.3 Sichern von Büros, Räumen und Einrichtungen	11.3 Sicherheit in Räumlichkeiten Sind Betriebseinrichtungen, die außerhalb der eigenen Gelände im Verantwortungsbereich anderer Versorger betrieben werden, in gesicherten Bereichen positioniert? Sind Schnittstellen und Verantwortlichkeiten von mit Externen gekoppelten Prozesssteuerungssystemen definiert, sodass eine Trennung in angemessener Zeit realisiert werden kann?
A.8.8 Handhabung von technischen Schwachstellen	A.12.6 Handhabung technischer Schwachstellen	12.6 Bereitstellung eines vollständigen, aktuellen Software-Inventars durch Systemintegratoren und -anbieter bei relevanten Softwareinstallationen, -änderungen oder -aktualisierungen

Tabelle 3.1 Einige Beispiele der Zuordnungen aus ISO/IEC 27019 zu ISO/IEC 27001 (Forts.)

ISO/IEC 27001:2022	ISO/IEC 27001:2017	ISO/IEC 27019:2020
A.8.9 Konfigurations-management	Ohne Control	12.8 Altsysteme Sind Prozesssteuerungssystemtechnologien, Systeme und Komponenten mit ihren potenziellen Informationssicherheitsschwachstellen identifiziert und angemessene Maßnahmen im Einklang mit dem festgelegten Informationssicherheits-Risikobehandlungsprozess umgesetzt worden?
A.5.31 Rechtliche, gesetzliche, regulatorische und vertragliche Anforderungen	A.18.1.1 Bestimmung der anwendbaren Gesetzgebung und der vertraglichen Anforderungen	18.1.1 Besondere Anforderungen des Energieversorgungssektors berücksichtigen. Bei Systemen mit langfristiger Laufzeit absehbare Änderungen berücksichtigen.

Tabelle 3.1 Einige Beispiele der Zuordnungen aus ISO/IEC 27019 zu ISO/IEC 27001 (Forts.)

Hier möchte ich den kurzen Exkurs zu den Anforderungen an KRITIS-Betreiber im Energie-Sektor beenden und damit auch den ersten Teil dieses Buches »Gesetzliche Anforderungen und Begriffe im KRITIS-Umfeld« abschließen.

3.4.1 Fazit zu Teil 1 des Buches

Wir haben uns in Kapitel 1, »Geschichtliche Hintergründe zur Nachweisprüfung«, durch die Entwicklung der Vorschriften während der letzten 35 Jahre gearbeitet und uns über die UP KRITIS, die IT-Sicherheitsgesetze, die NIS-Richtlinien bis zum BSI-Gesetz informiert.

In Kapitel 2, »Die Kritisverordnung«, haben wir uns intensiv mit den Paragrafen und Anhängen der Kritisverordnung beschäftigt und dort auch die Anlagenkategorien, Berechnungsformeln und Schwellenwerte betrachtet.

In Kapitel 3, »Die IT-Sicherheitskataloge (IT-SiKat) für den Sektor Energie«, haben wir einen Abstecher in den Sektor Energie unternommen, damit ich Ihnen als KRITIS-Betreiber oder Prüfer die gesetzlichen Anforderungen vorstellen konnte.

Ich habe Ihnen im Text an unterschiedlichen Stellen potenzielle Prüfungsfragen hinterlassen, die Sie eventuell in einer Prüfung zur »Zusätzlichen Prüfverfahrenskompetenz nach dem BSIG« richtig beantworten müssten.

Wir lassen nun die gesetzlichen Hintergründe hinter uns und betrachten in Teil II des Buches die Bedeutung und Verantwortung des BSI für Kritische Infrastrukturen.

TEIL II

Bedeutung und Verantwortung des BSI für Kritische Infrastrukturen

Kapitel 4
Die Unterstützung durch das BSI

Sein Wollen und Streben: Kritische Infrastrukturen stets Vorzeigeobjekte bezüglich Informationssicherheit

Im zweiten Teil dieses Buches möchte ich mit Ihnen das *Bundesamt für Sicherheit in der Informationstechnik (BSI)* und seine Bedeutung für unsere Nachweisprüfungen genauer betrachten.

In Kapitel 1 haben wir uns einen groben Überblick über die mehr als 35 Jahre Vorgeschichte unserer heutigen Nachweisprüfungen verschafft. Auf einige der genannten Aspekte möchte ich in diesem Kapitel etwas detaillierter eingehen und mich dabei den Aufgaben des BSI widmen.

Natürlich werde ich mich dabei auf die Nachweisprüfung und den Schutz kritischer Infrastrukturen beschränken. Wollte ich alle Aufgaben des BSI dokumentieren, müsste ich vermutlich einige Jahre in Festanstellung im Bundesamt arbeiten, um annähernd über alle Aufgaben Bescheid zu wissen. Da dies mir in der Kürze der Zeit nicht möglich ist (ich will das Buch schließlich gern bis Anfang 2024 abschließen), werde ich mich auf öffentlich verfügbare Quellen konzentrieren.

Zuerst jedoch kehre ich mit Ihnen noch einmal in das Jahr 1990 zurück und betrachte das *BSI-Errichtungsgesetz*. Als es am 17. Dezember 1990 in Kraft trat, führte es am 1. Januar 1991 zur Gründung des Bundesamtes. In Abbildung 4.1 können Sie den Besuchereingang zum BSI auf der Heinemannstraße 11–13 in Bonn erkennen, den ich im Oktober 2020 vor meiner IT-Grundschutz-Berater-Prüfung fotografiert habe. Im gleichen Gebäude finden Sie auch das Bundesamt für Justiz.

Das BSI-Errichtungsgesetz, das wie sein Nachfolger ebenfalls als BSIG abgekürzt wird, enthielt zehn Paragrafen, von denen ich Ihnen die aus meiner Sicht interessantesten kurz vorstelle. In **§ 1 BSIG** finden wir die Geburtsstunde des BSI (siehe Abbildung 4.2). Die Bezeichnung des BSI und seine übergeordnete Dienststelle waren damals bereits definiert.

Abbildung 4.1 Das BSI-Errichtungsgesetz und der Besuchereingang zum BSI in Bonn

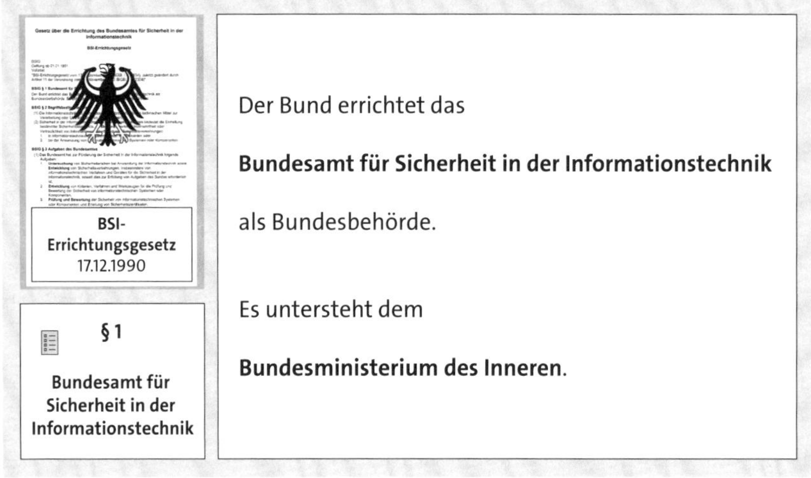

Abbildung 4.2 Das BSI-Errichtungsgesetz, § 1 BSIG (17.12.1990)

Wie im ersten Paragrafen gefordert, erfolgte am 1. Januar 1991 die Gründung des Bundesamtes für Sicherheit in der Informationstechnik, kurz BSI.

In **§ 2 BSIG** können wir erstmals die damaligen Schutzziele *Verfügbarkeit*, *Unversehrtheit* und *Vertraulichkeit* finden. In diesem Paragrafen sind auch zum ersten Mal Anforderungen an Sicherheitsvorkehrungen definiert, die ich Ihnen in Abbildung 4.3 etwas gekürzt zeige.

§ 2

Begriffs-
bestimmungen

(1) Die **Informationstechnik** umfasst alle technischen Mittel zur Verarbeitung oder Übertragung von Informationen.
(2) Informationssicherheit bedeutet die Einhaltung von Sicherheitsstandards, die die **Verfügbarkeit**, **Unversehrtheit** oder **Vertraulichkeit** von Informationen betreffen, durch Sicherheitsvorkehrungen

1. in informationstechnischen Systemen oder Komponenten oder
2. bei der Anwendung von informationstechnischen Systemen oder Komponenten.

Abbildung 4.3 § 2 BSIG »Begriffsbestimmungen« (17.12.1990)

Wir stellen fest, dass aus dem Schutzziel *Unversehrtheit* in den Folgejahren das Schutzziel *Integrität* wurde.

In **§ 3 BSIG** sind die Aufgaben des BSI aufgelistet, die ich in Abbildung 4.4 ebenfalls in gekürzter Form wiedergebe. Als Aufgaben für das BSI wurden unter anderem definiert:

- Untersuchung von Sicherheitsrisiken und Entwicklung von Sicherheitsvorkehrungen
- Entwicklung von Prüfkriterien für Sicherheitsprüfungen
- Prüfung und Bewertung von IT-Systemen oder Komponenten und Erteilung von IT-Sicherheitszertifikaten
- Zulassung von IT-Systemen und Herstellung von Schlüsseldaten für zugelassene Verschlüsselungsgeräte
- Unterstützung anderer Stellen des Bundes, des Datenschutzbeauftragten
- Unterstützung der Polizeien und Strafverfolgungsbehörden
- Beratung von Herstellern, Vertreibern und Anwendern zur Sicherheit in der Informationstechnik

Wir erkennen: Die Aufgaben, die dem BSI im Jahr 1990 per Gesetz vom Bund zugewiesen wurden, sind weitgehend erfüllt. Aufgabe 7, die Beratung von Anwendern – und zu ihnen würde ich beispielsweise die KRITIS-Betreiber zählen –, erfolgt allerdings nicht ganz so, wie die Aufgabendefinition erwarten lassen würde.

§ 3 (1)

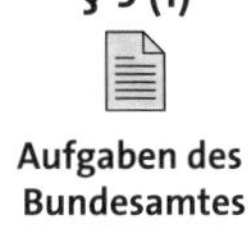

Aufgaben des Bundesamtes

1 Untersuchung von Sicherheitsrisiken bei der Anwendung der Informationstechnik sowie **Entwicklung** von Sicherheitsvorkehrungen

2 Entwicklung von Kriterien, Verfahren und Werkzeugen für die Prüfung und Bewertung von Sicherheit

3 Prüfung und Bewertung der Sicherheit von IT-Systemen oder Komponenten und Erteilung von Sicherheitszertifikaten

4 Zulassung von informationstechnischen Systemen oder Komponenten, für die Verarbeitung oder Übertragung amtlich geheim gehaltener Informationen im Bereich des Bundes oder bei Unternehmen im Rahmen von Aufträgen des Bundes, sowie die Herstellung von Schlüsseldaten, für zugelassene Verschlüsselungsgeräte

7 Beratung der Hersteller, Vertreiber und Anwender in Fragen Sicherheit in der Informationstechnik

5 Unterstützungder zuständigen Stellen des Bundes, [...] dies gilt vorrangig für den Bundesbeauftragten für den Datenschutz, [...] die ihm bei der Erfüllung seiner Aufgaben nach dem Bundesdatenschutzgesetz zusteht

6 Unterstützung der Polizeien und Strafverfolgungsbehörden [...], der Verfassungsschutzbehörden bei der Auswertung und Bewertung von Informationen, bei [...] terroristischer Bestrebungen oder nachrichtendienstlicher Tätigkeiten

Abbildung 4.4 § 3 BSIG »Aufgaben des Bundesamtes« (17.12.1990)

Mehrere Betreiber teilten mir mit, sie hätten im Zuge der Umsetzung von »Systemen zur Angriffserkennung« Anfragen an das BSI gestellt, um Auskünfte zu erhalten, was konkret zu tun sei und welche IT-Dienstleister dabei helfen könnten. Jedoch erhielten diese Betreiber auf ihre Fragen keine beratende Unterstützung. Was jedoch geschah, war die Veröffentlichung einer Orientierungshilfe zu SzA (siehe Abschnitt 5.2, »OH zu Systemen zur Angriffserkennung (SzA)«) durch das BSI. Für die Bevölkerung stellte das BSI allerdings umfangreiche Angebote zur Verfügung.

Zu den **§§ 4 bis 6 BSIG** gebe ich Ihnen nur einen kurzen Überblick. Das Gesetz können Sie in den Begleitdokumenten genauer studieren.

Hinweis zum Begleitmaterial

Das BSI-Errichtungsgesetz vom Dezember 1990 finden Sie im Dokument:

- 1990-12_BSI-Errichtungsgesetz

§ 4 BSIG gibt Auskunft über den Ablauf der Vergabe von Sicherheitszertifikaten an Hersteller und Vertreiber von informationstechnischen Systemen oder Komponenten.

§ 5 BSIG ermächtigt das Bundesministerium des Inneren (BMI), nach Anhörung betroffener Wirtschaftsverbände und im Einvernehmen mit dem Bundesministerium für Wirtschaft und Arbeit über die Erteilung von Sicherheitszertifikaten zu bestimmen. Die Gebühren für diese Amtshandlungen legt das BMI mit dem Bundesministerium für Finanzen (BMF) durch eine Rechtsverordnung fest.

§ 6 BSIG betrifft Änderungen im Bundesbesoldungsgesetz.

Das BSI etablierte 1994 das erste *Computer Emergency Response Team* (*CERT*) mit dem Schwerpunkt »Reaktion auf IT-Sicherheitsvorfälle«. Außerdem entwickelte das BSI im gleichen Jahr das erste *IT-Grundschutzhandbuch*. Im März 2002 startete der Informationsservice *BSI-für-Bürger* mit dem Slogan *Ins Internet – mit Sicherheit!*.

Am 20. August 2009 trat das erste *Gesetz zur Stärkung der Sicherheit in der Informationstechnik des Bundes* als *BSI-Gesetz* (BSIG) in Kraft. Das BSI-Gesetz vom Juni 2021 (siehe Abbildung 4.5) finden Sie im Internet (BSIG, (1)) und im Begleitmaterial.

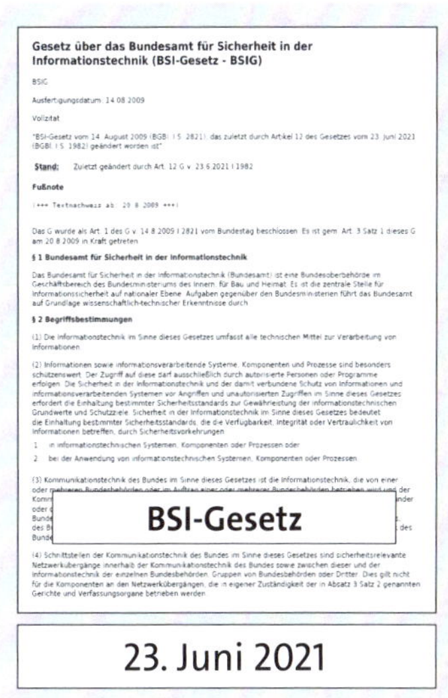

Gesetz über das Bundesamt für Sicherheit in der Informationstechnik (BSI-Gesetz - BSIG)

BSIG

Ausfertigungsdatum: 14.08.2009

Vollzitat

"BSI-Gesetz vom 14. August 2009 (BGBl. I S. 2821), das zuletzt durch Artikel 12 des Gesetzes vom 23. Juni 2021 (BGBl. I S. 1982) geändert worden ist"

Stand: Zuletzt geändert durch Art. 12 G v. 23.6.2021 I 1982

Fußnote

(+++ Textnachweis ab: 20.8.2009 +++)

Das G wurde als Art. 1 des G v. 14.8.2009 I 2821 vom Bundestag beschlossen. Es ist gem. Art. 3 Satz 1 dieses G am 20.8.2009 in Kraft getreten.

§ 1 Bundesamt für Sicherheit in der Informationstechnik

Das Bundesamt für Sicherheit in der Informationstechnik (Bundesamt) ist eine Bundesoberbehörde im Geschäftsbereich des Bundesministeriums des Innern, für Bau und Heimat. Es ist die zentrale Stelle für Informationssicherheit auf nationaler Ebene. Aufgaben gegenüber den Bundesministerien führt das Bundesamt auf Grundlage wissenschaftlich-technischer Erkenntnisse durch.

§ 2 Begriffsbestimmungen

(1) Die Informationstechnik im Sinne dieses Gesetzes umfasst alle technischen Mittel zur Verarbeitung von Informationen.

(2) Informationen sowie informationsverarbeitende Systeme, Komponenten und Prozesse sind besonders schützenswert. Der Zugriff auf diese darf ausschließlich durch autorisierte Personen oder Programme erfolgen. Die Sicherheit in der Informationstechnik und der damit verbundene Schutz von Informationen und informationsverarbeitenden Systemen vor Angriffen und unautorisierten Zugriffen im Sinne dieses Gesetzes erfordert die Einhaltung bestimmter Sicherheitsstandards zur Gewährleistung der informationstechnischen Grundwerte und Schutzziele. Sicherheit in der Informationstechnik im Sinne dieses Gesetzes bedeutet die Einhaltung bestimmter Sicherheitsstandards, die die Verfügbarkeit, Integrität oder Vertraulichkeit von Informationen betreffen, durch Sicherheitsvorkehrungen

1. in informationstechnischen Systemen, Komponenten oder Prozessen oder
2. bei der Anwendung von informationstechnischen Systemen, Komponenten oder Prozessen.

(3) Kommunikationstechnik des Bundes im Sinne dieses Gesetzes ist die Informationstechnik, die von einer oder [illegible]

BSI-Gesetz

(4) Schnittstellen der Kommunikationstechnik des Bundes im Sinne dieses Gesetzes sind sicherheitsrelevante Netzwerkübergänge innerhalb der Kommunikationstechnik des Bundes sowie zwischen dieser und der Informationstechnik der einzelnen Bundesbehörden, Gruppen von Bundesbehörden oder Dritter. Dies gilt nicht für die Komponenten an den Netzwerkübergängen, die in eigener Zuständigkeit der in Absatz 3 Satz 2 genannten Gerichte und Verfassungsorgane betrieben werden.

23. Juni 2021

Abbildung 4.5 Das BSI-Gesetz vom Juni 2021

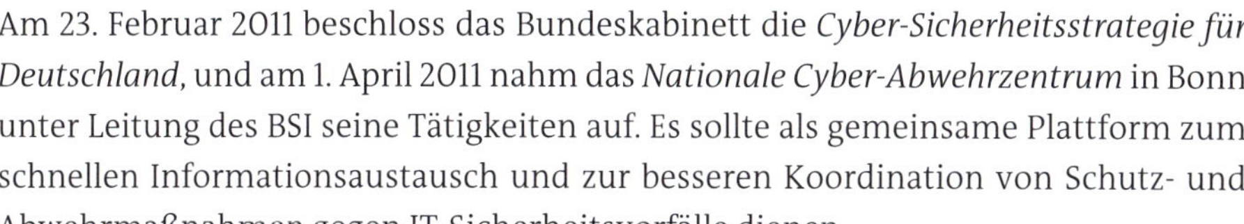

Hinweis zum Begleitmaterial

Das BSI-Gesetz vom 23. Juni 2021 finden Sie im Dokument:

- 2021-06_BSIG

Am 23. Februar 2011 beschloss das Bundeskabinett die *Cyber-Sicherheitsstrategie für Deutschland*, und am 1. April 2011 nahm das *Nationale Cyber-Abwehrzentrum* in Bonn unter Leitung des BSI seine Tätigkeiten auf. Es sollte als gemeinsame Plattform zum schnellen Informationsaustausch und zur besseren Koordination von Schutz- und Abwehrmaßnahmen gegen IT-Sicherheitsvorfälle dienen.

Am 8. November 2012 gründete das BSI in Zusammenarbeit mit dem Bundesverband *Informationswirtschaft, Telekommunikation und neue Medien e.V.* (*Bitkom*) die *Allianz für Cyber-Sicherheit* (siehe Abschnitt 4.4.3, »Die Allianz für Cyber-Sicherheit (ACS)«) mit dem Ziel, die Cyber-Sicherheit in Deutschland zu erhöhen.

An dieser Stelle möchte ich auf die verschiedenen Produkte hinweisen, die auf der Website des BSI bereitgestellt werden oder abonniert werden können. Die Produktabbildung auf der linken Seite in Abbildung 4.6 stellte mir das BSI zur Verfügung. Es zeigt Broschüren und Flyer zum IT-Sicherheitsgesetz, zu UP KRITIS und Informationen zur Cyber-Sicherheit. Auf der rechten Seite der Abbildung habe ich für Sie einige Informationen zur Allianz für Cyber-Sicherheit zusammengestellt. Als Teilnehmer kann sich jede Organisation oder Person anmelden und erhält Neuigkeiten aus dem Netzwerk. Sie sehen, dass die Anzahl der Teilnehmer innerhalb von knapp zwölf Jahren auf 7.450 angestiegen ist.

Abbildung 4.6 Produkte des BSI zum IT-Sicherheitsgesetz, zu UP KRITIS und zur Cyber-Sicherheit sowie Informationen zur Allianz für Cyber-Sicherheit (ACS) (Bildquellen: BSI)

Am 25. Juli 2015 verabschiedete der Bundestag das *Gesetz zur Erhöhung der Sicherheit informationstechnischer Systeme (IT-Sicherheitsgesetz)*, um auch das BSI-Gesetz umfangreich zu ergänzen und zu konkretisieren.

Dieses Artikelgesetz war der Startpunkt im *doppelten Reformprozess für Kritische Infrastrukturen* und gleichzeitig der Startpunkt für die nun regelmäßig fälligen Nachweisprüfungen für KRITIS-Betreiber.

Auf der BSI-Webseite *Historie des BSI* (25) können Sie weitere Details zur Geschichte des BSI nachlesen.

Seit dem 1. Juli 2023 ist Frau Claudia Plattner Präsidentin des Bundesamtes für Sicherheit in der Informationstechnik. Vizepräsident ist seit dem 1. Januar 2017 Herr Dr. Gerhard Schabhüser. Zuvor war viele Jahre Herr Arne Schönbohm BSI-Präsident. In Schulungsfolien blieb sein Name bis Ende 2023 weiterhin präsent. Auf der Webseite *Die Leitung des BSI* (26) können Sie Informationen zur Führungsriege des BSI finden.

Im folgenden Abschnitt möchte ich auf die staatliche Gewährleistungsverantwortung eingehen, weil dazu in Prüfungen oft Fragen gestellt werden.

4.1 Die Gewährleistungsverantwortung gegenüber der Bevölkerung

Der Staat kann seine öffentlichen Aufgaben an andere Unternehmen übertragen, wenn er selbst beispielsweise keine Ressourcen, Produktionsanlagen oder Fachexpertise für die Erbringung von Dienstleistungen und die Herstellung von Produkten besitzt.

Als Beispiel nenne ich Ihnen die Versorgung mit Trinkwasser oder Lebensmitteln. Damit diese Produkte permanent in ausreichender Qualität und Quantität für uns Bürger erhältlich sind, übernimmt der Staat Verantwortung uns gegenüber.

Im Rahmen der kritischen Dienstleistungen heißt diese Verantwortung *Gewährleistungsverantwortung* in den Sektoren Energie, Wasser, Siedlungsabfallentsorgung, Ernährung, Gesundheit, Transport und Verkehr, Staat und Verwaltung, Informationstechnologie und Telekommunikation, Finanz- und Versicherungswesen sowie Medien und Kultur.

Die KRITIS-Betreiber wiederum haben gegenüber uns Bürgern eine *Betriebsverantwortung*. Das heißt, sie sind zum sicheren Betrieb ihrer Anlagen und Infrastruktur verpflichtet, damit wir Bürger die zum Leben notwendigen Produkte und Dienstleistungen erhalten.

In Abbildung 4.7 sehen Sie die Sektormauer des BSI und die jeweiligen Verantwortungsbereiche von Staat und Betreibern.

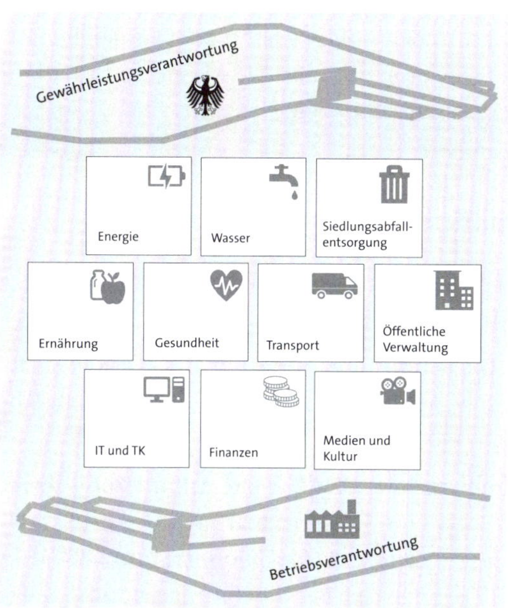

Abbildung 4.7 Die Gewährleistungsverantwortung des Staates und die Betriebsverantwortung des KRITIS-Betreibers (Quelle: in Anlehnung an BSI-Schulungsfolien)

F-04-1: Wer trägt die Verantwortung für den Schutz Kritischer Infrastrukturen?

a) Der Betreiber trägt die Betriebsverantwortung.
b) Die Zertifizierungsstelle trägt die Gewährleistungsverantwortung.
c) Die Aufsichtsbehörde trägt die Betriebsverantwortung.
d) Der Staat trägt die Gewährleistungsverantwortung.

Um den sozialen Frieden nicht zu gefährden, muss der Staat ein besonderes Augenmerk auf die Bedürfnisse seiner Bürger legen. Die von mir hier gezeigte potenzielle Prüfungsfrage bezieht sich auf die Gründe, weshalb die Betreiber bei Entscheidungen nicht allein gelassen werden.

F-04-2: Warum wird der Schutz Kritischer Infrastrukturen nicht allein den Betreibern überlassen?

a) Am Schutz Kritischer Infrastrukturen besteht ein besonderes öffentliches Interesse.
b) Betreiber können ihre Risiken meist nicht selbst einschätzen.
c) Der Staat hat eine Gewährleistungsverantwortung, um vor möglichen Versorgungsengpässen zu schützen.
d) Die Vermeidung von Versorgungsengpässen wird allein durch betriebswirtschaftliche Betrachtung nicht ausreichend berücksichtigt.

Tritt der Fall ein, dass der Betrieb einer kritischen Anlage gestört oder ausgefallen ist, müssen KRITIS-Betreiber eine Meldung bei der BSI-Meldestelle einreichen. Auf diese Meldestelle möchte ich im folgenden Abschnitt eingehen.

4.2 Die Meldestelle für Informationssicherheitsvorfälle

In diesem Abschnitt sehen wir uns eine wesentliche Aufgabe an, die mit dem IT-Sicherheitsgesetz im Jahr 2015 an das BSI übertragen wurde.

In Abschnitt 1.2.1, »Änderungen im BSIG«, wurde bereits erwähnt, dass das IT-Sicherheitsgesetz verlangte, beim BSI müsse eine Meldestelle aufgebaut werden (siehe Abbildung 1.23).

Mittlerweile ist diese zentrale Meldestelle etabliert. Eine zweite Anforderung betraf die Betreiber, die eine Kontaktstelle in Form eines Ansprechpartners an das BSI melden sollten. Für diese Aufgaben baute das BSI ein *Melde- und Informationsportal* (*MIP*) auf und stellte es bereit. Über dieses MIP können sich Betreiber Kritischer Infrastrukturen registrieren und Meldungen zu IT-Störungen abgeben sowie Warnungen erhalten.

Das MIP des BSI unterstützt die Betreiber dabei, schutzbedürftige Informationen aus Meldungen zu entfernen, ohne die eigentlich relevante Information zu verändern. Dieses Vorgehen nennt sich *Sanitarisierung*. Durch die Sanitarisierung werden die Schutzinteressen der beteiligten Personen beim Informationsaustausch gewahrt. Eine mögliche Prüfungsfrage zu diesem Thema könnte wie folgt lauten:

F-04-3: Was wird unter Sanitarisierung verstanden?

a) Hinzufügen von Datum und Uhrzeit
b) Auslesen des Gesundheitszustandes des Netzwerkes
c) Erweiterung der besonderen Schutzinteressen auf den Gesundheitssektor
d) Verstecken von vertraulichen Informationen

Seit Mai 2023 ist ein neues *Melde- und Informationsportal* (*MIP2* (27)) für die Registrierung meldepflichtiger Betreiber in Betrieb.

Falls Sie für das frühere Melde- und Informationsportal registriert waren, erhielten Sie die Zugangsdaten für das neue Portal per Post. Das alte Portal wurde zum 30. April 2023 für die Registrierung und das Melden eingestellt. Eine Seitenumleitung war im Juni 2023 noch aktiv. Das heißt, der Zugriff auf das alte MIP führte die Betreiber automatisch zur Startseite des neuen MIP.

Die per Gesetz geforderte Aufgabe, eine zentrale Meldestelle einzurichten, ist somit erfüllt. Wie Sie sich als Betreiber am MIP registrieren, lesen Sie in Abschnitt 6.1, »Registrierung als KRITIS-Betreiber«; und wenn Sie Meldungen einreichen möchten, können Sie sich dazu in Abschnitt 6.2, »Das Melde- und Informationsportal (MIP)«, informieren.

Welche weitere Aufgabe erhielt das BSI durch das erste IT-Sicherheitsgesetz? Eine weitere Hauptaufgabe besteht darin, Gefahren zu erkennen, zu analysieren und auszuwerten. Bei Bedarf gibt das BSI Warnungen an Betreiber, aber auch an die Öffentlichkeit aus.

Um den Überblick zu behalten, erstellt das BSI Lagebilder. Was das ist, möchte ich Ihnen im nächsten Abschnitt zeigen.

4.3 Erstellung von Lagebildern und Weiterleitung von Information an die KRITIS-Betreiber

In diesem Abschnitt sehen wir uns die Aufgabe des BSI an, Lagebilder zu erstellen. Das BSI sammelt Meldungen und aktualisiert fortlaufend die Statistik-Berichte zur Lage der Cyber-Sicherheit in Deutschland. Darüber muss es Lagebilder erstellen und diese kontinuierlich aktualisieren. Die gesetzlichen Anforderungen dazu haben wir uns in Abbildung 1.24 angesehen.

Für Nachweisprüfer sind die beiden Aufgaben des BSI, eine zentrale Meldestelle zu etablieren und Lagebilder zu erstellen, Prüfungswissen:

F-04-4: Welche wichtige Funktion hat das BSI nach dem BSIG inne?

a) Zentrale Meldestelle

b) Beratungsstelle für KRITIS-Betreiber

c) Lagezentrum (Lagebild erstellen und aktualisieren)

d) Zertifizierungsstelle für ISO/IEC 27001

Die Abbildung 4.8 stellte mir die BSI-Pressestelle zur Verfügung. Sie zeigt die Arbeitsplätze, an denen die Meldungen der KRITIS-Betreiber eingehen, ausgewertet werden und Lagebilder erstellt werden. Das Foto des Lagezentrums gehörte außerdem zum Schulungsstarterpaket im Jahr 2018.

Abbildung 4.8 Meldestelle und Lagezentrum beim BSI (Bildquelle: BSI, 2018)

Auf der Webseite »Lageberichte und Lagebilder« (28) des BSI finden Sie den Link »Kennzahlen und Statistiken«, der zu übergeordneten Lageinformationen weiterleitet.

Auf der vom BSI veröffentlichten Seite »Lagestatistiken – Methodische Erläuterungen« (Version 1 vom 08.03.2021) (29) können Sie sich ein Bild davon machen, welche Kernthemen in die Statistiken einfließen. In den nächsten beiden Abschnitten möchte ich auf zwei dieser Themen eingehen und Ihnen die E-Mail-Verkehrsstatistik und die Malware-Statistik zeigen.

Außerdem stellt das BSI für die Bevölkerung und für Unternehmen zahlreiche Produkte zur Verfügung. So haben wir beispielsweise die Möglichkeit, uns über die Webseite *Abos für Verbraucherinnen und Verbraucher* (30) für Newsletter an- und abzumelden.

Der ehemalige Newsletter *Bürger-Cert-Sicherheitshinweise* wurde im September 2022 eingestellt und kann jetzt als RSS-Feed (*Technische Sicherheitshinweise für Verbraucherinnen und Verbraucher*) abgerufen werden. Die RSS-Newsfeeds betreffen auch Informationen zu Produktzertifizierungen, Stellenausschreibungen und Updates.

In Seminaren werde ich manchmal gefragt, ob die Zertifizierung zum IT-Grundschutz-Berater auch als Betreiber-Zertifizierung gelten würde, wenn ein Kollege diese besäße. Eine Personenzertifizierung gilt nicht für Betreiber und ihre Anlagen. Auch zertifiziert das BSI nicht nach dem BSIG, um Nachweise über Anlagen zu generieren.

F-04-5: Das BSI muss ...

a) ... Betreiber nach IT-Grundschutz zertifizieren.
b) ... Auswirkungen auf die Verfügbarkeit kritischer Infrastrukturen durch Gefahren analysieren.
c) ... Betreiber Kritischer Infrastrukturen, zuständige Aufsichtsbehörden und zentrale Kontaktstellen über Gefahren unterrichten.
d) ... das Lagebild aktualisieren.

Springen wir nun in den nächsten Abschnitt zur E-Mail-Verkehrsstatistik. Für die dort gezeigten Diagramme erhielt ich die freundliche Erlaubnis des BSI, diese zu verwenden.

4.3.1 Die E-Mail-Verkehrsstatistik

Beginnen wir an dieser Stelle mit der E-Mail-Verkehrsstatistik, die das BSI erhoben hat. Für diese Statistik zählt zum Beispiel die Anzahl der E-Mails mit deutschen Absendern oder Empfängern. Das Ziel dieser Erhebung ist, die jeweiligen Menge an normalen E-Mails und Spam-E-Mails zu bestimmen.

Jede Zustellung gilt dabei als ein E-Mail-Verkehr. Eine E-Mail mit zwei Empfängern gilt somit als zwei Verkehrsfälle und wird zweimal gezählt. Ausgewertet werden Zeitstempel und Größen der E-Mails. Bewertet wird aber auch, ob eine E-Mail erwünscht ist oder zum Beispiel nur ein Newsletter oder ein Malware-Spam ist.

Im Jahr 2021 wurde bei solch einer Auswertung das Netz des Bundes (NdB) für eine 2%-Stichprobe herangezogen. Das heißt, nur zwei Prozent des E-Mail-Verkehrs bildeten die Grundlage der Analyse.

Bei solchen Stichproben werden die E-Mails berücksichtigt, die an einem Tag von 00:00 Uhr bis 24:00 Uhr erkannt werden.

Durch diese Untersuchung soll erkannt werden, wie sich die Rate unerwünschter E-Mails und damit die Bedrohungslage über definierte Zeiträume verändert.

Die in Abbildung 4.9 gezeigte E-Mail-Verkehrsstatistik des BSI beleuchtet den Zeitraum vom August 2022. Wie Sie erkennen, waren 66 % des E-Mail-Aufkommens erwünscht. Zu 34 % wurden Spam-Mails gezählt.

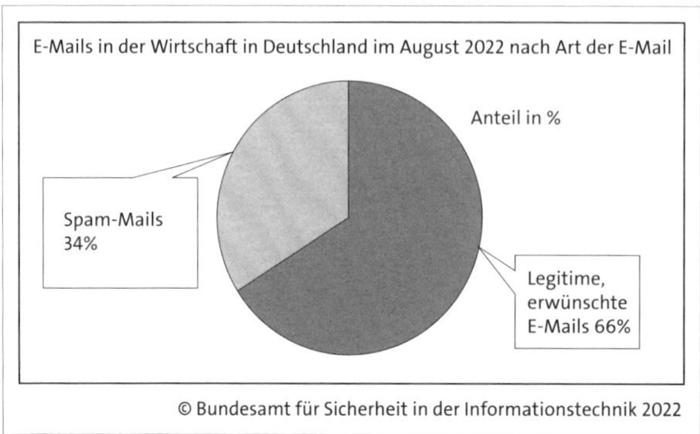

Abbildung 4.9 Der E-Mail-Verkehr in der Wirtschaft in Deutschland im August 2022 (Quelle: E-Mail-Verkehrsstatistik des BSI, August 2022)

Vergleichen wir den Zeitraum Januar 2019 bis August 2022, können wir in Abbildung 4.10 erkennen, dass das Aufkommen des erwünschten E-Mail-Verkehrs scheinbar stabil ist. Die unerwünschten E-Mails, aber auch das gesamte Aufkommen nahm jedoch seit 2019 ein wenig ab. Möglicherweise hängt dies mit der Corona-Pandemie zusammen. Viele Unternehmen tauschten sich in dieser Zeit virtuell aus. Vielleicht wurden deswegen weniger E-Mails zusätzlich versandt. Die Kurve, die uns Spam-Mails anzeigt und im Jahr 2019 am höchsten war, ist im August 2022 am niedrigsten.

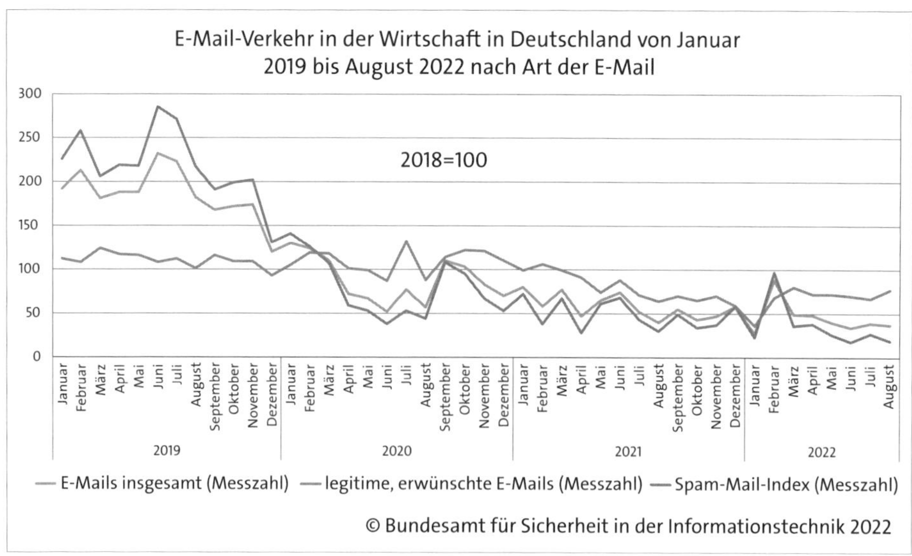

Abbildung 4.10 E-Mail-Verkehr in der Wirtschaft in Deutschland von Januar 2019 bis August 2022, Quelle: E-Mail-Verkehrsstatistik des BSI, August 2022

Solche Statistiken finde ich immer recht spannend, weshalb ich Ihnen im nächsten Abschnitt noch eine zweite statistische Auswertung des BSI vorstellen möchte.

4.3.2 Die Malware-Statistik

In dieser Statistik möchte ich mit Ihnen das veränderte Malware-Aufkommen gegenüber einem früheren Zeitpunkt ansehen. Diese Untersuchung berücksichtigte nicht nur die neuen Malware-Varianten, sondern erfasste auch potenziell unerwünschte Anwendungssoftware (*PUA*). Bei dieser Statistik betrachtet das BSI Monate und Quartale.

Ausgewertet werden alle Programme, die potenziell gefährlich sein könnten. Dabei zählen auch Varianten dieser Programme als eigenständiges Programm, da durch Veränderungen ihr Hashwert vom Original abweichen kann.

Die Stichprobe umfasst alle Malware-Varianten, die dem BSI bekannt sind.

Für die bekannten Varianten schätzt das BSI die Statistik als relativ genau, da über das Dunkelfeld der unbekannten Malware keine Erkenntnisse vorliegen.

Hilfreich sind hier die verbesserten Methoden zur Malware-Detektion und der Viren-Scanner.

In Abbildung 4.11 sehen Sie die monatlich erkannten neuen Malware-Varianten im Zeitraum März 2021 bis Februar 2023.

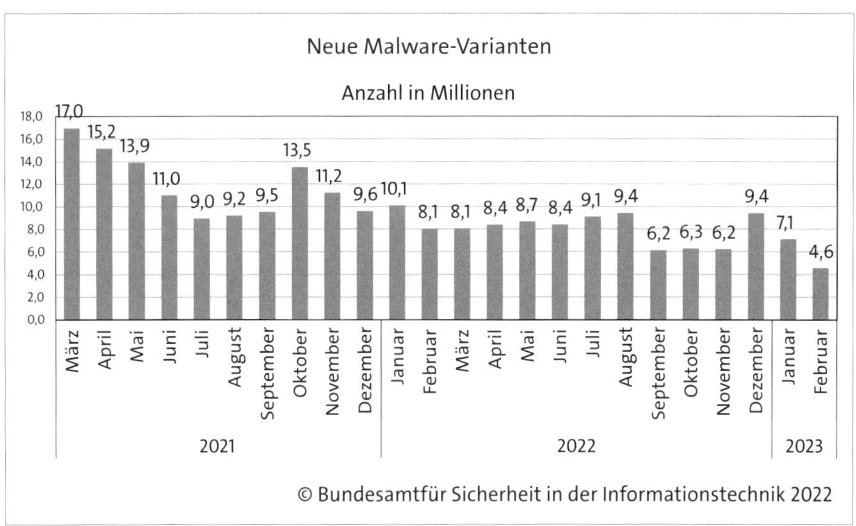

Abbildung 4.11 Neue Malware-Varianten von März 2021 bis Februar 2023 (Quelle: Malware-Statistik des BSI, Februar 2023)

Interessant finde ich, dass die erkannten Varianten abnahmen. Im März 2021 waren es mit siebzehn Millionen fast viermal so viele wie im Februar 2023 mit unter fünf

Millionen. Ob tatsächlich weniger neue Varianten auf den Markt kommen oder ob die Varianten viel geschickter versteckt sind, kann aus dieser Abbildung nicht abgelesen werden.

In Abbildung 4.12 sehen Sie neu erkannte Malware nur für den Februar 2023. Interessant an dieser Abbildung finde ich den mit 61 % hohen Malware-Anteil für Desktop- oder Server-Betriebssysteme.

Sie sehen auch: Die Varianten für mobile Endgeräte sind mit gerade einmal 1 % aktuell unkritisch. Aber auch die plattformunabhängigen Skript-Varianten umfassen meiner Meinung nach mit 38 % einen beachtlichen Anteil neuer Malware-Varianten.

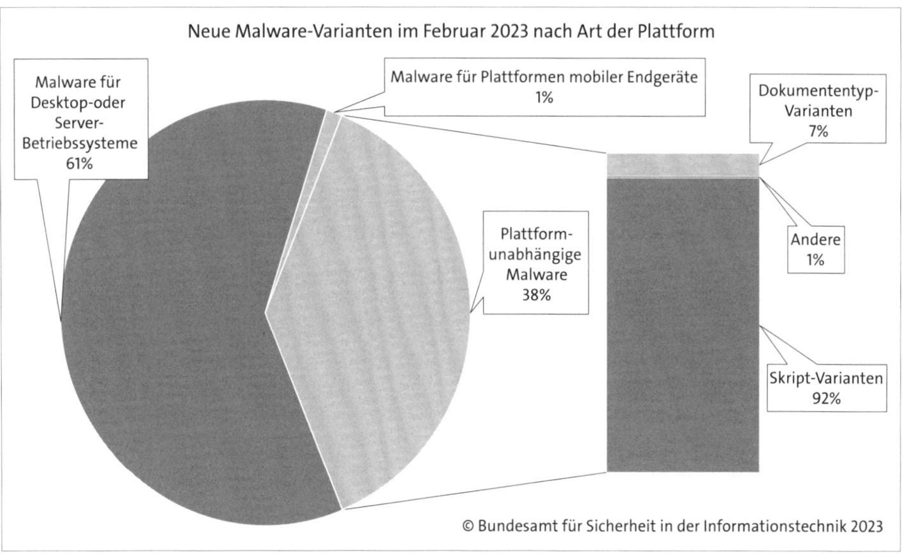

Abbildung 4.12 Neue Malware-Varianten im Februar 2023 (Quelle: Malware-Statistik des BSI, Februar 2023)

In Abbildung 4.13 sehen Sie den durchschnittlichen täglichen Zuwachs neuer plattformunabhängiger Malware-Varianten in Tausenden im Zeitraum März 2021 bis Februar 2023. Im September 2021 sprangen die täglichen Skript-Varianten kurzzeitig von zuvor etwa 40.000 auf 90.000. Anschließend sank die Anzahl wieder auf unter 40.000. Für November und Dezember 2022 erkennen wir für die Skript-Varianten wieder einen schnellen Anstieg auf etwa 80.000 gegenüber anderen Varianten.

Bei den Java-Varianten sehen wir kaum Zuwächse, die 5000 Vorkommen erreichen.

Für die Dokumententypen nahmen die Varianten von ihrem Höhepunkt mit etwas mehr als 50.000 im Februar 2022 bis zum Februar 2023 auf unter 10.000 Varianten ab.

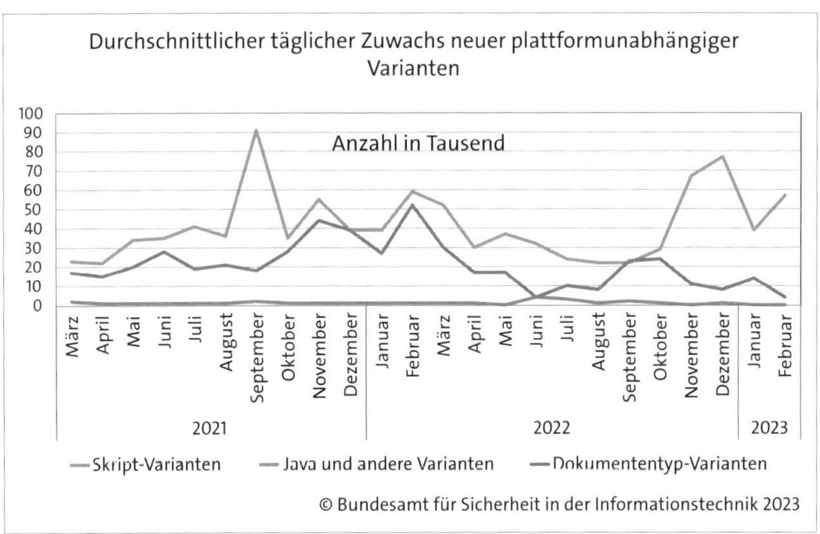

Abbildung 4.13 Neue Malware-Varianten von März 2021 bis Februar 2023 (Quelle: Malware-Statistik des BSI, Februar 2023)

In Abbildung 4.14 können wir die Anzahl neuer Malware-Varianten in Millionen pro Monat erkennen. Die drei höchsten Werte finden wir mit über 15 Millionen im März 2022, mit 17 Millionen im April 2022 sowie mit 15 Millionen im Mai 2022.

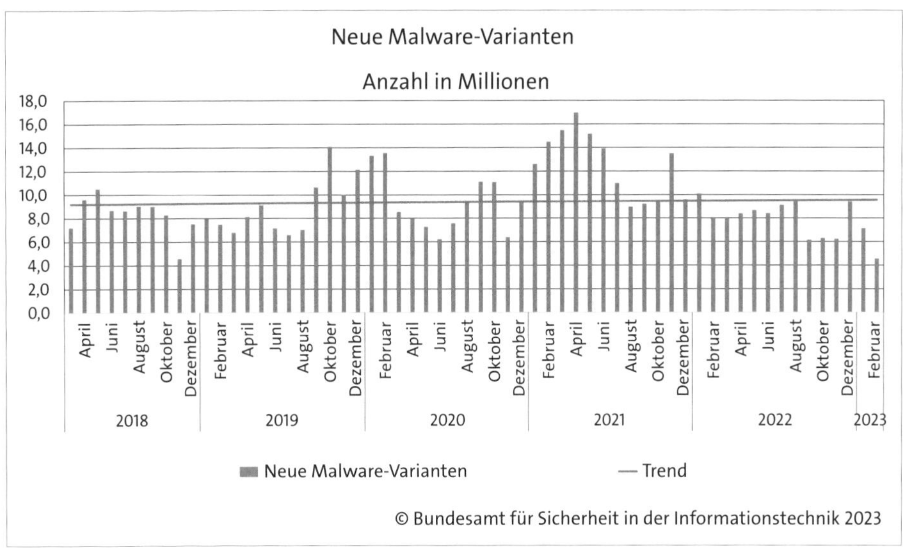

Abbildung 4.14 Neue Malware-Varianten von April 2018 bis Februar 2023 (Quelle: Malware-Statistik des BSI, Februar 2023)

Ich glaube, diese Mengen verdeutlichten uns, wie unmöglich es ist, als KRITIS-Betreiber alle Malware-Varianten zu erkennen, auch wenn die besten Systeme zur Angriffserkennung implementiert sind. Hier hilft nur Sensibilisierung des gesamten internen und externen Personals sowie vielleicht das neue Framework CSAF, an dem das BSI mitarbeitet und auf das ich kurz in Abschnitt 4.4.4 eingehen werde.

Falls es aber dennoch passiert und eine Malware-Variante Sie trifft, müssen die Informations- und Meldeflüsse bekannt sein. Diese möchte ich für KRITIS-Betreiber im nächsten Abschnitt mit Ihnen besprechen.

4.4 Informations- und Meldeflüsse nach dem BSIG

In diesem Abschnitt gehe ich auf die unterschiedlichen Informations- und Meldeflüsse des BSI ein. Den Prozess dazu definierte das BSI. In Schulungen für Nachweisprüfer wird er erläutert, damit Prüfer die Umsetzung und Erreichbarkeit beim KRITIS-Betreiber bewerten können. Die Prozessschritte habe ich für Sie im Infokasten aufgelistet.

Die Informations- und Meldeflüsse des BSI

1. Erkennt der KRITIS-Betreiber eine Störung, die zur Unterbrechung oder zum Ausfall seiner Dienstleistungserbringung führen könnte oder bereits geführt hat, muss er diese Störung an das BSI melden.
2. Das BSI quittiert diese Meldung gegenüber dem Meldenden und leitet sie zur Bearbeitung weiter. Alle Meldungen werden gesammelt, analysiert und bewertet. Die Produkte, zum Beispiel die Lagebilder, werden aktualisiert und den Betreibern oder auch den Bürgerinnen und Bürgern zur Verfügung gestellt.
3. Bei Bedarf werden Aufsichtsbehörden und das *Bundesamt für Bevölkerungsschutz und Katastrophenhilfe* (*BBK*) konsultiert und um Unterstützung bei der Bewertung gebeten. Bei Bedarf finden eine Zusammenarbeit und ein Austausch statt.
4. Wenn es notwendig sein sollte, werden auch weitere Behörden in den Prozess eingebunden.
5. Zum Schluss verschickt das BSI Informationsprodukte oder veröffentlicht Warnungen.

In Abbildung 4.15 zeige ich Ihnen die Informations- und Meldeflüsse. Zukünftig werden physische Störungen möglicherweise durch KRITIS-Betreiber direkt an das BBK gemeldet.

Die unbeschrifteten Flächen zeigen an, welche Adressaten oder Empfänger weiterhin zum Meldeprozess beitragen. Gestrichelte Linien zeigen nur optionale Beteiligungen an.

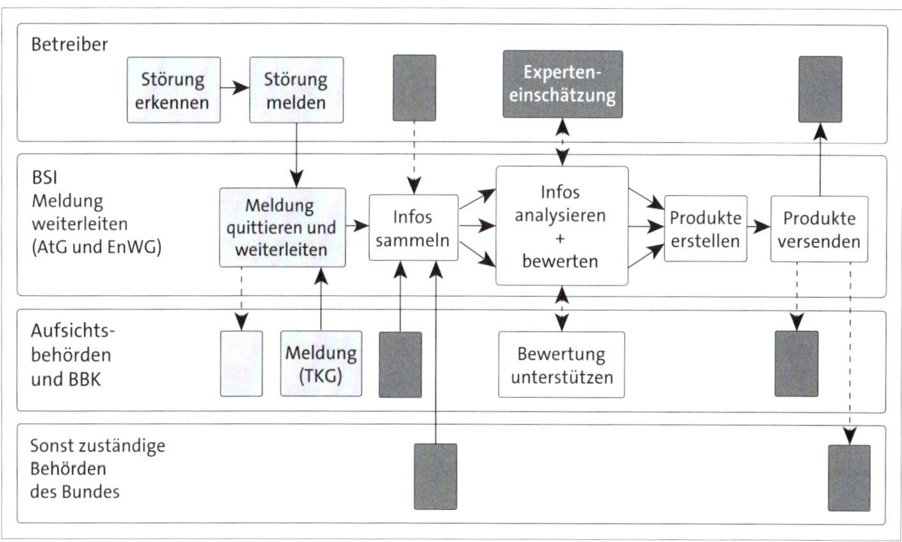

Abbildung 4.15 Informations- und Meldeflüsse des BSI (Quelle: BSI 2018)

KRITIS-Betreiber haben die Pflicht, Warnungen des BSI entgegenzunehmen und erreichbar zu sein. Betreiber besitzen zudem nach dem BSIG eine Meldepflicht für ungewöhnliche Störungen oder Ausfälle mit IT-Bezug. Die Meldepflichten habe ich Ihnen in Abbildung 1.27 in Abschnitt 1.2.1, »Änderungen im BSIG«, gezeigt. Betreiber können für den Meldeprozess eine GÜAS (siehe Abbildung 1.28 im gleichen Abschnitt) beim BSI benennen, die anschließend im Namen des Betreibers Meldungen vornimmt.

Hersteller sind verpflichtet, bei der Störungsbeseitigung mitzuwirken, sollte beim Betreiber eines seiner IT-Systeme die Ursache sein. Auch diese Anforderung haben wir uns in Abschnitt 1.2.1 in Abbildung 1.29 angesehen.

In den nächsten Abschnitten möchte ich Ihnen die Produkte zeigen, über die Sie sich durch das BSI informieren lassen können.

4.4.1 Cyber-Sicherheitswarnungen

In diesem Abschnitt schauen wir uns die Cyber-Sicherheitswarnungen an. Aktuelle Warnungen zu Bedrohungen erhalten wir über die BSI-Webseite *Cyber-Sicherheitswarnungen* (31).

Die ISO/IEC 27001:2022 fordert in Anhang *A.5.7 Informationen über die Bedrohungslage* von Organisationen, die ein ISMS nach dieser internationalen Managementsystem-Norm aufbauen, Informationen zu sammeln und zu analysieren, um *Bedrohungsintelligenz* aufzubauen. Die Cyber-Sicherheitswarnungen des BSI und die im nächsten Abschnitt gezeigten *CERT-Bund* Meldungen sind eine Möglichkeit, Bedrohungsintelligenz zu entwickeln.

Das BSI listet auf seiner Webseite immer die aktuellen Cyber-Sicherheitswarnungen auf. In Abbildung 4.16 zeige ich Ihnen drei zufällige Beispiele aus dem Frühjahr 2023.

Beispiele für Cyber-Sicherheitswarnungen des BSI mit Stand: 5. April 2023		
Bedrohungsstufe	**Datum**	**Information**
3 Hoch	05.04.2023	Version 1.1 Schadhafte Version der 3CX Desktop App im Umlauf
2 Mittel	16.03.2023	Aktive Ausnutzung einer Schwachstelle in Microsoft Outlook
1 Niedrig	04.04.2023	Informationssicherheit in der Gebäudeautomation – Mangelhafte Dokumentation und Betrieb von undokumentierten Fernwartungszugängen

Abbildung 4.16 Beispiele für Cyber-Sicherheitswarnungen des BSI vom 5. April 2023

Ich empfehle Ihnen, diese Seite einmal zu studieren, falls Sie sie bisher nicht kannten. Im nächsten Abschnitt gehe ich kurz auf die CERT-Bund Meldungen ein.

4.4.2 CERT-Bund Meldungen

Die CERT-Bund Meldungen sind ein weiteres Mittel, das ich Ihnen nennen möchte, mit dem Sie Bedrohungsintelligenz aufbauen könnten.

Auf der BSI-Webseite *CERT-Bund Meldungen* (32) können auch Verbraucher veröffentlichte Schwachstellen einsehen. Ende August 2023, als ich diese Seite zur Arbeit an diesem Buch überprüfte, stammte die jüngste Meldung vom 14. Juni 2023.

Es handelte sich dabei um eine Schwachstellenmeldung zum *Linux Kernel* mit der Kennung *CB-K21/0696 Update 34*. Eingestuft war diese Meldung mit der *Risikostufe 4*. Jede Meldung besitzt eine Beschreibung und eine Quellenangabe. In dieser Meldung wird erläutert, dass ein lokaler Angreifer durch diese Schwachstelle seine Privilegien erhöhen könnte.

Eine weitere Meldung betraf *Google Chrome* und *Microsoft Edge*. Die Meldung besaß die Kennung *CB-K22/082*. Auch diese Meldung wurde mit der *Risikostufe 4* bewertet und gibt an, dass entfernte anonyme Angreifer mehrere Schwachstellen ausnutzen und beliebigen Programmcode ausführen könnten.

Diese CERT-Bund Meldungen finde ich ebenfalls spannend, und ich empfehle Ihnen, diese Seite zu besuchen, wenn Sie sie noch nicht kennen.

Um das Kapitel zur Arbeit und zu den Aufgaben des BSI abzuschließen, möchte ich in den nächsten beiden Abschnitten noch kurz auf die Allianz für Cyber-Sicherheit und auf Konferenzen mit BSI-Beteiligung eingehen.

4.4.3 Die Allianz für Cyber-Sicherheit (ACS)

Sie haben die Möglichkeit, sich als Teilnehmer bei der *Allianz für Cyber-Sicherheit* zu registrieren, um anschließend Newsletter mit interessanten Veranstaltungen, Praxisvorträgen, Hinweisen oder Warnungen zu erhalten.

Die Webseite mit allen Informationen zu Cyber-Sicherheitswarnungen, CERT-Bund Meldungen und Informationen für Bürger finden Sie beim BSI (33).

Gegründet wurde die Allianz im Jahr 2012. Im Jahr 2013 folgte der Startschuss zu den Cyber-Sicherheitstagen und erste Teilnehmer, Multiplikatoren und Partner starteten das Netzwerk.

Im Jahr 2021 gab es bereits fünftausend ACS-Teilnehmer, und im Jahr 2022 feierte die Allianz ihr zehnjähriges Bestehen.

Am 7. Dezember 2023 gehörten genau 7.450 Teilnehmer dieser Allianz an, dies waren etwa 150 mehr als acht Wochen zuvor.

Die Broschüre (34) mit allen Informationen können Sie auf der Webseite der *Allianz für Cyber-Sicherheit* herunterladen und als Begleitmaterial ansehen.

Hinweis zum Begleitmaterial

Die Broschüre der Allianz für Cyber-Sicherheit vom Januar 2022 finden Sie im Dokument:

- 2022-07_ACS_Broschuere

Deutsche Unternehmen in der Geheimschutzbetreuung oder deutsche Betreiber Kritischer Infrastrukturen können sich als *Institution im besonderen staatlichen Interesse* (*INSI*) bei der Allianz für Cyber-Sicherheit als *INSI*-Teilnehmer registrieren. Ein *INSI*-Teilnehmer ist aber nicht zu verwechseln mit den *UBIs*, die wir uns in Abschnitt 2.8, »Unternehmen im besonderen öffentlichen Interesse (UBIs)«, angesehen haben.

Die Veranstaltungen dieses Netzwerkes, die für KRITIS-Betreiber und Nachweisprüfer gleichermaßen interessant sind, finden regelmäßig statt. Über diese Gemeinschaft werden auch Einladungen zu anderen regionalen Veranstaltungen mit Bezug zur Cyber-Sicherheit verschickt.

4.4.4 Konferenzen mit BSI-Beteiligung

Im September 2023 war ich auf einer dieser Konferenzen mit BSI-Beteiligung und konnte dort interessante Vorträge besuchen und nette Gespräche mit KRITIS-Betreibern und Vertretern des BSI führen. Deshalb empfehle ich Ihnen die Mitgliedschaft in der oben genannten *Allianz für Cyber-Sicherheit* ausdrücklich.

Auf dieser Veranstaltung sprachen eine Vertreterin des BSI und Vertreter der TU Freiberg, des Landeskriminalamtes Sachsen und von der Deutor Cyber Security GmbH.

Der Referent von Deutor Cyber Security, der als Cyber-Sicherheitsberater und Buchautor arbeitet, sprach von der seiner Meinung nach größten Bedrohung, der *Erpressbarkeit*, und ich stimme ihm voll und ganz zu.

Stellen Sie sich vor, ein Angestellter eines KRITIS-Betreibers mit weitreichenden Berechtigungen erhält eine WhatsApp-Nachricht mit Fotos seiner Kinder oder Enkel mit der Drohung, diesen etwas anzutun, wenn eine bestimmte Zahlung nicht geleistet oder eine gewisse Handlung nicht getätigt wird.

Nur in Organisationen, die in keinerlei Weise erpressbar sind, könnten sich die Mitarbeiter zurücklehnen. Aber alle anderen, die finanziell, menschlich, privat oder in anderen Bereichen ansatzweise erpresst werden könnten, sollten sich vor dem Ernstfall schützen.

Sie werden mir zustimmen: Privatfotos der Familie auf betrieblichen Festplatten könnten durch Angreifer abgegriffen und Ihre Kollegen so leichter erpressbar gemacht werden.

Aus dem BSI informierte uns eine Referentin über das *Common Security Advisory Framework* (*CSAF*) (35), ein Sicherheitsberatungs-Framework. Das Ziel dieses Frameworks ist es, die Verarbeitung von Sicherheitshinweisen zu vereinfachen, da die Hinweise derzeit von ihrer schieren Menge her die monatlichen Betreiber-Kapazitäten bei Weiterem übersteigen.

Das präsentierte Beispiel zeigte uns den Anstieg bestätigter Schwachstellen von 4.639 im Jahr 2010 auf 25.059 Schwachstellen im Jahr 2022. Kein Systemadministrator könnte seine IT-Infrastruktur auf alle diese Schwachstellen überprüfen.

Die Vertreterin des BSI sprach *CSAF* wie »ZEJSAF« aus. CSAF soll Sicherheitshinweise im maschinenlesbaren JSON-Format anbieten, als Open Source verfügbar sein, eine standardisierte Verbreitung ermöglichen und automatische Abfragen und Vergleiche mit dem eigenen Asset-Management durchführen können. Sie nannte das Tool deshalb auch die »Eier legende Wollmilchsau«. Wichtig wäre für die Anwender, ein Assetinventar mit korrekten Hersteller- und Softwarenamen sowie Versionsnummern zu besitzen, um die zukünftig durch die Hersteller veröffentlichten Schwachstellen-Feeds abonnieren zu können. Dadurch würde ein Betreiber statt mehreren

Zehntausend Warnungen nur noch Warnungen zu der Software erhalten, die tatsächlich bei ihm im Einsatz ist. In Abbildung 4.17 habe ich den Prozess nach meinem aktuellen Verständnis für Sie grafisch dargestellt.

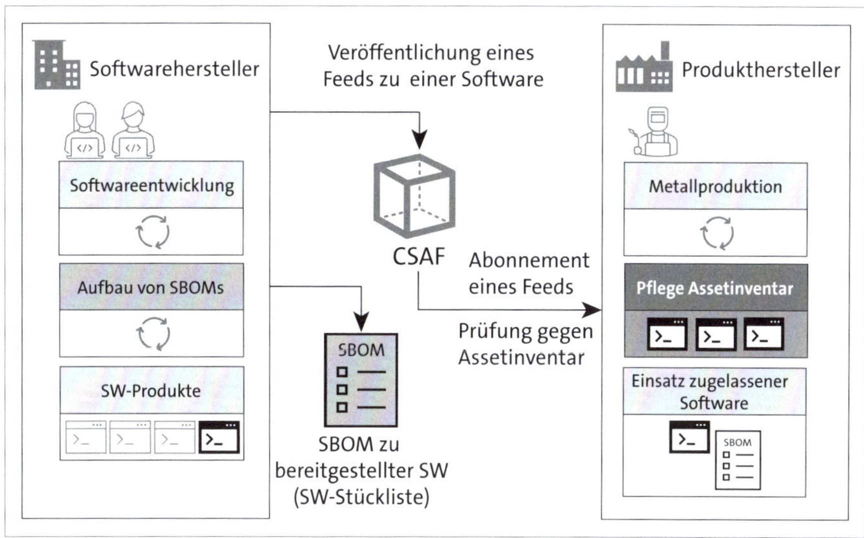

Abbildung 4.17 Das Common Security Advisory Framework (CSAF)

Die Hersteller würden zu ihrer Software zukünftig eine SBOM (*Software Bill of Materials*, Software-Stückliste) erstellen müssen. Eine Software ohne SBOM wäre möglicherweise zukünftig für KRITIS-Betreiber nicht mehr zugelassen. Außerdem würden Hersteller Informationen, beispielsweise Schwachstellenwarnungen oder Update-Hinweise als Feed bereitstellen.

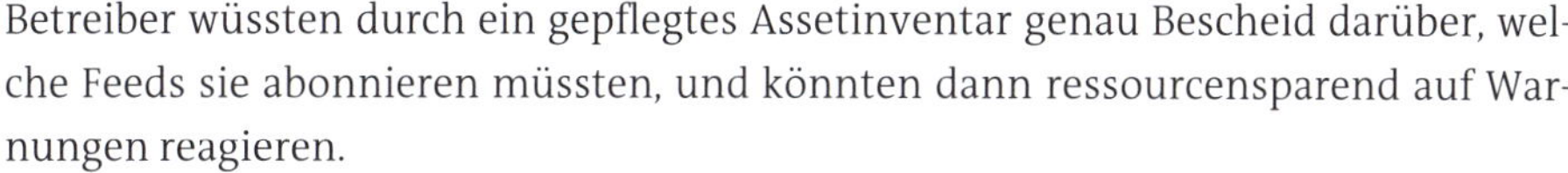

Hinweis zum Begleitmaterial

Die technische Richtlinie des BSI zum SBOM vom August 2023 finden Sie im Dokument:

- 2023-08_BSI-TR-03183-2

Betreiber wüssten durch ein gepflegtes Assetinventar genau Bescheid darüber, welche Feeds sie abonnieren müssten, und könnten dann ressourcensparend auf Warnungen reagieren.

Die Präsentation über CSAF hat mich begeistert, deshalb wollte ich Ihnen unbedingt davon berichten.

Sie sehen: Auf Netzwerk-Veranstaltungen kann neues Bewusstsein geschaffen, aber auch älteres Wissen wieder aufgefrischt werden.

Fazit

Hiermit endet das Kapitel zu den Aufgaben des BSI, in dem ich Ihnen einen Überblick über die frei zugänglichen Informationen zusammengestellt habe.

Die nächsten beiden Kapitel handeln von Dokumenten, die ebenfalls das BSI erstellt hat und verantwortet. Da Dokumente im gesamten Nachweisprozess eine bedeutende Rolle spielen, habe ich mich dafür entschieden, jeweils ein separates Kapitel für die *Orientierungshilfen* und eines für die *Nachweisdokumente* zu erstellen.

Kapitel 5
Die Orientierungshilfen (OH) des BSI

Drei Leitplanken flankieren den Weg im KRITIS-Universum und geben den Rahmen für Prüfer und Betreiber an.

5

In diesem Kapitel möchte ich mit Ihnen die Orientierungshilfen genauer betrachten. Das BSI hat für KRITIS-Betreiber und Auditoren drei Orientierungshilfen veröffentlicht:

- zur Entwicklung eines branchenspezifischen Sicherheitsstandards (B3S),
- zu Systemen zur Angriffserkennung (SzA) und
- zu Nachweisen.

Die erste Orientierungshilfe, die ich Ihnen im nächsten Abschnitt zeigen möchte, ist die zum Aufbau von branchenspezifischen Sicherheitsstandards.

5.1 OH zum Aufbau eines branchenspezifischen Sicherheitsstandards (B3S)

Die *Orientierungshilfe zum Aufbau eines branchenspezifischen Sicherheitsstandards* (OH B3S (36)) unterstützt Betreiber Kritischer Infrastrukturen dabei, umzusetzende Sicherheitsvorkehrungen nach dem Stand der Technik in ihren Branchen zu definieren, um anderen Betreibern eine Hilfestellung für eigene Umsetzungen zu geben. Zusätzlich kann ein B3S als Teil einer Prüfgrundlage für Nachweisprüfungen dienen.

Hinweis zum Begleitmaterial

Die Orientierungshilfe B3S vom Juli 2023, auf die ich mich in diesem Buch beziehe, finden Sie im Dokument:

- 2023-07_OH-B3S

In Abbildung 5.1 sehen Sie die Autoren dieser Orientierungshilfe, also das BSI und die Kreise der UP KRITIS. Weitere Informationen zu dieser Orientierungshilfe finden Sie auf der BSI-Seite (37).

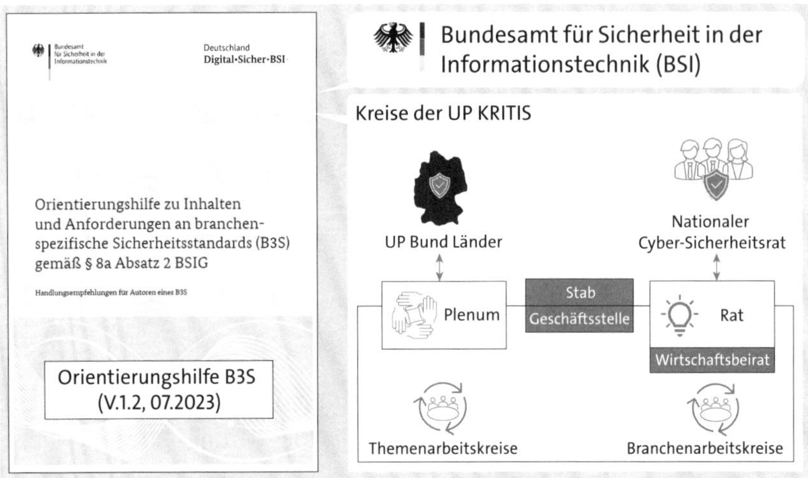

Abbildung 5.1 Die Beteiligten an der Entwicklung der »OH B3S«: das BSI und Kreise der UP KRITIS (Quelle: BSI, Mai 2023)

Diese Orientierungshilfe dient Ihnen als qualitativer Rahmen, wenn Sie selbst einen neuen B3S erstellen wollen. Jedoch könnte Ihr B3S auch eine andere Struktur erhalten als die in der Orientierungshilfe B3S empfohlene Gliederung.

F-05-1: Wer hat die Orientierungshilfe B3S erstellt?

a) der UP KRITIS
b) das BSI
c) ein branchenübergreifender Arbeitskreis von Betreibern Kritischer Infrastrukturen
d) das BMI

Beachten Sie dabei, dass die Gültigkeit eines B3S vom BSI auf maximal zwei Jahre begrenzt wird. Danach wird ein B3S von den Autoren überprüft, ob er erneut herausgegeben werden soll. Wenn dem so ist, wird er aktualisiert und erneut zur Prüfung eingereicht. Damit ist gewährleistet, dass die veröffentlichten B3S immer den aktuellen Stand der Technik vorgeben.

Außerdem kann ein B3S unter Umständen auch einen kürzeren Eignungszeitraum erhalten und muss früher als erst nach zwei Jahren aktualisiert und freigegeben werden. Dies traf auf zwei B3S (siehe Abschnitt 8.4, »Aktuell veröffentlichte B3S«) zu, die im ersten Halbjahr 2023 veröffentlicht wurden und die Maßnahmen aus Abschnitt 8.4 der DIN EN ISO/IEC 27001 beinhalteten.

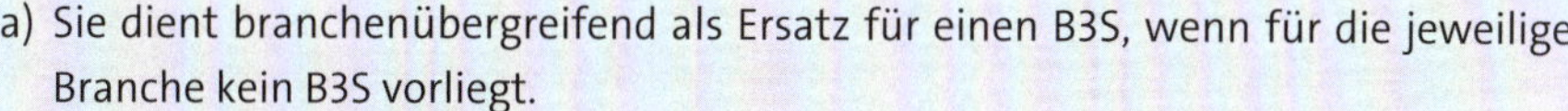

F-05-2: Wozu dient die Orientierungshilfe B3S bzw. wozu kann sie verwendet werden?

a) Sie dient branchenübergreifend als Ersatz für einen B3S, wenn für die jeweilige Branche kein B3S vorliegt.
b) Sie kann als Quelle zur Erstellung einer Prüfgrundlage für Nachweisprüfungen nach dem BSIG verwendet werden.
c) Sie dient als branchenübergreifende Hilfestellung zur Erstellung eines B3S.
d) Sie kann direkt und unverändert als Prüfgrundlage für Nachweisprüfungen nach dem BSIG verwendet werden.

In Kapitel 8, »Einen branchenspezifischen Sicherheitsstandard (B3S) veröffentlichen«, gebe ich Ihnen Hinweise zum Erstellen eines eigenen B3S auf Grundlage dieser Orientierungshilfe.

Im nächsten Abschnitt sehen wir uns die Orientierungshilfe zu Systemen zur Angriffserkennung an.

5.2 OH zu Systemen zur Angriffserkennung (SzA)

Die *Orientierungshilfe zum Einsatz von Systemen zur Angriffserkennung* (OH SzA (38)) soll Betreiber Kritischer Infrastrukturen dabei unterstützen, diese Systeme zu konzipieren und zu implementieren.

Hinweis zum Begleitmaterial

Die Orientierungshilfe SzA vom September 2022, auf die ich mich in diesem Buch beziehe, finden Sie im Dokument:

- 2022-09_OH-SzA

Die Erläuterung, um welche Art von Systemen es sich dabei handelt, haben wir uns in Abbildung 1.39 in Abschnitt 1.4.1, »Änderungen im BSIG«, bereits angesehen.

Die Anforderung, diese Systeme spätestens ab 1. Mai 2023 umgesetzt zu haben, sahen Sie in Abbildung 1.43 ebenfalls im Abschnitt zu den Änderungen des BSIG.

In Abbildung 5.2 zeige ich Ihnen die Orientierungshilfe zu SzA mit ihren Schwerpunktthemen. Dieses Dokument können Sie auch zur Weiterentwicklung eines bestehenden B3S verwenden, um Systeme zur Angriffserkennung zu integrieren. Wenn Sie diese Orientierungshilfe betrachten, werden Sie feststellen, dass die Themen *Protokollierung*, *Detektion* und *Reaktion* die Schwerpunkte darstellen.

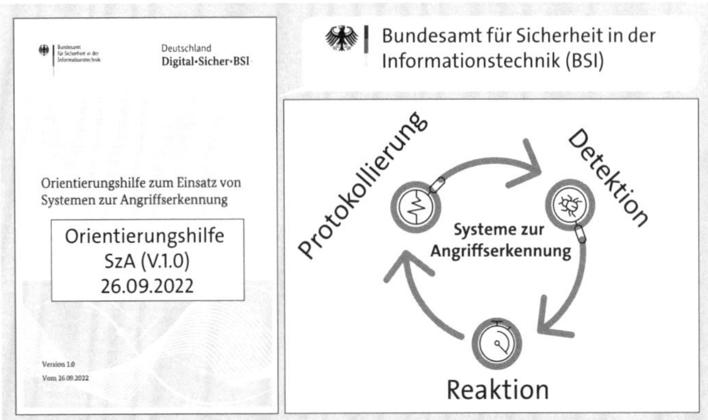

Abbildung 5.2 Die Orientierungshilfe zu Systemen zur Angriffserkennung (SzA) und die Vorgehensweise (Quelle: BSI, 26. September 2022)

Diese Systeme sollen geeignete Parameter und Merkmale aus dem laufenden Betrieb kontinuierlich und automatisch erfassen und auswerten. Und sie müssen Bedrohungen identifizieren und geeignete Beseitigungsmaßnahmen für Störungen vorsehen.

In Abbildung 5.3 sehen Sie die grundlegende Beschreibung von SzA, wie Sie in der Orientierungshilfe in Kapitel 2, »Die Kritisverordnung«, definiert sind.

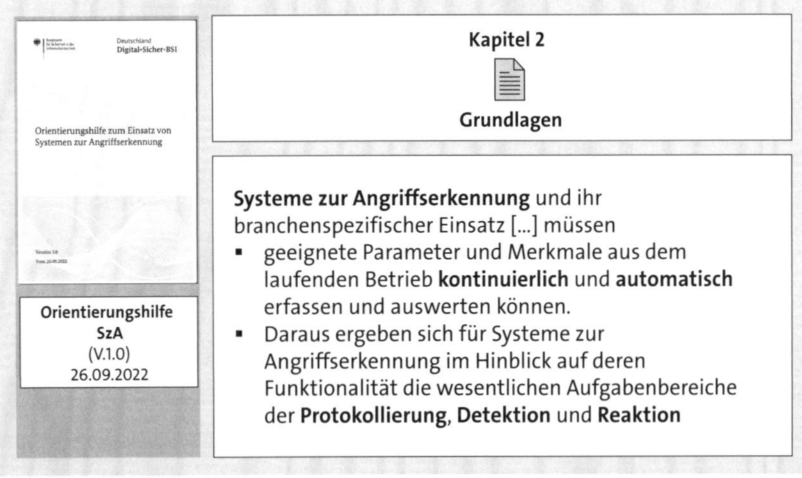

Abbildung 5.3 OH SzA, Kapitel 2, »Die Kritisverordnung« (Quelle: BSI, 26. September 2022)

Die Orientierungshilfe zu SzA gibt Ihnen Umsetzungsempfehlungen und orientiert sich dabei am IT-Grundschutz. Die MUSS- und SOLLTE-Anforderungen des IT-Grundschutzes sind somit zu erfüllen.

F-05-3: Wo können sich Prüfer über mögliche Prüfthemen bezüglich SzA informieren?

a) Orientierungshilfe zu Systemen zu Angriffserkennung
b) Orientierungshilfe zu Nachweisen
c) Orientierungshilfe zu B3S
d) Orientierungshilfe zum Geltungsbereich

Für die Nachweiserbringung steht uns Prüfern in der Orientierungshilfe ein *Umsetzungsgradmodell* zur Verfügung, das ich in Abschnitt 12.1.3, »Bewertung des SzA-Umsetzungsgrades«, mit Ihnen betrachten werde.

Die dritte Orientierungshilfe gilt den Nachweisen. Sie ist somit ein Hilfswerkzeug für Prüfer. Wir schauen uns diese OH im nächsten Abschnitt an.

5.3 OH zu Nachweisen (für Prüfer)

Das BSI veröffentlichte im Mai 2023 eine *Orientierungshilfe zu Nachweisen* (OH Nachweise (39)) mit aktualisierten Inhalten und Informationen. Sie ist vor allem ein Hilfsmittel für uns Prüfer. Im zweiten Kapitel sind die Aufgaben für Betreiber beschrieben, die wir in der Nachweisprüfung auditieren können.

Hinweis zum Begleitmaterial

Die Orientierungshilfe zu Nachweisen vom Mai 2023, auf die ich mich in diesem Buch beziehe, finden Sie im Dokument:

- 2023-05_OH-Nachweise

In Abbildung 5.4 zeige ich Ihnen diese Orientierungshilfe. Die Schwerpunkte finden Sie auf der rechten Seite der Abbildung.

Die Orientierungshilfe erläutert im ersten Kapitel die Begriffe *Prüfung*, *Prüfbericht*, *Nachweisdokumente* und *Nachweis*.

Anschließend folgt eine Erklärung der Rollen und Zuständigkeiten im Nachweisprozess. Als Rollen sind mit ihren jeweiligen Zuständigkeiten und Aufgaben der *KRITIS-Betreiber*, die *Prüfende Stelle*, das *Prüfteam* und das *BSI* aufgelistet. Diese Rollen erläuterte ich in Abschnitt 6.3, »Der Nachweisprozess«. Auch weist diese Orientierungshilfe erstmals auf die *Grundsätzlichen Anforderungen im Nachweisverfahren* (*GAiN*) hin. Zu GAiN habe ich für Sie in Abschnitt 6.4.1, »Grundsätzliche Anforderungen im Nachweisprozess (GAiN)«, eine Einführung vorbereitet.

Abbildung 5.4 Die Orientierungshilfe zu Nachweisen gemäß § 8a Abs. 3 BSIG (Quelle: BSI, Mai 2023)

Das zweite Kapitel der Orientierungshilfe zu Nachweisen ist dem KRITIS-Betreiber gewidmet. Hier bekommen Betreiber Erläuterungen zu ihren Aufgaben. Dazu gehören beispielsweise die Umsetzung angemessener Vorkehrungen zur Vermeidung von Störungen nach dem Stand der Technik und die regelmäßige Erbringung eines Nachweises über diese Umsetzung.

Die Betreiber erhalten außerdem Hinweise für die Beschreibung des von ihnen gewählten Geltungsbereiches, damit die Nachweisprüfung vollständig erfolgen kann. Auch weist die Orientierungshilfe auf eine Vor-Ort-Prüfung und Inaugenscheinnahme von Systemen, Orten, Räumlichkeiten und Gegenständen hin.

Die Betreiber erhalten in Abschnitt 2.2 der Orientierungshilfe zusätzlich eine Liste der üblichen Sicherheitsdokumentation, die von Prüfern eingesehen werden muss und die ich hier für Sie aufliste.

[»]

Zu prüfende Sicherheitsdokumentation gemäß der Orientierungshilfe zu Nachweisen, Abschnitt 2.2, »Die Erarbeitung der Kritisverordnung«

- Sicherheitskonzept
- Beschreibung des Informationssicherheitsmanagementsystems (ISMS)
- Notfallkonzept und Beschreibung des Continuity Managements
- Dokumente des Asset Managements
- Dokumentation der Prozesse zur baulichen und physischen Sicherheit (z. B. Zutrittskontrolle oder Brandschutzmaßnahmen)
- Dokumentation der personellen und organisatorischen Sicherheit (z. B. Sensibilisierungsmaßnahmen)

- Konzepte und Dokumentation zur Vorfallserkennung und -bearbeitung (z. B. Incident Management, Detektion von Angriffen, Forensik)
- Konzepte und Dokumentation von Überprüfungen (z. B. Prüfberichte der internen Revision, Übungen, Log-Auswertungen)
- Richtlinien zur externen Informationsversorgung (Einholen von Informationen über Themen, die für die IT-Sicherheit relevant sind)
- Richtlinien zum Umgang mit Lieferanten und Dienstleistern (z. B. Service Level Agreements und Vereinbarungen mit Dienstleistern)

Zur Wahl der Prüfgrundlage enthält die Orientierungshilfe in ihrem Abschnitt 2.3 Hinweise. Mögliche Prüfgrundlagen nach diesen Vorgaben habe ich aufbereitet und Ihnen in Abschnitt 10.1, »Welche Prüfgrundlagen können wir einsetzen?«, bereitgestellt.

- **Im dritten Kapitel** der Orientierungshilfe finden Sie Informationen zur prüfenden Stelle und zu deren Eigenschaften. Auf die Anforderungen an eine prüfende Stelle gehe ich in Abschnitt 9.2 näher ein, und welche Prüfstelle überhaupt geeignet ist, erfahren Sie in Abschnitt 9.3 dieses Buches.
- **Auf Grundlage des vierten Kapitels** der Orientierungshilfe zeige ich Ihnen die Aufgaben und notwendigen Kompetenzen, die ein Prüfteam besitzen muss, in Abschnitt 10.2, »Kompetenzbereiche und Aufteilung im Prüfteam«.
- **Das fünfte Kapitel** der Orientierungshilfe mit dem Titel »Durchführung der Prüfung« handelt von dem Zeitpunkt, zu dem die Vorbereitung zur Prüfung abgeschlossen ist, das geeignete Prüfteam und die Prüfgrundlage ausgewählt sind und die Prüfmethoden geplant sind. Nun kann die Prüfung beginnen und durchgeführt werden. Zu diesem Prozessschritt zählen auch die Dokumentation der Nachweise und des Prüfberichtes sowie die Bewertung der Reifegrade des ISMS und des BCMS.

  Bevor die Auditdurchführung beginnt, sollten wir uns auch über die einzuhaltenden Mängelkategorien im Klaren sein, die uns die Orientierungshilfe in ihrem Abschnitt 5.7 vorgibt. Im Buch können Sie sich diese in Abschnitt 10.7, »Die Mängelkategorien des BSI«, ansehen.
- **Das sechste Kapitel der OH** beschreibt, wie die Nachweise erbracht werden. Hier erfahren Betreiber, welche Termine zur Einhaltung der Folgenachweise einzuhalten sind. Mit Abgabe der Nachweise erhalten Betreiber jedes Mal eine Empfangsbestätigung mit dem Einreichungsdatum. Dieses Datum gilt als neues Einreichungsdatum in zwei oder drei Jahren. Eine zukünftige Terminverzögerung wegen Nachforderungen ist nicht erlaubt. Als Betreiber werden Sie säumig, sobald Ihr aktuelles Einreichungsdatum verstrichen ist, ohne dass Sie einen Nachweis erbracht haben.

In Abbildung 5.5 möchte ich Ihnen beispielhaft zeigen, wie die Folgetermine ermittelt werden.

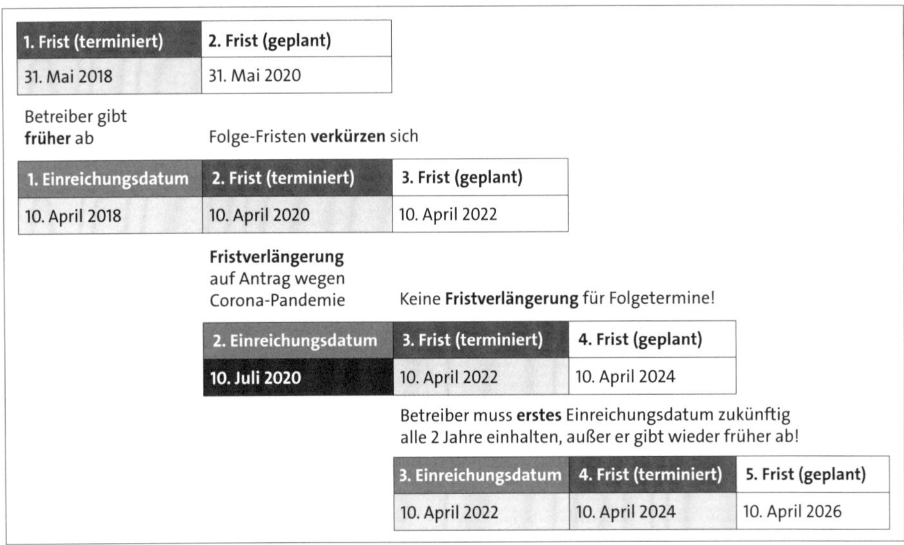

Abbildung 5.5 § 8a Abs. 3 BSIG fordert alle 2 Jahre einen Nachweis.

Beispielsweise hatten die Betreiber des ersten Korbes bis zum 31. Mai 2018 Zeit, ihre ersten Nachweise zu übermitteln. Einige Betreiber reichten ihre Nachweise allerdings früher ein. In Abbildung 5.5 sehen Sie als früheres Datum den 10. April 2018.

Die Konsequenz daraus ist, dass nun alle Folgenachweise ebenfalls bis zum 10. April der definierten Folgejahre eingereicht werden müssen. Das neue Einreichungsdatum wurde somit um fast fünfzig Tage früher terminiert, und zwar auf den 10. April 2020.

Nun kam allerdings die Corona-Pandemie auf, und einige Betreiber hatten im Frühjahr 2020 noch keine ausreichenden Hygienemaßnahmen und sorgten sich deshalb, wir Auditoren könnten die Leitwarten mit einer Seuche infizieren. Deshalb beantragten viele Betreiber eine Ausnahmeregelung für das Überziehen der Einreichungsfrist. Auf Antrag erhielten die Betreiber oft drei Monate zusätzlich Zeit bis zur Abgabe ihrer Nachweise. Die Audits erfolgten dann im Sommer mit Maske und Corona-Tests. Sie erkennen dieses Datum am 10. Juli 2020. Solche Remote-Prüfungshandlungen stellten eine vorübergehende, situationsbedingte Ausnahme dar und mussten als schwerwiegender Prüfmangel in der Mängelliste dokumentiert werden.

Auf den normalen Nachweiszyklus hatte dieses Datum allerdings keinen Einfluss. Das dritte Einreichungsdatum blieb auf das ursprüngliche Einreichungsdatum terminiert.

Wenn Betreiber im Jahr 2022 ihre dritten Nachweise einreichten, würde sich die zukünftige Frist nur dann verkürzen, wenn sie ihre Nachweise erneut zu früh abgeben.

In der Abbildung erkennen Sie das 3. Einreichungsdatum am 10. April 2022. Da die Nachweise nach dem BSIG genau alle zwei Jahre eingereicht werden mussten, würde sich die Frist für die vierte Einreichung wiederum verkürzen, wenn die dritte Einreichung zu früh erfolgte.

Da viele Experten anhand der Referentenentwürfe erwarten, dass sich die Zwei-Jahres-Intervalle durch die NIS-2-Richtlinie auf drei Jahre verlängern werden, könnten die Einreichungstermine ab 2027 möglicherweise auf drei Jahre verlängert werden. An den bereits bestehenden Fristen wird sich aber erst einmal nichts ändern.

In diesem Kapitel der Orientierungshilfe finden wir auch Verlinkungen zu den einzureichenden Nachweisdokumenten und Hinweise zum weiteren Ablauf nach dem Einreichen. Wir sehen uns in Abschnitt 6.4, »Die Vorgabedokumente im Nachweisprozess«, diese Dokumente zusammen an.

Auch zur Bewertung der Reifegrade des ISMS und des BCMS finden wir vordefinierte Einschätzungen in der Orientierungshilfe. Beide Reifegradbewertungen habe ich für Sie in Abschnitt 12.1, »Aufgaben des Prüfers«, aufbereitet.

Die Orientierungshilfe zu Nachweisen enthält vier Anhänge, die ich im Infokasten aufliste.

Anhänge der Orientierungshilfe zu Nachweisen

- Anhang A: Ethische Grundsätze
- Anhang B: Vorlage für einen Prüfplan
- Anhang D:Beispiel für eine Mängelliste
- Anhang E: Kategorien für die thematische Klassifizierung von Mängeln

In Anhang C, der nicht mehr enthalten ist, waren früher die Anforderungen an die Beschreibung und eine Darstellung des Geltungsbereiches enthalten. Dieser Teil ist ausgegliedert worden. Zum Geltungsbereich habe ich Ihnen in Abschnitt 7.1, »Der Geltungsbereich für die kritische Dienstleistung«, die Informationen zusammengestellt.

Die eigentliche Prüfung und wie Sie Nachweise anhand der Orientierungshilfe erstellen, erläutere ich Ihnen in Kapitel 11, »Die Nachweisprüfung durchführen«.

Fazit

In diesem Kapitel haben Sie alle Orientierungshilfen kennengelernt, die für die Nachweisprüfungen relevant sind.

F-05-4: Welche Orientierungshilfen (OH) hat das BSI veröffentlicht?

a) Orientierungshilfe zu B3S

b) Orientierungshilfe zu Systemen zu Angriffserkennung

c) Orientierungshilfe zu Zertifizierungen nach ISO/IEC 27001

d) Orientierungshilfe zu Nachweisen

Im nächsten Kapitel gehe ich auf die notwendigen Dokumente ein, die das BSI für KRITIS-Betreiber und Nachweisprüfer bereitstellt.

6

Kapitel 6
Vorgaben an die Art und Weise von Nachweisprüfungen

Die Wirtschaft folgt seit Jahren dem öffentlich Gesagten. Von wenigen Verpflichteten packt alle nun Betroffenheit. Und ewig kreist's im Doppelten unendlichen Reformprozess.

In Abschnitt 1.2, »Der Weg durch das Buch«, habe ich Ihnen erstmals vom *doppelten Reformprozess für Kritische Infrastrukturen* berichtet. An dieser Stelle möchte ich noch einmal auf ihn zurückkommen und zeige Ihnen in Abbildung 6.1 meine grafische Darstellung dieses Prozesses.

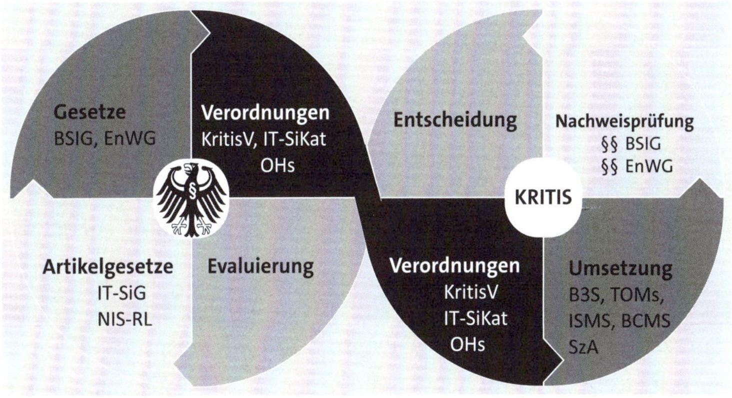

Abbildung 6.1 Der doppelte Reformprozess für Kritische Infrastrukturen

Der erste Kreislauf (links in der Abbildung) stellt den Bund mit seinen Ministerien und Bundesämtern bzw. auch den Europäischen Rat dar. Hier werden die Artikelgesetze verabschiedet, wie beispielsweise die IT-Sicherheitsgesetze oder die europäische NIS-Richtlinie. Damit startet der Reformprozess.

Anschließend arbeiten die EU-Mitgliedsstaaten die verabschiedeten Änderungen in ihre jeweiligen nationalen Gesetze ein. Die deutschen Ministerien und Ämter arbeiten also die in deutschen Artikelgesetzen definierten Änderungen in unsere nationalen Gesetze ein. Für unsere Nachweisprüfungen flossen so beispielsweise Korrekturen in das BSI-Gesetz und das Energiewirtschaftsgesetz ein, womit der zweite Schritt im öffentlichen Reformprozess umgesetzt war.

Im dritten Schritt benötigen wir Rechtsverordnungen, wie beispielsweise die Kritisverordnung oder die IT-Sicherheitskataloge, um konkrete Handlungsanweisungen als KRITIS-Betreiber oder Prüfer zu erhalten. In diesem Schritt werden durch das BSI außerdem Orientierungshilfen und Vorlagen bereitgestellt.

Für den öffentlichen Verbesserungskreislauf würde nun die Evaluierung starten, und anschließend benötigte Änderungen würden wieder über ein Artikelgesetz vorbereitet und zu zukünftigen Gesetzesänderungen führen.

Der zweite Verbesserungskreislauf (in der Abbildung rechts dargestellt) gilt den Kritischen Infrastrukturen, also den KRITIS-Betreibern. Für sie beginnen die verbindlichen Handlungsanweisungen mit den Rechtsverordnungen. Erst durch diese Verordnungen müssen die Betreiber davon ausgehen, dass ihre Umsetzungen, die im zweiten Schritt dargestellt sind, eines Tages überprüft werden.

Die Betreiber sind außerdem verpflichtet, regelmäßig Nachweisprüfungen zu beauftragen und durchführen zu lassen. Dies ist der dritte Schritt im Verbesserungskreislauf der Betreiber.

Die Nachweise über die erfolgten Prüfungen müssen KRITIS-Betreiber bei den zuständigen Stellen einreichen. Für Nachweise nach dem BSIG ist dies das BSI KRITIS-Büro. Die Nachweise nach dem EnWG werden an die Bundesnetzagentur und seit 2023 auch an das BSI weitergereicht.

Nach Abschluss der Nachweisprüfung und Abgabe aller Nachweise offenbaren die Prüfergebnisse bestehende Mängel und Verbesserungspotenziale. Diese führen bei Betreibern zu einer verbesserten Umsetzung und zum öffentlichen Evaluierungsprozess. So können Nachweisprüfungen zu einer fortlaufenden Verbesserung auf beiden Seiten führen.

In Abschnitt 1.2, »Das IT-Sicherheitsgesetz von 2015«, habe ich den Start des ersten doppelten Reformprozesses beschrieben, der zu einer ersten Nachweisprüfung führte. Anschließend trugen mehrere Änderungen zu einem neuen BSI-Gesetz bei. Dieses haben wir in Abschnitt 1.6, »Das BSI-Gesetz (BSIG)«, betrachtet. Das BSIG forderte eine Rechtsverordnung, mit der wir uns in Kapitel 2, »Die Kritisverordnung«, beschäftigt haben. Neben der Kritisverordnung erhielten Energieversorger zwei IT-Sicherheitskataloge, die wir uns in Kapitel 3, »Die IT-Sicherheitskataloge (IT-SiKat) für den Sektor Energie«, angesehen haben. Das BSI erstellte für KRITIS-Betreiber und Prüfer Orientierungshilfen, die Thema von Kapitel 5, »Die Orientierungshilfen (OH) des BSI«, waren.

In diesem Kapitel möchte ich Ihnen nun zeigen, welche weiteren Prozesse, Plattformen, Formulare und Vorlagen das BSI für Betreiber und Prüfer für die Nachweisprüfung zum Download anbietet. Wir befinden uns damit im dritten Schritt des öffentlichen Reformprozess.

Wir starten im nächsten Abschnitt mit der Registrierung und den Meldepflichten für KRITIS-Betreiber.

6.1 Registrierung als KRITIS-Betreiber

In diesem und im nächsten Abschnitt geht es um die Registrierung als KRITIS-Betreiber, um anschließend das *Melde- und Informationsportal* (*MIP*) (40) des BSI verwenden zu können.

Sobald Sie Ihre KRITIS-Zuordnung erkannt haben oder diese vermuten, registrieren Sie sich eigenständig umgehend beim BSI. Im nächsten Schritt müssen Betreiber eine ständig erreichbare Kontaktstelle über das MIP benennen. Diese Kontaktstelle wird später vom BSI für den Informationsaustausch mit den Betreibern benötigt. Diese beiden Pflichten haben wir uns in Abbildung 1.45 angesehen.

Als Vertreter eines KRITIS-Betreibers, beispielsweise in der Rolle als *Informationssicherheitsbeauftragter* (ISB), melden Sie sich im ersten Schritt mit Ihrem Vornamen, Nachnamen, einer E-Mail-Adresse und einem Passwort am MIP an.

Vergessen Sie die Registrierung oder ignorieren Sie diese gesetzliche Verpflichtung, führt das BSI, wie wir in Abbildung 1.26 sehen konnten, selbst diese Registrierung für Sie durch.

Anschließend überprüft das BSI, ob die von Ihnen gemeldeten Anlagen zu den in der BSI-Kritisverordnung definierten Anlagen-Kategorien und somit überhaupt zu den Kritischen Infrastrukturen zählen.

Als Betreiber erhalten Sie danach eine *Betreiber-ID*. Diese ID war im Jahr 2023 eine fünfstellige Kombination auf Buchstaben und Ziffern.

Falls das BSI bei der Registrierung feststellt, dass Sie kein KRITIS-Betreiber sind, erhalten Sie keine Betreiber-ID und müssen vorerst keine Nachweispflichten erfüllen.

Der häufigere Fall ist jedoch, dass Sie sich registriert haben und auch KRITIS-Betreiber sind.

Sind Sie als KRITIS-Betreiber ordentlich registriert, erhalten Sie vollständigen Zugang zum MIP des BSI und müssen Ihre Anlagen für die *Meldestelle KRITIS* anmelden.

Diesen Vorgang zeige ich Ihnen im nächsten Abschnitt.

6.2 Das Melde- und Informationsportal (MIP)

Um für die eigenen Anlagen Meldungen erhalten zu können, müssen sich die Betreiber im MIP für die *Meldestelle KRITIS* anmelden. Diese Anmeldung war im Jahr 2023 nicht sehr intuitiv, deshalb gehe ich in diesem Abschnitt genauer auf sie ein. Ich möchte aber darauf hinweisen, dass sich diese Anmeldeprozedur zukünftig auch wieder ändern könnte. Falls Sie Ihre Organisation bereits im MIP für die *Meldestelle KRITIS* registriert haben, könnten Sie diesen Absatz überspringen.

6.2.1 Schritt 1: Die Institutions-ID

Für den Zugang zum MIP erhalten Sie nach der Registrierung zusätzlich zu Ihrer bisherigen Betreiber-ID eine weitere ID, die sogenannte *Institutions-ID*. Die beim BSI gemeldete Kontaktperson hat über diese *Institutions-ID* Zugriff auf das Meldeportal und kann weiteren Personen Zugang und damit Melderechte erteilen.

Das gesamte Vorgehen, wie Sie die eigene Institution und weitere Meldeberechtigte anmelden, ist im Dokument »Registrierung für die Meldestelle« beschrieben, das ich Ihnen als Begleitmaterial abgelegt habe.

Hinweis zum Begleitmaterial

Das Vorgehen zur Registrierung für KRITIS-Betreiber aller Sektoren aus dem Jahr 2023 finden Sie im Dokument:

- 2023_Registrierung_fuer_die_Meldestelle_KRITIS_im_MIP

6.2.2 Schritt 2: Die Institutionsverwalter-ID

Nach der persönlichen Registrierung als Ansprechpartner erhalten Sie für das MIP eine sechsstellige *Institutionsverwalter-ID*, zum Beispiel im Format *Ua5jex*. Dieser Zeichenkette ist nicht anzusehen, welche Person dahintersteckt.

Anschließend geben Sie Informationen zu Ihrer Organisation an, die im Meldeportal als *Institution* bezeichnet wird. Das Anlegen Ihrer Institution ist erst mit der zuvor generierten *Institutionsverwalter-ID* möglich.

Auch unsere Beispiel-Institution erhält eine ID, die *Institutions-ID* mit der beispielhaften Kennung *3zCi7*. Auch dieser Zeichenkette können Sie nicht ansehen, für welche Organisation beziehungsweise für welchen KRITIS-Betreiber sie steht.

Sie haben jetzt die Möglichkeit, unter Ihrer *Institutionsverwalter-ID* die zuvor angelegte *Institutions-ID* auszuwählen und sich selbst dieser Institution hinzuzufügen. Dies kann eine Herausforderung darstellen, wenn eine Person als Meldestelle für unterschiedliche KRITIS-Betreiber fungiert und sich deshalb die IDs zusätzlich an anderer Stelle aufschreiben muss.

6.2.3 Schritt 3: Für die Meldestelle KRITIS registrieren

Im dritten Schritt registrieren Sie Ihre *Institutions-ID* für die *Meldestelle KRITIS* und wählen das eigene Registrierungsformular aus.

An dieser Stelle haben Sie die Möglichkeit, Daten zu Ihrer Kritischen Infrastruktur beziehungsweise zu Ihren Anlagen zu erfassen.

Bei der Erfassung müssen Sie einen Anlagennamen, die Größe Ihrer Anlage und den Standort Ihrer Anlage angeben.

Registrierung kleiner Energieversorger

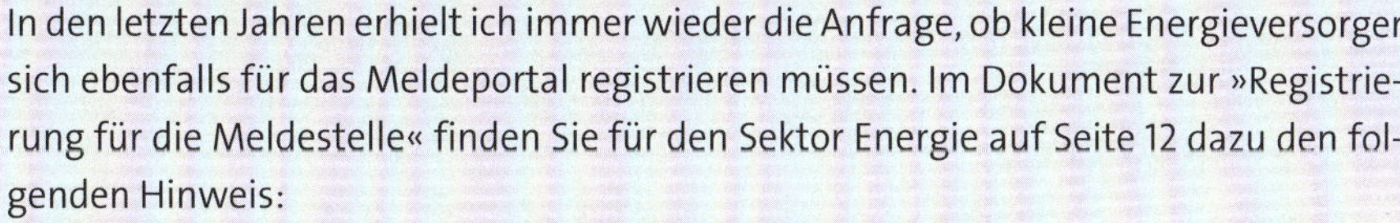

In den letzten Jahren erhielt ich immer wieder die Anfrage, ob kleine Energieversorger sich ebenfalls für das Meldeportal registrieren müssen. Im Dokument zur »Registrierung für die Meldestelle« finden Sie für den Sektor Energie auf Seite 12 dazu den folgenden Hinweis:

»Betreiber von kleinen Energieversorgungsnetzen müssen ihre Anlagen unabhängig von den in der BSI-Kritisverordnung genannten Schwellenwerten registrieren.«

6.2.4 Schritt 4: Sektor und Anlagenkategorie eintragen

Nach der Speicherung wählen Sie zusätzlich Ihren Sektor, Ihre Kritische Dienstleistung und Ihre Anlagenkategorie aus. Anschließend werden Sie aufgefordert, Ihre Versorgungsgrade einzutragen. Überschreiten diese die Werte aus der Kritisverordnung, werden Ihre Anlagen gespeichert. Ist der Versorgungsgrad kleiner als die Schwellenwerte in der Kritisverordnung, werden Ihre Anlagen nicht gespeichert. Auch hier gibt es eine Ausnahme für den Sektor Energie, die ich zitieren möchte:

> *»Ausnahmen davon stellen die* **Energieversorgungsnetze** *dar, die gemäß § 11 Abs. 1d EnWG zu registrieren sind, obwohl diese nicht die Schwellenwerte aus der BSI-Kritisverordnung erreichen.«*

Nachdem alle Angaben gespeichert sind, können Sie Ihre registrierten Anlagen in der *Institutionsverwaltung* ansehen und ändern.

Nach einigen Stunden ist die Überprüfung Ihrer Anlage durch das BSI abgeschlossen. Sie erkennen das an dem angezeigten Status *Angenommen*. Für jede registrierte Anlage können Sie nun Meldungen empfangen und einreichen.

6.2.5 Schritt 5: Meldeberechtigte ergänzen

Möchten Sie nun in Ihrer Rolle als *Institutionsverwalter* weitere Meldeberechtigte hinzufügen, können Sie über die Institutionsverwaltung Einladungslinks erzeugen und an Ihre Kollegen versenden.

Weitere Rollen sind der *Institutionsverwalter (eingeschränkt)* und der *Meldeberechtigte*.

Nur der *Institutionsverwalter* kann Einladungslinks an seine Kollegen verschicken. Aber jede Rolle kann und soll Meldungen zu IT-Störungen im Meldeportal abgeben.

6.2.6 Token

In den ersten Jahren verwendeten die Betreiber Token zur Anmeldung am Meldeportal. Diese wurden vom BSI an die Betreiber verschickt, und ich prüfte die Gültigkeiten und Zugänge zum MIP in meinen Nachweisprüfungen.

Anfang Juni 2023 erhielt ich die Rückmeldung vom BSI, dass alle Token zum 30. April 2023 abgelaufen seien und dass die Anmeldung seit 1. Mai 2023 über eine 2-Faktor-Authentifizierung erfolge.

Alle Betreiber wurden dazu im Vorfeld durch das BSI postalisch angeschrieben und aufgefordert, die geänderte Meldeprozedur durchzuführen, um sich im neuen Melde- und Informationsportal (*MIP2*) zu registrieren.

Natürlich wollte ich auch dieses Vorgehen in meinen Nachweisprüfungen gezeigt bekommen. Anfang Mai 2023 konnten die Institutionsverwalter nicht erkennen, welche Kollegen einem Einladungslink bereits gefolgt waren. Jede Person wurde nur mit einer ID aus Buchstaben und Ziffern dargestellt. Auch die Anzeige der Institution erfolgte lediglich durch die Anzeige der *Institutions-ID*.

6.2.7 Sanitarisierung

Wie Sie bereits in Abschnitt 4.2, »Die Meldestelle für Informationssicherheitsvorfälle«, erfahren haben, wird das Entfernen von schutzwürdigen Informationen als *Sanitarisierung* bezeichnet. Eine Frage, die mir ISBs oft stellten, lautete: »Wie können ehemals Meldeberechtigte zukünftig durch den ISB gelöscht werden, wenn er die Personen hinter den IDs nicht erkennen kann?« Konkret wurden zum Beispiel Kollegen genannt, die das Unternehmen durch Kündigung verlassen hatten.

Als Workaround schlugen die ISBs selbst vor, die gesamte ID-Liste bei der Kündigung von Kollegen zu löschen und neue Einladungslinks zu verschicken. Dieses Vorgehen wäre aus meiner Sicht aber nicht verhältnismäßig.

6.2.8 Die Aufgaben der Meldeberechtigten

Aber wozu benötigen wir Meldeberechtigte im MIP?

In Abbildung 1.27 in Abschnitt 1.2.1, »Änderungen im BSIG«, haben Sie die gesetzliche Verpflichtung kennengelernt, erhebliche Störungen und Ausfälle an das Bundesamt zu melden. Dies ist der Grund, wozu wir Meldeberechtigte benötigen.

In Abbildung 6.2 habe ich Ihnen die gesetzliche Anforderung grafisch dargestellt. Sie können sich dabei am VIVA-Prinzip orientieren (Verfügbarkeit, Integrität, Vertraulichkeit und Authentizität): Ist mindestens ein Schutzziel betroffen und kann die Gefährdung zu einem Ausfall oder zu einer erheblichen Störung der IT-Systeme führen, müssen wir an das BSI eine Meldung abgeben.

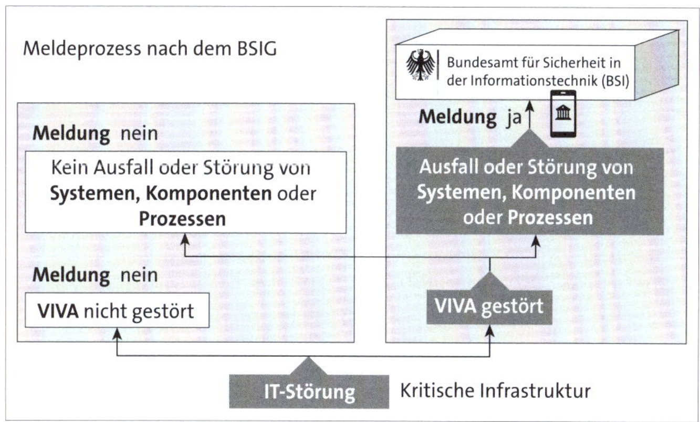

Abbildung 6.2 Verpflichtung zur Meldung von IT-Störungen nach dem BSIG

In der folgenden potenziellen Prüfungsfrage geht es um die Art und Weise, wie Betreiber IT-Störungen melden sollen.

F-06-1: Wie meldet der Betreiber IT-Störungen?

a) über das Melde- und Informationsportal (MIP) des BSI
b) Er muss nichts melden, wenn kein Schaden vorliegt.
c) über eine E-Mail an die Bundesnetzagentur
d) Er informiert seinen IT-Dienstleister.

Entscheiden Sie in der nächsten Prüfungsfrage, was als so relevant gelten könnte, dass Sie es melden müssen.

F-06-2: Was muss der Betreiber melden?

a) außergewöhnliche Störungen mit IT-Bezug
b) starken Schneefall
c) Ausfall oder Beeinträchtigung der IT
d) Streiks der Mitarbeiter

Fazit

In diesem Abschnitt ging es um die Verpflichtung zur Registrierung am MIP und zum Melden von IT-Störungen und Ausfällen. Im nächsten Abschnitt möchte ich mit Ihnen den Nachweisprozess näher betrachten.

6.3 Der Nachweisprozess

Wie funktioniert der Nachweisprozess des BSI? In Abbildung 6.3 sehen Sie den Ablauf und die Rollen des Nachweisprozesses. Diese Abbildung ist an die Darstellung in der »Orientierungshilfe zu Nachweisen« des BSI angelehnt, und ich möchte sie an dieser Stelle kurz erläutern.

Wir starten mit der Rolle *KRITIS-Betreiber*. Er beauftragt eine *prüfende Stelle*, diese wiederum benennt das *Prüfteam*. Die Planung der Betreiber habe ich für Sie in Kapitel 9, »Planung der Nachweisprüfung durch den Betreiber«, aufbereitet.

Das Prüfteam wird von einen Leadauditor geleitet, der für die Kommunikation mit dem KRITIS-Betreiber zuständig ist, den Prüfplan aufbaut, das Prüfteam und die Prüfdurchführung koordiniert, die Nachweise erstellt und dem Betreiber übergibt. Die Aufgaben der Prüfstelle habe ich für Sie in Kapitel 10, »Vorarbeiten für die Nachweisprüfung durch Prüfer«, und in Kapitel 11, »Die Nachweisprüfung durchführen«, zusammengestellt.

Der *KRITIS-Betreiber* nimmt die Nachweisdokumente der Prüfstelle entgegen und plant seine Umsetzung in der Mängelliste. Die Anforderung, dies tun zu müssen, habe ich in Abschnitt 6.4.10, »Die Mängelliste als Excel-Vorlage für Auditoren«, aufbereitet.

Anschließend schickt er die Mängelliste zurück zur Prüfstelle, damit diese die Eignung seiner geplanten Maßnahmen bewerten kann. Das Vorgehen habe ich für Sie in Abschnitt 12.1.4, »Die Mängelliste dokumentieren«, aufbereitet.

Nach dem Abschluss der Planung und Bewertung fügt der Betreiber selbst noch eigene Dokumentation hinzu und übermittelt die *Nachweise* über das Melde- und Informationsportal (MIP), also im elektronischen Format, an das BSI. Die Informationen zur Übermittlung der Nachweisdokumente finden Sie in den Abschnitten 12.1.5, »Übermittlung der Auditdokumentation an den Betreiber«, und 12.2.4, »Übergabe der Nachweise an das BSI«.

Das BSI prüft daraufhin die Vollständigkeit und kann Nachforderungen stellen. Bei Bedarf stimmt es sich mit Aufsichtsbehörden ab und könnte auch Nachbesserungen verlangen oder eine zweite Prüfstelle mit Sonderprüfungen beauftragen. Auch dazu habe ich Informationen für Sie bereitgestellt. Sie finden diese in Kapitel 13, »Prüfung der eingereichten Nachweise durch das BSI«.

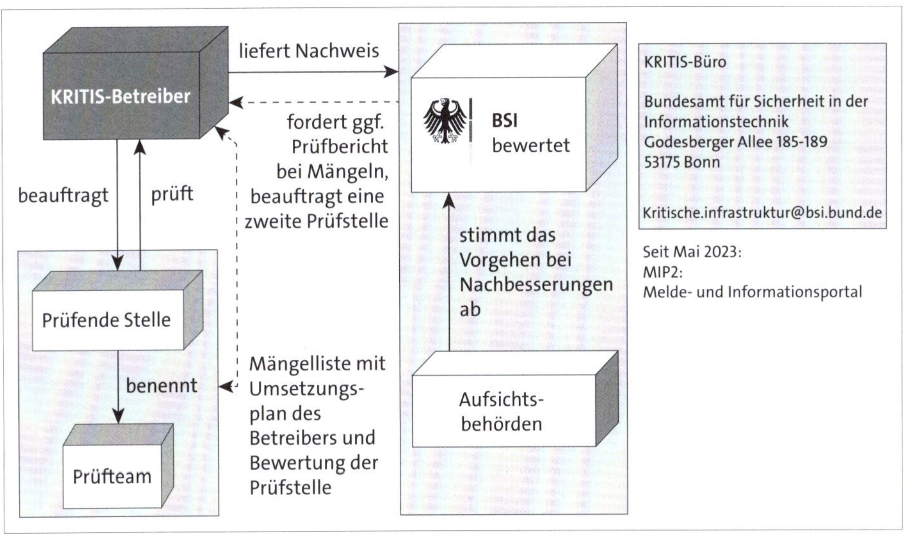

Abbildung 6.3 Der Ablauf im Nachweisprozess zur Einreichung der Nachweise (Quelle: nach BSI, »Orientierungshilfe zu Nachweisen«, S.7)

Kommen wir im nächsten Abschnitt zu der noch spannenderen Angelegenheit, den Vorgabedokumenten im Nachweisprozess, und zu den Dokumenten, die Prüfer einsetzen und die KRITIS-Betreiber an das BSI übermitteln müssen.

6.4 Die Vorgabedokumente im Nachweisprozess

Diesen Abschnitt habe ich in mehrere Unterabschnitte gegliedert. In diesen möchte ich Ihnen möglichst vollständig die Vorlagen und Formulare bereitstellen, die Sie als KRITIS-Betreiber oder Prüfer im Nachweisprozess benötigen werden.

6.4.1 Grundsätzliche Anforderungen im Nachweisprozess (GAiN)

Anfang Mai 2023 gab das BSI ein neues Grundlagendokument (41) heraus, das zusätzliche Anforderungen an Prüfstellen, Prüfer, Prüfpläne, Prüfergebnisse, an den Geltungsbereich, den Netzstrukturplan, die Mängelliste sowie an die Bestandteile eines Nachweises definierte.

Der größte Teil dieses Dokuments trat bereits wenige Tage nach seiner Veröffentlichung zum 1. Juni 2023 in Kraft. Ausnahmen, die erst zum 1. Januar 2024 in Kraft treten sollten, betrafen zum Beispiel Anforderungen an Prüfstellen der Internen Revision.

Hinweis zum Begleitmaterial

Die grundsätzlichen Anforderungen im Nachweisprozess mit letzter Änderung vom Mai 2023 finden Sie im Dokument:

- 2023-05_BSI-Anforderungen_GAiN

Jede Anforderung in diesem Dokument besitzt eine eindeutige ID, die mit der Kennung *D*, *N* oder *P* beginnt. In Abbildung 6.4 zeige ich Ihnen schematisch die Bedeutung dieser Kennungen und drei Beispiele. Wie Sie sehen können, starten die Anforderungen jeweils mit *D*, *N* oder *P*. Daran können Sie erkennen, ob die Anforderungen an die *Durchführung* der Prüfung, die *Nachweise* oder die *Prüfstelle* gerichtet sind.

An zweiter Stelle sehen Sie zweistellige Abkürzungen, die Ihnen einen Hinweis auf die Anforderung geben. In der Abbildung sehen Sie beispielsweise *4A* für das einzuhaltende 4-Augen-Prinzip oder *UP* für die Unabhängigkeit der Prüfstelle.

An dritter Stelle stehen fortlaufende Nummern. Im Beispiel zeige ich zufällig jedes Mal die *01*. Es existieren aber auch höhere Nummern.

Kennung der Anforderungen (D, N, P)		
Anforderungen an Art und Weise der **D**urchführung einer Nachweisprüfung	Anforderungen an auszustellende **N**achweise	Fachliche und organisatorische Anforderungen an **P**rüfstellen
Beispiele für **Anforderungen**		
D.4A.01 Durchführung im 4-Augen-Prinzip	**N.DG.01** Nachweis zur Dokumentation des Geltungsbereichs	**P.UP.01** Unabhängigkeit der Prüfstelle

Abbildung 6.4 Kennung der Anforderungen nach GAiN und Beispiele

Im Infokasten möchte ich Ihnen weitere Beispiele zur Verdeutlichung zeigen. Als Prüfer können Sie die Anforderungen an die Dokumentation des Geltungsbereiches und des Netzstrukturplans anhand dieser Liste prüfen und dokumentieren.

Kennungen der Anforderungen mit Beispielen

- *N.DG.01* – Nachweis zur Dokumentation des Geltungsbereichs
- *P.UP.01* – Unabhängigkeit der Prüfstelle
- *P.IR.01* – Anforderungen an die Interne Revision
- *D.4A.01* – Durchführung nach dem 4-Augen-Prinzip

- *D.PE.02* – Der Prüfbericht muss ein eigenständiges Dokument sein.
- *N.DG.02 N02* – Alle maßgeblichen Systeme, Komponenten und ggf. Applikationen sind dargestellt.

Zur Kennung *P.UP.01* möchte ich noch einen Hinweis geben: Bisher war es nicht explizit untersagt, Prüfer aus der eigenen Unternehmens- oder Konzernstruktur zu beauftragen, wenn diese ausreichend unabhängig waren. Dies wird nun untersagt, und in den Grundsätzlichen Anforderungen wird darauf hingewiesen, nur unternehmensfremde sowie rechtlich und wirtschaftlich unabhängige Prüfstellen seien tauglich.

Eine Ausnahme bildet dabei die *Interne Revision*. Die Anforderung mit der Kennung *P.IR.01* erlaubt, von der gerade genannten Unabhängigkeit abzuweichen, wenn die Interne Revision die internationalen Standards für die berufliche Praxis des *Institute of Internal Auditors* (*IIA*) sowie ein angemessenes und wirksames Revisionssystem sicherstellt und nachweist.

F-06-3: Welches Vorgehen im Prüfprozess muss eine prüfende Stelle einhalten?

a) 2-Daumen-Prinzip
b) Jeder Prüfer muss Fachexperte sein.
c) Grundsätzliche Anforderungen an Nachweisprüfungen (GAiN)
d) 4-Augen-Prinzip

Eine weitere Neuerung ist die Anforderung *D.AM.02*, die der Bewertung älterer Mängellisten gewidmet ist. Diese Anforderung fordert von Prüfern, die Anlagenmängel aus früheren Prüfungen in der neuen Mängelliste zu bewerten. Im Infokasten sehen Sie die Bewertungskriterien in aktuellen Prüfungen für frühere Mängel:

Die drei Bewertungskategorien für den Mängelstatus älterer Mängel

- *In Planung*
- *In Umsetzung*
- *Abgeschlossen*

In Abbildung 6.5 zeige ich Ihnen, wie die Sicherheitsmängel bewertet werden müssen. In der Abbildung erkennen Sie, dass im Jahr 2022 eine Nachweisprüfung stattfand, in der drei Sicherheitsmängel identifiziert wurden.

Im Jahr 2024 fand eine weitere Nachweisprüfung statt, in der wiederum zwei Sicherheitsmängel aufgedeckt wurden.

In die Dokumentation der Mängelliste müssen die beiden neuen Sicherheitsmängel aufgenommen werden, aber auch die drei Sicherheitsmängel aus der vorangegangenen Nachweisprüfung. Für diese älteren Sicherheitsmängel, die bereits seit Jahren bekannt sind, müssen die Prüfer eine der drei Bewertungen angeben. Mindestens alle Maßnahmen, die nicht abgeschlossen sind, müssen dokumentiert werden. Sie sehen, dass ich den dritten Mangel aus dem Jahr 2022 eingefärbt habe, weil dieser abgeschlossen wurde und deshalb nicht zwingend in einer neuen Mängelliste enthalten sein müsste.

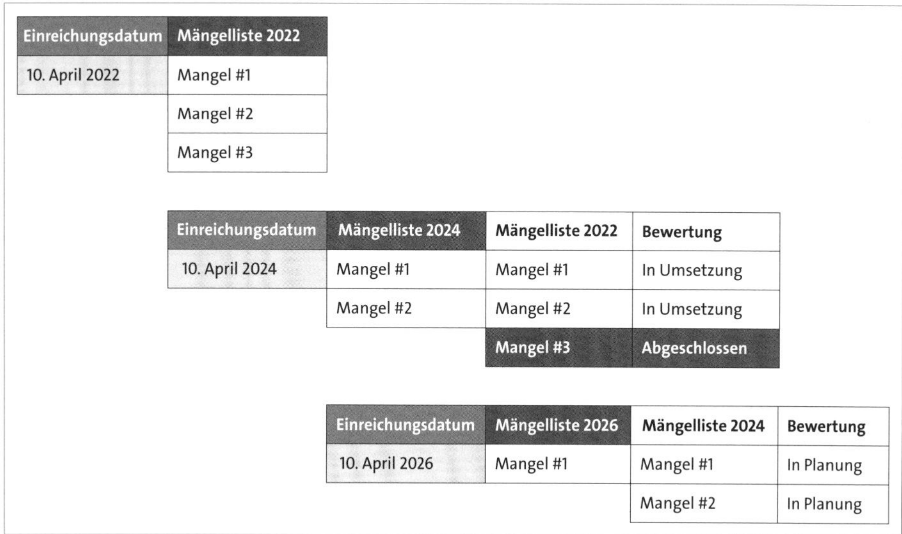

Abbildung 6.5 Mängel aus früheren Nachweisprüfungen müssen durch Prüfer in neuen Mängellisten bewertet werden.

Nachweisprüfer müssen seit Mitte 2023 zusätzliche Anforderungen berücksichtigen. In der folgenden Prüfungsfrage können Sie Ihr Wissen testen:

F-06-4: Wo finden Auditoren Anforderungen zur Nachweisprüfung?

a) im BSIG

b) in der KritisV

c) in der Orientierungshilfe zu Nachweisen

d) in den Grundsätzlichen Anforderungen an Nachweisprüfungen (GAiN)

Im Dokument zu den grundsätzlichen Anforderungen im Nachweisprozess werden die einzureichenden Nachweisdokumente und Anlagen vollständig aufgelistet, und es wird zusätzlich erläutert, ob eine Unterschrift oder ein Stempel bei der Einreichung notwendig ist.

Auf die einzelnen Dokumente gehe ich in den nächsten Abschnitten ein. Der folgende Abschnitt zeigt Ihnen das Nachweisdokument *KI* für Betreiber Kritischer Infrastrukturen.

6.4.2 Das Nachweisdokument KI für KRITIS-Betreiber

Von allen Dokumenten, die wir uns nun ansehen werden, ist dieses Dokument aus meiner Sicht das wichtigste für den Betreiber.

Das Nachweisdokument KI dient dem KRITIS-Büro zur Information, für welchen Betreiber ein Nachweis nach dem BSIG eingereicht wurde. *KI* steht für *Kritische Infrastrukturen*.

Hinweis zum Begleitmaterial

Das Nachweisdokument KI für KRITIS-Betreiber mit letzter Änderung im Mai 2023 finden Sie im Dokument:

- 2023-05_Nachweisdokument_KI

Wichtig dabei ist, dass die Nachweise nicht für Betreiber, sondern für Anlagen erstellt werden.

In Abbildung 6.6 zeige ich Ihnen die drei Seiten des Nachweisdokumentes KI. Auf Seite 1 tragen Sie als Betreiber den Organisationsnamen, die vom BSI übermittelte *Betreiber-ID* und alle beim BSI registrierten Anlagen ein.

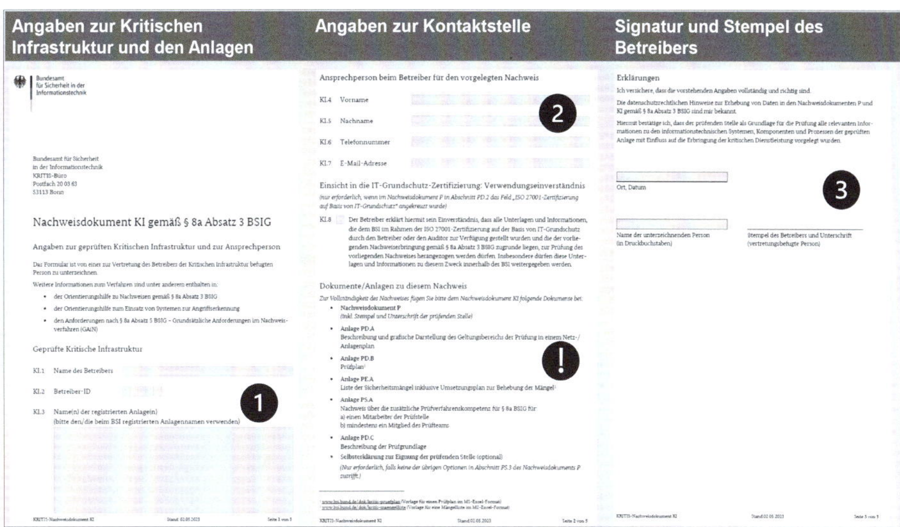

Angaben zur Kritischen Infrastruktur und den Anlagen

Bundesamt für Sicherheit in der Informationstechnik

Bundesamt für Sicherheit
in der Informationstechnik
KRITIS-Büro
Postfach 20 03 63
53113 Bonn

Nachweisdokument KI gemäß § 8a Absatz 3 BSIG

Angaben zur geprüften Kritischen Infrastruktur und zur Ansprechperson

Das Formular ist von einer zur Vertretung des Betreibers der Kritischen Infrastruktur befugten Person zu unterzeichnen.

Weitere Informationen zum Verfahren sind unter anderem enthalten in:

- der Orientierungshilfe zu Nachweisen gemäß § 8a Absatz 3 BSIG
- der Orientierungshilfe zum Einsatz von Systemen zur Angriffserkennung
- den Anforderungen nach § 8a Absatz 5 BSIG – Grundsätzliche Anforderungen im Nachweisverfahren (GAiN)

Geprüfte Kritische Infrastruktur

KI.1 Name des Betreibers

KI.2 Betreiber-ID

KI.3 Name(n) der registrierten Anlage(n)
(bitte den/die beim BSI registrierten Anlagennamen verwenden)

1

KRITIS-Nachweisdokument KI Stand 02.05.2023 Seite 1 von 3

Angaben zur Kontaktstelle

Ansprechperson beim Betreiber für den vorgelegten Nachweis

KI.4 Vorname

KI.5 Nachname

KI.6 Telefonnummer

KI.7 E-Mail-Adresse

2

Einsicht in die IT-Grundschutz-Zertifizierung: Verwendungseinverständnis
(nur erforderlich, wenn im Nachweisdokument P in Abschnitt PD.2 das Feld „ISO 27001-Zertifizierung auf Basis von IT-Grundschutz" angekreuzt wurde)

KI.8 Der Betreiber erklärt hiermit sein Einverständnis, dass alle Unterlagen und Informationen, die dem BSI im Rahmen der ISO 27001-Zertifizierung auf der Basis von IT-Grundschutz durch den Betreiber oder den Auditor zur Verfügung gestellt wurden und die der vorliegenden Nachweiserbringung gemäß § 8a Absatz 3 BSIG zugrunde liegen, zur Prüfung des vorliegenden Nachweises herangezogen werden dürfen. Insbesondere dürfen diese Unterlagen und Informationen zu diesem Zweck innerhalb des BSI weitergegeben werden.

Dokumente/Anlagen zu diesem Nachweis

Zur Vollständigkeit des Nachweises fügen Sie bitte dem Nachweisdokument KI folgende Dokumente bei:

- **Nachweisdokument P**
  (inkl. Stempel und Unterschrift der prüfenden Stelle)
- **Anlage PD.A**
  Beschreibung und grafische Darstellung des Geltungsbereichs der Prüfung in einem Netz-/Anlagenplan
- **Anlage PD.B**
  Prüfplan[1]
- **Anlage PE.A**
  Liste der Sicherheitsmängel inklusive Umsetzungsplan zur Behebung der Mängel[2]
- **Anlage PS.A**
  Nachweis über die zusätzliche Prüfverfahrenskompetenz für § 8a BSIG für:
  a) einen Mitarbeiter der Prüfstelle
  b) mindestens ein Mitglied des Prüfteams
- **Anlage PD.C**
  Beschreibung der Prüfgrundlage
- **Selbsterklärung zur Eignung der prüfenden Stelle (optional)**
  (Nur erforderlich, falls keine der übrigen Optionen in Abschnitt PS.3 des Nachweisdokuments P zutrifft.)

!

[1] www.bsi.bund.de/dok/kritis-pruefplan (Vorlage für einen Prüfplan im MS-Excel-Format)
[2] www.bsi.bund.de/dok/kritis-maengelliste (Vorlage für eine Mängelliste im MS-Excel-Format)

KRITIS-Nachweisdokument KI Stand 02.05.2023 Seite 2 von 3

Signatur und Stempel des Betreibers

Erklärungen

Ich versichere, dass die vorstehenden Angaben vollständig und richtig sind.

Die datenschutzrechtlichen Hinweise zur Erhebung von Daten in den Nachweisdokumenten P und KI gemäß § 8a Absatz 3 BSIG sind mir bekannt.

Hiermit bestätige ich, dass der prüfenden Stelle als Grundlage für die Prüfung alle relevanten Informationen zu den informationstechnischen Systemen, Komponenten und Prozessen der geprüften Anlage mit Einfluss auf die Erbringung der kritischen Dienstleistung vorgelegt wurden.

Ort, Datum

3

Name der unterzeichnenden Person
(in Druckbuchstaben)

Stempel des Betreibers und Unterschrift
(vertretungsbefugte Person)

KRITIS-Nachweisdokument KI Stand 02.05.2023 Seite 3 von 3

Abbildung 6.6 Das Nachweisdokument KI gemäß § 8a Abs. 3 BSIG

Auf Seite 2 dokumentieren Sie die beim BSI gemeldete Kontaktstelle. Meist handelt es sich dabei um den Informationssicherheitsbeauftragten (ISB).

Die zweite Seite enthält eine Auflistung von Dokumenten, die zusammen mit allen Nachweisdokumenten einzureichen sind. Ich habe die Stelle mit einem Ausrufezeichen markiert. An dieser Stelle können Sie überprüfen, ob Sie alle einzureichenden Dokumente vorliegen haben, bevor Sie mit der Übermittlung starten.

Auf der dritten Seite müssen Sie unbedingt an den Stempel der Organisation denken, ehe Sie das Dokument an das BSI übermitteln.

Welche eigenen und zusätzlichen Dokumente Betreiber an das BSI übermitteln müssen, zeige ich Ihnen in Abbildung 12.17 in Abschnitt 12.2.4, »Übergabe der Nachweise an das BSI«.

Das Nachweisdokument KI ist Teil der Nachweisunterlagen und muss von Ihnen an das KRITIS-Büro übermittelt werden. Erinnern Sie sich noch, wofür der Nachweis erstellt werden muss? Prüfen Sie Ihr Wissen mit der folgenden Prüfungsfrage.

F-06-5: Wofür erfolgt der Nachweis über die Erfüllung der Anforderungen nach dem BSIG?

a) für einen Betreiber

b) für eine kritische Dienstleistung

c) für eine bestimmte Anlage

d) für den Versorgungsgrad

In den folgenden Abschnitten zeige ich Ihnen die Dokumente für das Prüfteam.

6.4.3 Der Prüfplan als Excel-Vorlage für Auditoren

Wir starten in diesem Abschnitt mit dem Prüfplan, den Leadauditoren einige Monate vor der Nachweisprüfung erstellen und dem Betreiber zur Vorbereitung übergeben. In Abschnitt 5.3, »OH zu Nachweisen (für Prüfer)«, haben wir uns die Orientierungshilfe zu Nachweisen angesehen. In dieser Orientierungshilfe ist eine Vorlage für einen Prüfplan dargestellt und auch der Verweis auf die BSI-Webseite (42) enthalten, über die Sie die Excel-Vorlage herunterladen können.

Hinweis zum Begleitmaterial

Die Excel-Vorlage für den Prüfplan für Auditoren mit letzter Änderung im Mai 2023 finden Sie im Dokument:

- 2023-05_Pruefplan-Vorlage-Excel

In der ersten Zeile des Excel-Prüfplans sehen Sie an den letzten beiden Spalten Kommentare des BSI für Prüfer. Hier fanden sich 2023 die GAiN-Anforderungen zum 4-Augen-Prinzip für die Auditplanung und Auditdurchführung. In Abbildung 6.7 zeige ich Ihnen die beiden Anforderungen.

Die erste Anforderung bezieht sich auf das Nachweisdokument Prüfplan, und die zweite Anforderung bezieht sich auf die Durchführung der Nachweisprüfung. Die Kennungen für die Anforderungen nach GAiN haben wir in Abschnitt 6.4.1 besprochen. Die Kennung *N* kennzeichnet Nachweise und *D* die Durchführung von Prüfungen.

Wir sehen jetzt, dass wir im Prüfplan mindestens zwei Prüfer zu je fünfzig Prozent einplanen müssen. Die Themen, die nach dem 4-Augen-Prinzip geprüft werden müssen, finden wir auf der rechten Seite der Abbildung. Jeder einzelne Prüfer trägt zur Gesamtbeurteilung gleichermaßen bei. Kein Prüfer darf dabei zwei Drittel der gesamten Prüfzeit überschreiten.

Nach GAiN müssen nach dem 4-Augen-Prinzip der Geltungsbereich, referenzierte Zertifikate, das Risikomanagement, gesetzliche Anforderungen in einer Vor-Ort-Prüfung sowie frühere Mängel überprüft werden.

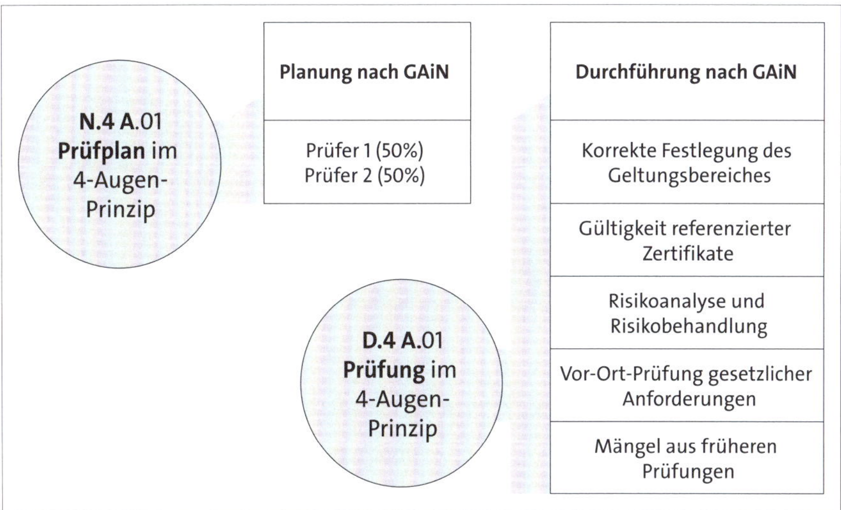

Abbildung 6.7 GAiN-Anforderungen zum 4-Augen-Prinzip bei Nachweisen und Durchführung

Der Prüfplan darf nach der Nachweisprüfung nicht mehr im Papier- oder PDF-Format an das BSI übermittelt werden. Das BSI fordert die Übergabe des Prüfplans im Excel-Format.

Zur Wiederholung können Sie die folgende Prüfungsfrage zum 4-Augen-Prinzip lösen:

F-06-6: Welche Themen müssen immer im 4-Augen-Prinzip nach GAiN auditiert werden?

a) Geltungsbereich

b) Risikomanagement

c) Geschäftsführung

d) Lieferantenbeziehungen

Um ein Audit zu planen und den Excel-Prüfplan mit Inhalten zu befüllen, habe ich für Sie Abschnitt 10.4, »Die Prüfungsplanung durch die Prüfstelle«, vorbereitet. Im folgenden Abschnitt gehe ich auf das Nachweisdokument P ein.

6.4.4 Das Nachweisdokument P für Prüfer

In diesem Abschnitt sehen wir uns das Nachweisdokument P an. Das *P* steht dabei für die *Prüfung*. Die folgenden Abbildungen zeigen die neun Seiten dieses Dokuments. Ich bin froh, nicht mehr für jede einzelne Anlage separate Formulare zur Prüfstelle, zur Prüfdurchführung und zum Prüfergebnis ausfüllen zu müssen, wie es noch im Jahr 2019 üblich war. Für alle Anlagen eines Betreibers gibt es jetzt nur ein einziges Nachweisdokument P.

Hinweis zum Begleitmaterial

Das Nachweisdokument P für Auditoren mit letzter Änderung im Juli 2023 finden Sie im Dokument:

- 2023-07_Nachweisdokument_P

In Abbildung 6.8 sehen Sie die ersten drei Seiten des Formulars vom Juli 2023.

Dieses Dokument füllen wir Prüfer aus. Dabei gehen wir auf der ersten Seite genauso vor, wie Sie es im Nachweisdokument KI in Abschnitt 6.4.2, »Das Nachweisdokument KI für KRITIS-Betreiber«, gesehen haben. Wir geben auf Seite 1 den Namen des Betreibers, seine Betreiber-ID und seine registrierten Anlagen an. Sie erinnern sich: Der Nachweis erfolgt für die Anlagen des Betreibers, nicht für den Betreiber.

Auf Seite 2 tragen wir den Zeitraum der Prüfung ein. Wichtig dabei ist, die Dauer der Prüfung in Personen-Prüftagen anzugeben, wenn wir zu zweit oder zu dritt eine Prüfung durchgeführt haben. Somit multiplizieren wir die einfache Anzahl der Tage mit der Anzahl der Prüfer und tragen diesen Wert auf Seite 2 ein.

Auf Seite 3 geben wir an, welche Art von Prüfung wir durchgeführt haben: War es eine eigenständige Prüfung, eine Zusatzprüfung während einer ISO/IEC 27001-Zertifizierung oder vielleicht Teil einer Wirtschaftsprüfung?

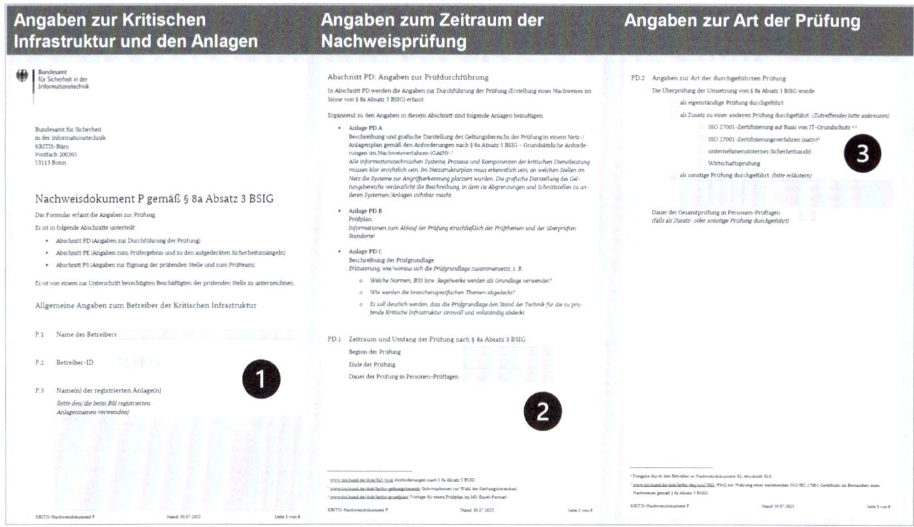

Abbildung 6.8 Das Nachweisdokument P gemäß § 8a Abs. 3 BSIG, Seite 1–3

In Abbildung 6.9 sehen Sie die Seiten 4 bis 6 im Nachweisdokument P. Auf Seite 4 haben wir Prüfer die Aufgabe, den Reifegrad des ISMS zu beurteilen und zu begründen, warum wir so bewerten. An dieser Stelle möchte ich Ihnen einen Hinweis geben: Das BSIG fordert nicht explizit, ein ISMS aufzubauen, sondern Schutzvorkehrungen umzusetzen. Baut ein Betreiber diese Vorkehrungen nach einer ISO/IEC 27001 oder nach IT-Grundschutz auf, hat er automatisch ein Informationssicherheitsmanagementsystem (ISMS) umgesetzt. In meinen Prüfungen wundere ich mich deshalb nie darüber, weshalb der ISMS-Reifegrad bewertet werden soll. Jedoch gibt es auch Betreiber, die lediglich Risikobehandlungsmaßnahmen ohne ein ISMS umsetzen. Die Bewertung eines ISMS sollte dennoch möglich sein, wie wir uns in Abschnitt 12.1.1, »Bewertung des ISMS-Reifegrades«, ansehen werden.

Auf Seite 5 beurteilen wir den Reifegrad des BCMS (*Business Continuity Management System*) und den Umsetzungsgrad der Systeme zur Angriffserkennung. Auch diese beiden Bewertungen müssen wir begründen. Für die Reifegrad- und Umsetzungsgrad-Bewertungen habe ich Ihnen Informationen in Abschnitt 12.1, »Aufgaben des Prüfers«, bereitgestellt.

Auf Seite 6 tragen wir ein, ob es sich bei der Prüfung um eine Erst- oder Folgeprüfung handelt. Bei Folgeprüfungen geben wir an, ob frühere Mängel überprüft worden sind. Nur die Mängel, die bis zur aktuellen Prüfung nicht behoben wurden, nehmen wir wieder in die aktuelle Mängelliste mit auf. Die BSI-Vorlage zur Mängelliste sehen wir uns in Abschnitt 6.4.10 an und das Ausfüllen dieser Liste in Abschnitt 12.1.4, »Die Mängelliste dokumentieren«.

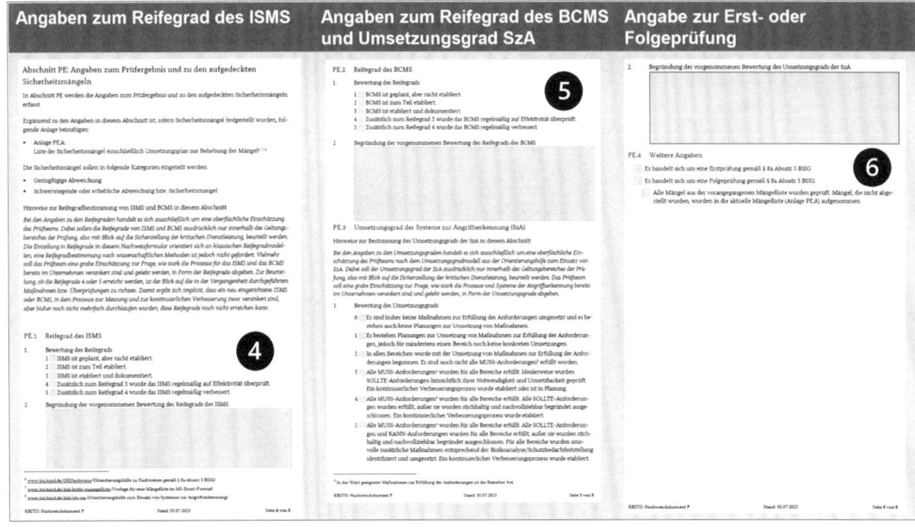

Abbildung 6.9 Das Nachweisdokument P gemäß § 8a Abs. 3 BSIG, Seite 4–6

In Abbildung 6.10 zeige ich Ihnen die letzten drei Seiten des Nachweisdokuments P. Auf Seite 7 tragen wir den Namen und die Anschrift der prüfenden Stelle ein und geben an, um welche Art von Prüfstelle es sich handelt. Damit kann das BSI die Eignung der Prüfstelle feststellen.

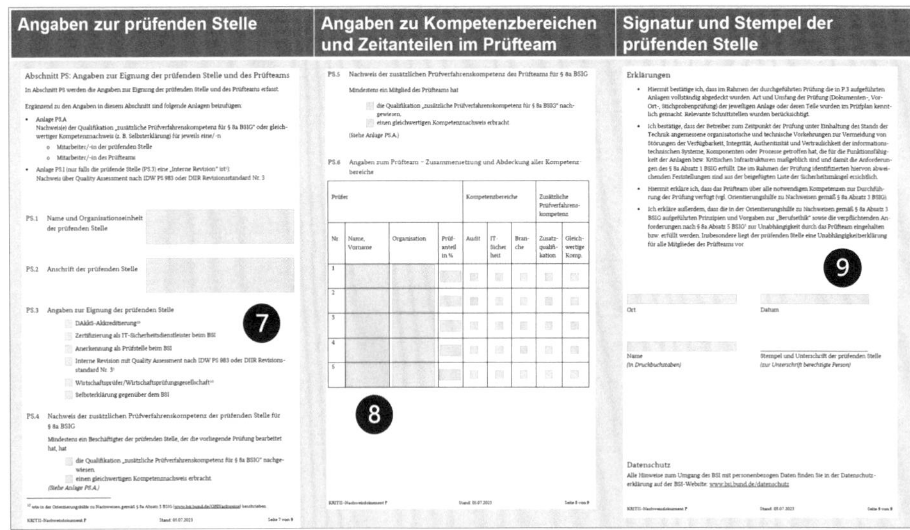

Abbildung 6.10 Das Nachweisdokument P gemäß § 8a Abs. 3 BSIG, Seite 7–9

Auch tragen wir an dieser Stelle ein, ob die prüfende Stelle die Qualifikation »Zusätzliche Prüfverfahrenskompetenz nach dem BSIG« nachgewiesen hat.

Auf Seite 8 dokumentieren wir, ob auch im Prüfteam mindestens ein Mitglied diese Prüfverfahrenskompetenz besitzt. Außerdem erfassen wir in der Tabelle zum Prüfteam jeden Prüfernamen, dessen Organisation, seinen Prüfanteil in Prozent und seine Kompetenzbereiche. Wir setzen außerdem Kreuze bei den Personen, die eine zusätzliche Prüfverfahrenskompetenz besitzen.

Mit Seite 9 endet das Nachweisdokument. Hier unterzeichnet die Prüfstelle und setzt ihren Stempel.

Dieses Dokument erhält der Betreiber mit allen anderen Nachweisdokumenten im Anschluss an die Nachweisprüfung durch die Prüfstelle.

Die folgende Frage können Sie eventuell noch nicht vollständig beantworten, da wir uns noch nicht alle Dokumente angesehen haben. Versuchen Sie es dennoch.

F-06-7: Für welche Dokumente stellt das BSI Vorlagen im Excel-Format zur Verfügung?

a) Auditprogramm

b) Prüfplan

c) Frageliste

d) Mängelliste

Im nächsten Abschnitt möchte ich kurz auf die Dokumente für den Sektor Energie eingehen.

6.4.5 Die Nachweisdokumente KI*/ P* für Prüfungen im Sektor Energie

Für Betreiber im Sektor Energie hat das BSI im Februar 2023 zwei neue Nachweisdokumente veröffentlicht. Zum einen handelt es sich dabei um das Nachweisdokument KI* zur Angabe der Informationen zum Energieversorger. Das zweite Nachweisdokument ist das P*, das eine verkürzte Prüfdokumentation durch die Prüfstelle erlaubt.

Hinweis zum Begleitmaterial

Die Nachweisdokumente KI* und P* für Betreiber im Sektor Energie und Auditoren mit letzter Änderung im Februar 2023 finden Sie unter:

- 2023-02_Nachweisdokument_KI-EnWG
- 2023-02_Nachweisdokument_P-EnWG

In Abbildung 6.11 zeige ich Ihnen das Nachweisdokument KI*. Sie sehen, dass für diesen Nachweis ein Betreiber weniger Dokumente zusätzlich an das BSI einreichen muss. Ich vermute momentan, dass die Prüfungen sich zukünftig angleichen werden und dass auch die Energie-Betreiber zukünftig wahrscheinlich weitere Unterlagen einreichen müssen.

Auf Seite 1 tragen die Betreiber ihren Organisationsnamen, ihre Betreiber-ID und die registrierten Anlagen ein. Auf Seite 2 müssen die Betreiber einen Ansprechpartner dokumentieren. Auch für dieses Dokument wird die Unterschrift eingetragen und ein Organisationsstempel gesetzt.

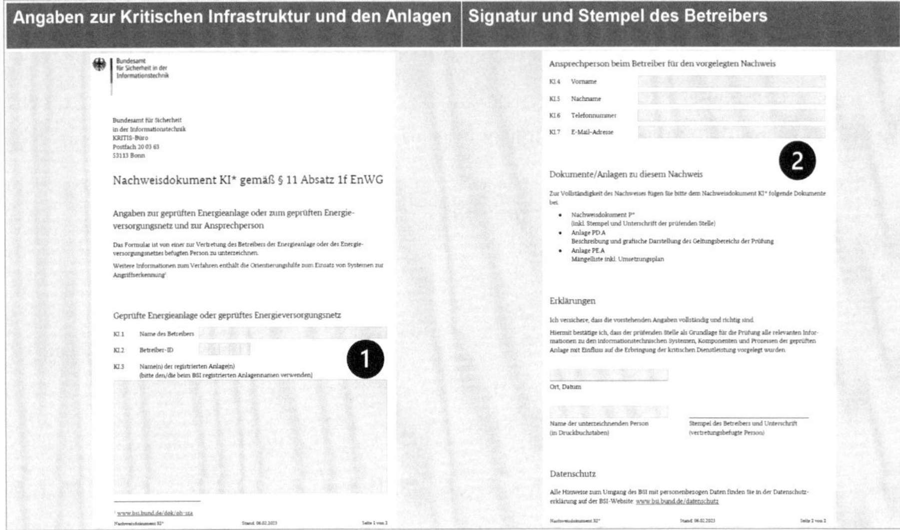

Angaben zur Kritischen Infrastruktur und den Anlagen

Bundesamt für Sicherheit in der Informationstechnik

Bundesamt für Sicherheit
in der Informationstechnik
KRITIS-Büro
Postfach 20 03 63
53113 Bonn

Nachweisdokument KI* gemäß § 11 Absatz 1f EnWG

Angaben zur geprüften Energieanlage oder zum geprüften Energieversorgungsnetz und zur Ansprechperson

Das Formular ist von einer zur Vertretung des Betreibers der Energieanlage oder des Energieversorgungsnetzes befugten Person zu unterzeichnen.

Weitere Informationen zum Verfahren enthält die Orientierungshilfe zum Einsatz von Systemen zur Angriffserkennung[1]

Geprüfte Energieanlage oder geprüftes Energieversorgungsnetz

KI.1 Name des Betreibers

KI.2 Betreiber-ID

KI.3 Name(n) der registrierten Anlage(n)
(bitte den/die beim BSI registrierten Anlagennamen verwenden)

1

[1] www.bsi.bund.de/dok/oh-sza

Nachweisdokument KI* | Stand: 06.02.2023 | Seite 1 von 2

Signatur und Stempel des Betreibers

Ansprechperson beim Betreiber für den vorgelegten Nachweis

KI.4 Vorname

KI.5 Nachname

KI.6 Telefonnummer

KI.7 E-Mail-Adresse

2

Dokumente/Anlagen zu diesem Nachweis

Zur Vollständigkeit des Nachweises fügen Sie bitte dem Nachweisdokument KI* folgende Dokumente bei.

- Nachweisdokument P*
  (inkl. Stempel und Unterschrift der prüfenden Stelle)
- Anlage PD.A
  Beschreibung und grafische Darstellung des Geltungsbereichs der Prüfung
- Anlage PE.A
  Mängelliste inkl. Umsetzungsplan

Erklärungen

Ich versichere, dass die vorstehenden Angaben vollständig und richtig sind.

Hiermit bestätige ich, dass der prüfenden Stelle als Grundlage für die Prüfung alle relevanten Informationen zu den informationstechnischen Systemen, Komponenten und Prozessen der geprüften Anlage mit Einfluss auf die Erbringung der kritischen Dienstleistung vorgelegt wurden.

Ort, Datum

Name der unterzeichnenden Person
(in Druckbuchstaben)

Stempel des Betreibers und Unterschrift
(vertretungsbefugte Person)

Datenschutz

Alle Hinweise zum Umgang des BSI mit personenbezogen Daten finden Sie in der Datenschutzerklärung auf der BSI-Website: www.bsi.bund.de/datenschutz

Nachweisdokument KI* | Stand: 06.02.2023 | Seite 2 von 2

Abbildung 6.11 Das Nachweisdokument KI* für Betreiber im Sektor Energie

In Abbildung 6.12 sehen Sie das Nachweisdokument P* für den Nachweis der Prüfung im Sektor Energie. Dieses Nachweisdokument besitzt nur drei Seiten. Die ersten beiden Seiten verlangen die gleichen Angaben wie das normale Nachweisdokument P für alle anderen Sektoren.

Auf Seite 3 werden die Prüfstelle und die Prüfer aufgelistet, aber es ist keine Angabe zur »Zusätzlichen Prüfverfahrenskompetenz nach dem BSIG« gefordert.

Die Prüfer dieses Sektors mussten bereits eine Schulung nach dem EnWG ablegen, um überhaupt eine Zertifizierung nach IT-Sicherheitskatalog durchführen zu dürfen. Wenn ich die beiden IT-Sicherheitskatalog-Schulungen mit der KRITIS-Schulung nach dem BSIG vergleichen sollte, fände ich kaum Gemeinsamkeiten. Deshalb wunderte es mich 2023, dass vom BSI an dieser Stelle keine zusätzliche Prüfverfahrenskompetenz von Prüfern gefordert wurde.

Die nächsten Abschnitte zeigen Ihnen die Selbsterklärungen für die prüfende Stelle.

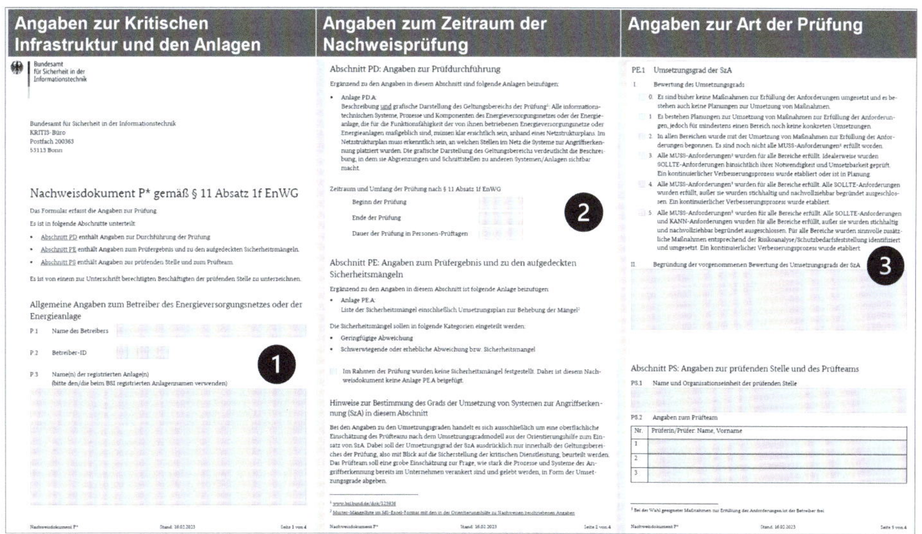

Angaben zur Kritischen Infrastruktur und den Anlagen

Bundesamt für Sicherheit in der Informationstechnik

Bundesamt für Sicherheit in der Informationstechnik
KRITIS-Büro
Postfach 200363
53133 Bonn

Nachweisdokument P* gemäß § 11 Absatz 1f EnWG

Das Formular erfasst die Angaben zur Prüfung.

Es ist in folgende Abschnitte unterteilt:

- Abschnitt PD enthält Angaben zur Durchführung der Prüfung
- Abschnitt PE enthält Angaben zum Prüfergebnis und zu den aufgedeckten Sicherheitsmängeln.
- Abschnitt PS enthält Angaben zur prüfenden Stelle und zum Prüfteam.

Es ist von einem zur Unterschrift berechtigten Beschäftigten der prüfenden Stelle zu unterzeichnen.

Allgemeine Angaben zum Betreiber des Energieversorgungsnetzes oder der Energieanlage

P.1 Name des Betreibers

P.2 Betreiber-ID

P.3 Name(n) der registrierten Anlage(n)
(bitte den/die beim BSI registrierten Anlagennamen verwenden)

1

Nachweisdokument P* Stand: 16.02.2023 Seite 1 von 4

Angaben zum Zeitraum der Nachweisprüfung

Abschnitt PD: Angaben zur Prüfdurchführung

Ergänzend zu den Angaben in diesem Abschnitt sind folgende Anlagen beizufügen:

- Anlage PD.A:
  Beschreibung und grafische Darstellung des Geltungsbereichs der Prüfung[1]: Alle informationstechnischen Systeme, Prozesse und Komponenten des Energieversorgungsnetzes oder der Energieanlage, die für die Funktionsfähigkeit der von ihnen betriebenen Energieversorgungsnetze oder Energieanlagen maßgeblich sind, müssen klar ersichtlich sein, anhand eines Netzstrukturplans. Im Netzstrukturplan muss erkenntlich sein, an welchen Stellen im Netz die Systeme zur Angriffserkennung platziert wurden. Die grafische Darstellung des Geltungsbereichs verdeutlicht die Beschreibung, in dem sie Abgrenzungen und Schnittstellen zu anderen Systemen/Anlagen sichtbar macht.

Zeitraum und Umfang der Prüfung nach § 11 Absatz 1f EnWG

Beginn der Prüfung

Ende der Prüfung

Dauer der Prüfung in Personen-Prüftagen

2

Abschnitt PE: Angaben zum Prüfergebnis und zu den aufgedeckten Sicherheitsmängeln

Ergänzend zu den Angaben in diesem Abschnitt ist folgende Anlage beizufügen:

- Anlage PE.A:
  Liste der Sicherheitsmängel einschließlich Umsetzungsplan zur Behebung der Mängel[2]

Die Sicherheitsmängel sollen in folgende Kategorien eingeteilt werden:

- Geringfügige Abweichung
- Schwerwiegende oder erhebliche Abweichung bzw. Sicherheitsmangel

Im Rahmen der Prüfung wurden keine Sicherheitsmängel festgestellt. Daher ist diesem Nachweisdokument keine Anlage PE.A beigefügt.

Hinweise zur Bestimmung des Grads der Umsetzung von Systemen zur Angriffserkennung (SzA) in diesem Abschnitt

Bei den Angaben zu den Umsetzungsgraden handelt es sich ausschließlich um eine oberflächliche Einschätzung des Prüfteams nach dem Umsetzungsgradmodell aus der Orientierungshilfe zum Einsatz von SzA. Dabei soll der Umsetzungsgrad der SzA ausdrücklich nur innerhalb des Geltungsbereiches der Prüfung, also mit Blick auf die Sicherstellung der kritischen Dienstleistung, beurteilt werden. Das Prüfteam soll eine grobe Einschätzung zur Frage, wie stark die Prozesse und Systeme der Angriffserkennung bereits im Unternehmen verankert sind und gelebt werden, in Form der Umsetzungsgrade abgeben.

[1] www.bsi.bund.de/dok/123836

[2] Muster-Mängelliste im MS-Excel-Format mit den in der Orientierungshilfe zu Nachweisen beschriebenen Angaben

Nachweisdokument P* Stand: 16.02.2023 Seite 2 von 4

Angaben zur Art der Prüfung

PE.1 Umsetzungsgrad der SzA

I. Bewertung des Umsetzungsgrads

0. Es sind bisher keine Maßnahmen zur Erfüllung der Anforderungen umgesetzt und es bestehen auch keine Planungen zur Umsetzung von Maßnahmen.
1. Es bestehen Planungen zur Umsetzung von Maßnahmen zur Erfüllung der Anforderungen, jedoch für mindestens einen Bereich noch keine konkreten Umsetzungen.
2. In allen Bereichen wurde mit der Umsetzung von Maßnahmen zur Erfüllung der Anforderungen begonnen. Es sind noch nicht alle MUSS-Anforderungen[3] erfüllt worden.
3. Alle MUSS-Anforderungen[3] wurden für alle Bereiche erfüllt. Idealerweise wurden SOLLTE-Anforderungen hinsichtlich ihrer Notwendigkeit und Umsetzbarkeit geprüft. Ein kontinuierlicher Verbesserungsprozess wurde etabliert oder ist in Planung.
4. Alle MUSS-Anforderungen[3] wurden für alle Bereiche erfüllt. Alle SOLLTE-Anforderungen wurden erfüllt, außer sie wurden stichhaltig und nachvollziehbar begründet ausgeschlossen. Ein kontinuierlicher Verbesserungsprozess wurde etabliert.
5. Alle MUSS-Anforderungen[3] wurden für alle Bereiche erfüllt. Alle SOLLTE-Anforderungen und KANN-Anforderungen wurden für alle Bereiche erfüllt, außer sie wurden stichhaltig und nachvollziehbar begründet ausgeschlossen. Für alle Bereiche wurden sinnvolle zusätzliche Maßnahmen entsprechend der Risikoanalyse/Schutzbedarfsfeststellung identifiziert und umgesetzt. Ein kontinuierlicher Verbesserungsprozess wurde etabliert.

II. Begründung der vorgenommenen Bewertung des Umsetzungsgrads der SzA

3

Abschnitt PS: Angaben zur prüfenden Stelle und des Prüfteams

PS.1 Name und Organisationseinheit der prüfenden Stelle

PS.2 Angaben zum Prüfteam

Nr.	Prüferin/Prüfer: Name, Vorname
1	
2	
3	

[3] Bei der Wahl geeigneter Maßnahmen zur Erfüllung der Anforderungen ist der Betreiber frei

Nachweisdokument P* Stand: 16.02.2023 Seite 3 von 4

Abbildung 6.12 Das Nachweisdokument P* für Betreiber im Sektor Energie

6.4.6 Selbsterklärung der prüfenden Stelle

In Abschnitt 9.3, »Eignung als prüfende Stelle«, werden wir uns geeignete Prüfstellen ansehen. Falls Sie keine der dort genannten Prüfstellen sind, aber dennoch Nachweisprüfungen durchführen möchten, können Sie eine vom BSI bereitgestellte Selbsterklärung ausfüllen und Ihrem KRITIS-Betreiber zur Nachweisprüfung übergeben.

Hinweis zum Begleitmaterial

Die Selbsterklärung der prüfenden Stelle finden Sie im Dokument:

- 2019-10_Selbsterklaerung_der_pruefenden_Stelle

In der Selbsterklärung (siehe Abbildung 6.13) tragen Prüfer den Namen der prüfenden Stelle und die ID des zu prüfenden Betreibers ein. Das Dokument enthält im *A-Teil* eine Beschreibung der Eignungsvoraussetzungen und im *B-Teil* die *Ethischen Grundsätze*. Die Anforderungen an Prüfstellen, die diese Selbsterklärung benennt, sehen wir uns in Abschnitt 9.2, »Anforderungen an eine prüfende Stelle«, genauer an. Bisher wurde diese Selbsterklärung von IT-Dienstleistern und Beratungshäusern ausgefüllt, meinem inklusive.

Wenn Sie beiden Teilen als Prüfer zustimmen können, unterzeichnen Sie das Dokument mit Ort, Datum, Ihrem Namen in Druckbuchstaben und Ihrer Unterschrift an der Stelle im B-Teil.

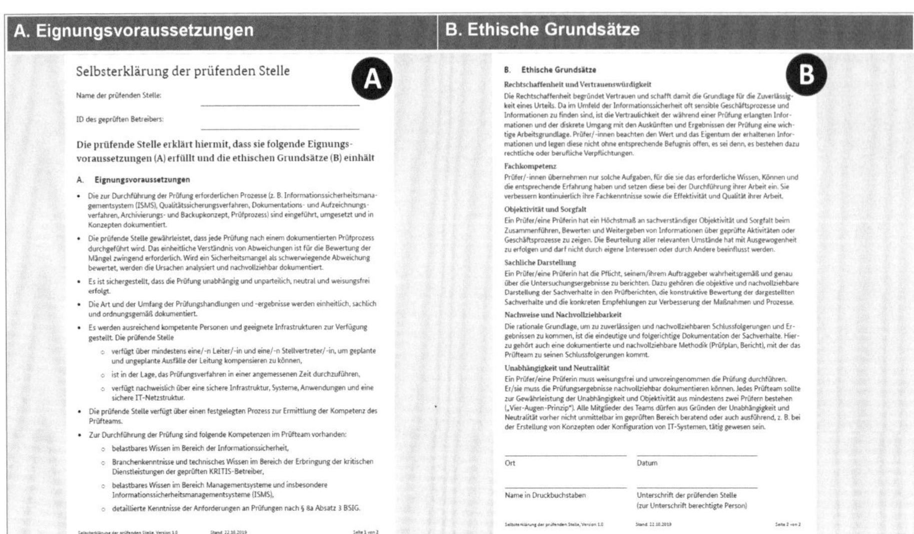

A. Eignungsvoraussetzungen

Selbsterklärung der prüfenden Stelle

A

Name der prüfenden Stelle: ______________________

ID des geprüften Betreibers: ______________________

Die prüfende Stelle erklärt hiermit, dass sie folgende Eignungsvoraussetzungen (A) erfüllt und die ethischen Grundsätze (B) einhält

A. Eignungsvoraussetzungen

- Die zur Durchführung der Prüfung erforderlichen Prozesse (z. B. Informationssicherheitsmanagementsystem (ISMS), Qualitätssicherungsverfahren, Dokumentations- und Aufzeichnungsverfahren, Archivierungs- und Backupkonzept, Prüfprozess) sind eingeführt, umgesetzt und in Konzepten dokumentiert.
- Die prüfende Stelle gewährleistet, dass jede Prüfung nach einem dokumentierten Prüfprozess durchgeführt wird. Das einheitliche Verständnis von Abweichungen ist für die Bewertung der Mängel zwingend erforderlich. Wird ein Sicherheitsmangel als schwerwiegende Abweichung bewertet, werden die Ursachen analysiert und nachvollziehbar dokumentiert.
- Es ist sichergestellt, dass die Prüfung unabhängig und unparteilich, neutral und weisungsfrei erfolgt.
- Die Art und der Umfang der Prüfungshandlungen und -ergebnisse werden einheitlich, sachlich und ordnungsgemäß dokumentiert.
- Es werden ausreichend kompetente Personen und geeignete Infrastrukturen zur Verfügung gestellt. Die prüfende Stelle
  - verfügt über mindestens eine/-n Leiter/-in und eine/-n Stellvertreter/-in, um geplante und ungeplante Ausfälle der Leitung kompensieren zu können,
  - ist in der Lage, das Prüfungsverfahren in einer angemessenen Zeit durchzuführen,
  - verfügt nachweislich über eine sichere Infrastruktur, Systeme, Anwendungen und eine sichere IT-Netzstruktur.
- Die prüfende Stelle verfügt über einen festgelegten Prozess zur Ermittlung der Kompetenz des Prüfteams.
- Zur Durchführung der Prüfung sind folgende Kompetenzen im Prüfteam vorhanden:
  - belastbares Wissen im Bereich der Informationssicherheit,
  - Branchenkenntnisse und technisches Wissen im Bereich der Erbringung der kritischen Dienstleistungen der geprüften KRITIS-Betreiber,
  - belastbares Wissen im Bereich Managementsysteme und insbesondere Informationssicherheitsmanagementsysteme (ISMS),
  - detaillierte Kenntnisse der Anforderungen an Prüfungen nach § 8a Absatz 3 BSIG.

Selbsterklärung der prüfenden Stelle, Version 1.0 Stand: 22.10.2019 Seite 1 von 2

B. Ethische Grundsätze

B

B. Ethische Grundsätze

Rechtschaffenheit und Vertrauenswürdigkeit

Die Rechtschaffenheit begründet Vertrauen und schafft damit die Grundlage für die Zuverlässigkeit eines Urteils. Da im Umfeld der Informationssicherheit oft sensible Geschäftsprozesse und Informationen zu finden sind, ist die Vertraulichkeit der während einer Prüfung erlangten Informationen und der diskrete Umgang mit den Auskünften und Ergebnissen der Prüfung eine wichtige Arbeitsgrundlage. Prüfer/-innen beachten den Wert und das Eigentum der erhaltenen Informationen und legen diese nicht ohne entsprechende Befugnis offen, es sei denn, es bestehen dazu rechtliche oder berufliche Verpflichtungen.

Fachkompetenz

Prüfer/-innen übernehmen nur solche Aufgaben, für die sie das erforderliche Wissen, Können und die entsprechende Erfahrung haben und setzen diese bei der Durchführung ihrer Arbeit ein. Sie verbessern kontinuierlich ihre Fachkenntnisse sowie die Effektivität und Qualität ihrer Arbeit.

Objektivität und Sorgfalt

Ein Prüfer/eine Prüferin hat ein Höchstmaß an sachverständiger Objektivität und Sorgfalt beim Zusammenführen, Bewerten und Weitergeben von Informationen über geprüfte Aktivitäten oder Geschäftsprozesse zu zeigen. Die Beurteilung aller relevanten Umstände hat mit Ausgewogenheit zu erfolgen und darf nicht durch eigene Interessen oder durch Andere beeinflusst werden.

Sachliche Darstellung

Ein Prüfer/eine Prüferin hat die Pflicht, seinem/ihrem Auftraggeber wahrheitsgemäß und genau über die Untersuchungsergebnisse zu berichten. Dazu gehören die objektive und nachvollziehbare Darstellung der Sachverhalte in den Prüfberichten, die konstruktive Bewertung der dargestellten Sachverhalte und die konkreten Empfehlungen zur Verbesserung der Maßnahmen und Prozesse.

Nachweise und Nachvollziehbarkeit

Die rationale Grundlage, um zu zuverlässigen und nachvollziehbaren Schlussfolgerungen und Ergebnissen zu kommen, ist die eindeutige und folgerichtige Dokumentation der Sachverhalte. Hierzu gehört auch eine dokumentierte und nachvollziehbare Methodik (Prüfplan, Bericht), mit der das Prüfteam zu seinen Schlussfolgerungen kommt.

Unabhängigkeit und Neutralität

Ein Prüfer/eine Prüferin muss weisungsfrei und unvoreingenommen die Prüfung durchführen. Er/sie muss die Prüfungsergebnisse nachvollziehbar dokumentieren können. Jedes Prüfteam sollte zur Gewährleistung der Unabhängigkeit und Objektivität aus mindestens zwei Prüfern bestehen („Vier-Augen-Prinzip"). Alle Mitglieder des Teams dürfen aus Gründen der Unabhängigkeit und Neutralität vorher nicht unmittelbar im geprüften Bereich beratend oder auch ausführend, z. B. bei der Erstellung von Konzepten oder Konfiguration von IT-Systemen, tätig gewesen sein.

Ort | Datum

Name in Druckbuchstaben | Unterschrift der prüfenden Stelle (zur Unterschrift berechtigte Person)

Selbsterklärung der prüfenden Stelle, Version 1.0 Stand: 22.10.2019 Seite 2 von 2

Abbildung 6.13 Selbsterklärung der prüfenden Stelle

Die Selbsterklärung gilt jeweils nur für einen Betreiber und eine Prüfung.

Eine weitere Selbsterklärung zeige ich Ihnen im folgenden Abschnitt.

6.4.7 Selbsterklärung zur zusätzlichen Prüfverfahrenskompetenz

Die hier genannte Selbsterklärung ist nur notwendig, falls Sie über keinen Nachweis über die Schulung »Zusätzliche Prüfverfahrenskompetenz nach dem BSIG« verfügen. Informationen zu diesem Abschluss sehen wir uns in Kapitel 15, »Zusätzliche Prüfverfahrenskompetenz nach dem BSIG«, an.

Sie bestätigen als Prüfer mit dieser Selbsterklärung, die gesetzlichen Bestimmungen, die Prüfgrundlage und die notwendigen Nachweise nach dem BSIG zu kennen. Außerdem erklären Sie, die ethischen Grundsätze aus der *Orientierungshilfe zu Nachweisen* einzuhalten.

Hinweis zum Begleitmaterial

Die Selbsterklärung zur Prüfverfahrenskompetenz finden Sie im Dokument:

- 2019-10_Selbsterklaerung_zusaetzliche_Pruefverfahrenskompetenz

In Abbildung 6.14 sehen Sie die hier besprochene Selbsterklärung. Auf Seite 1 müssen Prüfer ihren Namen an der von mir mit 1 gekennzeichneten Stelle angeben und auf Seite 2 ihre Kenntnisse zu Nachweisprüfungen mit Angabe von Ort, Datum, Name und der Unterschrift bestätigen.

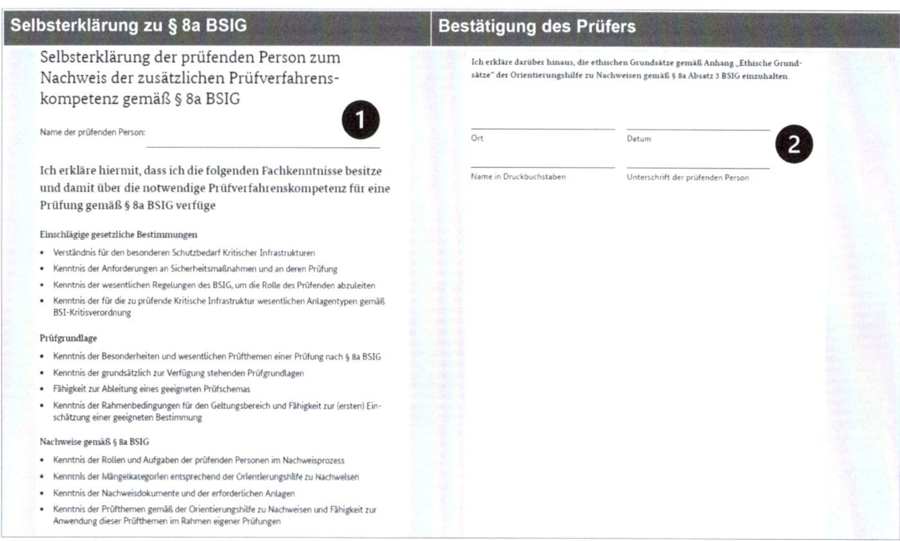

Selbsterklärung zu § 8a BSIG

Selbsterklärung der prüfenden Person zum Nachweis der zusätzlichen Prüfverfahrenskompetenz gemäß § 8a BSIG

1

Name der prüfenden Person: ____________

Ich erkläre hiermit, dass ich die folgenden Fachkenntnisse besitze und damit über die notwendige Prüfverfahrenskompetenz für eine Prüfung gemäß § 8a BSIG verfüge

Einschlägige gesetzliche Bestimmungen

- Verständnis für den besonderen Schutzbedarf Kritischer Infrastrukturen
- Kenntnis der Anforderungen an Sicherheitsmaßnahmen und an deren Prüfung
- Kenntnis der wesentlichen Regelungen des BSIG, um die Rolle des Prüfenden abzuleiten
- Kenntnis der für die zu prüfende Kritische Infrastruktur wesentlichen Anlagentypen gemäß BSI-Kritisverordnung

Prüfgrundlage

- Kenntnis der Besonderheiten und wesentlichen Prüfthemen einer Prüfung nach § 8a BSIG
- Kenntnis der grundsätzlich zur Verfügung stehenden Prüfgrundlagen
- Fähigkeit zur Ableitung eines geeigneten Prüfschemas
- Kenntnis der Rahmenbedingungen für den Geltungsbereich und Fähigkeit zur (ersten) Einschätzung einer geeigneten Bestimmung

Nachweise gemäß § 8a BSIG

- Kenntnis der Rollen und Aufgaben der prüfenden Personen im Nachweisprozess
- Kenntnis der Mängelkategorien entsprechend der Orientierungshilfe zu Nachweisen
- Kenntnis der Nachweisdokumente und der erforderlichen Anlagen
- Kenntnis der Prüfthemen gemäß der Orientierungshilfe zu Nachweisen und Fähigkeit zur Anwendung dieser Prüfthemen im Rahmen eigener Prüfungen

Bestätigung des Prüfers

Ich erkläre darüber hinaus, die ethischen Grundsätze gemäß Anhang „Ethische Grundsätze" der Orientierungshilfe zu Nachweisen gemäß § 8a Absatz 3 BSIG einzuhalten.

Ort ____________ Datum ____________ 2

Name in Druckbuchstaben ____________ Unterschrift der prüfenden Person ____________

Abbildung 6.14 Selbsterklärung der prüfenden Person zur zusätzlichen Prüfverfahrenskompetenz nach BSIG

Wenn Sie die Schulung erfolgreich besucht haben, können Sie statt dieser Selbsterklärung Ihren Schulungsnachweis beziehungsweise Ihr Zertifikat einreichen.

Im folgenden Abschnitt möchte ich auf ein Dokument zur Unabhängigkeit eingehen.

6.4.8 Erklärung zur Unabhängigkeit

Eine weitere Erklärung, die wir Prüfer einreichen müssen, dient der Bestätigung unserer Unabhängigkeit. Bisher habe ich dieses Dokument formlos erstellt (siehe Abbildung 6.15), da es keine Vorlage dafür gab.

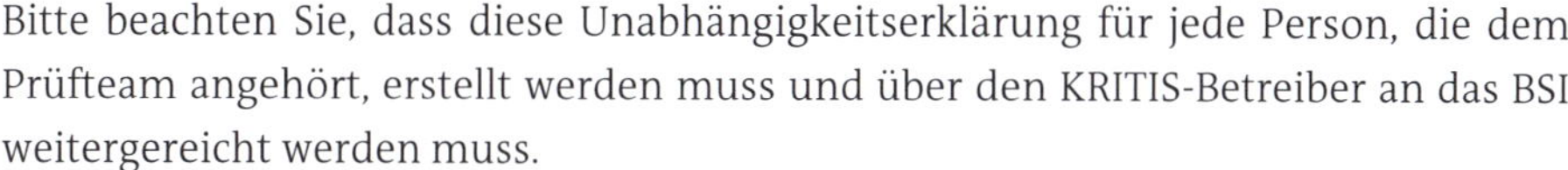

Hinweis zum Begleitmaterial

Die formlose Unabhängigkeitserklärung finden Sie im Dokument:

- 2023-10_Erklaerung_Unabhaengigkeit

Bitte beachten Sie, dass diese Unabhängigkeitserklärung für jede Person, die dem Prüfteam angehört, erstellt werden muss und über den KRITIS-Betreiber an das BSI weitergereicht werden muss.

An der Stelle, die ich mit 1 gekennzeichnet habe, tragen Sie die geprüfte Organisation, die Betreiber-ID, den Prüfzeitraum, das Prüfteam mit allen Prüfern und ihren jeweiligen Rollen ein. Die Unabhängigkeitserklärung unterschreibt jeder Prüfer für sich.

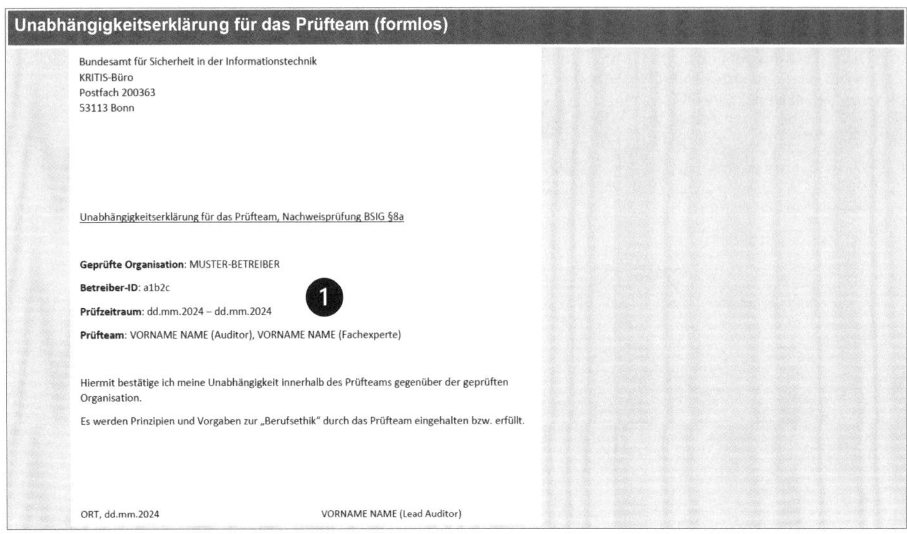

Unabhängigkeitserklärung für das Prüfteam (formlos)

Bundesamt für Sicherheit in der Informationstechnik
KRITIS-Büro
Postfach 200363
53113 Bonn

Unabhängigkeitserklärung für das Prüfteam, Nachweisprüfung BSIG §8a

Geprüfte Organisation: MUSTER-BETREIBER

Betreiber-ID: a1b2c

Prüfzeitraum: dd.mm.2024 – dd.mm.2024

Prüfteam: VORNAME NAME (Auditor), VORNAME NAME (Fachexperte)

Hiermit bestätige ich meine Unabhängigkeit innerhalb des Prüfteams gegenüber der geprüften Organisation.

Es werden Prinzipien und Vorgaben zur „Berufsethik" durch das Prüfteam eingehalten bzw. erfüllt.

ORT, dd.mm.2024 VORNAME NAME (Lead Auditor)

Abbildung 6.15 Formlose Unabhängigkeitserklärung für das Prüfteam

Sehen wir uns nun im folgenden Abschnitt die Selbsterklärung für die UBI-1 an.

6.4.9 Selbsterklärung für AWV-UBI (UBI 1)

Dieser Abschnitt ist speziell für *Unternehmen im besonderen öffentlichen Interesse*, die als Hersteller oder Entwickler von Gütern im Sinne der Außenwirtschaftsverordnung (AWV) tätig sind und die beispielsweise Waffen, Rüstungsmaterial oder Produkte mit IT-Sicherheitsfunktionen von staatlichen Verschlusssachen verantworten. Diese Unternehmen werden als AWV-UBI bezeichnet und werden im BSIG als UBI 1 aufgezählt.

In Abschnitt 2.8, »Unternehmen im besonderen öffentlichen Interesse (UBIs)«, haben wir alle drei Arten von UBIs besprochen. Für die UBI 1 veröffentlichte das BSI im November 2022 eine Selbsterklärung (15).

Hinweis zum Begleitmaterial

Die Selbsterklärung für UBI 1 mit dem Ausgabestand vom November 2022 finden Sie im Dokument:

- 2022-11_BSI_Selbsterklaerung_UBI-1

In Abbildung 6.16 zeige ich Ihnen die ersten beiden von 25 Seiten dieser Selbsterklärung. Die Nummern zeigen die jeweiligen Seiten an.

Sie erkennen auf Seite 1, dass eine *UBI-ID* angegeben werden muss, die im UBI-Büro vergeben wird. Für den Fall, dass Ihnen die UBI-ID noch unbekannt ist, dürfen Sie dieses Feld auch frei lassen. Wichtig sind die Kontaktdaten zur Ansprechperson für diese Selbsterklärung.

Auf der zweiten Seite können Sie alle Ihre bisherigen Prüfungen und Zertifikate eintragen. Zertifizierungen sind jedoch keine Pflicht. UBIs können auch andere Nachweise angeben, die die Umsetzung der gesetzlichen Pflicht zu angemessenen IT-Sicherheitsmaßnahmen belegen.

6

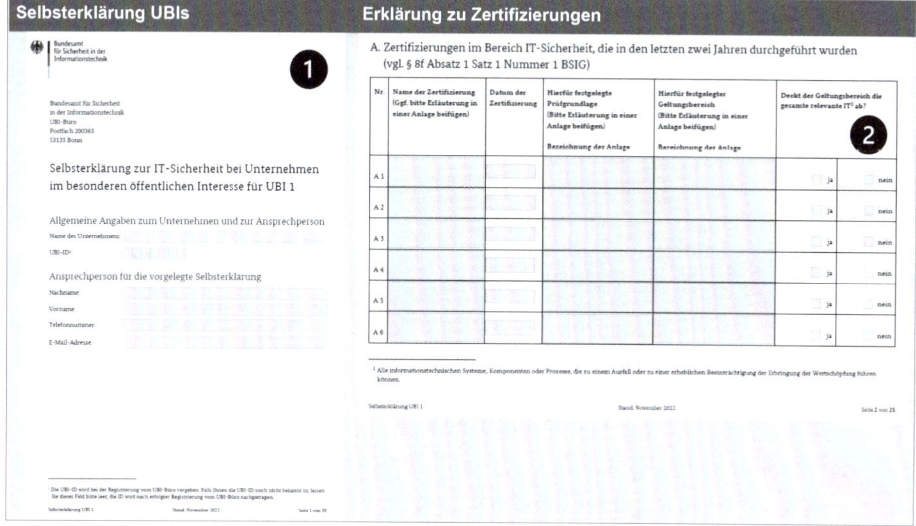
Selbsterklärung UBIs

Bundesamt für Sicherheit in der Informationstechnik

1

Bundesamt für Sicherheit
in der Informationstechnik
UBI-Büro
Postfach 200363
53133 Bonn

Selbsterklärung zur IT-Sicherheit bei Unternehmen im besonderen öffentlichen Interesse für UBI 1

Allgemeine Angaben zum Unternehmen und zur Ansprechperson

Name des Unternehmens:
UBI-ID[1]:

Ansprechperson für die vorgelegte Selbsterklärung

Nachname:
Vorname:
Telefonnummer:
E-Mail-Adresse:

[1] Die UBI-ID wird bei der Registrierung vom UBI-Büro vergeben. Falls Ihnen die UBI-ID noch nicht bekannt ist, lassen Sie dieses Feld bitte leer; die ID wird nach erfolgter Registrierung vom UBI-Büro nachgetragen.

Selbsterklärung UBI 1 — Stand: November 2022 — Seite 1 von 25

Erklärung zu Zertifizierungen

A. Zertifizierungen im Bereich IT-Sicherheit, die in den letzten zwei Jahren durchgeführt wurden (vgl. § 8f Absatz 1 Satz 1 Nummer 1 BSIG)

Nr.	Name der Zertifizierung (Ggf. bitte Erläuterung in einer Anlage beifügen)	Datum der Zertifizierung	Hierfür festgelegte Prüfgrundlage (Bitte Erläuterung in einer Anlage beifügen) Bezeichnung der Anlage	Hierfür festgelegter Geltungsbereich (Bitte Erläuterung in einer Anlage beifügen) Bezeichnung der Anlage	Deckt der Geltungsbereich die gesamte relevante IT[2] ab? 2	
A 1					ja	nein
A 2					ja	nein
A 3					ja	nein
A 4					ja	nein
A 5					ja	nein
A 6					ja	nein

[2] Alle informationstechnischen Systeme, Komponenten oder Prozesse, die zu einem Ausfall oder zu einer erheblichen Beeinträchtigung der Erbringung der Wertschöpfung führen können.

Selbsterklärung UBI 1 — Stand: November 2022 — Seite 2 von 25

Abbildung 6.16 Selbsterklärung zur IT-Sicherheit bei UBI 1, Seite 1 und 2

Die Bewertung der Umsetzungsgrade auf den Seiten 4 bis 11 zeige ich Ihnen in Abschnitt 12.2.2, »Selbsterklärung der AWV-UBI (UBI 1)«. Auf Seite 12 müssen die Betreiber die Selbsterklärung unterschreiben und den Organisationsstempel setzen.

Ab Seite 13 (siehe Abbildung 6.17) finden Sie die Anlagen 1 bis 7, die uns Auskunft darüber geben, woher die Anforderungen stammen und an welchen Stellen wir uns weiter informieren können.

Die Verweise stammen aus dem IT-Grundschutz, aus der ISO/IEC 27001:2017 mit Anhang A sowie aus der ISO/IEC 27002:2017. Die Jahreszahl 2017 zeigt uns die deutsche korrigierte Übersetzung der ISO/IEC 27001:2013 an.

Im Oktober 2022 trat eine neue ISO/IEC 27001 in Kraft. Wie Sie in Abbildung 6.17 erkennen, muss die hier gezeigte Selbsterklärung noch umformuliert werden, damit sie konform zur neuen deutschen Übersetzung der ISO/IEC 27001 ist.

Anlage 1 – 1. IT-Sicherheitsmanagement - Verweise

Anlage 1

13

Verweise auf die Themen in IT-Grundschutz, ISO/IEC 27001:2017 und ISO/IEC 27001:2017 Anhang A / ISO/IEC 27002:2017

1. IT-Sicherheitsmanagement

Nr.	Thema	IT-Grundschutz	ISO/IEC 27001:2017	ISO/IEC 27001:2017 Anhang A / ISO/IEC 27002:2017
1.1	Verstehen der Erfordernisse und Erwartungen interessierter Parteien	BSI-Standard 200-2, Kapitel 3.2 Konzeption und Planung des Sicherheitsprozesses ORP.5.A1 Identifikation der Rahmenbedingungen	4.2 Verstehen der Erfordernisse und Erwartungen interessierter Parteien	
1.2	Geltungsbereich des ISMS	BSI-Standard 200-2, Kapitel 3.3.4 Festlegung des Geltungsbereichs und Kapitel 8 Erstellung einer Sicherheitskonzeption nach der Vorgehensweise der Standard-Absicherung ISMS.1.A3 Erstellung einer Leitlinie zur Informationssicherheit	4.3 Festlegen des Anwendungsbereichs des Informationssicherheitsmanagementsystems	
1.3	ISMS	BSI-Standard 200-1, Kapitel 3 ISMS-Definition und Prozessbeschreibung BSI-Standard 200-2, Kapitel 2 Informationssicherheitsmanagement mit IT-Grundschutz ISMS.1 Sicherheitsmanagement	4.4 Informationssicherheitsmanagementsystem	
1.4	Übernahme der Verantwortung für IT-Sicherheitsmanagement durch die Leitung	BSI-Standard 200-2, Kapitel 3.1 Übernahme von Verantwortung durch die Leitungsebene ISMS.1.A1 Übernahme der Gesamtverantwortung für Informationssicherheit durch die Leitung	5.1 Führung und Verpflichtung	
1.5	Organisation des Sicherheitsprozesses	BSI-Standard 200-2, Kapitel 4 Organisation des Sicherheitsprozesses ISMS.1.A6 Aufbau einer geeigneten Organisationsstruktur für Informationssicherheit	5.3 Rollen, Verantwortlichkeiten und Befugnisse in der Organisation	

Abbildung 6.17 Selbsterklärung zur IT-Sicherheit bei UBI 1, Seite 13

Im November 2022 hatte das BSI den betroffenen AWV-UBIs (UBI 1) das Formular zur Selbsterklärung im Entwurf geschickt und um Kommentierung gebeten. Diese Kommentierung war im Dezember 2023 noch nicht offiziell abgeschlossen. Im Anschluss soll die Selbsterklärung auf der BSI-Webseite (14) veröffentlicht werden. Die Selbsterklärung ist somit seit 13 Monaten unverändert im Einsatz und kann zur Selbsterklärung von AWV-UBIs verwendet werden.

Das BSI hat nicht nur für den Prüfplan eine Excel-Vorlage bereitgestellt, sondern auch für die Mängelliste, die ich Ihnen im nächsten Abschnitt zeigen möchte.

6.4.10 Die Mängelliste als Excel-Vorlage für Auditoren

In diesem Abschnitt werfen wir einen ersten Blick auf die Excel-Vorlage der Mängelliste des BSI. Am Ende einer Nachweisprüfung tragen wir Prüfer (Leadauditoren) die aktuellen Sicherheitsmängel in diese Mängelliste ein.

Hinweis zum Begleitmaterial

Die Excel-Vorlage für die BSI-Mängelliste für Prüfer in Version 1.3 mit letzter Änderung im Juni 2023, die im Dezember 2023 auf der BSI-Download-Seite zur Verfügung stand, finden Sie im Dokument:

- 2023-06_Maengelliste-Vorlage-Excel

Nach der GAiN-Anforderung *D.AM.02* soll der Status neuer und alter Mängel mit *In Planung, In Umsetzung* und mit *Abgeschlossen* kategorisiert werden.

Die BSI-Mängelliste vom Juni 2023 enthält allerdings für den Umsetzungsstatus noch folgenden Hinweis im Kommentar:

> »**Abstellungsstatus zur Beseitigung des Mangels**
> *Dieser Status spiegelt die Umsetzung der jeweiligen Maßnahme zur Abstellung des Sicherheitsmangels wider. Dieser Fortschrittswert ist in Prozent anzugeben. (0 % - 100 %)*«

Gehen Sie einfach davon aus, in zukünftigen Mängellisten die drei neuen Kategorien verwenden zu müssen. 6

Seit Mai 2023 finden wir in der Mängelliste außerdem zwei zusätzliche Spalten mit der Bezeichnung *Bewertung der Prüfenden*, die von uns Prüfern eine Beurteilung der geplanten Maßnahmen fordern.

In Abbildung 6.18 sehen Sie im ersten Teil (mit der GAiN-Kennung *D.PE.12*), dass der Betreiber für identifizierte Mängel einen Umsetzungsplan erstellen und in der Mängelliste dokumentieren muss.

Der zweite Teil dieser Anforderung (mit der GAiN-Kennung *D.PE.12*) beinhaltet die Beurteilung des Prüfers, ob die geplanten Maßnahmen geeignet sind, den Sicherheitsmangel abzustellen.

Der Prüfer muss seine Beurteilung dokumentieren. Das bedeutet: Die Mängelliste wird nicht nur einmal an den Betreiber übermittelt, sondern muss zwischen dem Betreiber und der Prüfstelle so lange hin- und hergeschickt werden, bis die geplanten Maßnahmen aus Sicht der Prüfer geeignet sind. Ich schätze, dieser Aspekt wird zukünftig zu Mehraufwänden auf der Seite der Prüfstellen führen.

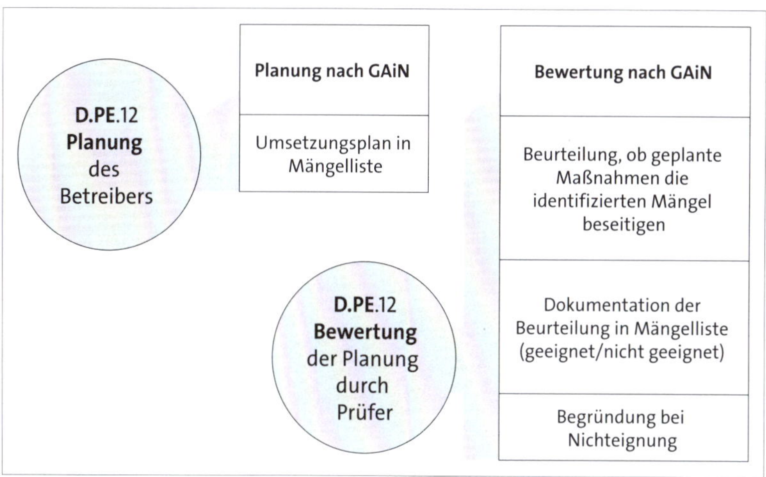

Abbildung 6.18 GAiN-Anforderungen zur Durchführung einer Maßnahmenplanung, zur Beurteilung dieser Maßnahmen und zur Begründung

Mit der Excel-Mängelliste haben wir alle derzeit relevanten Dokumente betrachtet, die uns das BSI für Nachweisprüfungen und zur Nachweiserbringung bereitgestellt hat oder die das BSI von Betreibern erwartet.

Fazit zu Teil 2 des Buches

Rückblickend haben wir uns im zweiten Teil des Buches zum größten Teil mit den Aufgaben des BSI und seinen Vorgaben für die Nachweisprüfung beschäftigt.

In Teil 3 rücke ich die Pflichten der Betreiber in den Fokus.

TEIL III

Pflichten und Möglichkeiten des KRITIS-Betreibers

Kapitel 7
Ihre Pflichten als KRITIS-Betreiber

Welch' lange Ketten entstünden, wenn Pflichten wie Perlen gereiht? Betreiber könnten stolzieren Königen gleich mit diesen, fühlten die sich nicht ständig nach Sklavenketten an.

Mit diesem Kapitel beginnt der dritte Teil des Buches, in dem wir uns einen Überblick über die Pflichten für KRITIS-Betreiber und über ihre Optionen verschaffen wollen. In diesem Kapitel gehe ich ausführlicher auf die Pflichten ein, die ein KRITIS-Betreiber zu erfüllen hat. Dazu beginne ich mit der Managementebene.

Die oberste Leitung einer kritischen Infrastruktur muss die gesetzlichen Anforderungen des BSIG einhalten und haftet für Schäden persönlich, wenn sie nicht nachweisen kann, alles in ihrer Macht Stehende getan zu haben, um Störungen oder Ausfälle der kritischen Dienstleistung zu verhindern. Sie muss außerdem die personellen, zeitlichen, finanziellen, technischen und organisatorischen Ressourcen bereitstellen, die für die Umsetzung von organisatorischen und technischen Maßnahmen erforderlich sind.

Während Audits berichten mir Informationssicherheitsbeauftragte und Geschäftsführungen oft, sie würden die Risikobetrachtung rein monetär durchführen, weil alle Risiken schlussendlich Geld kosten. Für ein KRITIS-Audit ist dies leider zu wenig.

Rein monetäre Risikobetrachtung	
Fehlende Finanzen	**Mögliche Gründe**
	Unbezahlte Rechnungen
	Hohe Bußgelder
	Inflation
	Fehlendes Personal
	Hackerangriff
	Betrug
	Bankpleite

Abbildung 7.1 Rein monetäre Risikobetrachtung

In Abbildung 7.1 möchte ich Ihnen plakativ mögliche Gründe zeigen, die zu fehlenden Finanzen führen könnten, ohne dabei auch nur einmal die kritischen Dienstleistungsprozesse zu tangieren.

Anders verhält es sich, wenn wir bei der Risikobetrachtung unsere kritischen Dienstleistungsprozesse in den Fokus stellen. Sofort wird klar, worauf wir uns konzentrieren müssen. In Abbildung 7.2 möchte ich Ihnen dies am Beispiel der Trinkwasserversorgung zeigen. Die Finanzen fließen, wenn Bürger die kritische Dienstleistung der Trinkwasserversorgung erhalten. Auf Betreiberseite können das Personal und die kritischen Anlagen finanziert werden, die wiederum das Trinkwasser produzieren.

Als KRITIS-Betreiber haben Sie die Betriebsverantwortung. Das bedeutet, Sie müssen dafür Sorge tragen, der Bevölkerung die benötigten kritischen Dienstleistungen zur Verfügung zu stellen.

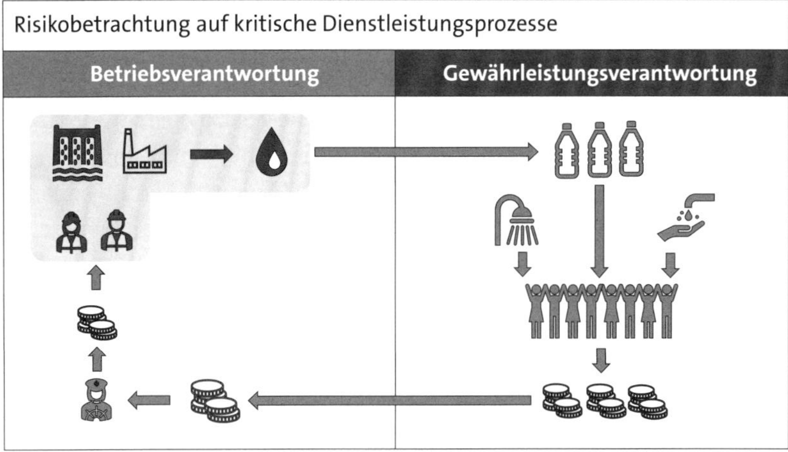

Abbildung 7.2 Risikobetrachtung auf kritische Dienstleistungsprozesse

In den nächsten Abschnitten möchte ich Ihnen einen Überblick geben, welche Aufgaben Sie nach der Registrierung (siehe Abschnitt 6.1, »Registrierung als KRITIS-Betreiber«) erledigen müssen.

Wir fangen mit der Bestimmung Ihres Geltungsbereiches an.

7.1 Der Geltungsbereich für die kritische Dienstleistung

Als KRITIS-Betreiber sind Sie verpflichtet, Ihren Geltungsbereich zu beschreiben und grafisch darzustellen. In den nächsten Unterabschnitten möchte ich Ihnen dazu eine Hilfestellung geben.

7.1.1 Den KRITIS-Geltungsbereich eingrenzen

Betreiber, die ihren Geltungsbereich bereits schriftlich formuliert haben, können das Dokument *Zur Dokumentation des Geltungsbereiches bei KRITIS-Betreibern* (43) verwenden, um zu überprüfen, ob alle darin genannten Dokumentationsanforderungen erfüllt sind. Außerdem kann Ihnen das Dokument auch als zusätzliche Inspiration dienen. Das Dokument habe ich für Sie als Begleitmaterial abgelegt. Die Anforderungen an die Dokumentation des Geltungsbereiches finden Sie in Abschnitt 3.3 dieses Dokuments. In Abbildung 7.3 zeige ich Ihnen das Dokument auf der linken Seite. Außerdem sehen Sie rechts in der Abbildung den Anhang C auf Seite 17, der die Anforderungen an den Geltungsbereich und Netzstrukturpläne aufgelistet.

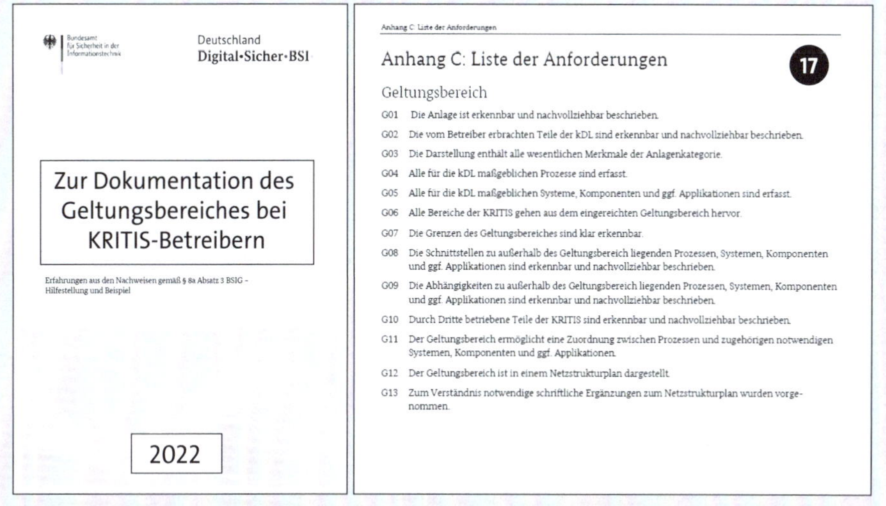

Bundesamt für Sicherheit in der Informationstechnik

Deutschland
Digital•Sicher•BSI

Zur Dokumentation des Geltungsbereiches bei KRITIS-Betreibern

Erfahrungen aus den Nachweisen gemäß § 8a Absatz 3 BSIG – Hilfestellung und Beispiel

2022

Anhang C: Liste der Anforderungen

Anhang C: Liste der Anforderungen

17

Geltungsbereich

G01 Die Anlage ist erkennbar und nachvollziehbar beschrieben.
G02 Die vom Betreiber erbrachten Teile der kDL sind erkennbar und nachvollziehbar beschrieben.
G03 Die Darstellung enthält alle wesentlichen Merkmale der Anlagenkategorie.
G04 Alle für die kDL maßgeblichen Prozesse sind erfasst.
G05 Alle für die kDL maßgeblichen Systeme, Komponenten und ggf. Applikationen sind erfasst.
G06 Alle Bereiche der KRITIS gehen aus dem eingereichten Geltungsbereich hervor.
G07 Die Grenzen des Geltungsbereiches sind klar erkennbar.
G08 Die Schnittstellen zu außerhalb des Geltungsbereich liegenden Prozessen, Systemen, Komponenten und ggf. Applikationen sind erkennbar und nachvollziehbar beschrieben.
G09 Die Abhängigkeiten zu außerhalb des Geltungsbereich liegenden Prozessen, Systemen, Komponenten und ggf. Applikationen sind erkennbar und nachvollziehbar beschrieben.
G10 Durch Dritte betriebene Teile der KRITIS sind erkennbar und nachvollziehbar beschrieben.
G11 Der Geltungsbereich ermöglicht eine Zuordnung zwischen Prozessen und zugehörigen notwendigen Systemen, Komponenten und ggf. Applikationen.
G12 Der Geltungsbereich ist in einem Netzstrukturplan dargestellt.
G13 Zum Verständnis notwendige schriftliche Ergänzungen zum Netzstrukturplan wurden vorgenommen.

Abbildung 7.3 »Zur Dokumentation des Geltungsbereiches bei KRITIS-Betreibern« (Quelle: BSI, 2022)

Hinweis zum Begleitmaterial

Die BSI-Veröffentlichung »Zur Dokumentation des Geltungsbereichs bei KRITIS-Betreibern« finden Sie im Dokument:

- 2022_BSI-Dokumentation_Geltungsbereich

Die Datei zählt alle Dokumentationsanforderungen zum Geltungsbereich bezüglich der Prozesse, der Informationstechnik, der Schnittstellen, der Externen und des Netzstrukturplans auf.

Jede Anforderung hat eine eindeutige Kennung. Diese beginnt mit dem Buchstaben *G*, wenn es sich um Anforderungen zum *Geltungsbereich* handelt. Anforderungen an den *Netzstrukturplan* beginnen mit dem Buchstaben *N*.

Da der Geltungsbereich und der Netzstrukturplan durch die KRITIS-Betreiber umgesetzt und auch als Nachweisdokumentation beim BSI eingereicht werden müssen, möchte ich Ihnen die Anforderungen für den Geltungsbereich in Tabelle 7.1 zeigen. Diese Liste eignet sich auch gut als Frageliste für interne und externe Prüfungen.

G01	Die Anlage ist erkennbar und nachvollziehbar beschrieben.
G02	Die vom Betreiber erbrachten Teile der kDL (kritischen Dienstleistung) sind erkennbar und nachvollziehbar beschrieben.
G03	Die Darstellung enthält alle wesentlichen Merkmale der Anlagenkategorie.
G04	Alle für die kDL maßgeblichen Prozesse sind erfasst.
G05	Alle für die kDL maßgeblichen Systeme, Komponenten und ggf. Applikationen sind erfasst.
G06	Alle Bereiche der KRITIS gehen aus dem eingereichten Geltungsbereich hervor.
G07	Die Grenzen des Geltungsbereiches sind klar erkennbar.
G08	Die Schnittstellen zu den außerhalb des Geltungsbereiches liegenden Prozessen, Systemen, Komponenten und ggf. Applikationen sind erkennbar und nachvollziehbar beschrieben.
G09	Die Abhängigkeiten zu den außerhalb des Geltungsbereiches liegenden Prozessen, Systemen, Komponenten und ggf. Applikationen sind erkennbar und nachvollziehbar beschrieben.
G10	Durch Dritte betriebene Teile der KRITIS sind erkennbar und nachvollziehbar beschrieben.
G11	Der Geltungsbereich ermöglicht eine Zuordnung zwischen Prozessen und zugehörigen notwendigen Systemen, Komponenten und ggf. Applikationen.
G12	Der Geltungsbereich ist in einem Netzstrukturplan dargestellt.
G13	Zum Verständnis notwendige schriftliche Ergänzungen zum Netzstrukturplan wurden vorgenommen.

Tabelle 7.1 Liste der Anforderungen zum Geltungsbereich

Das genannte Dokument zeigt in Anhang A beispielhaft den Geltungsbereich des Tanklagers Hamburg der »Tanklager GmbH Hamburg«.

[✓]

F-07-1: Worauf sollte beim KRITIS-Geltungsbereich geachtet werden?

a) Der Geltungsbereich sollte im Folgejahr gültig werden.
b) Der Geltungsbereich darf nur elektronische Dienste umfassen.
c) Der Geltungsbereich wird von den Prüfern definiert.
d) Der Geltungsbereich sollte die grundlegenden Prozesse und maßgebliche Infrastruktur abstrakt, aber nachvollziehbar beschreiben.

Im folgenden Abschnitt sehen wir uns die Anforderungen an Netzstrukturpläne an.

7.1.2 Den Netzstrukturplan erstellen

Als KRITIS-Betreiber müssen Sie außer den vom BSI bereitgestellten Formularen und den von den Auditoren erstellten Nachweisdokumenten auch einen Netzstrukturplan einreichen.

Genau wie die Anforderungen an den Geltungsbereich stammen auch die Anforderungen an Netzstrukturpläne aus dem Dokument *Zur Dokumentation des Geltungsbereiches bei KRITIS-Betreibern* (43). Die Anforderungen an Netzstrukturpläne finden Sie auf Seite 17 in Abschnitt 3.3 dieses Dokuments.

In Abbildung 7.4 zeige ich Ihnen Anhang B auf der Seite 16 und Anhang C auf der Seite 17. In Anhang B sehen Sie ein Beispiel für einen Netzstrukturplan der »TAGH Tanklager Hamburg«, an dem Sie sich orientieren könnten. Auf Seite 17 finden Sie die Anforderungen an Netzstrukturpläne.

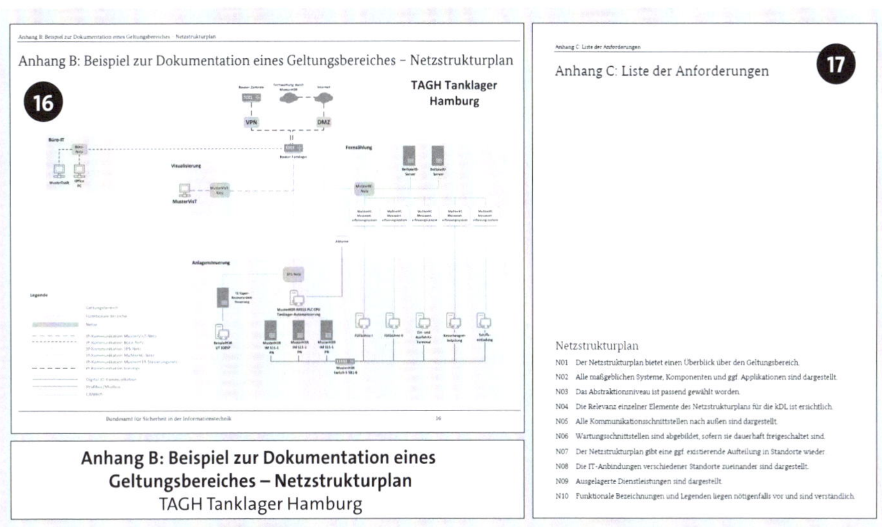

Anhang B: Beispiel zur Dokumentation eines Geltungsbereiches – Netzstrukturplan

16

Bundesamt für Sicherheit in der Informationstechnik 16

Anhang B: Beispiel zur Dokumentation eines Geltungsbereiches – Netzstrukturplan
TAGH Tanklager Hamburg

Anhang C: Liste der Anforderungen

17

Netzstrukturplan

N01 Der Netzstrukturplan bietet einen Überblick über den Geltungsbereich.
N02 Alle maßgeblichen Systeme, Komponenten und ggf. Applikationen sind dargestellt.
N03 Das Abstraktionsniveau ist passend gewählt worden.
N04 Die Relevanz einzelner Elemente des Netzstrukturplans für die kDL ist ersichtlich.
N05 Alle Kommunikationsschnittstellen nach außen sind dargestellt.
N06 Wartungsschnittstellen sind abgebildet, sofern sie dauerhaft freigeschaltet sind.
N07 Der Netzstrukturplan gibt eine ggf. existierende Aufteilung in Standorte wieder.
N08 Die IT-Anbindungen verschiedener Standorte zueinander sind dargestellt.
N09 Ausgelagerte Dienstleistungen sind dargestellt.
N10 Funktionale Bezeichnungen und Legenden liegen nötigenfalls vor und sind verständlich.

Abbildung 7.4 Anhang B – Beispiel und Anforderungen an Netzstrukturpläne (Quelle: BSI, 2022)

Die Anforderungen, die ein Netzstrukturplan erfüllen muss, habe ich für Sie in Tabelle 7.2 aufgelistet. Zur Darstellung der einzelnen Elemente in einem Netzstrukturplan können Sie farbige Piktogramme verwenden.

N01	Der Netzstrukturplan bietet einen Überblick über den Geltungsbereich.
N02	Alle maßgeblichen Systeme, Komponenten und ggf. Applikationen sind dargestellt.
N03	Das Abstraktionsniveau ist passend gewählt worden.
N04	Die Relevanz einzelner Elemente des Netzstrukturplans für die kDL (kritische Dienstleistung) ist ersichtlich.
N05	Alle Kommunikationsschnittstellen nach außen sind dargestellt.
N06	Wartungsschnittstellen sind abgebildet, sofern sie dauerhaft freigeschaltet sind.
N07	Der Netzstrukturplan gibt eine ggf. existierende Aufteilung in Standorte wieder.
N08	Die IT-Anbindungen verschiedener Standorte zueinander sind dargestellt.
N09	Ausgelagerte Dienstleistungen sind dargestellt.
N10	Funktionale Bezeichnungen und Legenden liegen nötigenfalls vor und sind verständlich.

Tabelle 7.2 Liste der Anforderungen an einen Netzstrukturplan

Seit Mai 2023 finden wir grundsätzliche Anforderungen zum Geltungsbereich auch im GAiN-Dokument (41), das wir uns in Abschnitt 6.4.1 angesehen haben.

Bevor eine Nachweisprüfung geplant und durchgeführt werden kann, müssen Sie als KRITIS-Betreiber den Geltungsbereich Ihrer Dienstleistung genau festlegen.

Im Infokasten zeige ich Ihnen Fragen, die Nachweisprüfer zu Ihrem Geltungsbereich stellen werden.

[»]

Mögliche Fragen Ihres Prüfers zum Geltungsbereich

- Umfasst Ihr Geltungsbereich die Funktionsfähigkeit der kritischen Dienstleistung?
- Ist Ihr Geltungsbereich geeignet und vom Umfang her so erforderlich?
- Ist Ihr Geltungsbereich vollständig oder fehlen relevante Teile?

Die Wahl des Geltungsbereiches (44) muss alle informationstechnischen Systeme, Komponenten und Prozesse einschließen, die für die Erbringung der kritischen Dienstleistung benötigt werden.

[!]

Netzstrukturplan und Systeme zur Angriffserkennung (SzA)

Die Orientierungshilfe zu Nachweisen fordert seit Mai 2023 im Netzplan auch eine Darstellung dazu, wo die Systeme zur Angriffserkennung angesiedelt sind.

In den folgenden Abschnitten möchte ich auf die Größe des gewählten Geltungsbereiches eingehen.

7.1.3 Ein zu kleiner Geltungsbereich

Bei der Auswahl und Beschreibung des Geltungsbereiches kann es Ihnen passieren, dass Sie wichtige Systeme unberücksichtigt lassen. Das führt dazu, einen Geltungsbereich zu klein zu wählen und dadurch Sicherheitsrisiken zu übersehen. Die Folge davon ist, dass notwendige Maßnahmen vergessen werden: Die kritische Dienstleistung könnte gefährdet sein, ohne dass es jemand merkt.

Wenn extern erbrachte Dienstleistungen für Ihre Kritische Infrastruktur relevant sind, müssen Sie sie bei der Beschreibung des Geltungsbereiches mitbetrachten.

In Abbildung 7.5 sehen Sie einen zu kleinen Geltungsbereich. Er schließt zwar die Zentrale vollständig ein, lässt aber wichtige Prozesse der Leitzentrale und externe Leistungen außen vor.

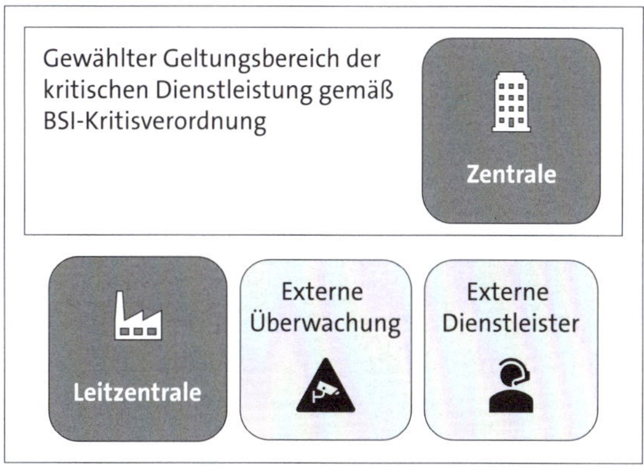

Abbildung 7.5 Der Geltungsbereich ist zu klein gewählt.

Ein praktisches Beispiel möchte ich Ihnen in Abbildung 7.6 zeigen. Ein Betreiber betreibt eine Kläranlage und mehrere Pumpstationen. In Audits werden beide Anlagenkategorien auch überprüft. Weil die Pumpstationen in der Kritisverordnung der

Kanalisation zugeordnet sind und diese Kanalisation dem Betreiber nach nicht von ihm betrieben wird, entscheidet der Betreiber, die Pumpstationen beim BSI nicht zu registrieren. Welche Konsequenzen nach solchen Entscheidungen drohen könnten, habe ich für Sie in Abschnitt 13.4, »Nachprüfung wegen zu kleinem Geltungsbereich«, aufbereitet.

Abbildung 7.6 Zu klein gewählter Geltungsbereich im Sektor Abwasser

Im empfehle Ihnen deshalb, in der Kritisverordnung die Beschreibungen der Anlagenkategorien vollständig zu überprüfen und auf Ihre Anlagen zu übertragen.

Der Geltungsbereich kann allerdings auch zu groß gewählt sein. Dies schauen wir uns im nächsten Abschnitt an.

7.1.4 Ein zu großer Geltungsbereich

In diesem Abschnitt zeige ich Ihnen einen Geltungsbereich, der zu groß gewählt wurde. Alle wichtigen, aber auch alle unwichtigen Prozesse und Systeme wurden im Geltungsbereich eingeschlossen.

Die Konsequenzen daraus sind, dass viel zu viele Sicherheitsrisiken bewertet und behandelt werden müssen. Bei einem zu großen Geltungsbereich kümmern sich Betreiber um Maßnahmen, die nicht erforderlich sind und die das Personal überlasten. Viel zu hohe Kosten und Zeitaufwände könnten die Folge von einem zu großen Geltungsbereich sein.

In Abbildung 7.7 sehen Sie beispielhaft einen Geltungsbereich, in dem alle kritischen Anlagen, aber auch unwichtige Systeme und Prozesse enthalten sind. Das Marketing trägt nicht zur kritischen Dienstleistung bei: Eine schlechte oder fehlende Werbung beeinflusst unsere Grundbedürfnisse nicht negativ.

Abbildung 7.7 Der Geltungsbereich ist zu groß gewählt.

Auch für einen zu großen Geltungsbereich möchte ich Ihnen ein praktisches Beispiel zeigen. In Abbildung 7.8 sehen Sie einen fiktiven Abwasser-Verband (A-V), dem in diesem Beispiel eine Leitzentrale zugeordnet ist. Als kritische Anlage gelten Leitzentralen, wenn an sie 500.000 Einwohner angeschlossen sind. Im Beispiel gehen wir von 520.000 Einwohnern aus. Somit ist der Verband ein KRITIS-Betreiber.

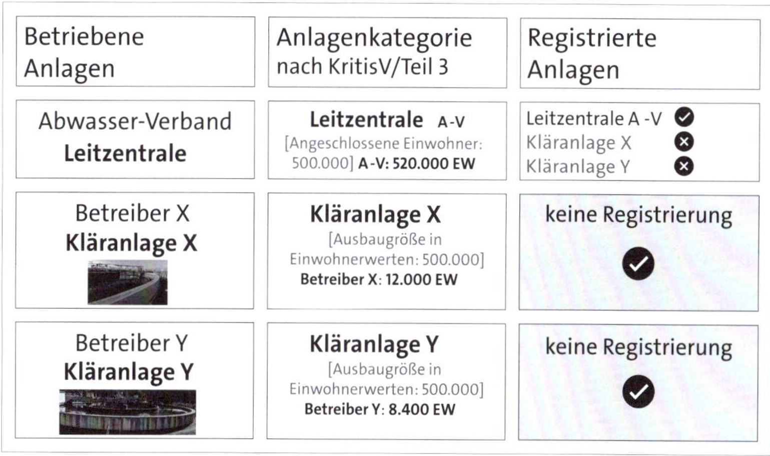

Abbildung 7.8 Zu groß gewählter Geltungsbereich im Sektor Abwasser

Wenn wir uns die beiden Betreiber der Kläranlagen X und Y ansehen, erkennen wir, dass deren Einwohnerzahlen unter 500.000 liegen. Bisher waren sie also nicht nachweispflichtig.

Was ich allerdings einige Male im Audit erlebte, zeige ich Ihnen in Abbildung 7.8: Betreiber registrieren die Anlagen anderer Betreiber als eigene Anlagen. Wir sehen den Abwasser-Verband, der die Kläranlagen anderer Betreiber als seine Anlagen registriert.

Die Nachweise müssen für die registrierten Anlagen erfolgen. Wenn ich allerdings eine ISO/IEC 27001-Zertifizierung durchführen soll, fällt plötzlich auf, dass die Kläranlagen nicht vom Abwasser-Verband zertifiziert werden können, sondern nur von ihren eigenen Betreibern. Verantwortlich ist jeweils die oberste Leitung, die das Durchgriffsrecht bezüglich Verbesserungen besitzt.

Ein anderes Beispiel sind IT-Dienstleister, die die Einwohner ihrer Nicht-KRITIS-Kunden zusammenzählen und die Anlagen der Kunden als eigene Anlagen registrieren, wenn die Gesamtsumme aller Einwohner über 500.000 liegt.

Auch habe ich erlebt, dass IT-Dienstleister, die für die öffentliche Verwaltung arbeiten, die Einwohner der kleinen Gemeinden und Städte deutschlandweit zusammenzählten und bei Überschreiten der 500.000 Einwohner sich selbst als KRITIS-Betreiber registrierten. Da ihre erbrachten IT-Leistungen aber meist gar nicht in der KritisV zu finden sind, ordneten sich diese IT-Dienstleister anderen Sektoren oder Anlagen zu, um sich trotzdem registrieren zu können. Viele Unternehmen registrieren sich nämlich aus Angst, eine gesetzliche Vorgabe zu missachten und Bußgelder zahlen zu müssen.

Andere Unternehmen entwickelten in der Corona-Pandemie einen dringenden Registrierungswunsch, um das eigene Unternehmen vor den gesetzlich auferlegten Kurzarbeitszeiten zu schützen und als systemrelevant zu gelten. Im Audit fällt dann oft auf,

- dass Zutritte zu ihren Anlagen gar nicht möglich sind oder
- dass die erbrachten Leistungen gar nichts mit den definierten kritischen Dienstleistungen zu tun haben oder
- dass die Zielgruppe der erbrachten Leistungen gar nicht passt.

Um das Personal nicht zu überfordern, ist ein passender Geltungsbereich wichtig. Diesen sehen wir uns im nächsten Abschnitt an.

7.1.5 Der Geltungsbereich umfasst die kritische Dienstleistung

In diesem Abschnitt möchte ich Ihnen einen angemessenen Geltungsbereich zeigen, in dem exakt die Kritische Infrastruktur und die relevanten Schnittstellen enthalten sind.

In Abbildung 7.9 zeige ich Ihnen beispielhaft alle Anlagen und Schnittstellen, die wir für die kritische Dienstleistung berücksichtigen müssen. Unkritische Prozesse nehmen wir nicht in den KRITIS-Scope auf.

Bei der Illustration des Geltungsbereichs greifen wir auf eine grafische Darstellung zurück, um Außenstehenden ein besseres Verständnis zu ermöglichen. Dort, wo es nötig ist, beschreiben wir den Geltungsbereich zusätzlich.

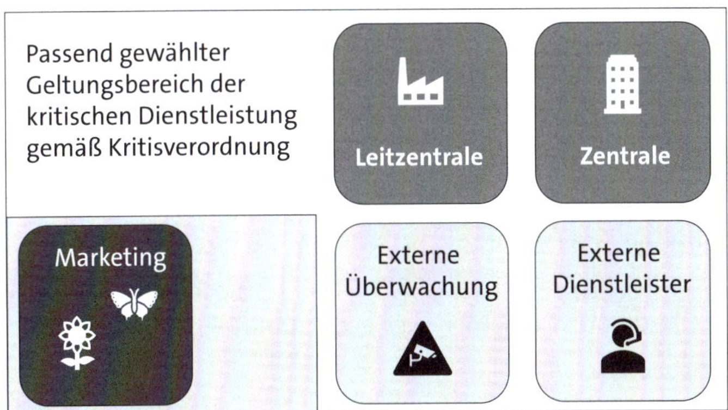

Abbildung 7.9 Der Geltungsbereich ist passend gewählt.

In Abbildung 7.10 habe ich einige Beispiele zur Aussage eines möglichen Geltungsbereichs (*Scopes*) für Sie dargestellt. Diese Aussage zum Scope, die auch als *Scoping Statement* bezeichnet wird, ist eine Anforderung aus Abschnitt 4.3 »Anwendungsbereich« der ISO/IEC 27001 und wird auf Zertifikate gedruckt.

Aussagen zum Geltungsbereich (Scoping Statement)

	Kritische Dienstleistung gemäß KritisV	Adverb	Location
1	Strom-und Gasversorgung	in	Muster-Bundesland
2	Betrieb des Energieversorgungsnetzes	am	Flughafen Muster-Stadt
3	Betrieb eines Tankstellennetzes	in	Muster-Bundesländer
4	Netzsteuerung und Überwachung der Trinkwasserversorgung	in	Muster-Stadt
5	Stationäre medizinische Versorgung	für	Muster-Stadt und Umland
6	Bargeldversorgung	in	Muster-Gemeinde
7	Öffentlicher Personennahverkehr (ÖPNV), Schienennetz, Stellwerke und Leitzentralen (ÖSPV)	in	Muster-Stadt und Umland

Abbildung 7.10 Beispiele für Geltungsbereiche und Scoping Statements

Im nächsten Schritt beschreiben Sie Ihren Scope in Textform und geben an, welche Anlagen und Prozesse zum Scope gehören.

Ein zentrales Element der grafischen Darstellung ist der Netzstrukturplan. Er muss alle Bereiche der kritischen Infrastruktur, aber auch Kommunikationsschnittstellen und Abhängigkeiten abbilden.

Einige Objekte können Sie dabei zusammenfassen, wenn diese bestimmte Eigenschaften aufweisen. Diese Gruppierung möchte ich Ihnen im folgenden Abschnitt zeigen.

7.1.6 Gruppierung von Objekten im Netzstrukturplan

In einem Netzstrukturplan muss nicht jedes einzelne System und jede einzelne IP-Adresse angezeigt werden. Gleiche Objekte können Sie zusammenfassen.

Zur Gruppierung von Objekten im Netzstrukturplan gibt das BSI auf seiner Webseite *Information zur Wahl des Geltungsbereiches* (44) weitere Hinweise. Die wichtigsten Kriterien liste ich für Sie im Infokasten auf:

Kriterien für eine Gruppierung von Objekten im Netzstrukturplan

- Objekte sind vom gleichen Typ,
- Objekte haben ähnliche Aufgaben,
- Objekte unterliegen ähnlichen Rahmenbedingungen und
- Objekte weisen den gleichen Schutzbedarf auf.

Ich empfehle Ihnen, bei mehreren Standorten diese Kriterien im Netzstrukturplan zu berücksichtigen. Für die Standorte vergeben Sie konkrete Bezeichnungen.

Ausgelagerte Prozesse, die für die kritische Dienstleistung relevant sind, stellen Sie ebenfalls im Netzstrukturplan dar, ebenso die im Infokasten gezeigten Schnittstellen:

Schnittstellen im Netzstrukturplan

- Kommunikationsschnittstellen zu externen Netzen,
- Kommunikationsschnittstellen zu Netzen anderer Standorte,
- Wartungsschnittstellen, wenn diese dauerhaft freigeschaltet sind, und
- Schnittstellen zu ausgelagerten Teilen der Dienstleistung.

Sie haben auch die Möglichkeit, den Netzstrukturplan in Listenform darzustellen, wenn Sie hierdurch eine bessere Übersicht gewährleisten können. Ich denke, das ist sicherlich bei einer sehr großen Anzahl an vergleichbaren Standorten hilfreich, beispielsweise bei Tankstellen.

Kommen wir im nächsten Abschnitt zu den gesetzlich vorgeschriebenen Schutzvorkehrungen.

7.2 Organisatorische und technische Vorkehrungen zur Vermeidung von Störungen

Alle KRITIS-Betreiber sind nach dem BSIG verpflichtet, Mindeststandards umzusetzen, um angemessene organisatorische und technische Vorkehrungen zur Vermeidung von Störungen der *Verfügbarkeit, Integrität, Vertraulichkeit* und *Authentizität* (VIVA) zu treffen. Wenn ich diese Vorkehrungen im Buch pauschal als ISMS (Informationssicherheitsmanagementsystem) bezeichne, bedeutet dies nicht, dass jeder Betreiber ein ISMS aufbauen muss. Einzelne Sicherheitsmaßnahmen und Absicherungen sind ebenso möglich und können im Audit überprüft werden.

Um sich mit einem ISMS nach IT-Grundschutz vertraut zu machen, können Sie den BSI-Standard 200-1 (45) zu Hilfe nehmen. Viele Betreiber setzen beim ISMS-Aufbau auf die ISO/IEC 27001.

Auf beide Informationssicherheitsstandards möchte ich in diesem Buch nicht detaillierter eingehen, da zu ihnen ausreichend Literatur auf dem Buchmarkt existiert.

Im Unterschied zum Aufbau eines ISMS nach der ISO/IEC 27001, bei dem oft die internen Prozesse und die interne Informationstechnik im Mittelpunkt stehen, müssen wir uns bei einem KRITIS-Betreiber auf die Prozesse und Systeme fokussieren, die für die Erbringung der kritischen Dienstleistung benötigt werden.

Wenn wir die Anlagenkategorien in der Kritisverordnung (siehe Abschnitt 2.6.3, »Teil 3 – Anlagenkategorien und Schwellenwerte«) betrachten, finden wir viele Anlagen (beispielsweise Wasserwerke oder das Schienennetz), die sich außerhalb der Zentrale, außerhalb der IT-Infrastruktur und außerhalb des internen IT-Betriebs befinden. Wichtig ist, dass wir eine verantwortliche Person benötigen, zum Beispiel mit dem Titel Informationssicherheitsbeauftragter, die die Koordination des ISMS-Aufbaus oder seine Weiterentwicklung und Verbesserung vorantreibt.

In den nächsten Abschnitten gehe ich auf die Besonderheiten beim ISMS für KRITIS-Betreiber ein.

7.2.1 Berücksichtigung des All-Gefahrenansatzes

In diesem Abschnitt möchte ich auf einen Aspekt eingehen, der für alle KRITIS-Betreiber gilt und der als *All-Gefahrenansatz* bezeichnet wird.

Bei Prüfungen, die unter das BSIG fallen, gilt dieser Ansatz. Was bedeutet er?

Der All-Gefahrenansatz besagt, dass wir alle unvermeidlichen Bedrohungen und Schwachstellen identifizieren müssen, die zu Störungen oder Ausfällen unserer Systeme, Komponenten und Prozesse führen und damit die Erbringung der kritischen Dienstleistung gefährden könnten.

Wir blicken hier nicht nur auf interne Systeme, sondern auch auf Schnittstellen nach außen und Leistungen, die uns Externe bereitstellen.

Die »Orientierungshilfe B3S« (36) zeigt uns im OH-Absatz 4.3.1, »Geeignete Behandlung aller für die kDL relevanten Risiken«, wie wir diese Risiken identifizieren und durch geeignete Maßnahmen reduzieren können.

Im IT-Grundschutz-Kompendium (46) finden wir 47 Gefährdungen, die wir bei unserer Risikoidentifikation heranziehen und bewerten können.

In der UP KRITIS-Broschüre (5) steht auf Seite 6 im letzten Absatz folgende Aussage zum All-Gefahrenansatz, die ich Ihnen zitieren möchte:

> *»Der Schutz vor* **Gefahren mit IT-Bezug**, *insbesondere vor Cyber-Angriffen, ist einer der zentralen Bestandteile eines* **All-Gefahrenansatzes**; *er wird in ein operatives Risiko- und Krisenmanagement integriert. Da kritische Dienstleistungen mittels kritischer (Produktions-)Prozesse erbracht werden, muss sich der Schutz vorrangig auf diese Prozesse konzentrieren.«*

Wir haben somit die Aufgabe, unsere kritischen Prozesse vor IT-Störungen zu schützen und dabei alle potenziellen Gefahren zu bewerten und Vorkehrungen gegen sie zu treffen. Als Prüfer müssen wir beim Audit des Risikomanagements eines Betreibers diesen All-Gefahrenansatz beurteilen.

Wie sieht es aber mit der Risikoakzeptanz aus? Dazu kommen wir im folgenden Absatz.

7.2.2 Eingeschränkte Risikoakzeptanz

In diesem Abschnitt sehen wir uns die Risikoakzeptanz an, die für KRITIS-Betreiber gilt.

Als KRITIS-Betreiber haben Sie nur eine eingeschränkte Möglichkeit, Risiken zu akzeptieren oder zu übertragen. Die Erläuterung dazu finden Sie im OH-Absatz 4.3.2 der »Orientierungshilfe B3S« (36).

Eine dauerhafte Risikoakzeptanz ist für Betreiber nicht erlaubt.

Außerdem gilt: Rein finanzielle Absicherungen sind nicht ausreichend.

In Abbildung 7.11 habe ich die eingeschränkten Risikobehandlungsoptionen mit einem Verbotszeichen gekennzeichnet. Möchten Sie Risiken dennoch akzeptieren, müssen Sie dies schriftlich begründen und in der Managementbewertung durch die oberste Leitung akzeptieren lassen.

Die Abbildung lesen Sie von links nach rechts: Wenn eine Risikobehandlung durchgeführt werden muss, sind eine unbegründete Risikoakzeptanz oder eine Übertragung an Versicherungen und Dienstleister nicht ausreichend. Im Audit prüfen wir Auditoren, ob die Begründungen für eine Risikoakzeptanz angemessen sind. Finanzielle Gründe wären nicht ausreichend. Sprechen finanzielle Gründe gegen eine Maßnahme, müssen Betreiber alternative Vorkehrungen umsetzen.

Als Betreiber müssen Sie die einmal vorgenommene Risikoakzeptanz regelmäßig (am besten jährlich) daraufhin überprüfen, ob diese weiterhin zutrifft und ob die oberste Leitung das verbleibende Risiko immer noch akzeptiert.

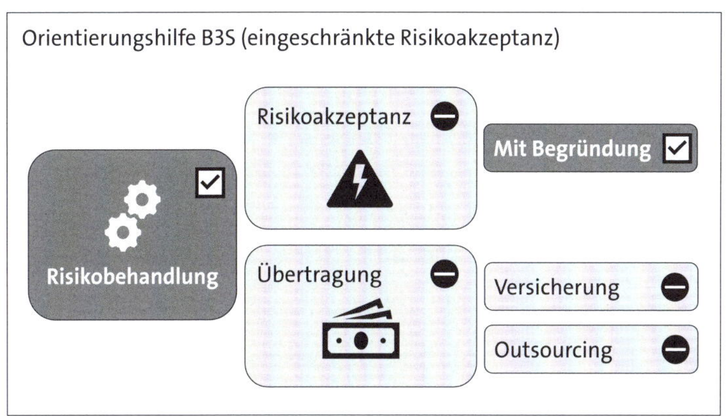

Abbildung 7.11 Für KRITIS-Betreiber gilt eine eingeschränkte Risikoakzeptanz.

Für KRITIS-Betreiber ist es nicht möglich, ein Risiko aufgrund von seltenem Auftreten permanent zu akzeptieren. Solche Gründe betrachten wir immer wieder daraufhin, ob sich die Häufigkeiten verändert haben. Wie oben bereits gesagt wurde, setzen wir zwingend alternative Maßnahmen um, wenn die erstbeste Maßnahme zu teuer ist.

Auch die eingeschränkte Risikoakzeptanz gehört zum allgemeinen Prüferwissen:

F-07-2: Welche Besonderheiten sind für die Risikoakzeptanz bei einer Prüfung nach dem BSIG zu beachten?

a) Seltene Gefährdungen können immer akzeptiert werden.
b) Risiken, die versichert sind, können akzeptiert werden.
c) Die Akzeptanz ist eingeschränkt: Es müssen mögliche Versorgungsengpässe betrachtet werden. Versicherungen sind zur Vermeidung von Versorgungsengpässen nicht ausreichend.
d) Risiken, die an Dienstleister übertragen werden, sind akzeptabel.

Eine weitere Vorgabe zur Risikobehandlung besteht in der Umsetzung nach dem Stand der Technik, auf die ich im nächsten Abschnitt eingehen möchte.

7.2.3 Maßnahmen nach dem Stand der Technik

Alle KRITIS-Betreiber müssen angemessene Vorkehrungen und Risikobehandlungsmaßnahmen nach dem Stand der Technik umsetzen. Diese Anforderung haben wir uns bereits in Abbildung 1.20 in Abschnitt 1.2.1, »Änderungen im BSIG«, angesehen.

Im Infokasten möchte ich Ihnen die Eigenschaften für Systeme und Anwendungen auflisten, die wir unter *Stand der Technik* verstehen und die zum Prüferwissen gehören.

Was gilt als »Stand der Technik«?

- Verfahren und Maßnahmen, die einschlägigen internationalen, europäischen oder nationalen Standards und Normen entsprechen,
- fortschrittliche Verfahren, Einrichtungen und Betriebsweisen, die nicht »frisch« aus der Forschung stammen, sowie
- Verfahren, Einrichtungen und Betriebsweisen, die bereits in der Praxis erprobt und etabliert sind.

Das bedeutet: Keine Institution definiert selbstständig, was als Stand der Technik gilt.

F-07-3: Unter »Stand der Technik« versteht man:

a) in der Praxis erprobte und anerkannte Verfahren, Einrichtungen und Betriebsweisen
b) fortschrittliche Verfahren, Einrichtungen und Betriebsweisen
c) Software nach der neuesten Forschung
d) Vorkehrungen entsprechend einschlägigen internationalen, europäischen oder nationalen Standards und Normen

Eine Überprüfung der Verfahren und Maßnahmen kann durch Prüfer anhand bestehender Standards oder Normen vorgenommen werden.

F-07-4: Wer legt fest, was unter »Stand der Technik« zu verstehen ist?

a) der Branchenverband
b) eine zuständige Prüfstelle
c) das BSI
d) keine der genannten Stellen

Doch wie weit müssen Sie Ihre geplanten Maßnahmen umsetzen, bevor ein Prüfer zu Ihnen kommt und zufrieden ist? Das sehen wir uns im nächsten Abschnitt an.

7.2.4 Umsetzung aller risikomindernden Maßnahmen

Betreiber, die nach IT-Grundschutz arbeiten, können anhand ihres Sicherheitskonzepts die erforderlichen Anforderungen direkt aus dem IT-Grundschutz-Kompendium (46) entnehmen, einplanen und umsetzen.

Betreiber, die nach ISO/IEC 27001 arbeiten, lassen sich in der Regel aus unterschiedlichen Quellen zur Umsetzung von risikomindernden Maßnahmen inspirieren.

Wenn eine geplante Maßnahme nicht umgesetzt werden soll oder kann, müssen Sie alternative Maßnahmen in Betracht ziehen.

In Abbildung 7.12 zeige ich Ihnen mögliche Begründungen für die Umsetzung von Alternativmaßnahmen oder für eine Akzeptanz der Restrisiken. Bitte lesen Sie die Abbildung von links nach rechts: Die geplante Risikobehandlung soll nicht umgesetzt werden, vielleicht weil sie zu teuer ist oder weil bereits ausreichend andere wirksame Maßnahmen existieren. Nur wenn Sie eine Begründung liefern, können Sie geplante Maßnahmen ignorieren. Eine mögliche Begründung könnte eine bestehende Redundanz sein. Eine Akzeptanz der Geschäftsleitung (GF) muss immer schriftlich und aktuell erteilt worden sein, also nicht vor fünf Jahren.

Abbildung 7.12 Mögliche Begründungen, für die Umsetzung von Alternativmaßnahmen

Alle Begründungen müssen von der obersten Leitung akzeptiert werden. Anschließend setzen Sie alle anderen Maßnahmen um. Es ist nicht ausreichend, Gegenmaßnahmen nur zu planen – diese müssen bis zum Audit auch vollständig umgesetzt werden. Im Audit notiere ich allerdings keine Nichtkonformität oder Mängel, wenn mir eine fortgeschrittene Umsetzung gezeigt wird und ich erkennen kann, dass die Umsetzung in den nächsten Monaten erfolgt.

Eine umfangreiche Maßnahme im Jahr 2023 war die Einführung von Systemen zur Angriffserkennung, die wir uns im nächsten Abschnitt ansehen werden.

7.3 Systeme zur Angriffserkennung (SzA)

In diesem Abschnitt sehen wir uns die Pflicht zur Umsetzung von *Systemen zur Angriffserkennung* genauer an.

In Abschnitt 5.2, »OH zu Systemen zur Angriffserkennung (SzA)«, haben Sie die Orientierungshilfe zu SzA (38) bereits kennengelernt, und ich ging dort auf die gesetzlichen Anforderungen nach dem BSIG ein. Außerdem haben wir uns in diesem Abschnitt in Abbildung 5.3 die Anforderungen an SzA angesehen.

Als KRITIS-Betreiber waren Sie spätestens ab 1. Mai 2023 dazu verpflichtet, Ihre Systeme so zu konfigurieren, dass diese Angriffe protokollieren, erkennen und angemessen auf sie reagieren.

Seit spätestens Mai 2023 müssen Prüfer diese Systeme prüfen und wissen, welche Aufgaben SzA zu erfüllen haben.

F-07-5: Welche Funktionalitäten sollen Systeme zur Angriffserkennung erfüllen?

a) Protokollierung

b) Detektion

c) Reaktion

d) Zugriffssteuerung

Im nächsten Abschnitt sehen wir uns das Thema der SzA-Umsetzung an.

7.3.1 Die Umsetzungsempfehlungen des BSI zu SzA

In diesem Abschnitt möchte ich Ihnen zeigen, welche Umsetzungs- und Prüfempfehlungen uns das BSI in seiner Orientierungshilfe zu SzA (38) zusammengestellt hat.

Ab Mai 2023 mussten alle KRITIS-Betreiber die Etablierung ihrer SzA nachweisen. Viele Betreiber waren zu diesem Zeitpunkt noch mitten in der Implementierung oder sogar erst in der Konzeptionsphase.

Bei den ersten Betreibern, die ihre SzA bereits aufgebaut hatten, zeigte sich jedoch eine neue Herausforderung: Diese Betreiber erhielten teilweise täglich Ereignismeldungen im Umfang von Zehntausenden oder gar in Millionenhöhe und konnten diese schiere Masse gar nicht sofort clustern. Es fehlten ihnen einfach Ressourcen, um die Ereignisse in Kategorien einzusortieren und zu bewerten.

Ein großer Teil dieser Meldungen war wohl normales Netzgeschehen oder gehörte zum operativen Betrieb. Aber um das herauszufinden, benötigten die Betreiber noch einmal bedeutende Mittel an Zeit und personellen Ressourcen.

Wie sind also die meisten Betreiber bei der Umsetzung vorgegangen?

In der Orientierungshilfe SzA finden wir sechs IT-Grundschutz-Bausteine, deren einzelne Anforderungen im *IT-Grundschutz-Kompendium* (46) nachgelesen werden können. Die sechs Bausteine habe ich im Infokasten aufgelistet:

Empfohlene IT-Grundschutz-Bausteine für die Umsetzung von SzA

- OPS.1.1.4 Schutz vor Schadprogrammen
- OPS.1.1.5 Protokollierung
- NET.1.2 Netzmanagement
- NET.3.2 Firewall
- DER.1 Detektion von sicherheitsrelevanten Ereignissen
- DER.2.1 Behandlung von Sicherheitsvorfällen

In Abbildung 7.13 zeige ich Ihnen links diese sechs empfohlenen IT-Grundschutz-Bausteine. Auf der rechten Seite habe ich für Sie diesen Bausteinen die Sicherheitsmaßnahmen aus der ISO/IEC 27001 grob zugeordnet. Für alle von Ihnen, die sich mit der ISO/IEC 27001 wohlfühlen, ist dadurch ersichtlich, welche Themen wir zum großen Teil bereits umgesetzt haben und was noch zusätzlich erfüllt werden muss.

Orientierungshilfe SZA empfiehlt: Protokollierung, Detektion und Reaktion

IT-Grundschutz-Kompendium	ISO/IEC 27001
OPS.1.1.4 Schutz vor Schadprogrammen	A.8.7 Schutz gegen Schadsoftware
OPS.1.1.5 Protokollierung	A.8.15 Protokollierung
NET.1.2 Netzmanagement	A.8.16 Überwachung von Aktivitäten
NET.3.2 Firewall	A.8.21 Sicherheit in Netzwerken
	A.8.22 Trennung von Netzwerken
DER.1 Detektion von sicherheitsrelevanten Ereignissen	
	A.5.24 Planung und Vorbereitung von Informationssicherheits-Vorfällen
DER.2.1: Behandlung von Sicherheitsvorfällen	
	A.5.25 Beurteilung und Entscheidung über Informationssicherheits-Vorfälle
	A.5.26 Reaktion auf Informationssicherheits-Vorfälle
	A.5.27 Erkenntnisse aus Informationssicherheits-Vorfällen
	A.5.28 Sammeln von Beweismaterial
	A.5.29 Informationssicherheit bei Störungen
	A.5.30 Informations-und Kommunikationstechnik-Bereitschaft für Business Continuity
	A.5.31 Rechtliche, gesetzliche, regulatorische und vertragliche Anforderungen

Abbildung 7.13 Überblick über die für SzA umzusetzenden Maßnahmen nach IT-Grundschutz und ISO/IEC 27001

Viele meiner Kunden, bei denen ich 2023 eine Nachweisprüfung durchführte, waren der Meinung, noch gar nichts zu SzA zu haben, was einfach so nicht stimmen konnte. Vor allem dann nicht, wenn die Organisationen bereits nach einer ISO/IEC 27001 oder nach dem IT-Sicherheitskatalog zertifiziert worden waren.

Wenn Sie Ihre bisherige Umsetzung anhand des IT-Grundschutz-Kompendiums vergleichen wollen und bisher keine Berührungspunkte damit hatten, möchte ich Ihnen an dieser Stelle eine kurze Einführung anhand des Bausteins *OPS.1.1.4 Schutz vor Schadprogrammen* geben, der zum Prozess-Baustein *OPS.1.1 Kern-IT-Betrieb* gehört. In Abbildung 7.13 ist er der erste IT-Grundschutz-Baustein.

Die IT-Grundschutz-Bausteine finden Sie im *IT-Grundschutz-Kompendium* (46) und auf der BSI-Seite *IT-Grundschutz-Bausteine* (47).

Jeder Baustein umfasst vier Kapitel. Im ersten Kapitel wird das eigentliche Thema beschrieben. In unserem Beispiel werden Schadprogramme und alles, was wir darunter verstehen können, erläutert. Das zweite Kapitel zeigt uns die Gefährdungslage. Das sind typische Szenarien, die ein System oder eine Applikation betreffen können. Unser ausgewählter Baustein listet beispielsweise folgende Gefährdungen auf, die ich Ihnen im Infokasten darstelle:

[»]

Liste der spezifischen Bedrohungen und Schwachstellen zum IT-Grundschutz-Baustein »OPS.1.1.4 Schutz vor Schadprogrammen«

- Softwareschwachstellen und Drive-by-Downloads
- Erpressung durch Ransomware
- gezielte Angriffe und Social Engineering
- Botnetze und Infektion von Produktionssystemen und IoT-Geräten

Jeder Baustein behandelt in seinem dritten Kapitel die Anforderungen, die für einen höheren Schutz umgesetzt werden müssen. Diese Anforderungen sind in drei Kategorien gegliedert:

- In der ersten Kategorie finden wir die Basis-Anforderungen. Wenn Sie ein ISMS nach IT-Grundschutz aufbauen möchten, sind diese Anforderungen zwingend umzusetzen. Die Anforderungen haben eine ID, an der Sie die Zugehörigkeit zu einem Baustein ablesen können.

  Im folgenden Infokasten sehen Sie, dass unser Beispiel-Baustein die Kennung *OPS.1.1.4* besitzt und dass seine erste Basis-Anforderung die ID *OPS.1.1.4.A1* aufweist. Das in Klammern gesetzte *B* steht für *Basis-Anforderung* und bedeutet, dass diese Anforderung eine *Muss*-Anforderung ist: Sie *muss* also umgesetzt werden.

- Die zweite Beispiel-Anforderung *OPS.1.1.4.A9*, die ich Ihnen zeigen möchte, besitzt ein in Klammern gesetztes *S*. Dieses steht für *Standard-Anforderung*, und somit können wir davon ausgehen, dass es sich bei dieser Anforderung um den *Stand der Technik* handelt. Diese Anforderungen *sollten* umgesetzt werden.

  Wenn Sie Ihr *ISMS* nach *ISO/IEC 27001 auf der Basis von IT-Grundschutz* zertifizieren lassen möchten, müssen Sie alle auf Ihre Anlagen zutreffenden Standard-Anforderungen umsetzen.

- Die dritte Beispiel-Anforderung *OPS.1.1.4.A10* besitzt am Ende ein in Klammern gesetztes *H*. Daran erkennen wir Anforderungen, die wir für Systeme umsetzen müssen, die einen erhöhten Schutzbedarf besitzen.

Die gerade besprochenen Anforderungen sehen Sie im Infokasten:

Anforderungen aus dem Baustein »OPS.1.1.4 Schutz vor Schadprogrammen« (Quelle: IT-Grundschutz-Kompendium (2023))

- OPS.1.1.4.A1 Erstellung eines Konzepts für den Schutz vor Schadprogrammen (B)
- OPS.1.1.4.A9 Meldung von Infektionen mit Schadprogrammen (S)
- OPS.1.1.4.A10 Nutzung spezieller Analyseumgebungen (H)

In meinen Nachweisprüfungen habe ich 2023 die Muss- und Sollte-Anforderungen aus dem IT-Grundschutz-Kompendium bei Betreibern überprüft.

Wenn Sie die in Abbildung 7.13 rechts gezeigten ISO/IEC-27001-Sicherheitsmaßnahmen bereits umgesetzt haben, könnten Sie sich im IT-Grundschutz-Kompendium noch mehr zum *Stand der Technik* inspirieren lassen.

Die Betreiber im Sektor Energie hatten eine etwas kürzere Frist, auf die ich in Abschnitt 7.3.3, »Besonderheiten des Energie-Sektors«, eingehen möchte. Im nächsten Abschnitt zeige ich Ihnen aber zuvor noch ein kleines praktisches Beispiel für eine mögliche SzA-Umsetzung.

7.3.2 Praktisches Umsetzungsbeispiel IRMA®

Während einiger Nachweisprüfungen im Jahr 2023 zeigten mir Betreiber eine mögliche Lösung für Systeme zur Angriffserkennung. Die Lösung sah etwa wie die in Abbildung 7.14 aus.

Der Netzverkehr aus dem Internet wurde durch eine Firewall geleitet und anschließend in einen Switch. Von dort aus legten die Betreiber ein Kabel (siehe 1 in der Abbildung) in ein netzwerkbasiertes Intrusion-Detection-System (*NIDS*). Der gesamte Netzwerkverkehr wurde dort gespiegelt analysiert und danach (siehe 2) dem Systemadministrator in Echtzeit auf einem Dashboard (siehe 3) dargestellt. Diese Ausgabe diente dem Monitoring.

Das System, das ich mir angesehen hatte, stammte von der Firma »VIDEC Data Engineering GmbH« und nannte sich *IRMA®*. Die Firma empfiehlt, die IRMA zwischen den Firewalls und weiteren Netzwerkkomponenten zu platzieren.

Sehr spannend finde ich, dass der Datenstrom auf allen Layern des ISO/OSI-Schichtenmodells analysiert wird.

Die Erfassung der Assets für das Monitoring findet auf Layer 2 und Layer 3 statt. In den Verbindungen werden Ports auf Layer 4 angezeigt. Erkannte Dienste befinden sich auf Layer 5 oder höher. Angezeigte S7-Protokolle oder eine 104er-Kommunikation stammen aus den Layern 5 bis 7. Kurzum, die IRMA® analysiert den eingehenden Datenstrom auf mehreren Schichten, je nachdem, was die Frames hergeben.

Im Dashboard erhält der Administrator anschließend die Möglichkeit, IP-Adressen oder Assets zu autorisieren oder zu verbieten. Nach Bewertung verbleiben nur noch unbekannte oder tatsächlich verbotene IPs oder Systeme farblich markiert.

Von einem Bedrohungslevel, das zu Beginn beispielsweise weit über 46.000 beträgt, kann ein Administrator durch seine Bewertungen das dargestellte Bedrohungslevel auf vielleicht 200 senken. Ein Kunde schwärmte einmal davon, wie er es an einem Tag sogar auf das Bedrohungslevel 0 geschafft hätte, was einen gewissen Spielcharakter offenbarte.

In Abbildung 7.14 können Sie außerdem sehen, dass die Räume physisch und elektronisch gesichert sind. Es handelt sich demnach um Sicherheitsbereiche. Im Raum *001*, den ich als »Technikraum« bezeichnen würde, sehen wir die Netzinfrastruktur. In Raum *002*, den wir uns als Raum der »internen IT« vorstellen könnten, läuft der Prozess »IT-Betrieb«. Exemplarisch zeige ich Ihnen neben der Software für das SzA-Dashboard auch die Software für das Active Directory.

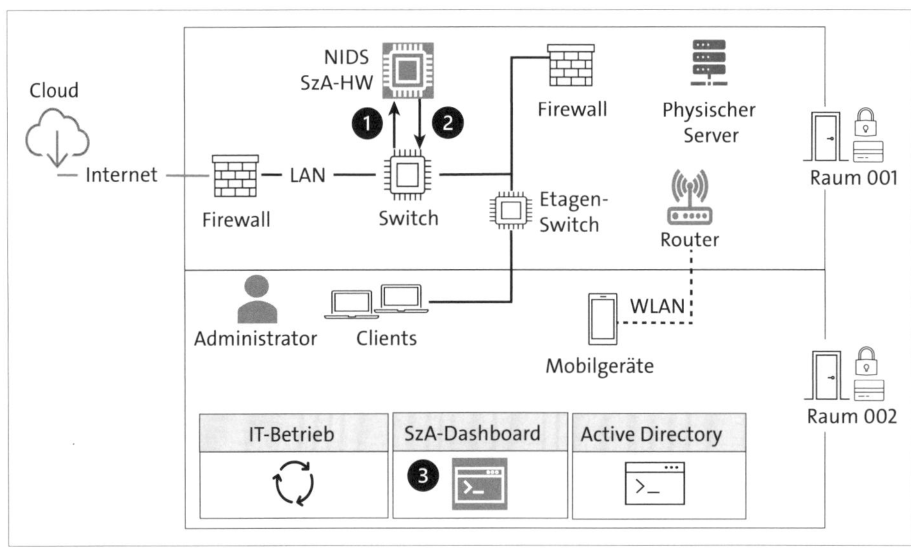

Abbildung 7.14 Vereinfachtes grafisches Beispiel für Systeme zur Angriffserkennung

Ich war sehr erfreut, als mir Markus Woehl von der Firma VIDEC ein Foto der IRMA® zur Verfügung stellte. Ich zeige es Ihnen in Abbildung 7.15.

Abbildung 7.15 Foto der IRMA® auf der Tagung in Potsdam am 7. November 2023 (Bildquelle: VIDEC Data Engineering GmbH)

Im Begleitmaterial zu diesem Abschnitt habe ich Ihnen eine Information zu IDS, IPS und NIDS abgelegt.

Hinweis zum Begleitmaterial

Die Information zum Intrusion-Detection/Intrusion-Prevention-System (IDS/IPS) (48) des Landesamtes für Sicherheit in der Informationstechnik vom Mai 2022 finden Sie im Dokument:

- 2022-05_LSI-Info_t05_IDS-IPS

Im nächsten Abschnitt möchte ich auf den Sektor Energie und seine Nachweispflichten zu SzA eingehen.

7.3.3 Besonderheiten des Energie-Sektors

KRITIS-Betreiber im Sektor Energie standen im Jahr 2023 vor einer besonderen Herausforderung. Bis zum 1. Mai 2023 mussten sie dem BSI gegenüber nachweisen, Systeme zu Angriffserkennung (SzA) in ihrer Organisation implementiert zu haben.

Obwohl diese Anforderung bereits durch das IT-Sicherheitsgesetz 2.0 bekannt geworden war, stellte sich die Umsetzung dennoch als alles andere als trivial dar. Konkrete Anforderungen waren erst im September 2022 mit der *Orientierungshilfe zum Einsatz von Systemen zur Angriffserkennung* (38) verfügbar.

Viele Betreiber beauftragten erst nach dieser Veröffentlichung externe Dienstleister, ihnen Angebote und Konzepte zu erstellen. Da bei externen Dienstleistern oft die

Kapazitäten fehlten, um diese unglaubliche Menge an Anfragen abzuarbeiten, saßen einige KRITIS-Betreiber im Februar 2023 noch ohne Unterstützung da.

Auch die Prüfgesellschaften standen mit der Veröffentlichung der Orientierungshilfe zu SzA vor der Frage, welche Auditoren überhaupt Nachweisprüfungen zu SzA durchführen dürfen.

Im Januar 2023 herrschte die Meinung, nur akkreditierte Prüfer könnten für das BSI eine Nachweisprüfung zu SzA durchführen. Doch weil es beispielsweise bei Zertifizierungsstellen, die ja durch die DAkkS (*Deutsche Akkreditierungsstelle*) akkreditiert sind, an potenziellen Auditoren mangelte, übernahmen ab Februar 2023 immer mehr nicht akkreditierte Prüfstellen die SzA-Nachweisprüfungen.

Da KRITIS-Betreiber im Sektor Energie seit 2017 Nachweise an die Bundesnetzagentur (BNetzA) in Form von IT-Sicherheitskatalog-Zertifikaten liefern müssen oder dies durch die Zertifizierungsgesellschaften für sie vorgenommen wird, besitzen diese Betreiber in der Regel unverrückbare Prüfintervalle. Einige dieser Audittermine liegen zum Beispiel jährlich im Herbst.

Um die zukünftigen Audits nach IT-Sicherheitskatalog und nach SzA durch Zertifizierungsstellen auf einen einzigen Termin im Jahr zu terminieren, stellten betroffene Betreiber einen Antrag beim BSI und baten um Aufschub der Abgabefristen. Andere Betreiber beauftragten eine zweite zusätzliche Prüfung im Jahr.

Diesen Zustand bedauere ich für meine Betreiber im Energie-Sektor sehr, aber auch für die Prüfer. Oft mussten Prüfer ihre Auditkunden an weitere Auditkollegen abgeben, da andere Zertifizierungen fest eingeplant waren.

Für dieses Verfahren wünsche ich mir, dass in der Zukunft die Prüftermine pragmatischer in einem bestimmten Zeitraum im Jahr angesetzt werden und dass es nicht zwei Prüfungen im Jahr zum fast gleichen Thema gibt.

Zu den Betreiberpflichten gehören auch interne Audits, auf die ich im nächsten Abschnitt eingehen möchte.

7.4 Interne Audits

Im BSI-Standard 200-1 (45) finden wir in Abschnitt 7.4, »Interne Audits«, die Anforderung, Audits und Übungen durchzuführen, und die ISO/IEC 27001 fordert dies in ihrem Abschnitt 9.2, »Anforderungen an eine prüfende Stelle«. Das grundlegende Vorgehen für Audits von Managementsystemen gibt uns die ISO 19011 (49) vor. Ich gehe auf diese Methodik in Abschnitt 11.1, »Audit von Managementsystemen nach der ISO 19011«, genauer ein.

Alle Auditoren, nicht nur Externe, sollen Überprüfungen von Managementsystemen kompetent und unabhängig durchführen. Das bedeutet, ein Informationssicherheitsbeauftragter (IBS) kann sein eigenes, selbstständig aufgebautes ISMS nicht unabhängig prüfen.

Für KRITIS-Betreiber hat sich gezeigt, dass organisationsfremde ISBs aus dem gleichen Sektor mit ähnlicher kritischer Dienstleistung geeignete Prüfer sind. Meist sind die Ergebnisse dabei besonders gewissenhaft und streng urteilend. Für alle Beteiligten sind diese Zusammenkünfte hoch effektiv und effizient, da alle die Prozesse kennen und voneinander lernen können. Schwieriger könnte es für Organisationen sein, die mit anderen Betreibern in Konkurrenz stehen oder die Gefahr von Wissensdiebstahl sehen. Bei diesen eignen sich fremde ISBs natürlich nicht.

Häufige Prüfmängel im Audit oder in Nachweisprüfungen betreffen die Unabhängigkeit der eingesetzten Auditoren. Wir erinnern uns an die Anforderungen (GAiN, siehe Abschnitt 6.4.1, »Grundsätzliche Anforderungen im Nachweisprozess (GAiN)«) im Nachweisprozess, zu denen auch die Unabhängigkeit gehörte.

Eine weitere Pflicht ist das Melden von Informationssicherheitsvorfällen, auf die ich im nächsten Abschnitt eingehen möchte.

7.5 Melden von Informationssicherheitsvorfällen, Störungen und Ausfällen

Das Melden von Störungen ist eine gesetzliche Pflicht des Betreibers. Wir haben uns diese Anforderung in Abbildung 1.27 in Abschnitt 1.2.1, »Änderungen im BSIG«, angesehen.

Wer gegen seine Meldepflichten verstößt kann mit einem Bußgeld von bis zu 500.000 € bestraft werden. Die Bußgelder zeige ich Ihnen in Tabelle 13.1 in Abschnitt 13.5, »Bußgelder«.

Die Registrierung haben wir uns in Abschnitt 6.1, »Registrierung als KRITIS-Betreiber«, angesehen. Nur für Ihre dort registrierten Anlagen können Sie Meldungen einreichen. Es ist also wichtig, Ihre hinterlegten Daten bezüglich Richtigkeit, Vollständigkeit und Aktualität zu überprüfen.

Eine weitere Pflicht ist die ständige Erreichbarkeit als Betreiber. Diese gesetzliche Anforderung haben wir uns in Abbildung 1.45 in Abschnitt 1.4.1, »Änderungen im BSIG«, angesehen; und welche IT-Störungen durch Betreiber gemeldet werden müssen, haben wir in Abbildung 6.2 in Abschnitt 6.2, »Das Melde- und Informationsportal (MIP)«, betrachtet. Wir wissen: Streiks der Belegschaft oder schwere Schneefälle melden wir nicht. Alle anderen Störungen mit IT-Bezug sollten Betreiber aber unbedingt melden, auch wenn die Presse bereits über diese Störungen berichtet. Meldungen sollten zu Vorfällen erfolgen, die anderen Betreibern Schaden zufügen können, wenn diese sich nicht darauf vorbereiten und dagegen schützen können.

Falls in Ihrem Unternehmen nur eine Tagschicht existiert und Ihre Organisation nicht permanent erreichbar ist, eignet sich für Sie vielleicht eine gemeinsame übergeordnete Ansprechstelle. Was das ist, sehen wir uns im nächsten Abschnitt an.

7.6 Gemeinsame übergeordnete Ansprechstelle (GÜAS)

Einige KRITIS-Betreiber sind nicht rund um die Uhr erreichbar, weil bei ihnen reguläre Arbeitszeiten gelten und kein Schichtbetrieb vorkommt. Falls Ihre Organisation auch dazu gehört, haben Sie die Möglichkeit, mit anderen Betreibern, die im gleichen Sektor tätig sind, eine *gemeinsame übergeordnete Ansprechstelle* (*GÜAS*) zu benennen. Eine solche Ansprechstelle ist ständig erreichbar und dient zum schnellen Informationsaustausch mit dem BSI.

Im günstigsten Fall übernehmen die GÜAS für ihre betreuten Betreiber eine Filterfunktion und reichen nur relevante BSI-Meldungen an ihre Kunden weiter. In meinem Alltag als Beraterin sah ich GÜAS bereits bei Betreibern in den Sektoren Wasser sowie Transport und Verkehr.

Die Möglichkeit zur Benennung einer GÜAS haben wir uns in Abbildung 1.53 angesehen. Wie Sie dazu vorgehen, erfahren Sie auf der BSI-Seite »Kontaktstelle benennen« (50): Eine GÜAS registriert sich genau wie ein Betreiber am MIP und meldet sich für die *Meldestelle KRITIS* im Meldeportal an.

Die Kommunikation zwischen dem BSI und dem Betreiber erfolgt anschließend über diese GÜAS. Sie meldet auch Störungen und Ausfälle ihrer Betreiber-Kunden über das Meldeportal.

Hinweis zum Begleitmaterial

Die Registrierung als Meldestelle in Form einer gemeinsamen übergeordneten Ansprechstelle (GÜAS) erfolgt über eine Registrierung im Meldeportal. Wie Sie eine andere Organisation angeben, lesen Sie im Dokument in Abschnitt 4.2, »Die Meldestelle für Informationssicherheitsvorfälle«, auf Seite 11.

- 2023_Registrierung_fuer_die_Meldestelle_KRITIS_im_MIP

Von einer GÜAS wird erwartet, dass sie zu jeder Zeit, also vierundzwanzig Stunden an sieben Tagen (24/7), BSI-Meldungen empfangen, verarbeiten und ihre Betreiber vor Gefahren warnen kann. Außerdem empfiehlt das BSI, keine persönlichen E-Mail-Adressen, sondern nur ein Funktionspostfach zu registrieren, um die ständige Erreichbarkeit zu gewährleisten. Die Vorteile einer gemeinsamen übergeordneten Ansprechstelle finden Sie im Infokasten:

Vorteile einer GÜAS

Die sehr hohe Verfügbarkeit einer GÜAS ist einer der großen Vorteile für die Betreiber. Ein weiterer vermeintlicher Vorteil ist die schnelle Meldung unter Wahrung von Anonymität. Allerdings müssen kritische Meldungen immer mit einem Namen gemeldet werden, sodass eine vollkommene Anonymität nur in sehr wenigen Fällen zutrifft.

Fazit

In diesem Kapitel haben wir uns die Pflichten der Betreiber angesehen. Im nächsten Kapitel kommen wir nun zu einer Option, die KRITIS-Betreibern optional offen steht: einen branchenspezifischen Sicherheitsstandard zu erarbeiten.

Kapitel 8

Einen branchenspezifischen Sicherheitsstandard (B3S) veröffentlichen

Sein Verfallsdatum ist gesetzt und dennoch wirken seine Verfasser unermüdlich an dessen Fortsetzung, für ISMS-Schablone und Prüfgrundlage, am nächsten B3S!

In diesem Kapitel wollen wir uns die Entwicklung, Einreichung und Eignungsprüfung eines branchenspezifischen Sicherheitsstandards (B3S) ansehen. Um einen solchen zu erstellen, bedarf es monatelanger Abstimmungen zwischen Betreibern und ihren Verbänden.

Die empfohlene Struktur eines B3S können wir der *Orientierungshilfe B3S* (36) entnehmen, die wir uns in Abschnitt 5.1, »OH zum Aufbau eines branchenspezifischen Sicherheitsstandards (B3S)«, angesehen haben.

Damit wir beim Bearbeiten der folgenden Abschnitte dieselben Textpassagen betrachten können, habe ich Ihnen die OH B3S, die mir zuletzt vorlag, als elektronisches Begleitmaterial abgelegt.

Hinweis zum Begleitmaterial

Die Orientierungshilfe zu B3S, auf die ich mich in diesem Buch beziehe, finden Sie im Dokument:

- 2023-07_OH-B3S

Im folgenden Abschnitt zeige ich Ihnen Empfehlungen für die Gliederung und Strukturtiefe eines eigenen B3S.

8.1 Aufbau eines B3S mithilfe der OH B3S

Die Orientierungshilfe B3S nützt Autoren eines branchenspezifischen Sicherheitsstandards als Handlungsempfehlung, aber auch Prüfern, die Nachweisprüfungen durchführen und eine Prüfgrundlage erstellen möchten.

In **Kapitel 2 der Orientierungshilfe** erhalten wir allgemeine Informationen zum Begriff *B3S*, die ich Ihnen im Infokasten kurz aufliste:

Inhalte in Kapitel 2 der Orientierungshilfe B3S

- Was ist ein B3S?
- Welche Vorteile bietet ein B3S?
- Welche Rollen gibt es bei der Erstellung eines B3S?
- Erstellungs-, Einreichungs- und Prüfprozess
- Vorabsichtung des Entwurfs
- Eignungsprüfung und Bescheid der Eignungsfeststellung
- Verwendung des Mapping-Formulars
- Gültigkeit und Evaluierung eines B3S
- Vertraulichkeit und Veröffentlichung

Kapitel 3, »Die IT-Sicherheitskataloge (IT-SiKat) für den Sektor Energie«, zeigt uns eine mögliche zweigeteilte Struktur für unseren ersten eigenen B3S. Im Infokasten möchte ich die beiden Teile eines B3S hervorheben, ehe ich konkreter auf sie eingehe.

Die beiden empfohlenen Teile eines B3S

Teil 1: Anwendungsbereich, Gefährdungs- und Risikoanalyse

Teil 2: Sicherheitsanforderungen nach Stand der Technik und Vorgehensweisen

- **Was würden wir im ersten und zweiten Teil dokumentieren?**

In »**Teil 1: Anwendungsbereich, Gefährdungs- und Risikoanalyse**« beschreiben wir den allgemeinen Kontext unseres B3S.

Wir geben hier an, welche branchenspezifischen Geschäftsprozesse und welche kritische Dienstleistung (kDL) wir schützen wollen.

Außerdem nennen wir Schnittstellen zu extern erbrachten Leistungen. Die Bereiche zwischen internen und externen Systemen, Komponenten und Prozessen stellen wir durch eine erklärende, abstrakte, grafische Darstellung für einen charakteristischen Informationsverbund dar.

Zudem nennen wir die typischen Gefährdungen und erläutern das Risikomanagement. Wenn für den Anwendungsbereich Gesetze gelten, listen wir diese zusätzlich auf.

- **Worauf müssen wir im zweiten Teil besonderen Wert legen?**

In »**Teil 2: Sicherheitsanforderungen nach Stand der Technik und Vorgehensweisen**« beschreiben wir in größerer Detailtiefe die Anforderungen, die unsere Kritische

Infrastruktur besitzt. In diesem Teil nennen wir konkrete Vorkehrungen und verweisen beispielsweise auf das IT-Grundschutz-Kompendium oder auf ISO- und DIN-Normen. Diese Verweise führen zu der Herausforderung, die nicht mehr gültigen Regelwerke in einem B3S zu identifizieren und zu aktualisieren.

Daran erkennen wir auch, weshalb einige B3S unter eine häufigere Überprüfungspflicht fallen und der Aktualisierungsaufwand für »Teil 2« höher sein könnte.

In **Kapitel 4, »Die Unterstützung durch das BSI«**, finden wir die Umsetzungserläuterung für die einzelnen Themen der beiden Teile eines B3S.

In Tabelle 8.1 liste ich Ihnen die empfohlenen Abschnitte für den ersten Teil eines B3S auf.

OH-Abschnitt	Themen für Teil 1 eines B3S
4.1.1	Anwendungsbereich
4.1.2	Anwendungsbereich umfasst auch extern erbrachte Leistungen
4.1.3	Gesetzlicher Rahmen
4.1.4	Schutzziele
4.2.1	All-Gefahrenansatz
4.2.2	Relevanz von Gefährdungen
4.3.1	Geeignete Behandlung aller für die kDL relevanten Risiken
4.3.2	Beschränkung der Behandlungsalternativen für Risiken
4.3.3	Berücksichtigung von Abhängigkeiten bei der Risikoanalyse
4.3.4	Berücksichtigung der allgemeinen Gefährdungslage

Tabelle 8.1 Die abzudeckenden Themen eines B3S in Teil 1 gemäß OH B3S

So haben wir im **OH-Abschnitt 4.1.2, »Anwendungsbereich umfasst auch extern erbrachte Leistungen«**, eine Hilfestellung, welche externen Schnittstellen und Kommunikationsverbindungen wir in unserem B3S berücksichtigen, als Anwender eines B3S einbeziehen sowie als Auditor prüfen müssten.

Im folgenden Infokasten zeige ich Ihnen einige Beispiele für externe Schnittstellen und Kommunikationsverbindungen:

Extern erbrachte Leistungen

- externe Rechenzentren,
- ausgelagerte Prozesse,

- externe Dienstleister, Partnerunternehmen,
- Kunden, Versorgungsempfänger,
- Dritte, die Wartungsaufgaben wahrnehmen,
- Versorgungsdienstleister (Energie, Wasser, ...) und
- externe Firmen mit Zutritt (Sicherheitsdienst, Facility Management, Reinigungsdienst, ...)

Einen weiteren wichtigen Aspekt für »Teil 1« unseres B3S finden wir im **OH-Abschnitt 4.1.4, »Schutzziele«**. Beim Studium dieses Kapitels fallen drei Faktoren für die kritische Dienstleistung besonders auf, die ich Ihnen im Infokasten auszugsweise hervorhebe. Sie sehen, dass die Versorgung der Bevölkerung, die Vermeidung von Versorgungsengpässen sowie die Gewährleistung der öffentlichen Sicherheit als KRITIS-Schutzziele gelten.

Außerdem muss ein B3S die Mindestqualität der kritischen Dienstleistung in Normallagen, aber auch bei Störungen beschreiben. Bei der Mindestqualität betrachten wir die qualitative und die quantitative Versorgung der Bevölkerung mit unserer kritischen Dienstleistung.

[»]

KRITIS-Schutzziele (Schutzziele der kDL)

Im Fokus der geforderten Sicherheitsvorkehrungen stehen die Sicherung der

- **Versorgung der Bevölkerung** mit der kDL
- zur **Vermeidung von Versorgungsengpässen** sowie
- die **Gewährleistung der öffentlichen Sicherheit**.

Die KRITIS-Schutzziele beschreiben, welche Anforderungen an die qualitative und quantitative Versorgung mit der kDL (»**Mindestqualität**«) gestellt werden.

Die Beschreibungen sollten Normallagen, aber auch besondere Lagen geeignet widerspiegeln.

Alle B3S streben somit die Versorgungssicherheit der Bevölkerung im normalen Alltag als auch bei Störungen an. Jeder Sektor erbringt dabei andere Dienstleistungen. Welche IT-Systeme dafür benötigt werden, ist an dieser Stelle noch nicht relevant.

Erst im nächsten Schritt leiten wir anhand unserer kritischen Dienstleistungen IT-Systeme und deren KRITIS-IT-Schutzbedarfe ab.

Wenn wir den Schutzbedarf identifizieren wollen, reicht es für die KRITIS-IT nicht aus, Risiken nur nach *CIA* (*Confidentiality, Integrity, Availability* beziehungsweise *Vertraulichkeit, Integrität* und *Verfügbarkeit*) zu bewerten. Die OH B3S verlangt von uns zusätzlich, auch die *Authentizität* zu berücksichtigen. Diese vier IT-Schutzziele werden auch als *VIVA* bezeichnet, und die Ermittlung dieser Schutzbedarfe gilt als gesetzliche Pflicht.

Sie können einzelne Schutzbedarfe unterschiedlich gewichten, aber nie eines dieser Ziele in Ihrer Bewertung gänzlich ignorieren.

Der **OH-Abschnitt 4.2, »Die Meldestelle für Informationssicherheitsvorfälle«,** gibt uns einen knappen Überblick, welche Gefährdungen in einem B3S zu finden sind. Außerdem erhalten wir den Hinweis, für die Auswahl relevanter Gefährdungen die Kreuzreferenztabellen aus den IT-Grundschutz-Bausteinen des BSI einzusetzen. Zu den Kreuzreferenztabellen gebe ich Ihnen einen Hinweis im Infokasten.

Die Kreuzreferenztabellen des BSI

Die Kreuzreferenztabellen sind seit 2023 in einer Excel-Tabelle nach den Bausteinen des IT-Grundschutz-Kompendiums sortiert. Auf jedem Tabellenblatt können Sie prüfen, welche Gefährdungen auf welche Bausteine (zum Beispiel: IT-Systeme, Infrastruktur, Anwendungen) wirken und welche Maßnahmen nach dem Stand der Technik Sie umsetzen könnten.

Das nächste Thema für unseren B3S ist das Risikomanagement, das wir im **OH-Abschnitt 4.3, »Erstellung von Lagebildern und Weiterleitung von Information an die KRITIS-Betreiber«,** finden. Dieser Abschnitt zeigt uns Hinweise zur Behandlung von Risiken und verweist in diesem Zusammenhang auf die ISO/IEC 27005 (51) und den BSI-Standard 200-3 (52). Als Autoren eines B3S geben wir zukünftigen Benutzern an dieser Stelle eine Hilfestellung für deren eigenes Risikomanagement. Wir schlagen somit Risikokriterien vor und inspirieren zur Identifikation von Risiken und Risikobehandlungsmaßnahmen. Dabei bieten wir auch Hilfestellungen für das Krisenmanagement an, wenn dies möglich ist.

In Tabelle 8.2 zeige ich Ihnen alle abzudeckenden Themen, aus dem **OH-Abschnitt 4.4**. Wir benötigen sie später im Buchabschnitt 10.4, »Die Prüfungsplanung durch die Prüfstelle«.

Außer dem **OH-Abschnitt 4.4.10** werden Ihnen die aufgelisteten Themen aus der ISO/IEC 27001 bekannt vorkommen. Nur die Reihenfolge weicht von der internationalen Norm ab.

OH-Abschnitt	Themen für Teil 2 eines B3S
4.4.1	Informations-Sicherheits-Management-System (ISMS)
4.4.2	Asset Management

Tabelle 8.2 Die abzudeckenden Themen eines B3S in Teil 2 gemäß OH B3S

OH-Abschnitt	Themen für Teil 2 eines B3S
4.4.3	Continuity- und Notfallmanagement für die kDL
4.4.4	Technische Informationssicherheit
4.4.5	Personelle und organisatorische Sicherheit
4.4.6	Bauliche/physische Sicherheit
4.4.7	Vorfallserkennung und -bearbeitung
4.4.8	Überprüfung im laufenden Betrieb
4.4.9	Lieferanten, Dienstleister und Dritte
4.4.10	Branchenspezifische Technik und (Kern-)Komponenten

Tabelle 8.2 Die abzudeckenden Themen eines B3S in Teil 2 gemäß OH B3S (Forts.)

Wenn wir als Autoren einen B3S erstellen würden, wären wir verpflichtet zu prüfen, ob noch weitere Themenfelder behandelt werden müssen.

Jedes dieser Themen wird in der OH B3S mit Beispielen konkretisiert. Dem Thema »Technische Informationssicherheit« sollen wir dabei besondere Aufmerksamkeit widmen.

F-08-1: Was muss in Bezug auf den Schutzbedarf bei einer Prüfung nach dem BSIG besonders beachtet werden?

a) Der Fokus liegt auf der Wirtschaftlichkeit der Kritischen Infrastruktur.

b) Der Fokus liegt auf der Verfügbarkeit der kritischen Dienstleistung bzw. der Vermeidung von Versorgungsengpässen, nicht auf wirtschaftlichen Aspekten.

c) Es gibt keinen Unterschied zwischen einem Audit nach ISO/IEC 27001 und BSIG.

d) Akzeptierte Risiken müssen nicht weiter berücksichtigt werden.

Zum Schluss sollen alle Anwender eines B3S ihre Erfahrungen einfließen lassen, um den B3S fortschreiben und verbessern zu können.

Wenn wir einen B3S nach vielen Abstimmungsrunden finalisiert haben, reichen wir ihn beim BSI ein. Wie das vonstattengeht, sehen wir uns im folgenden Abschnitt an.

8.2 Einen B3S beim BSI einreichen

Das Kapitel 2 der OH B3S (36) zeigt uns die Prozessschritte vom Entwurf über die Erstellung, die Einreichung und die Prüfung bis zur Eignungsfeststellung eines B3S.

Dass die Möglichkeit besteht, einen B3S vorzuschlagen, haben Sie in Abschnitt 1.2.1, »Änderungen im BSIG«, in Abbildung 1.21 gesehen.

Nachdem ein B3S fertiggestellt worden ist, reicht die Arbeitsgruppe aus Betreibern und Branchenverbänden ihn mit einem Antrag auf Eignungsfeststellung beim BSI ein (53). Das Antragsformular habe ich Ihnen als Begleitmaterial abgelegt.

Hinweis zum Begleitmaterial

Das Antragsformular zur Feststellung der Eignung eines B3S finden Sie im Dokument:

- 2023-06_Formular_Einreichung_B3S

In Abbildung 8.1 zeige ich Ihnen die ersten beiden Seiten des Antragsformulars zur Eignungsfeststellung eines B3S, und in Abbildung 8.2 sehen Sie die dritte und vierte Seite des Antrags.

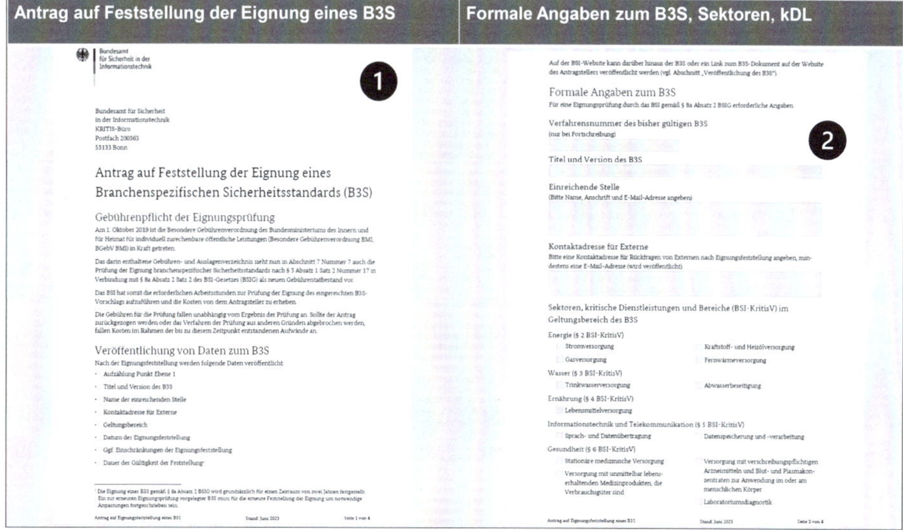

Antrag auf Feststellung der Eignung eines B3S

Bundesamt
für Sicherheit in der
Informationstechnik

1

Bundesamt für Sicherheit
in der Informationstechnik
KRITIS-Büro
Postfach 200363
53133 Bonn

Antrag auf Feststellung der Eignung eines Branchenspezifischen Sicherheitsstandards (B3S)

Gebührenpflicht der Eignungsprüfung

Am 1. Oktober 2019 ist die Besondere Gebührenverordnung des Bundesministeriums des Innern und für Heimat für individuell zurechenbare öffentliche Leistungen (Besondere Gebührenverordnung BMI, BGebV BMI) in Kraft getreten.

Das darin enthaltene Gebühren- und Auslagenverzeichnis sieht nun in Abschnitt 7 Nummer 7 auch die Prüfung der Eignung branchenspezifischer Sicherheitsstandards nach § 3 Absatz 1 Satz 2 Nummer 17 in Verbindung mit § 8a Absatz 2 Satz 2 des BSI-Gesetzes (BSIG) als neuen Gebührentatbestand vor.

Das BSI hat somit die erforderlichen Arbeitsstunden zur Prüfung der Eignung des eingereichten B3S-Vorschlags aufzuführen und die Kosten von dem Antragsteller zu erheben.

Die Gebühren für die Prüfung fallen unabhängig vom Ergebnis der Prüfung an. Sollte der Antrag zurückgezogen werden oder das Verfahren der Prüfung aus anderen Gründen abgebrochen werden, fallen Kosten im Rahmen der bis zu diesem Zeitpunkt entstandenen Aufwände an.

Veröffentlichung von Daten zum B3S

Nach der Eignungsfeststellung werden folgende Daten veröffentlicht:

- Aufzählung Punkt Ebene 1
- Titel und Version des B3S
- Name der einreichenden Stelle
- Kontaktadresse für Externe
- Geltungsbereich
- Datum der Eignungsfeststellung
- Ggf. Einschränkungen der Eignungsfeststellung
- Dauer der Gültigkeit der Feststellung[1]

[1] Die Eignung eines B3S gemäß § 8a Absatz 2 BSIG wird grundsätzlich für einen Zeitraum von zwei Jahren festgestellt. Ein zur erneuten Eignungsprüfung vorgelegter B3S muss für die erneute Feststellung der Eignung um notwendige Anpassungen fortgeschrieben sein.

Antrag auf Eignungsfeststellung eines B3S | Stand: Juni 2023 | Seite 1 von 4

Formale Angaben zum B3S, Sektoren, kDL

Auf der BSI-Website kann darüber hinaus der B3S oder ein Link zum B3S-Dokument auf der Website des Antragstellers veröffentlicht werden (vgl. Abschnitt „Veröffentlichung des B3S").

Formale Angaben zum B3S

Für eine Eignungsprüfung durch das BSI gemäß § 8a Absatz 2 BSIG erforderliche Angaben

2

Verfahrensnummer des bisher gültigen B3S
(nur bei Fortschreibung)

Titel und Version des B3S

Einreichende Stelle
(Bitte Name, Anschrift und E-Mail-Adresse angeben)

Kontaktadresse für Externe
Bitte eine Kontaktadresse für Rückfragen von Externen nach Eignungsfeststellung angeben, mindestens eine E-Mail-Adresse (wird veröffentlicht)

Sektoren, kritische Dienstleistungen und Bereiche (BSI-KritisV) im Geltungsbereich des B3S

Energie (§ 2 BSI-KritisV)
- Stromversorgung
- Kraftstoff- und Heizölversorgung
- Gasversorgung
- Fernwärmeversorgung

Wasser (§ 3 BSI-KritisV)
- Trinkwasserversorgung
- Abwasserbeseitigung

Ernährung (§ 4 BSI-KritisV)
- Lebensmittelversorgung

Informationstechnik und Telekommunikation (§ 5 BSI-KritisV)
- Sprach- und Datenübertragung
- Datenspeicherung und -verarbeitung

Gesundheit (§ 6 BSI-KritisV)
- Stationäre medizinische Versorgung
- Versorgung mit verschreibungspflichtigen Arzneimitteln und Blut- und Plasmakonzentraten zur Anwendung im oder am menschlichen Körper
- Versorgung mit unmittelbar lebenserhaltenden Medizinprodukten, die Verbrauchsgüter sind
- Laboratoriumsdiagnostik

Antrag auf Eignungsfeststellung eines B3S | Stand: Juni 2023 | Seite 2 von 4

Abbildung 8.1 Seite 1 und 2 des Antragsformulars auf Eignungsfeststellung eines B3S mit Titel und einreichender Stelle

Auf der ersten Seite finden Sie den Hinweis, dass für die Eignungsprüfung eines B3S Gebühren anfallen. Außerdem finden Sie im unteren Teil eine Liste mit Daten, die veröffentlicht werden. Beispielsweise werden der Titel und die Version des B3S, der Name der einreichenden Stelle, eine Kontaktadresse für Externe, der Geltungsbereich und das Datum der Einreichung sowie die Gültigkeitsdauer angegeben. Damit diese Daten vorhanden sind, tragen die Einreicher die ihnen bekannten Daten auf Seite 2 ein.

Außerdem müssen die Einreicher alle Kontaktdaten, die Sektoren und die kritische Dienstleistung angeben.

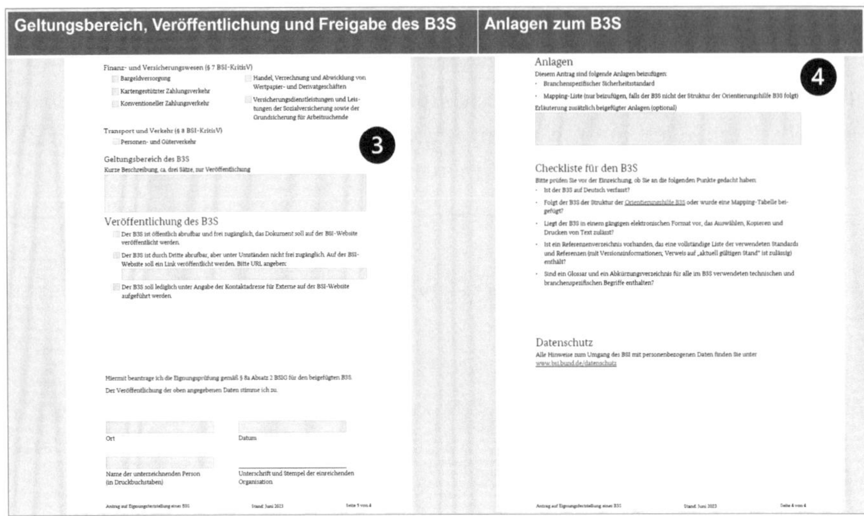
Geltungsbereich, Veröffentlichung und Freigabe des B3S

Finanz- und Versicherungswesen (§ 7 BSI-KritisV)

- Bargeldversorgung
- Kartengestützter Zahlungsverkehr
- Konventioneller Zahlungsverkehr
- Handel, Verrechnung und Abwicklung von Wertpapier- und Derivatgeschäften
- Versicherungsdienstleistungen und Leistungen der Sozialversicherung sowie der Grundsicherung für Arbeitsuchende

Transport und Verkehr (§ 8 BSI-KritisV)

- Personen- und Güterverkehr

3

Geltungsbereich des B3S

Kurze Beschreibung, ca. drei Sätze, zur Veröffentlichung

Veröffentlichung des B3S

- Der B3S ist öffentlich abrufbar und frei zugänglich, das Dokument soll auf der BSI-Website veröffentlicht werden.
- Der B3S ist durch Dritte abrufbar, aber unter Umständen nicht frei zugänglich. Auf der BSI-Website soll ein Link veröffentlicht werden. Bitte URL angeben:
- Der B3S soll lediglich unter Angabe der Kontaktadresse für Externe auf der BSI-Website aufgeführt werden.

Hiermit beantrage ich die Eignungsprüfung gemäß § 8a Absatz 2 BSIG für den beigefügten B3S.

Der Veröffentlichung der oben angegebenen Daten stimme ich zu.

Ort

Datum

Name der unterzeichnenden Person (in Druckbuchstaben)

Unterschrift und Stempel der einreichenden Organisation

Antrag auf Eignungsfeststellung eines B3S   Stand: Juni 2023   Seite 3 von 4

Anlagen zum B3S

Anlagen

4

Diesem Antrag sind folgende Anlagen beizufügen:

- Branchenspezifischer Sicherheitsstandard
- Mapping-Liste (nur beizufügen, falls der B3S nicht der Struktur der Orientierungshilfe B3S folgt)

Erläuterung zusätzlich beigefügter Anlagen (optional)

Checkliste für den B3S

Bitte prüfen Sie vor der Einreichung, ob Sie an die folgenden Punkte gedacht haben:

- Ist der B3S auf Deutsch verfasst?
- Folgt der B3S der Struktur der Orientierungshilfe B3S oder wurde eine Mapping-Tabelle beigefügt?
- Liegt der B3S in einem gängigen elektronischen Format vor, das Auswählen, Kopieren und Drucken von Text zulässt?
- Ist ein Referenzenverzeichnis vorhanden, das eine vollständige Liste der verwendeten Standards und Referenzen (mit Versionsinformationen; Verweis auf „aktuell gültigen Stand" ist zulässig) enthält?
- Sind ein Glossar und ein Abkürzungsverzeichnis für alle im B3S verwendeten technischen und branchenspezifischen Begriffe enthalten?

Datenschutz

Alle Hinweise zum Umgang des BSI mit personenbezogenen Daten finden Sie unter www.bsi.bund.de/datenschutz

Antrag auf Eignungsfeststellung eines B3S   Stand: Juni 2023   Seite 4 von 4

Abbildung 8.2 Seite 1 und 2 des Antragsformulars auf Eignungsfeststellung eines B3S mit Geltungsbereich, Veröffentlichung und Freigabe-Informationen

Auf der dritten Seite tragen die Antragsteller den Geltungsbereich des B3S ein und listen Daten zur Veröffentlichung auf.

Nicht jeder B3S ist frei zugänglich oder im Internet abrufbar. Die Entscheidung über die Veröffentlichung treffen seine Autoren.

Zum Schluss können die Autoren ihrem Antrag noch Anlagen hinzufügen, die auf der vierten Seite genannt werden. Zum Beispiel könnten die Autoren eigene Mapping-Tabellen bereitstellen.

Im nächsten Schritt prüft das BSI zusammen mit den zuständigen Aufsichtsbehörden und dem Bundesamt für Bevölkerungsschutz und Katastrophenhilfe (BBK) die Eignung des B3S.

Dabei wird geklärt, ob ein eingereichter B3S für alle KRITIS-Betreiber im gleichen Sektor mit gleicher kritischer Dienstleistung geeignet ist.

Beispielsweise gibt es in Sachsen keine U-Bahnen. Würde es in Sachsen zu einem Stromausfall kommen, könnten dort die Türen der Straßenbahnen aufgehebelt und die Fahrgäste entlassen werden. Das gleiche Vorgehen wäre jedoch ungeeignet für einen Betreiber mit U-Bahnen. Würden bei ihm die Türen bei einem Stromausfall aufgehebelt werden, könnten viele Passagiere versehentlich im Dunkeln in U-Bahn-Schächten herumirren. Wegen dieser und anderen Unstimmigkeiten existiert derzeit kein B3S für Transport und Verkehr. Die Betreiber in diesem Sektor können jedoch auf Branchennormen zugreifen.

Ob ein B3S für alle KRITIS-Betreiber geeignet ist, können deshalb die Aufsichtsbehörden vor Ort besser entscheiden und ihr Veto einreichen.

Bei der Überprüfung eines B3S werden die Mindestanforderungen aus der OH B3S gecheckt und zusätzlich die branchenspezifischen Anforderungen.

Zum Schluss findet die Eignungsfeststellung eines B3S statt. Die Eignungsprüfung durch das BSI ist kostenpflichtig und richtet sich nach den Aufwänden der BSI-Mitarbeiter (siehe OH B3S, Abschnitt 2.6, »Anhänge zu den Sektoren«).

Abbildung 8.3 stammt vom BSI und stellt den Prozess von der Einreichung bis zum Ergebnis der Eignungsfeststellung eines B3S dar.

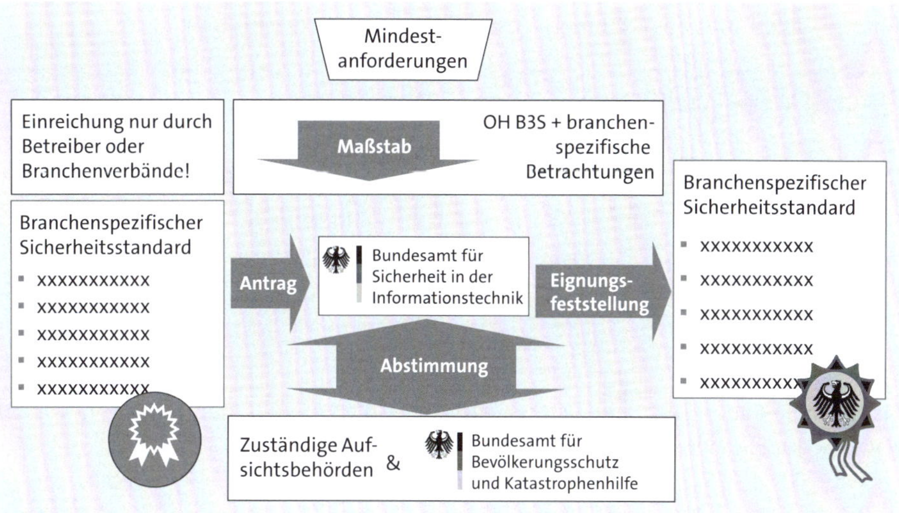

Abbildung 8.3 Prozess der Eignungsfeststellung eines B3S (Bildquelle: BSI, 2018, Schulungsmaterial-Starterpaket)

Im nächsten Abschnitt möchte ich auf die beiden möglichen Eignungsfeststellungen eingehen.

8.3 Eignungsfeststellung des BSI

Ein eingereichter B3S kann für Deutschlands KRITIS-Betreiber geeignet sein oder eben nicht. Ein positives Ergebnis bedeutet, dass der B3S für alle anderen KRITIS-Betreiber im gleichen Geltungsbereich anwendbar ist.

Stellt das BSI die Eignung eines B3S für einen Geltungsbereich fest, können andere Organisationen ihr ISMS beziehungsweise ihre Schutzvorkehrungen daran ausrichten und diesen B3S für ihre nächste Nachweisprüfung berücksichtigen lassen.

Ein B3S hat eine Gültigkeit von maximal zwei Jahren, um dem Stand der Technik gerecht zu werden. Anschließend läuft der B3S aus und muss aktualisiert und neu eingereicht werden.

Bei zu hohen Abstraktionsgraden oder zu vielen impliziten Annahmen kann die Eignungsfeststellung zu einem negativen Ergebnis führen. Das BSI versucht deshalb, schon bei Vorabsichtungen von Entwürfen Mängel zu erkennen und Korrekturen durch die Autoren herbeizuführen.

Ein B3S, der nicht alle Anforderungen abdecken kann, wird als B3S abgelehnt und die Antragsteller erhalten einen Ablehnungsbescheid. Ein abgelehnter B3S kann allerdings für die Organisationen, die an seiner Entwicklung mitgewirkt haben, unter Umständen als Prüfgrundlage für die nächste Nachweisprüfung eingesetzt werden. Hierfür muss allerdings das BSI einem gesonderten Antrag zustimmen.

F-08-2: Wer stellt die Eignung für einen B3S fest?

a) die Prüfstelle
b) das BSI im Einvernehmen mit der zuständigen Aufsichtsbehörde des Bundes oder im Benehmen mit der sonst zuständigen Aufsichtsbehörde
c) das BSI im Benehmen mit dem Bundesamt für Bevölkerungsschutz und Katastrophenhilfe (BBK)
d) der Betreiber

Das BSI bietet auf seiner Seite bereits veröffentlichte B3S zur Orientierung an. Welche das sind, möchte ich Ihnen im nächsten Abschnitt zeigen.

8.4 Aktuell veröffentlichte B3S

Auf der Seite des BSI finden wir die derzeit gültigen geeigneten branchenspezifischen Sicherheitsstandards (B3S 2023 (54)).

Veröffentlicht werden dort nur die B3S, für die das BSI eine Zustimmung der Autoren erhalten hat. Im Dezember 2023 waren folgende B3S öffentlich abrufbar:

Branchenspezifische Sicherheitsstandards (B3S)	
Sektor Energie	Für Anlagen oder Systeme zur Steuerung/Bündelung elektrischer Leistung (B3S Aggregatoren)
	Für die Verteilung von Fernwärme (Fernwärmenetze)
Sektor Wasser	Wasser / Abwasser
Sektor Ernährung	Ernährungsindustrie
	Lebensmittelhandel

Tabelle 8.3 Im Dezember 2023 veröffentlichte B3S auf der BSI-Seite

Branchenspezifische Sicherheitsstandards (B3S)	
Sektor IT und Telekommunikation	Für Housing, Hosting und CDN
Sektor Gesundheit	Für die Gesundheitsversorgung im Krankenhaus
Sektor Finanz- und Versicherungswesen	Für gesetzliche Kranken- und Pflegeversicherer
	Bundesverband der electronic cash-Netzbetreiber
	Allianz Deutschland AG
Sektor Transport und Verkehr	Für die Verkehrssteuerungs- und Leitsysteme im kommunalen Straßenverkehr
	Für die Verkehrssteuerungs- und Leitsysteme der Bundesautobahn

Tabelle 8.3 Im Dezember 2023 veröffentlichte B3S auf der BSI-Seite (Forts.)

Im Februar 2023 wurde der B3S für gesetzliche Kranken- und Pflegeversicherer als »B3S-GKV/PV« veröffentlicht. Verfasserin war die BAK Gesetzliche Krankenversicherung und beteiligt waren die BARMER, die DAK-Gesundheit, die IKK classic, die TK und die vdek. Dieser B3S ist öffentlich. Er empfiehlt Sicherheitsmaßnahmen mit Verweis auf den Anhang A der DIN ISO/IEC 27001:2017. Zertifizierungsstellen könnten mit diesem B3S keine parallelen ISO/IEC 27001-Zertifizierungen durchführen. Alle anderen Prüfstellen können diesen B3S bis März 2025 als Teil der Prüfgrundlage verwenden.

Ein weiterer B3S, der im Juni 2023 für den Sektor »Transport und Verkehr« als B3S für »Verkehrssteuerungs- und Leitsysteme im kommunalen Straßenverkehr« veröffentlicht wurde, ist beim Beuth Verlag unter *DIN VDE V 0832-700:2023-06* erhältlich. Auch für diesen B3S gilt das bereits oben Geschriebene. Er besitzt die Struktur des Anhang A der DIN ISO/IEC 27001:2017 und kann im Rahmen von Zertifizierungen nicht die vollen zwei Jahre eingesetzt werden.

Im September und Oktober 2023 berichteten mir meine Auditkollegen, es bestünde der Wunsch vonseiten des BSI, einen B3S für Flughäfen anbieten zu können. Dazu seien bereits Angestellte von Flughäfen angefragt worden, ob sie sich an solch einem B3S beteiligen wollten. Die Zusammenarbeit bestand im Dezember 2023 schon seit mehreren Jahren. Die Umsetzung ist allerdings noch lange nicht abgeschlossen. Wer sich also gern an der Entwicklung eines »B3S Flughafen« beteiligen möchte, kann sich sicherlich an die UP KRITIS-Kreise wenden.

Im nächsten Abschnitt möchte ich die Vor- und Nachteile eines B3S zusammenfassen.

8.5 Vorteile und Nachteile vorhandener B3S

Wenn es für unseren Geltungsbereich einen B3S gibt, haben wir mehrere Vorteile. Betreiber, die erstmalig den Schwellenwert überschreiten und damit KRITIS-relevant und nachweispflichtig werden, können anhand eines passenden B3S ohne Umwege geeignete Schutzvorkehrungen aufbauen.

Die Betreiber haben außerdem den Vorteil, dass die im B3S genannten umzusetzenden Maßnahmen angemessen sind, dem Stand der Technik entsprechen und bereits durch das BSI überprüft und bestätigt worden sind. Betreiber, die zuvor kein ISMS aufgebaut haben, können mithilfe eines B3S einfach und schnell passende Maßnahmen identifizieren und umsetzen.

Die Prüfer dieses Betreibers können den eingesetzten B3S außerdem als Teil der Prüfgrundlage verwenden und genau das prüfen, was von diesem B3S vorgegeben und durch den Betreiber umgesetzt wurde. Informationen zum Einsatz eines B3S als Prüfgrundlage habe ich für Sie in Abschnitt 10.1.1, »Ein passender B3S als Prüfgrundlage«, aufbereitet.

Nachteilig ist die maximale Gültigkeit eines B3S von zwei Jahren. Die Personen, die einen B3S verantworten, müssen beim Erstellen und Aktualisieren stets den aktuellen Stand der Technik berücksichtigen. Für die Autoren ist dies eine aufwendige ehrenamtliche Tätigkeit.

Abgelaufene B3S sind nur im Rahmen einer individuellen Prüfgrundlage geeignet und zugelassen.

Wird ein B3S aktualisiert, durchläuft er wieder alle Schritte zur Eignungsfeststellung.

F-08-3: Wie lange ist ein B3S maximal gültig?

a) maximal 2 Jahre

b) 1 Jahr

c) unbegrenzt

d) 6 Monate

Fazit zu Teil 3 des Buches

An dieser Stelle ist der dritte Teil dieses Buches abgeschlossen. Wir haben uns in Kapitel 7 mit den Pflichten der KRITIS-Betreiber beschäftigt und in Kapitel 8 die branchenspezifischen Sicherheitsstandards (B3S) betrachtet. Alle Grundlagen sind somit geschaffen, um in Teil 4 in die Nachweisprüfungen einzusteigen.

TEIL IV

Die Nachweisprüfung gemäß § 8a Abs. 3 BSIG

Kapitel 9
Planung der Nachweisprüfung durch den Betreiber

Glücksbringer werden sie genannt, Marienkäfer sind schwer zu finden. Mit im Vorjahr gepflanzten Blumen locken wir sie wieder an. Ganz so locken wir auch Prüfer mit unsrer Vorbereitung an.

Wenn der Termin für die Einreichung Ihrer Nachweisdokumente im nächsten Jahr ansteht, fangen Sie am besten sofort damit an, eine Prüfstelle zu suchen und die Nachweisprüfung vorzubereiten.

In den nächsten Abschnitten gehe ich auf die unterschiedlichen Bestandteile Ihrer Vorbereitung als KRITIS-Betreiber ein.

9.1 Auswahl einer Prüfstelle

Betreibern empfehle ich, bei der Auswahl einer unabhängigen Prüfstelle nicht nur auf den Angebotspreis zu achten, sondern auch auf die geplante Vorgehensweise, denn die kann sich zwischen den einzelnen Prüfstellen erheblich unterscheiden.

Am Ende führen alle Nachweisprüfungen zu dem Ziel, als Betreiber dem BSI geeignete Nachweise übermitteln zu können. Diese reflektieren den Reife- und Umsetzungsgrad Ihrer organisatorischen und technischen Schutzmaßnahmen.

Die Vorbereitung auf die Prüfung, die eigentliche Prüfdurchführung und die Nachbereitung durch die Prüfstellen sind unterschiedlich komplex und verlangen teilweise eine umfangreiche Mitarbeit durch die KRITIS-Betreiber. Je verzwickter diese einzelnen Prozessschritte sind, desto mehr Mitarbeit kann für Sie als Betreiber notwendig werden und desto zeitintensiver und teurer wird Ihre Nachweisprüfung.

Ihre Entscheidung für eine Prüfstelle kann der Beginn einer mehrjährigen gemeinsamen Geschäftsbeziehung sein. Da Zertifizierungen nach ISO/IEC 27001 einen Zyklus von drei Audits umfassen, führen Prüfstellen Nachweisprüfungen oft auch über einen Zeitraum von drei Prüfungen beim gleichen Betreiber durch.

In der *Orientierungshilfe zu Nachweisen gemäß § 8a Absatz 3 BSIG* (39) wird im OH-Abschnitt 5.5 auf Prüfpläne und die Stichprobenauswahl eingegangen. Ich möchte an dieser Stelle den Hinweis zur mehrjährigen Prüfplanung für Sie zitieren:

> *»Ein auf mehrere Jahre angelegtes Prüfungskonzept ist zu empfehlen, damit jedes informationstechnische System, jede informationstechnische Komponente und jeder informationstechnische Prozess in absehbarer Zeit mindestens einmal geprüft wird ...«*

Auf die Möglichkeit, jede Nachweisprüfung durch eine andere Prüfstelle durchführen zu lassen, reagierten meine Kunden bisher ablehnend. Ihre Argumente, die für eine mehrmalige Überprüfung durch die gleichen Prüfer sprechen, sind das Kennen des Geltungsbereiches nach der ersten Prüfung und der Besuch neuer Standorte bei Folgeprüfungen.

Mehr als drei Prüfungen durch die gleichen Prüfer wiederum könnten allerdings eine fehlende Unabhängigkeit nach sich ziehen. Für Betreiber führt das Festhalten am immer gleichen Prüfteam möglicherweise dazu, dass sie keine Verbesserungsempfehlungen mehr erhalten.

Als Betreiber sollten Sie, wie oben bereits empfohlen, etwa zehn Monate vor Ablauf der gesetzlich vorgeschriebenen Nachweispflicht eine Prüfstelle suchen. Am besten bitten Sie mehrere Prüfstellen um ein Angebot.

Geben Sie unbedingt an, nach welchem Standard Ihr Informationssicherheitsmanagementsystem (ISMS) aufgebaut wurde, damit die Prüfstelle Ihnen eine geeignete Prüfgrundlage (siehe Abschnitt 10.1, »Welche Prüfgrundlagen können wir einsetzen?«) anbieten und diese später einsetzen kann.

Die Eigenschaften, die eine Prüfstelle besitzen muss, möchte ich Ihnen im folgenden Abschnitt erläutern.

9.2 Anforderungen an eine prüfende Stelle

Die Anforderungen an eine prüfende Stelle finden wir im OH-Nachweise-Abschnitt 3.2, »Das Energiewirtschaftsgesetz (EnWG)« (39). Diese Kriterien zeige ich Ihnen stark vereinfacht in Abbildung 9.1. Diese Mindestkriterien an Anforderungen können in persönlichen Weiterbildungen erworben werden und umfassen auch Qualitätsmanagementprozesse der Prüfstelle.

Als Prüfstelle benötigen Sie außerdem ausreichende Ressourcen. Ihre Dokumentenlenkung sollte zu einheitlichen Prüfprozessen führen. Außerdem werden Kenntnisse zur Informationssicherheit und zur Branche erwartet. Sie sollten gegenüber dem Betreiber unabhängig sein und die ethischen Grundsätze einhalten, wie beispielsweise

Rechtschaffenheit und Vertrauenswürdigkeit, Fachkompetenz, Objektivität und Sorgfalt, Neutralität und Nachvollziehbarkeit.

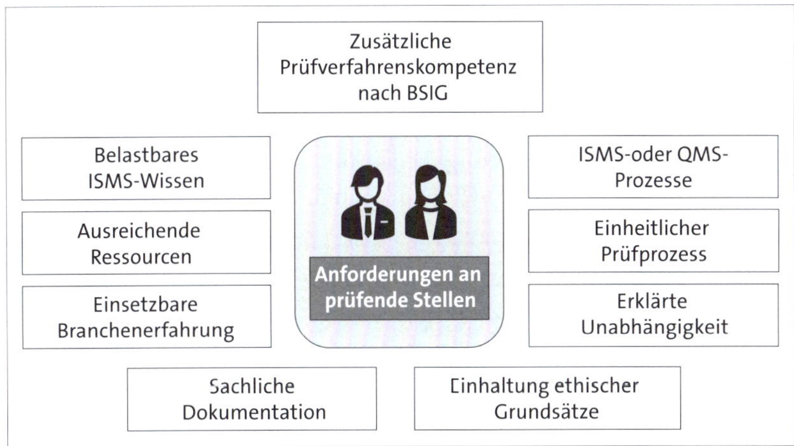

Abbildung 9.1 Anforderungen an die prüfende Stelle nach »OH Nachweise, Abschnitt 3.2, ›Eignung‹«

Als Prüfstelle, die Nachweisprüfungen anbieten möchte, erkennen wir an den dargestellten Anforderungen, ob wir geeignet sind.

F-09-1: Welche der Eignungskriterien soll eine prüfende Stelle aufweisen?

a) Unabhängigkeit, Unparteilichkeit, Neutralität
b) Einhaltung ethischer Grundsätze
c) Beratungskompetenz
d) Vertriebsfähigkeiten

Aber nicht jede potenzielle Prüfstelle ist automatisch geeignet, Nachweisprüfungen durchzuführen, auch wenn sie die ethischen Grundsätze erfüllt. Auf diesen Punkt möchte ich im nächsten Abschnitt eingehen.

9.3 Eignung als prüfende Stelle

Zwischen Ende 2022 und Anfang 2023 herrschte unter den KRITIS-Betreibern Verunsicherung, welche Prüfstellen ab 2023 für Nachweisprüfungen eingesetzt werden durften, und es bestand die Vermutung, eine neue Orientierungshilfe zu Nachweisen würde nur noch Zertifizierungsstellen und Wirtschaftsprüfer zulassen. Ich kann Sie beruhigen: Dies bestätigte sich nicht.

Die Orientierungshilfe zu Nachweisen (39) vom Mai 2023 enthält die gleichen Prüfstellen wie die letzte Orientierungshilfe vom August 2020. Da ständig Prüfer fehlen, gehe ich davon aus, dass auch zukünftige Orientierungshilfen potenzielle Prüfstellen nicht ausschließen werden.

Sie können also weiterhin mit den Prüfstellen zusammenarbeiten, die Sie bisher eingesetzt haben und die Ihre Kritische Infrastruktur bereits kennen. Dabei müssen Sie weiterhin beachten, nicht in jeder Prüfung die gleichen Stichproben zu verwenden (siehe dazu Abschnitt 10.5, »Auswahl von Stichproben«).

In Seminaren zur »Zusätzlichen Prüfverfahrenskompetenz nach dem BSIG« wurde früher gelehrt, Wirtschaftsprüfer könnten nur über eine Selbsterklärung gegenüber dem BSI als geeignete prüfende Stelle akzeptiert werden. Dies hat sich in den letzten Jahren geändert. Eine Wirtschaftsprüfungsinstitution ist geeignet, wenn diese eine Zulassung vom *Institut der Wirtschaftsprüfer* (*IWD*) besitzt.

In Abbildung 9.2 zeige ich Ihnen geeignete Prüfstellen für Nachweisprüfungen. Fällt eine Prüforganisation nicht unter

- die Zertifizierungsstellen,
- vom BSI anerkannte Sicherheitsdienstleister,
- eine Interne Revision oder
- eine IDW-zugelassene Wirtschaftsprüfungsinstitution,

muss sie eine Selbsterklärung gegenüber dem KRITIS-Büro über ihren zu prüfenden Betreiber einreichen.

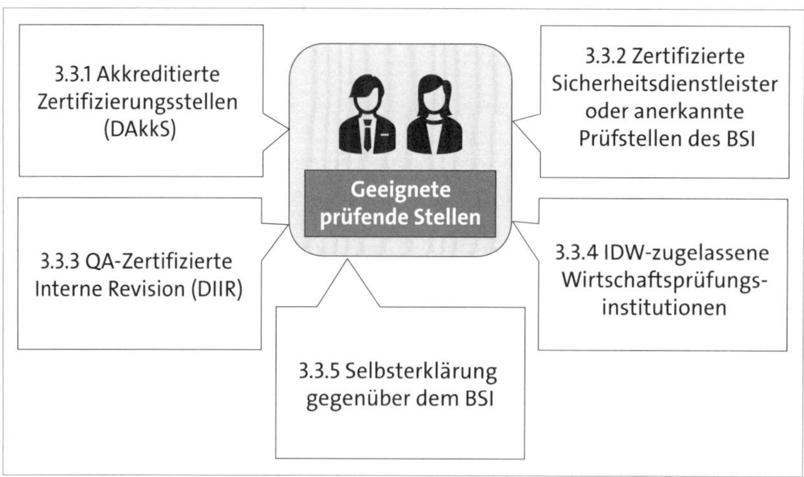

Abbildung 9.2 Geeignete prüfende Stellen nach »OH Nachweise, Abschnitt 3.3, ›Geeignete prüfende Stellen‹«

Die Formulare für die Selbsterklärungen haben wir uns in Abschnitt 6.4.6, »Selbsterklärung der prüfenden Stelle«, angesehen. Die Übermittlung der Selbsterklärungen durch Prüfstellen an KRITIS-Betreiber zeige ich Ihnen in Abschnitt 12.1.5, »Übermittlung der Auditdokumentation an den Betreiber«.

Es besteht somit weiterhin auch für Beratungshäuser die Möglichkeit, über eine Selbsterklärung Nachweisprüfungen anzubieten und durchzuführen.

Für die Anerkennung von Stellen und die Zertifizierung von IT-Sicherheitsdienstleistern stellt das BSI Informationen auf seiner Webseite (55) zur Verfügung. Auf dieser Seite erklärt das BSI das Verfahren, das Sicherheitsdienstleister durchlaufen müssen und das Sie in Abbildung 9.3 sehen.

Das Verfahren beginnt mit einem Informationsgespräch, der Antragsstellung und der Prüfung des Antrags. Bei positivem Ergebnis startet die Begutachterphase. Die Organisation, die als IT-Sicherheitsdienstleister zugelassen werden möchte, wird durch einen BSI-Prüfer begutachtet und erhält anschließend eine Begutachtungsempfehlung. War die Empfehlung positiv, erhält die Organisation die Zulassung, die auch als Anerkennung als IT-Sicherheitsdienstleister bezeichnet wird. Der IT-Sicherheitsdienstleister ist für drei Jahre zugelassen. Jährlich findet bei ihm eine Begutachtung zur Systemförderung statt. Wie bei Zertifizierungen kann nach Ablauf der Zertifizierungszeit durch ein Wiederholungsaudit eine Erneuerung erworben werden. Der Prozess endet, sobald Mängel nicht beseitigt werden konnten.

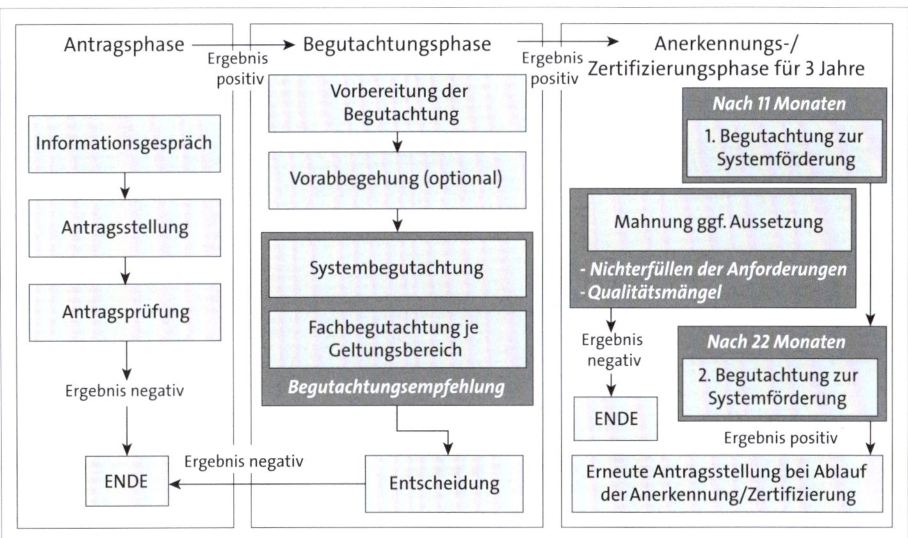

Abbildung 9.3 Verfahren zur Anerkennung von IT-Sicherheitsdienstleistern, in Anlehnung an die Verfahrensbeschreibung (55) des BSI

F-09-2: Bei welchen prüfenden Stellen wird ohne individuelle Selbsterklärung von einer Eignung ausgegangen?

a) bei BSI-zertifizierten IT-Sicherheitsdienstleistern und BSI-anerkannten Prüfstellen
b) bei QA-zertifizierten Internen Revisionen (DIIR)
c) bei akkreditierten Zertifizierungsstellen (z. B. nach ISO/IEC 27001)
d) bei durch das IDW bestätigten Wirtschaftsprüfern

Sobald eine prüfende Stelle beauftragt wurde, beginnt sie mit der Vorbereitung der geplanten Nachweisprüfung. Was dazu gehört, zeige ich Ihnen im nächsten Kapitel.

Kapitel 10

Vorarbeiten für die Nachweisprüfung durch Prüfer

Aus Normen und Standards ausgewählt, von Prüfern für Betreiber erschaffen, für die nächste Nachweisprüfung als Prüfgrundlage zusammengestellt.

In diesem Kapitel möchte ich die Perspektive wechseln und aus dem Blickwinkel der Auditoren auf die unterschiedlichen Themen eingehen, die wir in der Vorbereitung einer Nachweisprüfung berücksichtigen müssen.

In den Abschnitten dieses Kapitels möchte ich Ihnen alle in Abbildung 10.1 gezeigten Schwerpunkte erläutern. Die Schwerpunkte betreffen die Kompetenzverteilung im Prüfteam, die Auswahl von Stichproben, die Einbeziehung von Fachexperten, die Auditplanung, den Aufbau der Prüfgrundlage, die Berücksichtigung externer Dienstleister sowie die Mängelkategorien.

Abbildung 10.1 Vorarbeiten der Prüfer vor Nachweisprüfungen

Im ersten Abschnitt sehen wir uns eine der wichtigsten Vorarbeiten an: die Auswahl und Zusammenstellung der Prüfgrundlage.

10.1 Welche Prüfgrundlagen können wir einsetzen?

Um für eine Nachweisprüfung eine Frageliste erstellen zu können, müssen wir uns im Vorfeld darüber informieren, nach welcher Prüfgrundlage unser KRITIS-Kunde geprüft werden möchte.

Eine Prüfgrundlage ergibt sich aus unterschiedlichen Auditkriterien. Die ISO 19011 (49) erläutert in ihrem dritten Kapitel Begriffe, die im Auditkontext relevant sind und von denen ich Ihnen in Abbildung 10.2 ausgewählte zeigen möchte.

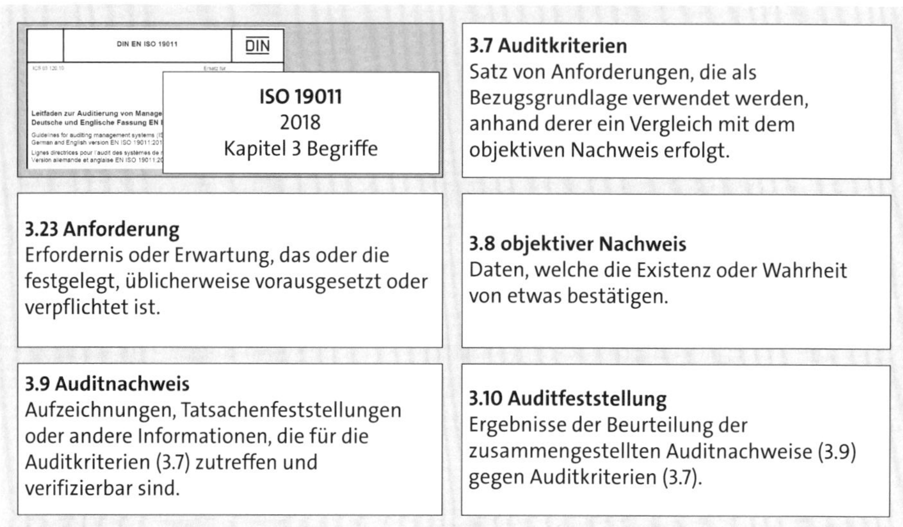

Abbildung 10.2 DIN EN ISO 19011:2018, Kapitel 3, »Die IT-Sicherheitskataloge (IT-SiKat) für den Sektor Energie«

In Abbildung 10.3 sind die gezeigten Begriffe zur besseren Verständlichkeit mit praktischen Beispielen versehen. Die Abbildung zeigt als Auditkriterium die ISO/IEC 27001, die mehrere Anforderungen besitzt. In der Abbildung sehen Sie beispielsweise das schiefe Puzzleteil, das als zweite Anforderung die Veröffentlichung einer Leitlinie fordert. Als objektiven Nachweis können wir erwarten, dass uns eine dokumentierte und beim Personal bekannte Leitlinie vorgelegt wird.

Im Audit wird unsere Mitschrift über das Vorhandensein einer Leitlinie und der Vorgang ihrer Bekanntmachung zum Auditnachweis. Wir können anschließend feststellen, dass die zweite Anforderung unseres Beispiels erfüllt ist. Erfüllte Anforderungen gelten als konform, nicht erfüllte als nichtkonform. In unserer Abbildung konnte zum Beispiel die vierte Anforderung zu Internen Audits nicht erfüllt werden. Deshalb stellen wir eine Nichtkonformität fest.

Für die Nachweisprüfung haben wir unterschiedliche Bezugsgrundlagen. Wir könnten beispielsweise einen B3S heranziehen, den IT-Grundschutz oder die internationale Norm ISO/IEC 27001. Es gibt Prüfgrundlagen, die für einen KRITIS-Betreiber geeigneter sein können als andere.

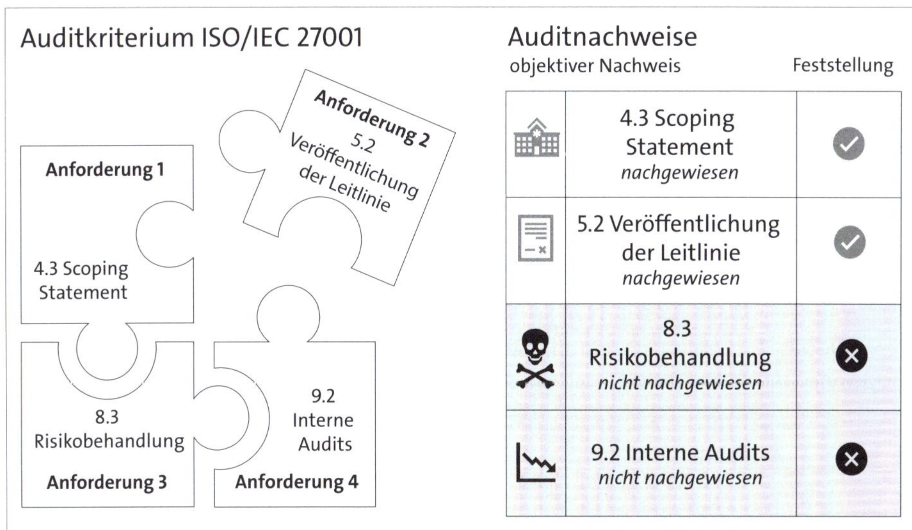

Abbildung 10.3 Begriffe aus der ISO 19001: Auditkriterium, Anforderung, Nachweis, Feststellung

Die Orientierungshilfe zu Nachweisen (39) zeigt uns in ihrem Abschnitt 5.1, »OH zum Aufbau eines branchenspezifischen Sicherheitsstandards (B3S)«, verschiedene Möglichkeiten, eine Prüfgrundlage zusammenzustellen. In Abbildung 10.4 zeige ich Ihnen, welche unterschiedlichen Quellen zusammen eine Prüfgrundlage nach dieser Orientierungshilfe ergeben können.

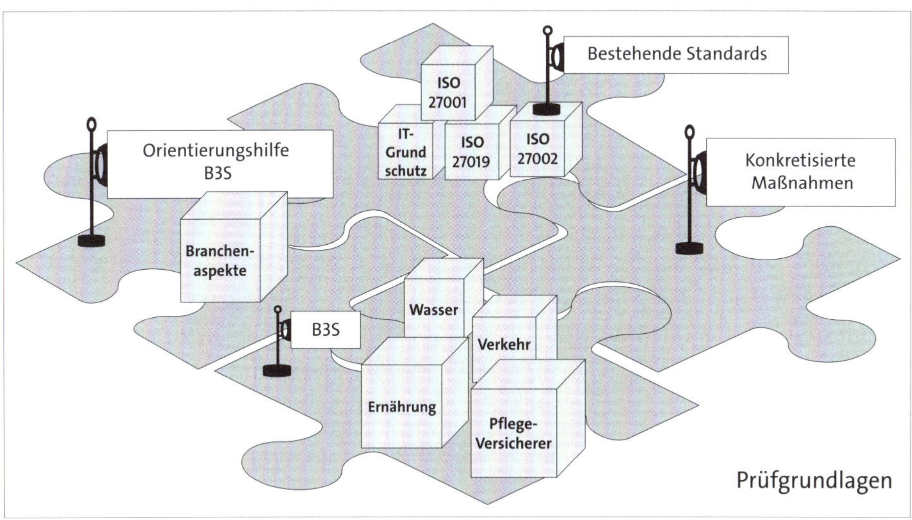

Abbildung 10.4 Zusammenstellung einer Prüfgrundlage

In den folgenden Abschnitten möchte ich Ihnen die möglichen Prüfgrundlagen vorstellen. Dabei werde ich die geforderten umzusetzenden Schutzvorkehrungen der Einfachheit halber als ISMS bezeichnen.

10.1.1 Ein passender B3S als Prüfgrundlage

Hat der Betreiber einen veröffentlichten, gültigen B3S als Vorlage für den Aufbau seiner Schutzvorkehrungen eingesetzt, so kann ein Nachweisprüfer diesen B3S ohne weitere Auditkriterien als Prüfgrundlage einsetzen.

Die Möglichkeit, diese Prüfgrundlage zu nutzen, finden wir in der Orientierungshilfe zu Nachweisen im OH-Abschnitt 5.1.1.

In Abbildung 10.5 zeige ich Ihnen, dass ein B3S als alleinige Prüfgrundlage geeignet ist. Für alle anderen Umsetzungen – wie beispielweise die teilweise Umsetzung eines B3S, die Umsetzung nach IT-Grundschutz oder der ISO/IEC 27001 – eignet sich ein B3S als Prüfgrundlage nicht.

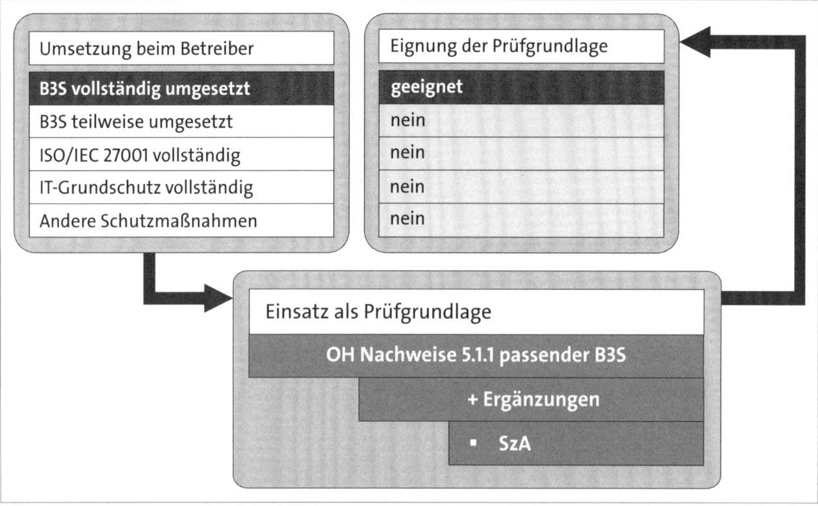

Abbildung 10.5 Ein passender B3S als alleinige Prüfgrundlage (nach OH B3S, Abschnitt 5.1.1)

Manchmal kollidieren gesetzliche Änderungen und die geplanten Nachweisprüfungen auf Basis eines B3S. Im Jahr 2023 umfassten die Änderungen die Systeme zur Angriffserkennung (SzA). In Abbildung 10.6 zeige ich Ihnen die Ergänzung zum B3S. Betreiber konnten sich somit nach ihrem B3S prüfen lassen, erhielten aber zusätzliche Fragen zu SzA. Zukünftige B3S werden diese Neuerungen dann enthalten.

Wie sieht es aus, wenn Betreiber keinen B3S umgesetzt haben? Das sehen wir uns in den folgenden Abschnitten an.

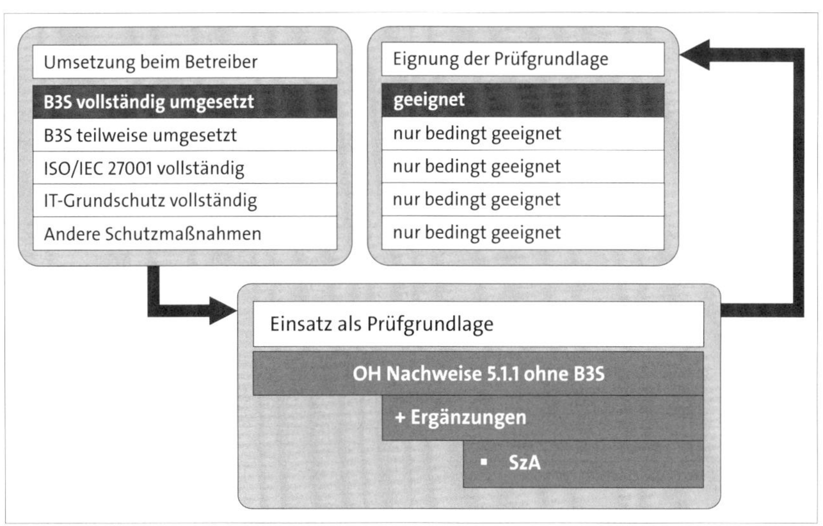

Abbildung 10.6 Ein passender B3S in Kombination neuen gesetzlichen Anforderungen (nach OH B3S, Abschnitt 5.1.1)

10.1.2 Klassische Standards als Prüfgrundlage

Zu den klassischen Prüfgrundlagen zur Informationssicherheit gehören die ISO/IEC 27001 oder der IT-Grundschutz. Viele Betreiber nutzen diese Standards, um ihr ISMS aufzubauen.

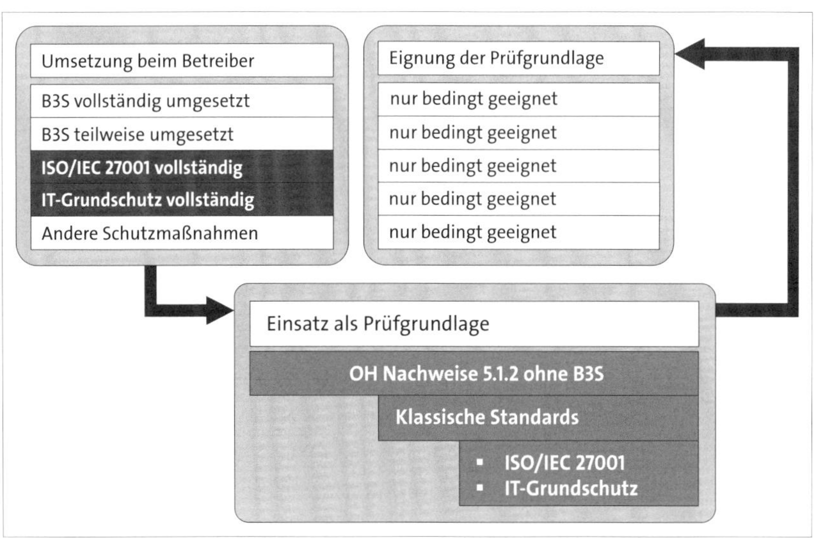

Abbildung 10.7 Verwendung von klassischen Standards als Prüfgrundlage (nach OH B3S, Abschnitt 5.1.2)

Wieso zeigt Ihnen aber Abbildung 10.7, klassische Standards als Prüfgrundlage für Nachweisprüfungen seien nicht ausreichend?

Problematisch wäre solch eine Prüfgrundlage, wenn die Aspekte der Kritischen Infrastrukturen und kritischen Dienstleistungen dabei nicht berücksichtigt würden.

Ein Prüfer, der ein ISMS nach klassischen Standards überprüft, muss seine Prüfgrundlage deshalb um branchenspezifische Anforderungen ergänzen.

Wieso eine reine ISO/IEC 27001 als Prüfgrundlage nicht ausreicht, möchte ich Ihnen am Beispiel der Trinkwasserversorgung erläutern.

Wasser an sich hat nichts mit der allgemeinen IT-Infrastruktur zu tun, es werden auch keine Informationen im eigentlichen Sinne übertragen. Der Anwendungsbereich der ISO/IEC 27001 gilt für alle Organisationen, ungeachtet ihrer Art und Größe. Sie ist deshalb sehr generisch, also nicht näher spezifiziert.

Bei den kritischen Dienstleistungen gehen wir ein Stück weiter und betrachten die Dienstleistungen, die lebensnotwendig für uns Bürger sind.

Wenn wir bei der Trinkwasserversorgung bleiben, können wir sehen, was weltweit an den Orten mit erheblichem Wassermangel passiert und wie sich politische Spannungen um diese Ressource aufbauen.

Eine Nachweisprüfung bei einem Trinkwasserversorger muss deshalb alle Aspekte prüfen, die zu einer Trinkwasser-Unterversorgung führen könnten.

Ein Audit-Kollege erzählte mir in dem Zusammenhang, dass in seinem Heimatland das Duschwasser durch Salzwasser ersetzt und mit Sand gestreckt wird. Er geht derzeit davon aus, dass es zukünftig zu Überlebenskämpfen ums Trinkwasser kommen wird.

Sehen wir uns in den folgenden Abschnitten weitere Prüfgrundlagen an.

10.1.3 Cloud Computing Compliance Criteria Catalogue – C5:2020

Der vom BSI herausgegebene Kriterienkatalog *C5* kann ebenfalls als Prüfgrundlage eingesetzt werden. Diesen Kriterienkatalog setzen vorwiegend Wirtschaftsprüfer ein, die das vorhandene Prüfportfolio um die Cloud-Sicherheitsaspekte des C5 ergänzen. Prüfbestandteile sind beispielsweise die Rahmenbedingungen des Cloud-Dienstes, organisatorische Kriterien, Sicherheitsrichtlinien, das Personal, das Asset Management, die physische Sicherheit, der Regelbetrieb, das IDM (Identitäts- und Berechtigungsmanagement), Kryptografie, die Kommunikationssicherheit, der Umgang mit Sicherheitsvorfällen und vieles mehr. Den C5-Kriterienkatalog habe ich für Sie als Begleitmaterial abgelegt.

Hinweis zum Begleitmaterial

Den Kriterienkatalog C5:2020 vom Oktober 2020 finden Sie im Dokument:

- 2020-10_BSI_C5

In Abbildung 10.9 zeige ich Ihnen die Eignung des C5-Kriterienkatalogs aus meiner Perspektive. Wenn beispielsweise Finanzinstitute nicht die üblichen Standards für Informationssicherheit einsetzen, könnte dieser Prüfkatalog verwendet werden.

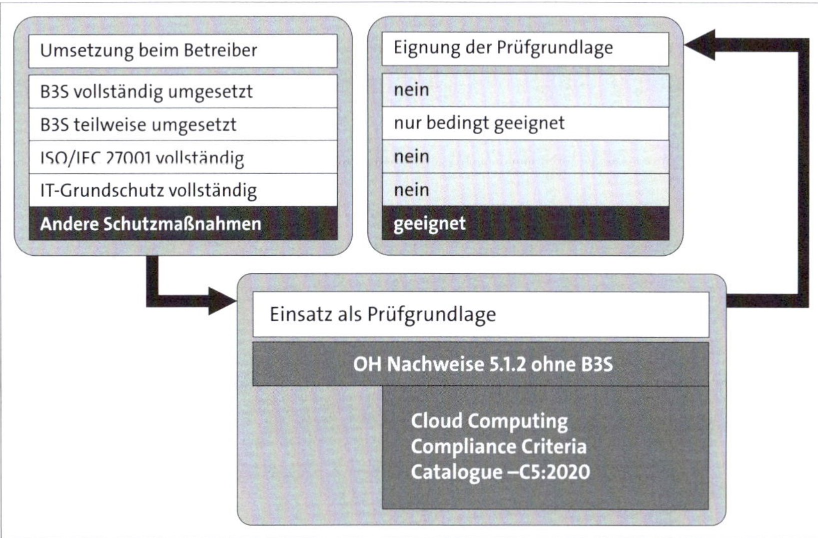

Abbildung 10.8 Prüfgrundlage für Wirtschaftsprüfer im Cloud-Umfeld

Einen weiteren Kriterienkatalog zeige ich Ihnen im folgenden Abschnitt.

10.1.4 Die »Konkretisierten Anforderungen« als Prüfgrundlage

Die Orientierungshilfe zu Nachweisen schlägt uns Auditoren im OH-Abschnitt 5.1.2 seit 2020 eine weitere Möglichkeit zum Aufbau einer Prüfgrundlage vor, und zwar den »Katalog zur Konkretisierung der Anforderungen des § 8a (1) BSIG« (56).

Dieser Katalog enthält für die in der Orientierungshilfe B3S genannten Prüfthemen konkretisierte Anforderungen an eine Umsetzung, die ein Prüfer in einer Nachweisprüfung auditieren soll.

In Audits habe ich jedoch festgestellt, dass einige (aber nicht alle) Betreiber, die ihr ISMS nach ISO/IEC 27001 oder IT-Grundschutz aufgebaut hatten, mit der Struktur des Prüfkatalogs größere Schwierigkeiten hatten; und auch für die ISO/IEC 27001-Prüfer ist diese Struktur der konkretisierten Anforderungen nicht intuitiv.

Wird der Prüfplan nach diesem Katalog aufgebaut, werden die unterschiedlichsten Interviewpartner in fast jeder Session benötigt. Wenn die Prüfer den Prüfplan vor dem Audit an den Betreiber zum Vorausfüllen überreichen und darum bitten, bereits Dokumente und Ansprechpartner anzugeben, benötigen Betreiber oft externe Beratung, um ein Mapping ihrer ISO/IEC 27001-Strukturen zu diesem Prüfkatalog zu bewerkstelligen. Ich persönlich empfehle deshalb den Einsatz dieses Katalogs eher nicht, falls ein klassischer Standard als Prüfgrundlage dienen soll.

In Abbildung 10.9 sehen Sie, dass der Katalog der konkretisierten Anforderungen für Betreiber geeignet ist, die andere Schutzmaßnahmen aufgebaut haben und nicht den klassischen Standards gefolgt sind. Da bei anderen Schutzmaßnahmen nicht sofort ersichtlich ist, ob alle organisatorischen, personellen, physischen und technologischen Aspekte vollständig berücksichtigt worden sind, empfehle ich für diese Betreiber den Prüfkatalog der konkretisierten Anforderungen.

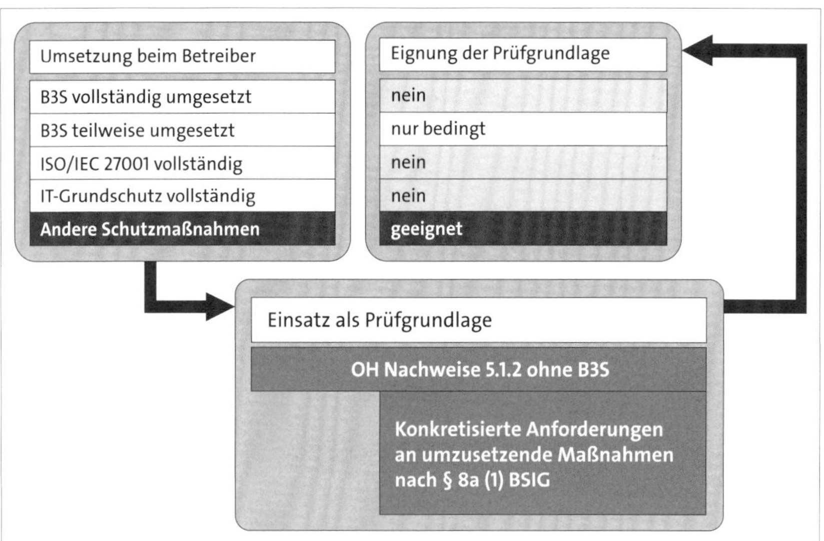

Abbildung 10.9 Einsatz der konkretisierten Anforderungen an umzusetzende Maßnahmen als Prüfgrundlage (nach OH B3S, Abschnitt u5.1.2)

Für eine Prüfgrundlage können wir außerdem die Orientierungshilfe B3S nutzen, auf die ich im nächsten Abschnitt eingehen möchte.

10.1.5 Die Orientierungshilfe B3S als Prüfgrundlage

Die »Orientierungshilfe zu Inhalten und Anforderungen an branchenspezifische Sicherheitsstandards (B3S)« (36) dient uns Auditoren als Strukturvorlage für eine Prüfgrundlage nach dem BSIG.

Diese Prüfgrundlage wird zuerst mit einem klassischen Standard aufgebaut. Zusätzlich ziehen wir uns aus dieser Orientierungshilfe die Mindestanforderungen, die wir uns in Abschnitt 8.1, »Aufbau eines B3S mithilfe der OH B3S«, angesehen haben, und ordnen diese Anforderungen den geplanten Auditthemen des klassischen Standards zu. Zuletzt planen wir branchenspezifische Aspekte in unsere Audittermine ein.

In Abbildung 10.10 zeige ich Ihnen die Eignung dieser Prüfgrundlage für viele umgesetzte ISMS.

Wieso habe ich entschieden, dass diese Art der Prüfgrundlage für Betreiber mit vollständig umgesetztem B3S nur bedingt geeignet ist?

Wenn ein Betreiber seinen passenden B3S umgesetzt hat, wäre es für den Auditor unnötig, neue Prüfthemen zu entwickeln, die der B3S bereits viel konkreter und nach dem Stand der Technik enthält.

Hat ein Betreiber jedoch einen B3S teilweise oder gar nicht umgesetzt und sich stattdessen an der ISO/IEC 27001 oder am IT-Grundschutz für sein ISMS orientiert, ist der Aufbau einer Prüfgrundlage anhand der Orientierungshilfe B3S meine Empfehlung Nummer eins. Auch habe ich diese Prüfgrundlage für interne Audits bei Betreibern eingesetzt, die noch gar nichts umgesetzt hatten, und konnte damit verständliche Empfehlungen aussprechen.

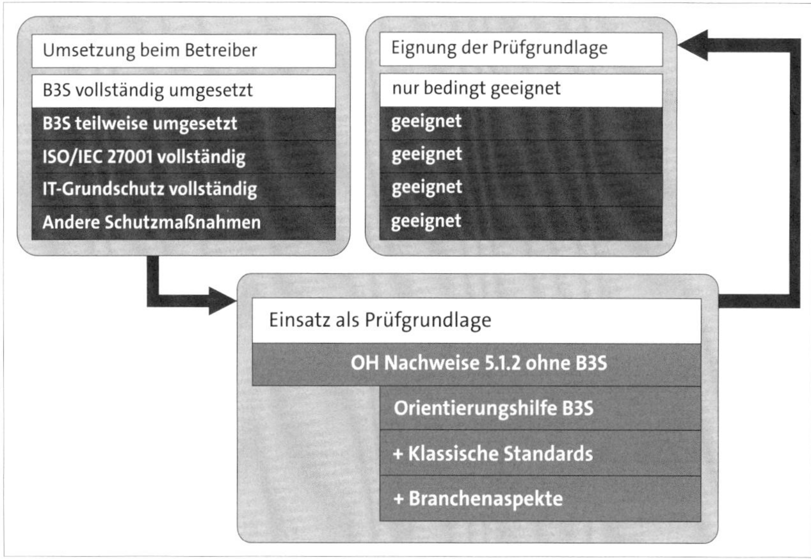

Abbildung 10.10 Prüfgrundlage aus Orientierungshilfe B3S, klassischen Standards und branchenspezifischen Aspekten (nach OH B3S, Abschnitt 5.1.2)

Für Prüfer im Sektor Energie gelten andere Vorgaben. Auf diese gehe ich im folgenden Abschnitt ein.

10.1.6 Der IT-Sicherheitskatalog als Prüfgrundlage

Die meisten Betreiber im Energie-Sektor haben ihr Personal nach ISO/IEC 27001 geschult und ihr ISMS nach ISO/IEC 27001, ISO/IEC 27002 und ISO/IEC 27019 aufgebaut.

Wenn wir Auditoren einen Netzbetreiber prüfen, handelt es sich um ein Audit nach einem IT-Sicherheitskatalog, und die beiden veröffentlichten Kataloge haben wir uns in Abschnitt 3.3 angesehen.

Der Auditplan für solch ein Audit umfasst alle Normaspekte aus der ISO/IEC 27001 plus Anforderungen aus dem jeweiligen IT-Sicherheitskatalog.

In Abbildung 10.11 zeige ich Ihnen die notwendigen klassischen Standards, die zu einer Prüfgrundlage im Energie-Sektor gehören.

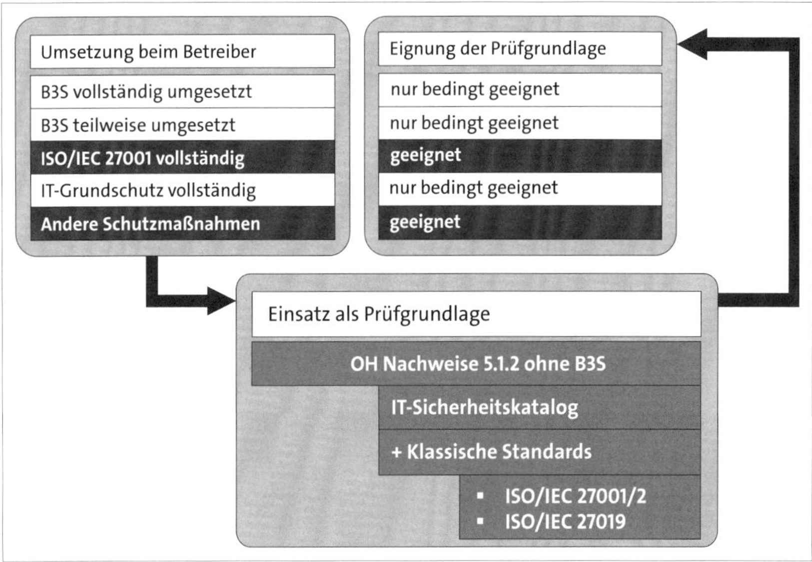

Abbildung 10.11 Prüfgrundlage im Energie-Sektor

Die Betreiber müssen selbstständig prüfen, welche Standards gültig sind, und diese in ihrem ISMS umsetzen.

[!]

Einzusetzende Standards im Energie-Sektor

Für ein ISMS nach IT-Sicherheitskatalog müssen immer die aktuellen Normen und Standards eingesetzt werden, auch wenn diese aktuell nur in Englisch vorliegen.

10.2 Kompetenzbereiche und Aufteilung im Prüfteam

In der Regel haben nicht alle Prüfer im Prüfteam die gleichen Kompetenzen. Für eine Nachweisprüfung sind Kompetenzen zu Audits, zur IT-Sicherheit sowie Berufserfahrung im zu prüfenden kritischen Sektor erforderlich.

Allerdings muss nicht ein Prüfer alle drei Bereiche abdecken, sondern im Prüfteam können sich unterschiedliche Personen mit ihren Kompetenzbereichen ergänzen.

Eine weitere Anforderung ist der Besuch und erfolgreiche Abschluss einer zwei- bis dreitägigen Schulung zum Aufbau der »Prüfverfahrenskompetenz nach dem BSIG«.

Diese Kompetenz muss die prüfende Stelle nachweisen sowie eine Person aus dem Prüfteam, wenn es sich dabei nicht um dieselbe Person handelt.

Auf diese Schulung gehe ich in Kapitel 15, »Zusätzliche Prüfverfahrenskompetenz nach dem BSIG«, näher ein.

In Abbildung 10.12 zeige ich Ihnen die Kompetenzbereiche, die durch ein Prüfteam im Nachweisprozess abgedeckt werden müssen. Die Abbildung enthält noch § 8a BSIG, der im Jahr 2023 für die regelmäßigen Nachweisprüfungspflichten bestand.

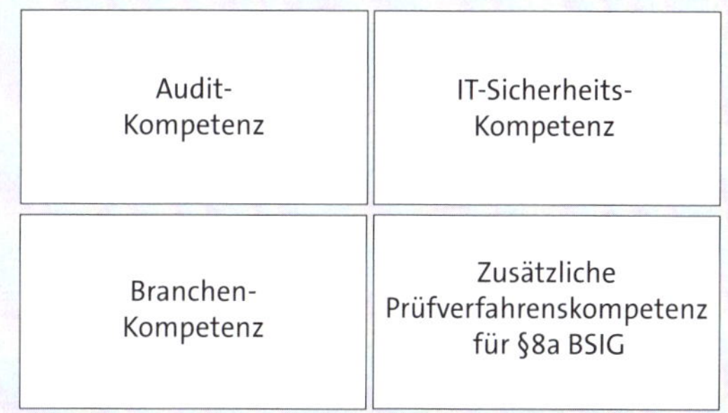

Abbildung 10.12 Kompetenzbereiche im Prüfteam, in Anlehnung an OH Nachweise, Abschnitt 4.2 »Kompetenz und Eignung«

Für den Sektor Energie benötigen Auditoren andere Kompetenzen. Hier müssen sie Schulungen zum Energiewirtschaftsgesetz erfolgreich abschließen. Diese Auditoren werden von Zertifizierungsstellen berufen und begleiten Fachexperten mindestens fünfmal bei einer Strom- und fünfmal bei einer Gas-Betreiber-Zertifizierung. Anschließend haben diese Auditoren Alleinlaufrechte und können ohne weitere Fachexperten Audits durchführen.

In Abbildung 10.13 zeige ich Ihnen die notwendigen Kompetenzen für Auditoren, die nach einem IT-Sicherheitskatalog auditieren möchten.

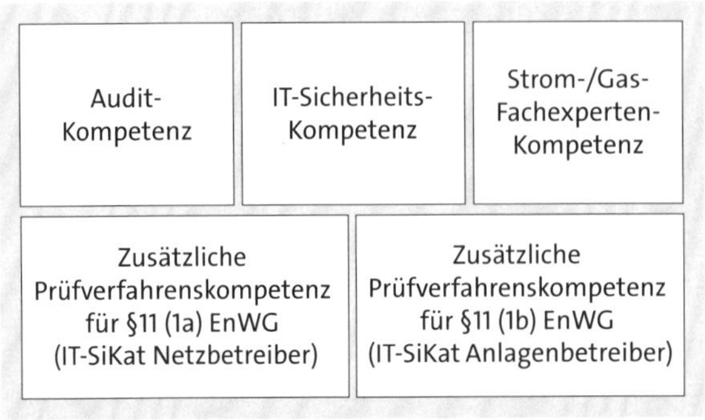

Audit-Kompetenz

IT-Sicherheits-Kompetenz

Strom-/Gas-Fachexperten-Kompetenz

Zusätzliche Prüfverfahrenskompetenz für §11 (1a) EnWG (IT-SiKat Netzbetreiber)

Zusätzliche Prüfverfahrenskompetenz für §11 (1b) EnWG (IT-SiKat Anlagenbetreiber)

Abbildung 10.13 Kompetenzbereiche im Prüfteam, in Anlehnung an IT-Sicherheitskataloge, Zertifizierung nach IT-SiKat § 11 EnWG

Auch in dieser Abbildung zeige ich Ihnen die Paragrafen des Energiewirtschaftsgesetzes (EnWG), die im Jahr 2023 für Prüfer galten. Durch NIS-2 könnten zukünftig andere Paragrafen notwendig werden.

Die folgende Prüfungsfrage soll Ihnen noch einmal einen Rückblick ermöglichen.

F-10-1: Welche Aufteilung der Kompetenzbereiche trifft zu?

a) Die Kompetenzbereiche dürfen durch unterschiedliche Mitglieder des Prüfteams besetzt werden.

b) Die Kompetenzbereiche dürfen nicht durch unterschiedliche Mitglieder des Prüfteams besetzt werden.

c) Der Leadauditor muss alle Kompetenzbereiche besetzen.

d) Jeder Kompetenzbereich muss aus Unabhängigkeitsgründen durch einen anderen Auditor besetzt werden.

Auditoren, denen der Fachexperten-Status noch fehlt oder die eine Nachweisprüfung in einer ihnen unbekannten Branche durchführen möchten, muss ein Fachexperte zur Seite gestellt werden. Auf diesen Umstand möchte ich im folgenden Abschnitt eingehen.

10.3 Fachexperten auswählen und einsetzen

Wozu wird ein Fachexperte benötigt? Im vorigen Abschnitt haben Sie die geforderten Kompetenzbereiche für das Prüfteam gesehen. Nicht immer hat ein Informationssicherheits-Auditor auch Branchenkompetenz. Für diesen Fall, der sogar häufig vorkommt, wird ein Fachexperte hinzugezogen.

Einen Fachexperten stellt in der Regel die Prüfstelle, oder ein KRITIS-Betreiber beauftragt selbstständig zusätzlich einen Fachexperten und stellt ihn den Nachweisprüfern zur Seite.

Fachexperten haben üblicherweise mehrjährige Berufserfahrung im zu prüfenden kritischen Sektor. Einige Fachexperten kommen aus der Internen Revision von großen KRITIS-Betreibern und sind somit unabhängig und berufserfahren.

Fachexperten für die Zertifizierungen nach dem IT-Sicherheitskatalog müssen an einer sechstägigen Auditoren-Weiterbildung teilnehmen und die Abschlussprüfung bestehen. Ich selbst habe diesen Lehrgang beim »Campus für Energie und Wirtschaft« besucht und fand die Inhalte recht anspruchsvoll.

[«]

Inhalte der Auditoren-Schulung gemäß IT-Sicherheitskatalog nach § 11 Abs. 1a EnWG – Netzbetreiber

- Modul 1 – Rechtliche Rahmenbedingungen
- Modul 2 – Technische Grundlagen
- Modul 3 – Grundlagen für den Netzbetrieb
- Modul 4 – Netzsteuerung
- Modul 5 – IT-kritische Infrastrukturen

Wie Sie sehen, gelten die Inhalte der Schulung nach § 11 Abs. 1a EnWG nur für Fachexperten, die Netzbetreiber zertifizieren wollen.

Eine weitere Schulung zu § 11 Abs. 1b EnWG ist notwendig, wenn wir Auditoren Energieanlagen zertifizieren möchten.

[«]

Inhalte der Auditoren-Schulung gemäß IT-Sicherheitskatalog nach § 11 Abs. 1b EnWG – Anlagenbetreiber

- Modul 1 – Rechtliche Rahmenbedingungen
- Modul 2 – Grundlagen des Anlagenbetriebs und der Anlagensteuerung
- Modul 3 – IT-kritische Infrastrukturen für den Anlagenbetrieb

Zertifizierungsstellen überprüfen diese Weiterbildungszertifikate und berufen die Auditoren danach für Audits nach dem jeweiligen IT-Sicherheitskatalog.

Sobald Sie als Fachexperte für diese Audits berufen sind, müssen Sie noch, wie oben bereits erwähnt, jeweils fünf Audits mit einem Energie-Fachexperten bei einem Energieversorger für Strom und einem für Gas absolvieren. Anschießend haben Sie Alleinlaufrechte für diese Audits.

Wenn unser Prüfteam aufgestellt ist, geht es an die Planung der Nachweisprüfung. Diese möchte ich mit Ihnen im folgenden Abschnitt ansehen.

10.4 Die Prüfungsplanung durch die Prüfstelle

In diesem Abschnitt möchte ich mit Ihnen in die Planung der Nachweisprüfung eintauchen. Meist startet diese schon um die sechs bis neun Monate im Vorfeld.

10.4.1 Abstimmung im Vorfeld

Die KRITIS-Betreiber beauftragen dazu eine Prüfstelle (siehe Abschnitt 9.1, »Auswahl einer Prüfstelle«) und informieren diese über den zu prüfenden Geltungsbereich.

Die Prüfstelle stimmt sich anschließend mit dem Betreiber zur gewünschten Prüfgrundlage ab. Die möglichen Prüfgrundlagen haben wir in Abschnitt 10.1, »Welche Prüfgrundlagen können wir einsetzen?«, betrachtet.

Wie das Prüfteam zusammengestellt wird, haben wir uns in Abschnitt 10.2 angesehen, und auch die Gründe für das eventuell nötige Hinzuziehen eines Fachexperten wurden bereits in Abschnitt 10.3 erläutert.

Zuletzt stimmt sich der Leadauditor mit dem geplanten Fachexperten zur Terminplanung ab und erstellt einen ersten Entwurf des Prüfplans.

Etwa drei bis vier Monate vor der Prüfung übermittelt der Leadauditor dem Betreiber einen ersten Entwurf des Prüfplans, damit alle Ansprechpartner und Räume vom Betreiber reserviert werden können.

Doch wie wird ein Prüfplan für einen Betreiber entworfen?

10.4.2 Einen Prüfplan entwerfen

Der Auditumfang für eine Nachweisprüfung ist stark abhängig von der Prüfgrundlage, die ein Prüfteam dem Audit zugrunde legt.

Für das Audit nach ISO/IEC 27001 und Branchenaspekten (siehe Abschnitt 10.1.5) des KRITIS-Betreibers können Sie das Audit zu zweit innerhalb einer Woche durchführen.

Für Prüfungen nach den »Konkretisierten Anforderungen an umzusetzende Maßnahmen« (siehe Abschnitt 10.1.4) haben sich bei meinen Kunden die Mitwirkungsaufwände im Vorfeld auf Betreiberseite durch das Ausfüllen einer Selbsterklärung oder Frageliste drastisch erhöht.

In Abschnitt 6.4.3, »Der Prüfplan als Excel-Vorlage für Auditoren«, haben wir uns den Excel-Prüfplan des BSI angesehen, den wir an dieser Stelle benötigen, um die Nachweisprüfung zu planen.

Im Prüfplan müssen wir darstellen, welcher Prüfer oder Fachexperte welche Prüfkriterien und Anforderungen zu welchen prozentualen Anteilen des Audits überprüft.

Bei jeweils nur einem Prüfer und einem Fachexperten pro Interviewtermin können wir leicht eine 50/50-%-Verteilung angeben, da das 4-Augen-Prinzip in einer Nachweisprüfung gefordert ist und wir es somit einhalten.

Noch einmal zur Erinnerung: Im 4-Augen-Prinzip müssen wir den Geltungsbereich, die referenzierten Zertifikate, das Risikomanagement, Vor-Ort-Prüfungen gesetzlicher Anforderungen sowie die Mängel aus früheren Prüfungen auditieren. Diese Anforderungen haben wir in Abbildung 6.7 in Abschnitt 6.4.3, »Der Prüfplan als Excel-Vorlage für Auditoren«, betrachtet, in der ich die GAiN-Anforderungen an das 4-Augen-Prinzip für Dokumentation und Durchführung dargestellt habe.

Würde ein Prüfer diese Themen allein prüfen, wäre das nach den GAiN-Anforderungen nicht konform und könnte zu Nachfragen durch das BSI führen.

Bei mehr als zwei Prüfern müssen wir im Auditplan genau beurteilen, wie wir die Zeitanteile sinnvoll vergeben.

Falls in der Prüfung auch ältere Prüfungen berücksichtigt werden sollen, müssen wir auch dies im Prüfplan mit zwei Prüfern und getrennten Zeitanteilen einplanen.

Für Sie als Betreiber bedeutet dies: Sie können in der Vorbereitung auf Ihre Nachweisprüfung alle relevanten Prüfungen der letzten zwölf Monate an Ihre Prüfstelle melden und um Berücksichtigung bitten. Die Prüfstelle plant anschließend beispielsweise die Überprüfung Ihrer ISO/IEC 27001-Zertifikate in einem separaten Zeit-Slot ein.

Dadurch können wir Prüfer davon ausgehen, dass das Managementsystem des Betreibers bereits von einer akkreditierten Prüfstelle überprüft und zertifiziert wurde, und wir können uns auf die wesentlichen KRITIS-Bestandteile konzentrieren, also auf die Kritische Infrastruktur und die Branchenaspekte.

Bei der Planung der Nachweisprüfung setzen wir die Prüfgrundlage ein, die uns vom Betreiber in der Beauftragung bestätigt wurde.

F-10-2: Wie setzt sich eine geeignete Prüfgrundlage gemäß KritisV zusammen?

a) ISO/IEC 27001 + ISO/IEC 27002

b) ein passender B3S + klassische Standards + Branchenaspekte

c) ein passender B3S

d) Orientierungshilfe B3S + klassische Standards + Branchenaspekte

10.4.3 Die Excel-Vorlage des BSI zum Prüfplan

An dieser Stelle möchte ich Ihnen die Excel-Vorlage des BSI zum Prüfplan noch einmal als Begleitmaterial zur Verfügung stellen. Sie gibt bereits exemplarisch zwei Zeilen eines Prüfplans vor.

Hinweis zum Begleitmaterial

Die Excel-Vorlage für den Prüfplan für Auditoren mit letzter Änderung vom Mai 2023 finden Sie im Dokument:

- 2023-05_Pruefplan-Vorlage-Excel

In Abbildung 10.14 habe ich Ihnen die Spalten dieser Excel-Vorlage mit Buchstaben markiert. Anhand von Tabelle 10.1 möchte Ihnen eine kurze Erläuterung zu den notwendigen Eintragungen durch die Prüfer geben.

Spalte	Eintragungen durch Prüfer
A	Prüfdatum: egal ob vor Ort oder remote
B	Zeitspanne im Format: VON-Uhrzeit und BIS-Uhrzeit
C	zu prüfender Standort: Angabe des Ortes, z. B. Zentrale Chemnitz, Wasserwerk Pirna, Leitwarte Bannewitz
D	Prüfthema aus der Orientierungshilfe zu Nachweisen mit Angabe der Nummer und des Titels, z. B. 4.1 Absicherung von Netzübergängen (Technische Informationssicherheit)
E	Verweis auf die Prüfgrundlage und Prüfkriterien z. B. ISO/IEC 27001 A.7.1, B3S Kapitel 5 oder z. B. ISO/IEC 27001 A.8.22, OH B3S 4.1
F	Angabe der Prüfmethode z. B. 1. Dokumentenprüfung, 2. Inaugenscheinnahme
G	Angabe des Prüfobjektes z. B. zu 1. Dokumente: Zonenkonzept z. B. zu 2. Systeme: Firewall-Konfiguration
H	Nennung der Prüfer, die an diesem Termin beteiligt sind
I	Nennung der Ansprechpartner für das Prüfthema in dieser Sitzung mit Angabe der Rolle. z. B. Weiser Rabe (Informationssicherheitsbeauftragter), Marie Luise (Netzwerkadministratorin)

Tabelle 10.1 Die Spalten im Excel-Prüfplan des BSI (Stand: Dezember 2023)

Spalte	Eintragungen durch Prüfer
J	Angabe, welchen Aspekt der GAiN-Anforderung an das 4-Augen-Prinzip wir prüfen wollen. z. B. Vor-Ort-Prüfung über die Erfüllung der gesetzlichen Anforderungen, z. B. Vor-Ort-Prüfung von früheren Mängeln
K	Angabe, welcher Aspekt der GAiN-Anforderung an das 4-Augen-Prinzip durch wen zu wie viel Prozent geprüft wird. z. B. Weiser Rabe (50 %), Marie Luise (50 %)

Tabelle 10.1 Die Spalten im Excel-Prüfplan des BSI (Stand: Dezember 2023) (Forts.)

In Spalte D tragen wir die Prüfthemen ein, die wir uns bereits in Tabelle 8.2 angesehen haben.

In Spalte J müssen wir die Methode angeben, mit der wir die GAiN-Anforderung an das 4-Augen-Prinzip prüfen wollen, und eintragen, welchen Aspekt wir konkret auditieren werden.

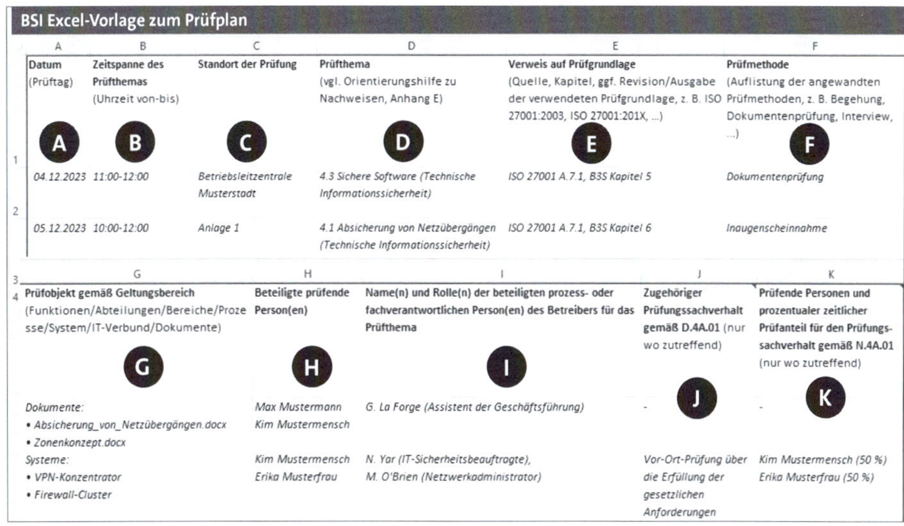

BSI Excel-Vorlage zum Prüfplan

	A	B	C	D	E	F
1	**Datum** (Prüftag) A	**Zeitspanne des Prüfthemas** (Uhrzeit von-bis) B	**Standort der Prüfung** C	**Prüfthema** (vgl. Orientierungshilfe zu Nachweisen, Anhang E) D	**Verweis auf Prüfgrundlage** (Quelle, Kapitel, ggf. Revision/Ausgabe der verwendeten Prüfgrundlage, z. B. ISO 27001:2003, ISO 27001:201X, ...) E	**Prüfmethode** (Auflistung der angewandten Prüfmethoden, z. B. Begehung, Dokumentenprüfung, Interview, ...) F
	04.12.2023	*11:00-12:00*	*Betriebsleitzentrale Musterstadt*	*4.3 Sichere Software (Technische Informationssicherheit)*	*ISO 27001 A.7.1, B3S Kapitel 5*	*Dokumentenprüfung*
2	*05.12.2023*	*10:00-12:00*	*Anlage 1*	*4.1 Absicherung von Netzübergängen (Technische Informationssicherheit)*	*ISO 27001 A.7.1, B3S Kapitel 6*	*Inaugenscheinnahme*

	G	H	I	J	K
3/4	**Prüfobjekt gemäß Geltungsbereich** (Funktionen/Abteilungen/Bereiche/Prozesse/System/IT-Verbund/Dokumente) G	**Beteiligte prüfende Person(en)** H	**Name(n) und Rolle(n) der beteiligten prozess- oder fachverantwortlichen Person(en) des Betreibers für das Prüfthema** I	**Zugehöriger Prüfungssachverhalt gemäß D.4A.01** (nur wo zutreffend) J	**Prüfende Personen und prozentualer zeitlicher Prüfanteil für den Prüfungssachverhalt gemäß N.4A.01** (nur wo zutreffend) K
	Dokumente: • *Absicherung_von_Netzübergängen.docx* • *Zonenkonzept.docx*	*Max Mustermann* *Kim Mustermensch*	*G. La Forge (Assistent der Geschäftsführung)*	-	-
	Systeme: • *VPN-Konzentrator* • *Firewall-Cluster*	*Kim Mustermensch* *Erika Musterfrau*	*N. Yar (IT-Sicherheitsbeauftragte),* *M. O'Brien (Netzwerkadministrator)*	*Vor-Ort-Prüfung über die Erfüllung der gesetzlichen Anforderungen*	*Kim Mustermensch (50 %)* *Erika Musterfrau (50 %)*

Abbildung 10.14 Excel-Vorlage eines Prüfplans (Quelle: BSI)

Wenn unser KRITIS-Betreiber nicht nur eine Zentrale besitzt, sondern weitere relevante Standorte für die kritische Dienstleistung, müssen wir Stichproben auswählen und im Prüfplan deren Besuch einplanen. Wie Stichproben ausgewählt werden, erkläre ich im folgenden Abschnitt.

10.5 Auswahl von Stichproben

Die Stichprobe, die wir für ein Audit auswählen, orientiert sich an der Kritikalität der Anlage. Wenn ein KRITIS-Betreiber mehrere besonders kritische Anlagen besitzt, besuchen wir Prüfer zu jeder Nachweisprüfung eine andere Anlage oder mehrere andere Anlagen und überprüfen die Rahmenbedingungen in einem Vor-Ort-Rundgang.

Die Zentrale wird in Zertifizierungsstellenaudits jedes Mal besucht. Dort treffen wir in der Regel die oberste Leitung zum Eröffnungs- und Abschlussgespräch. Für Nachweisprüfungen können wir uns auf die Produktionsstandorte konzentrieren.

In der »OH Nachweise« wird in OH-Abschnitt 5.5, »Prüfplan und mögliche Stichprobenauswahl«, auf die bereits erwähnte Stichprobenauswahl eingegangen. Ich möchte an dieser Stelle den Hinweis zu Stichproben für Sie zitieren:

> *»Die Verwendung der gleichen Stichprobe über mehrere Prüfungen hinweg ist nicht geeignet. Im Prüfplan sollten vorherige Prüfungen berücksichtigt werden, um mittel-/langfristig eine vollständige Abdeckung aller Komponenten/Prozesse zu erreichen …«*

Wie lautet nun die Formel für eine Stichprobenprüfung für ISO/IEC 27001-Erst-Zertifizierungen? Wir ziehen die Wurzel aus allen Standorten:

√Anzahl der Standorte

Bei 9 Standorten würde das Prüfteam somit 3 Standorte besuchen.

In Abbildung 10.15 zeige ich Ihnen die Auswahl von Stichproben zur besseren Verständlichkeit. Für Überwachungsaudits wird eine kleinere Anzahl an Stichproben verlangt. Deshalb lautet die Formel für ein ISO/IEC 27001-Überwachungsaudit:

√Anzahl der Standorte × 0,6

Die Formel ergibt bei 9 Standorten die Dezimalzahl 1,8, die wir auf 2 Standorte runden. Bei 9 Standorten würden somit 2 Standorte im Überwachungsaudit für ein Vor-Ort-Audit ausreichen.

In einem Re-Zertifizierungsaudit mit gleichem Prüfteam bräuchte die Formel einer Erst-Zertifizierung nicht wieder angewandt zu werden. In unserem Beispiel bedeutet das für die Formel folgende Anpassung:

√Anzahl der Standorte × 0,8

Die Formel ergibt im Re-Zertifizierungsaudit bei 9 Standorten die Dezimalzahl 2,4, die wir auf 2 runden. Bei 9 Standorten müssten wir somit 2 Standorte im Re-Zertifizierungsaudit besuchen, je nach Risikoeinschätzung vielleicht auch 3. Die Zentrale zählt als jeweils ein Standort.

Art des Audits	9 Standorte	Formel/Beispiele	Stichprobe-Beispiel
ISO/IEC 27001 - Erst-Zertifizierung		$\sqrt{\mathit{Anzahl\ der\ Standorte}}$ $\sqrt{9} = 3$	Zentrale Erzeugeranlage Produktion
Überwachungs-audit		$\sqrt{\mathit{Anzahl\ der\ Standorte}} \times 0{,}6$ $\sqrt{9} \times 0{,}6 = 1{,}8 \approx 2$	Zentrale Zentrale Steuerung
Re-Zertifizierung		$\sqrt{\mathit{Anzahl\ der\ Standorte}} \times 0{,}8$ $\sqrt{9} \times 0{,}8 = 2{,}4 \approx 2$	Zentrale Instandhaltung

Abbildung 10.15 Formeln für die Stichprobenberechnung

Für Nachweisprüfungen werden oft weniger Standorte besucht, dafür aber diejenigen mit KRITIS-Relevanz. Die Zentrale ist oft weniger kritisch.

Bei der Auswahl der Standorte beachten wir die Aspekte im Infokasten:

Risikoaspekte bei der Auswahl der zu besuchenden Standorte

- Kritikalität des Standortes und
- Produktionsstätte mit wesentlicher Bedeutung für die Erbringung der kritischen Dienstleistung

Bei Erst-Zertifizierungen spielt allerdings oft auch die Entfernung von der Zentrale eine Rolle. Da Fahrzeiten nicht als Auditzeit gelten, wählen Auditoren in Erst-Zertifizierungen oder für erste Nachweisprüfungen regelmäßig Standorte aus, die am nächsten zur Zentrale liegen.

F-10-3: Welche Aussagen gelten für die Auswahl von Stichproben?

a) Die Auswahl berücksichtigt die Bedeutung für die Allgemeinheit bzw. das Versorgungsziel.

b) Die Verwendung der gleichen Stichprobe über mehrere Prüfungen hinweg sollte vermieden werden.

c) Die Auswahl berücksichtigt die Bedeutung für die kritische Dienstleistung.

d) Die Auswahl berücksichtigt die Wünsche des Betreibers.

Bei der Auswahl der Stichproben beachten wir nicht nur die Standorte des KRITIS-Betreibers, sondern auch die externen Dienstleister und Lieferanten. Deshalb gehe ich im nächsten Abschnitt auf die vom UP KRITIS empfohlenen Anforderungen an Lieferanten ein.

10.6 Berücksichtigung externer Dienstleister

Externe Dienstleister und Lieferanten sollten dann geprüft werden, wenn diese für die kritische Dienstleistung relevant sind.

Haben Sie als KRITIS-Betreiber beispielsweise einen IT-Dienstleister unter Vertrag, kann es unter Umständen sinnvoll sein, diesen in einer Nachweisprüfung vor Ort zu besuchen und zu auditieren.

Nach den Best-Practice-Empfehlungen müsste der Dienstleister für KRITIS-Unternehmen ein ISMS aufbauen. Diese Anforderung finden wir in Abschnitt 10.1, »Welche Prüfgrundlagen können wir einsetzen?«, in den vom UP KRITIS veröffentlichten »Best-Practice-Empfehlungen für Anforderungen an Lieferanten zur Gewährleistung der Informationssicherheit in Kritischen Infrastrukturen«, die ich Ihnen als Begleitmaterial abgelegt habe.

Hinweis zum Begleitmaterial

Die veröffentlichten Empfehlungen des UP KRITIS vom November 2021 finden Sie im Dokument:

- 2021-11_UPK-Anforderungen-Lieferanten

Diese Best-Practice-Empfehlungen könnten wir Auditoren in der Nachweisprüfung überprüfen, wenn ein Dienstleister relevant für den IT-Betrieb oder die kritische Dienstleistung ist und er keine anderen Nachweise über wirksame Schutzmaßnahmen, zum Beispiel ein ISO/IEC 27001-Zertifikat, vorlegen kann.

Die thematischen Anforderungen an Lieferanten möchte ich für Sie in Abbildung 10.16 auszugsweise hervorheben.

Das Dokument stellt uns die Anforderungen dar, die ein Lieferant umsetzen sollte. Als KRITIS-Betreiber könnten Sie diese Anforderungen auch in einem Lieferantenaudit bei Ihrem Dienstleister prüfen.

Abbildung 10.16 Best-Practice-Empfehlungen für Anforderungen an Lieferanten des UP KRITIS (November 2021)

F-10-4: Was gehört zum Prüfgegenstand einer Prüfung nach dem BSIG?

a) zusätzlich die für die kritische Dienstleistung relevanten Schnittstellen zu externen Dienstleistern und Partnern
b) die kritische Dienstleistung des Betreibers sowie die zugehörigen direkten und indirekten Systeme, Komponenten und Prozesse
c) Externe Dienstleister müssen nicht berücksichtigt werden, wenn vertraglich vereinbart ist, dass der Dienstleister sich um alles kümmert.
d) Wenn eine externe Cloud genutzt wird, ist diese niemals prüfbar.

Bevor die Auditdurchführung startet, sollten wir uns auch über die Mängelkategorien im Klaren sein. Auf diese gehe ich im folgenden Abschnitt ein.

10.7 Die Mängelkategorien des BSI

In Abschnitt 7.5, »Melden von Informationssicherheitsvorfällen, Störungen und Ausfällen«, der *Orientierungshilfe zu Nachweisen* listet das BSI eindeutig definierte Mängelkategorien auf, an die wir uns in der Auditor-Rolle halten müssen. In Tabelle 10.2 zeige ich Ihnen diese Mängelkategorien.

Kategorie	Definition	Prüfbericht/ Mängelliste
Schwerwiegende/r oder erhebliche/r Abweichung/ Sicherheitsmangel	▶ **Gravierende Gefährdung** bzw. gravierendes Risiko oder ▶ Große Gefährdung bzw. großes Risiko ▶ Es besteht **akuter Handlungsbedarf**, da die Vertraulichkeit, Integrität, Authentizität oder Verfügbarkeit der kDL gefährdet ist. ▶ Die Sicherheitslücke muss geschlossen werden.	Aufnahme in den Prüfbericht und Aufnahme in die Mängelliste des Nachweises
Geringfügige/r Abweichung/Sicherheitsmangel	▶ **Gefährdung** bzw. Risiko. Es besteht **kein akuter Handlungsbedarf**. Mittelfristige Beseitigung.	Aufnahme in den Prüfbericht und Aufnahme in die Mängelliste des Nachweises
Empfehlung	▶ Stellt einen Verbesserungshinweis dar. Hinweise zur Angemessenheit und Wirksamkeit.	Aufnahme in den Prüfbericht Aufnahme in die Mängelliste **empfohlen**
Keine Abweichung	▶ Anforderung vollständig erfüllt ▶ Kein Sicherheitsmangel ▶ Maßnahmen umgesetzt ▶ Keine ergänzenden Hinweise	Aufnahme in den Prüfbericht Keine Aufnahme in die Mängelliste

Tabelle 10.2 Mängelkategorien (Quelle: BSI, OH Nachweise, Kap. 5.7.2)

Die Abweichungen und Sicherheitsmängel müssen wir am Ende des Audits in die Mängelliste aufnehmen. Das BSI befürwortet es zudem, ebenfalls die Empfehlungen in die Mängelliste aufzunehmen.

Zusätzlich müssen Auditoren seit Sommer 2023 jede vom Betreiber geplante Maßnahme überprüfen und der geplanten Umsetzung zustimmen oder die Maßnahme mit einer Begründung ablehnen.

Die OH-Nachweise bietet uns in ihrem Anhang D ein Muster für eine Mängelliste an.

F-10-5: Welche Mängelkategorien soll der Prüfer verwenden?

a) leichtfertiger Sicherheitsmangel
b) schwerwiegender Sicherheitsmangel
c) akzeptierter Sicherheitsmangel
d) geringfügiger Sicherheitsmangel

Wozu benötigen wir die Klärung der Mängelkategorien bereits vor der Nachweisprüfung? Weil wir im Eröffnungsgespräch mit der obersten Leitung eines Betreibers den Ablauf der Prüfung besprechen und dabei auch mögliche Ergebnisse und das dann anschließende Vorgehen erläutern müssen.

Fazit

Mit den Mängelkategorien beenden wir das Kapitel zur Prüfungsplanung und wechseln im nächsten Kapitel zur eigentlichen Nachweisprüfung.

Kapitel 11
Die Nachweisprüfung durchführen

Vor Ort und digital, alle zwei bis drei Jahre, Prüfer mit der Liste schreiben danach den Bericht. Die Nachweisprüfung.

In diesem Kapitel beschreibe ich die Durchführung der Nachweisprüfung aus Sicht der Auditoren. In Abbildung 11.1 verdeutliche ich Ihnen dazu die relativen zeitlichen Aufwände.

Die Beauftragung und Planung nehmen einen relativ geringen Zeitanteil ein, ebenso die Nacharbeiten. Einen etwas größeren Zeitanteil beansprucht die Dokumentationsprüfung, die in Schritt 3 dargestellt ist, und den größten Anteil die eigentliche Nachweisprüfung, die in Schritt 4 gezeigt ist. Die einzelnen Schritte können Sie sich in der *Orientierungshilfe zu Nachweisen* (39) in Abschnitt 5.4, »Aufwände«, ansehen.

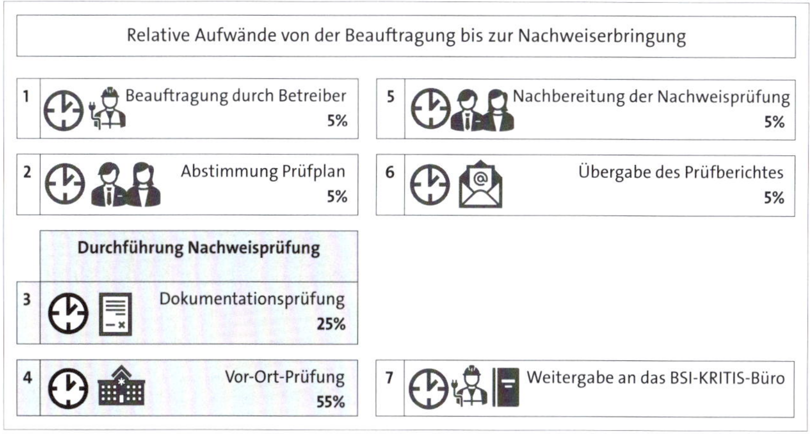

Abbildung 11.1 Relativer Aufwand von der Beauftragung bis zur Nachweiserbringung

F-11-1: Wie oft muss eine Nachweisprüfung nach dem BSIG durchgeführt werden?

a) regelmäßig
b) jährlich
c) einmal
d) gar nicht

Da alle Managementsysteme nach der ISO 19011 auditiert werden, gehe ich im folgenden Abschnitt auf diesen Standard ein und zeige Ihnen die Bestandteile eines ordentlich durchgeführten Audits. Natürlich setzen wir dabei voraus, dass der KRITIS-Betreiber ein Managementsystem aufgebaut hat.

11.1 Audit von Managementsystemen nach der ISO 19011

Die ISO 19011 (49) ist der internationale informative Standard, der ein systematisches Vorgehen beim Auditieren von Managementsystemen empfiehlt. Angehende Auditoren erwerben in Seminaren zur ISO 19011 die Kompetenz, Managementsysteme zu auditieren. Wie so ein Audit abläuft, erläutere ich in diesem Abschnitt.

Über allen Prozessschritten steht die *prüfende Stelle*. Diese bestimmt den leitenden Auditor, der für die Auditplanung, Auditdurchführung und den Auditabschluss zuständig ist. Der Leadauditor kann weitere Auditoren oder Fachexperten hinzuziehen.

In der Phase *Auditplanung* stimmt sich der Leadauditor mit dem KRITIS-Betreiber zur zeitlichen Planung und den zu besuchenden Standorten ab. Der KRITIS-Betreiber erhält anschließend einen Auditplan, den wir uns in Abschnitt 10.4, »Die Prüfungsplanung durch die Prüfstelle«, angesehen haben.

Die Phase *Auditdurchführung* startet am ersten Audittag mit dem Eröffnungsgespräch vor Ort beim Betreiber. Dieser Ort war zu fast einhundert Prozent in meinen Audits immer die Zentrale, die auch im Handelsregister eingetragen ist.

An diesem Gespräch nehmen neben den Auditoren und Fachexperten auch die oberste Betriebsleitung und das Team teil, das das ISMS aufgebaut hat.

In Abbildung 11.2 zeige ich Ihnen stark vereinfacht den gesamten Auditprozess.

Nach dem Eröffnungsgespräch beginnen die Interviews und Überprüfungen der organisatorischen und technischen Vorkehrungen. Müssen wir andere Standorte besuchen, finden diese Rundgänge oft erst am zweiten oder dritten Tag statt.

Die Dokumentation der Überprüfungsergebnisse beziehungsweise die Erstellung der Nachweise geschieht fortlaufend. Am Ende des Audits bespricht das Auditteam die gesammelten Nachweise und bestimmt positive oder negative Auditfeststellungen.

Im Abschlussgespräch trägt das Prüfteam die Ergebnisse vor und vereinbart das weitere Vorgehen, wie die Terminierung der Umsetzungsplanung für Findings und die Übergabe der Nachweisdokumente.

Am Abschlussgespräch nehmen zusätzlich zu den Personen aus dem Eröffnungsgespräch manchmal auch Vertreter der Pressestelle teil und schießen Fotos für die interne Betriebszeitung.

Das Audit ist beendet, wenn die prüfende Stelle alle Nachweisdokumente und den Auditbericht vollständig an den Betreiber übermittelt hat. Für die Umsetzung der Maßnahmen ist das Prüfteam nicht verantwortlich.

Abbildung 11.2 Auditbestandteile nach ISO 19011, Kap. 6, »Durchführen eines Audits«

11.1.1 Das Eröffnungsgespräch

Das Eröffnungsgespräch besitzt in der ISO 19011 einen besonderen Stellenwert, deshalb möchte ich Ihnen die Inhalte für ein Eröffnungsgespräch in Abbildung 11.3 zeigen und nachfolgend beschreiben.

Wir starten mit der gegenseitigen Vorstellung und Nennung der jeweiligen Rollen. Anschließend erkundigen wir uns bei unseren Ansprechpartnern darüber, ob der Auditplan (siehe Abschnitt 10.4) so eingehalten werden kann wie beabsichtigt oder ob es Personalausfälle auf Betreiberseite gibt, wegen denen der Auditplan geändert werden muss.

Wir erläutern die Auditkriterien und die Auditziele. Hier nennen wir die Prüfgrundlage (siehe Abschnitt 10.1) und das geplante Ergebnis. In einer Nachweisprüfung wollen wir am Ende die Nachweise für das BSI vollständig vorliegen haben, egal mit welchen Ergebnissen.

Wir geben außerdem die Prüfmethoden an, zu denen wir in Abschnitt 11.4 noch kommen werden. Wir weisen auch auf Notizen hin, die wir im Audit erstellen, um Nachweise zu sammeln.

Wir nennen die Auditsprache. In meinen Nachweisprüfungen war diese immer Deutsch. Falls es Kollegen gibt, die kein Deutsch sprechen, müssen wir klären, wie die Übersetzung abläuft und ob Dolmetscher benötigt werden. Dolmetscher müssen von der Prüfstelle gestellt werden, um Unabhängigkeit zu gewährleisten.

Auch die Kommunikationskanäle während des Audits werden im Eröffnungsgespräch besprochen. Wer ist wie erreichbar? Das ist vor allem wichtig, wenn die Auditoren an unterschiedlichen Standorten prüfen.

Ein weiterer Punkt ist der Arbeitsschutz. In einem meiner ersten Audits nach IT-Sicherheitskatalog musste ich für den Rundgang die Arbeitsschutzschuhe eines gerade nicht im Hause anwesenden Azubis tragen, weil ich keine eigenen parat hatte. Zum Arbeitsschutz gebe ich Ihnen in Abschnitt 11.2 noch Informationen.

Wir sichern dem Betreiber außerdem zu, alle besprochenen und gesehenen Aspekte vertraulich zu behandeln, und wir erklären, welche Ergebnisse die einzelnen Prüfungen haben können, und nennen die Mängelkategorien und ihre jeweiligen Folgen.

Es kann im Audit auch zu unvorhergesehenen Ereignissen kommen, beispielsweise zu einem Feueralarm. Dann wird das Audit an dieser Stelle abgebrochen und ein neuer Termin für die Auditfortsetzung vereinbart. Ein Audit wegen Nichtkonformitäten abzubrechen, wäre aus meiner Sicht nicht verhältnismäßig.

Wir geben im Eröffnungsgespräch bereits einen kurzen Ausblick auf den Auditbericht und teilen allen Anwesenden mit, über welche Wege eine Beschwerde über das Prüfteam eingereicht werden kann.

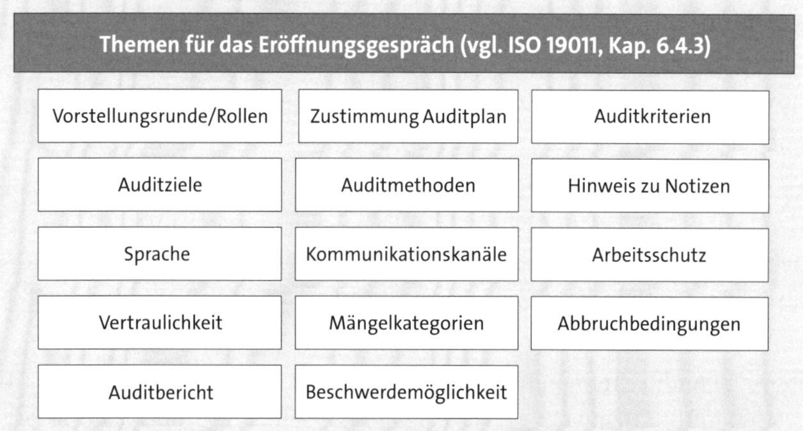

Abbildung 11.3 Themen für das Eröffnungsgespräch nach ISO 19011, Kap. 6.4.3

F-11-2: Welche Themen gehören in ein Eröffnungsgespräch?

a) Sprache
b) Auditbericht
c) Vertraulichkeit
d) Arbeitsschutz

Sie haben gerade gesehen, dass auch das Thema Arbeitsschutz für Auditoren ins Eröffnungsgespräch gehört, deshalb gehe ich im nächsten Abschnitt darauf näher ein.

11.2 Arbeitsschutz für Auditoren

Für uns Auditoren kann es notwendig sein, an Standorten zu auditieren, an denen eine Gefahr für Leib und Leben bestehen könnte. Ein Beispiel dafür wäre ein Umspannwerk (USW). Wir stimmen uns deshalb vor einem Besuch dieser Standorte mit dem Betreiber ab, ob Arbeitsschutzmaßnahmen nötig sind.

Zu den grundlegenden Arbeitsschutzmitteln für einen Auditor im Sektor Energie gehören beispielsweise Arbeitsschutzschuhe mit der Schutzklasse S3 und ein Schutzhelm, wie ich sie in Abbildung 11.4 zeige.

Abbildung 11.4 Arbeitsschutzschuhe (S3) und Arbeitsschutzhelm

Im Sektor IT & TK müssen wir Auditoren in einigen Produktionsstätten auf durch uns auslösbare Spannungsüberschläge achten, um keine Schäden an der gerade entwickelten IT-Technik zu verursachen. Dies wäre beispielsweise bei einem Hersteller von Leiterplatten und Platinen möglich. Hier achten aber meist die Betreiber selbst darauf, die Auditoren zum Beispiel mit Schuhüberziehern auszustatten und Arbeitsplätze zu erden.

Es kann notwendig sein, weitere Arbeitsschutzbekleidung zu tragen, die ich Ihnen im Kasten aufliste:

[»]

Arbeitsschutzbekleidung für Auditoren

- Arbeitsschutzschuhe
- ein Schutzhelm
- eine Warnweste
- eine Schutzbrille
- Ohrenschützer
- Handschuhe
- ein Schutzanzug oder
- eine Gesichtsschutzmaske

In Abbildung 11.5 können Sie neben der Arbeitsschutzkleidung auch ein Klemmbrett erkennen. Dieses Hilfsmittel ist unerlässlich, wenn Sie Außenstandorte besuchen wollen. Natürlich wären auch elektronische Notizbücher möglich.

Für mitgebrachte Akkus besteht allerdings bei einigen Betreibern die Vorschrift, eine Elektroprüfung durchgeführt zu haben und dass der Nachweis über ein bestätigendes Siegel erbracht wird, das die Prüfung innerhalb der letzten zwei Jahre anzeigt.

Abbildung 11.5 Rundgang am Außenstandort mit Arbeitsschutzkleidung und Klemmbrett

Nachdem ein Auditor sich bekleidungstechnisch vollständig ausgestattet hat, kann er die Anlagen des Betreibers überprüfen. Die Anlagen befinden sich manchmal noch im Bau. Dort besteht oft eine höhere Unfallgefahr und die Auditoren müssen angemeldet und begleitet werden.

Im nächsten Abschnitt möchte ich auf die Besonderheiten bei einer Remote-Auditierung eingehen.

11.3 Remote-Audits

Während der Corona-Pandemie im Frühjahr 2020 durften wir Auditoren erstmals offiziell ISO/IEC 27001-Audits und Audits nach dem IT-Sicherheitskatalog auch virtuell durchführen.

Viele KRITIS-Betreiber im Energie-Sektor hatten damals Sorge, durch die Auditoren infiziert zu werden. Teilweise wurde der Betrieb der Leitwarten nicht mehr in täglichen Schichten geführt, sondern die Schichten dauerten drei oder vier Tage an, um den menschlichen Kontakt unter den Kollegen zu minimieren.

In den Jahren zuvor waren Remote-Audits zur Informationssicherheit nur in Einzelfällen mit Ausnahmegenehmigung und strenger Risikoabwägung möglich.

Als Risiko betrachteten die Prüfstellen beispielsweise die fehlenden Rundgänge vor Ort und damit die unzureichende Möglichkeit, einzuschätzen, inwieweit die physische Sicherheit gegeben ist.

Damals war auch die Sicherheitsmaßnahme »Richtlinie zur Telearbeit«, wie sie in der ISO/IEC 27001 zu finden ist, bei vielen KRITIS-Betreibern ausgeschlossen. Als Begründung las ich oft, Telearbeit sei aus arbeitsrechtlichen und versicherungstechnischen Belangen verboten und nicht erwünscht.

Als im Jahr 2021 viele Organisationen in das zweite virtuelle Audit starten wollten und dies mit noch immer unzureichenden Hygienemaßnahmen begründeten, gab es keine unbeschränkten Genehmigungen mehr. Auch das BSI zog in Zweifel, ob ein KRITIS-Betreiber innerhalb von zwölf Monaten vom Pandemie-Start im März 2020 bis zur Nachweisprüfung im Frühling 2021 wirklich keine Hygiene-Schutzmaßnahmen ergriffen haben würde.

Deshalb forderten Prüfstellen und auch das BSI wieder normale Vor-Ort-Audits. Aber die Chance, ein Audit teilweise virtuell abzuhalten, blieb seitdem bestehen. Ich kann für mich sagen, dass meine Remote-Audits die hohen Reisekosten und Reisezeiten enorm verringerten, und ich nehme nun auch kurzfristig an Audits teil, die über 700 Kilometer entfernt sind.

11.3.1 Welche Risiken können sich bei einem Remote-Audit ergeben?

Wenn die Technik zur Videokonferenz oder die Bandbreite unzureichend sind, verstehen sich die Auditteilnehmer vielleicht schlecht bis gar nicht und das Gespräch könnte aussetzen. Außerdem fehlt zusätzlich die gesamte zwischenmenschliche Interaktion.

»Schmutzecken«, wie beschädigte Verkabelung oder Brandlasten im Serverraum, erkennen wir online vielleicht nicht.

Für virtuelle Rundgänge haben sich deshalb Helmkameras, die an einem Schutzhelm fixiert werden, oder Handykameras etabliert. So können wir dem Träger am anderen Ende die Lauf- und Blickrichtungen vorgeben, die wir sehen wollen.

Ich war als Auditorin einmal zu einem Remote-Audit durch einen Kunden eingeladen, aber seine Technik war so konfiguriert, dass keine Externen an internen Konferenzen teilnehmen konnten. Nach vielem Hin und Her entschieden wir, zu einer anderen Konferenztechnik zu wechseln. Für den Betreiber begann das Audit somit nicht ganz so entspannt, wie es eigentlich sein sollte.

Ein anderes Mal stellte ich nach einem ganztägigen Audit mit drei Kollegen eines Kunden erst beim Verabschieden fest, dass hinter der Kamera noch eine vierte Person, der externe Berater, als heimlicher Beobachter teilgenommen hatte. Das empfand ich als sehr rücksichtslos mir gegenüber, und ich sah darin auch einen Vertrauensmissbrauch. Diesen Kunden habe ich nach dem Audit an einen anderen Prüfer abgegeben.

Bitte denken Sie deshalb daran, alle Personen vorzustellen, die sich an der Konferenz beteiligen oder im Raum befinden.

Falls Sie Teile der Videokonferenz aufzeichnen möchten, haben Sie außerdem Informationspflichten aus Datenschutzgründen. Von allen Beteiligten der Videokonferenz benötigen Sie dazu eine schriftliche Erlaubnis, und sobald diese anschließend wieder entzogen wird, müssen Sie alle Aufzeichnungen umgehend löschen.

11.3.2 Themen für Remote-Audits

Die folgenden Abbildungen zeigen Ihnen die geeigneten Themen für Remote-Audits. Ich habe die Themen nach ihrer potenziellen Vertraulichkeit und KRITIS-Relevanz bewertet. In Abbildung 11.6 liste ich Ihnen allgemeine Themen auf, die sich recht gut virtuell auditieren lassen. Die Vertraulichkeit ist bei diesen Themen eher beschränkt.

Allgemeine Auditthemen	
Zu auditierende Aspekte	**Eignung für ein Remote-Audit nach Vertraulichkeit**
Eröffnungsgespräch	Ja
Interviews zum Geltungsbereich	Ja
Abschlussgespräch	Ja
Dokumentenprüfung	Ja

Abbildung 11.6 Allgemeine Themen für Remote-Audits

In Abbildung 11.7 habe ich die Themen der organisatorischen Sicherheit hinsichtlich ihrer Vertraulichkeit bewertet. In meinen Audits ist das Compliance-Thema oft am allgemeinsten, sodass bei einem unbefugten Mithörer eher nicht mit Industriespionage oder Angriffen gerechnet werden muss.

Beim Thema Lieferanten sieht dies etwas anders aus. Hier muss jeder Betreiber selbst einschätzen, wie viele Informationen er virtuell über seine Lieferanten preisgeben möchte. Die Themen Rechteverwaltung und Informationssicherheitsvorfälle sind für mich ganz klar vertrauliche Dinge, die nicht zufällig nach außen gelangen sollten.

Sie müssen immer beachten, dass ein Auditor, der remote zugeschaltet ist, auch aus seinem privaten häuslichen Umfeld am Audit teilnehmen könnte. Sie wissen nicht, ob das Gesagte tatsächlich vertraulich bleibt, auch wenn der Auditor eine Geheimhaltungsverpflichtung unterzeichnet hat. Familienangehörige fühlen sich dieser Verpflichtung möglicherweise nicht unterworfen, und diese könnten zur Firma des Auditors, aber auch zu Ihrer eigenen Belegschaft gehören.

Organisatorische Sicherheit nach Anhang A.5 der DIN ISO/IEC 27001:2024	
Zu auditierende Aspekte	**Eignung für ein Remote-Audit nach Vertraulichkeit**
Interne Organisation	Teilweise
Werteverwaltung	Teilweise
Rechteverwaltung	Nein
Lieferantenbeziehungen	Teilweise
Informationssicherheitsvorfälle	Nein
Compliance	Ja
Interne Regeln und Dokumentation	Teilweise

Abbildung 11.7 Remote-Audits zu Themen der organisatorischen Sicherheit

In Abbildung 11.8 zeige ich Ihnen Auditthemen zur personenbezogenen Sicherheit. Ich denke, viele dieser Themen können virtuell besprochen werden. Müssten allerdings Arbeitsvertragsdaten von tatsächlichen Kollegen als Stichproben aufgezeichnet werden, würde ich dies nicht über das Internet tun.

Da in einem Remote-Audit natürlich auch die Technik zum mobilen Arbeiten zum Einsatz kommt, können wir Auditoren dieses Thema gut am echten Beispiel auditieren. Hier müssen wir bei Zugangs- und Netzinformationen rücksichtsvoll sein und nicht gezielt danach bohren, vertrauliche Informationen am Bildschirm zu teilen.

Personenbezogene Sicherheit nach Anhang A.6 der DIN ISO/IEC 27001:2024	
Zu auditierende Aspekte	**Eignung für ein Remote-Audit nach Vertraulichkeit**
Vor, während und nach der Beschäftigung	Teilweise
Mobiles Arbeiten	Teilweise
Meldeprozess	Ja

Abbildung 11.8 Remote-Audits zu Themen der personenbezogenen Sicherheit

Abbildung 11.9 enthält die Prüfthemen zur physischen Sicherheit aus der ISO/IEC 27001. Sie erkennen, dass ich zwei Themen als geeignet für ein Remote-Audit einschätze. Warum ist das so?

Falls Sie bereits einige Standorte des KRITIS-Kunden auditiert haben und die Stichprobe ausweiten möchten, wäre dies aus meiner Sicht virtuell dann möglich, wenn es sich um identische Standorte, nur unter einer anderen Adresse handelt.

Als Beispiel stellen Sie sich Tankstellen vor. Wenn Sie sich sieben Tankstellen angesehen und sich von ihrer Gleichartigkeit überzeugt haben, könnten Sie die Tankstellen acht bis zehn virtuell auditieren.

Welche Standorte Sie definitiv besuchen müssen, sind die KRITIS-relevanten Anlagen im Erstaudit und die Produktionsstätten. Auch die Arbeitsplätze müssen Sie sich mindestens einmal vor Ort ansehen.

Physische Sicherheit nach Anhang A.7 der DIN ISO/IEC 27001:2024	
Zu auditierende Aspekte	**Eignung für ein Remote-Audit nach Vertraulichkeit**
Physische Sicherheit ▪ Rundgänge an der kritischen Anlage ▪ Rundgänge an identischen Standorten ▪ Produktionsstätten ▪ Standort-Stichprobe im Folgeaudit	Teilweise Nein Ja Nein Nein
Bedrohungen	Teilweise
Arbeitsplätze	Nein
Umgang mit Werten	Ja
Betriebsmittel	Nein
Wartung und Entsorgung	Teilweise

Abbildung 11.9 Remote-Audits zu Themen der physischen Sicherheit

Abbildung 11.10 zeigt Ihnen die technologischen Sicherheitsthemen, die wir im Audit prüfen würden. Sie sehen, dass aus meiner Sicht alle Themen vertraulich sind und in einem geschützten Umfeld auditiert werden sollten. Das Thema Datensicherheit ist oft auch sehr dokumentenlastig, weshalb ich hier ein teilweises Remote-Audit angebe. Beispielsweise prüfe ich Protokolle der letzten Datensicherung und des letzten Recovery-Tests und schreibe mir Termine und weitere Details auf. Ein Angreifer hätte mit diesen Informationen nur bedingt einen Angriffsvektor.

Technologische Sicherheit nach Anhang A.8 der DIN ISO/IEC 27001:2024	
Zu auditierende Aspekte	**Eignung für ein Remote-Audit nach Vertraulichkeit**
Zugangssicherheit	Nein
Betriebssicherheit	Nein
Datensicherheit	Teilweise
Administration	Nein
Netzstrukturpläne/Netzsicherheit	Nein
Hardware- und Softwareentwicklung	Nein
Patch- und Änderungsmanagement	Nein
Ergebnisse aus Schwachstellentests	Nein

Abbildung 11.10 Remote-Audits zu Themen der technologischen Sicherheit

Abschließend zu diesem Thema möchte ich Ihnen eine potenzielle Prüfungsfrage zu der Entscheidung zeigen, ob ein Remote-Audit durchgeführt werden soll oder nicht.

F-11-3: Welche Themen eignen sich für ein Remote-Audit?

a) Eröffnungs- und Abschlussgespräche
b) Dokumentenprüfung
c) Meldeprozess
d) Rundgänge an identischen Standorten

Auch die zweite potenzielle Prüfungsfrage richtet sich an Auditoren, die Auditthemen planen und eine Entscheidung treffen sollen, was remote auditiert werden könnte.

F-11-4: Welche Themen sollten nicht remote auditiert werden?

a) Begehungen einer kritischen Anlage
b) Rundgang an Produktionsstätten
c) Zugangssicherheit und Administration
d) Ergebnisse aus Schwachstellentests

Ich denke, für Sie als Auditor ist nun klar, welche Auditschwerpunkte Sie remote auditieren können und welche Themen Sie eher in einem Vor-Ort-Audit prüfen sollten.

Auf mündliche Nachfrage meines Zertifizierungsstellen-Kollegen beim BSI erhielt er die Empfehlung, für Remote-Audits nur etwa 30 % der Auditzeit einzuplanen.

Sehen wir uns nun im folgenden Abschnitt die Prüfmethoden an.

11.4 Mögliche Prüfmethoden

Um als Prüfer einen Sachverhalt zu verstehen, können wir unterschiedliche Prüfmethoden anwenden. Die *Orientierungshilfe zu Nachweisen* (39) zeigt uns in ihrem Abschnitt 5.3, »OH zu Nachweisen (für Prüfer)«, eine Auswahl an möglichen Methoden, die ich in Abbildung 11.11 für Sie dargestellt habe.

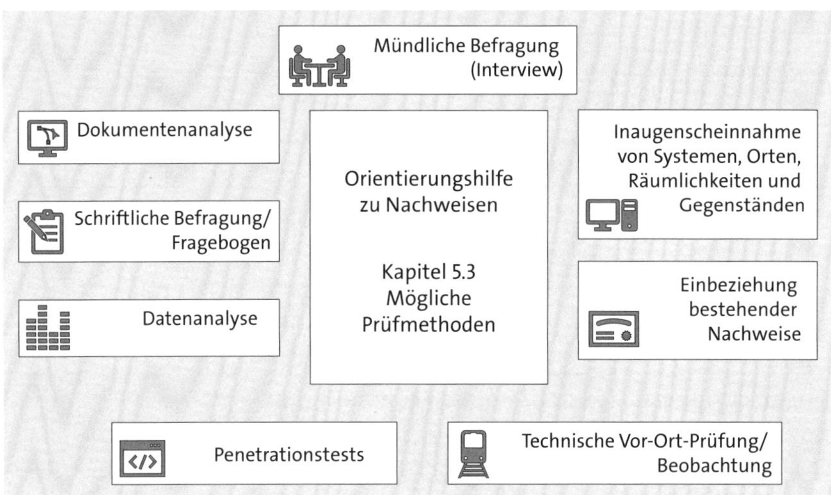

Abbildung 11.11 Prüfmethoden gemäß OH zu Nachweisen, Abschnitt 5.3

In Abschnitt 10.4, »Die Prüfungsplanung durch die Prüfstelle«, haben wir uns den Excel-Prüfplan und seine einzelnen Spalten bereits angesehen. Die Prüfmethoden tragen wir in der aktuellen Prüfplan-Vorlage in die Spalte F »Angabe der Prüfmethode« ein.

Am häufigsten planen wir Interviews, gefolgt von der Dokumentenanalyse und der Inaugenscheinnahme von Systemen und Räumlichkeiten ein. Beobachtungen werden erst dann zu einem Nachweis, sobald wir das Beobachtete notieren und Aufnahmen beziehungsweise Aufzeichnungen erstellen.

Fragebögen an KRITIS-Betreiber zu versenden, ist für die Auditoren in der Vorbereitung auf eine Prüfung nützlich. Jedoch bedeutet dies meist höhere Aufwände für unsere Betreiber.

F-11-5: Welche der folgenden Prüfmethoden werden in der Orientierungshilfe zu Nachweisen genannt?

a) Dokumentenanalyse und Einbeziehung bestehender Nachweise

b) mündliche Befragung/Interview

c) Vertrauen in den Betreiber

d) Inaugenscheinnahme von Systemen

Wenn wir Dokumente analysieren, benötigen wir mindestens den Titel und das letzte Freigabedatum für unsere Nachweise.

Interviews als einzige Methode reichen als Nachweis nicht aus; wir brauchen immer weitere, von uns dokumentierte Fakten als Nachweis.

Auf die Einbeziehung bestehender Zertifikate gehe ich in Abschnitt 11.5, »Verwendung bestehender Zertifikate«, genauer ein.

Als Prüfer für die ISO/IEC 27001 oder die Nachweisprüfung werden wir in der Regel nicht mit Penetrationstests beauftragt und dürfen diese Art der Prüfung deshalb auch nicht eigenmächtig durchführen. Durch unsere Prüfungen dürfen keine Geschäftsprozesse beeinträchtigt oder gestört werden.

F-11-6: Welche der folgenden Prüfmethoden werden außerdem in der Orientierungshilfe zu Nachweisen genannt?

a) technische Vor-Ort-Prüfung

b) Analyse elektronischer Daten, Logs etc.

c) Penetrationstests

d) Fragebögen

Einige Betreiber besitzen ein zertifiziertes ISMS. Wie wir mit bestehenden Zertifikaten umgehen, sehen wir uns im folgenden Abschnitt an.

11.5 Verwendung bestehender Zertifikate

Das BSI hat für Organisationen, die nach ISO/IEC 27001 oder ISO/IEC 27001 auf der Basis von IT-Grundschutz zertifiziert sind, eine Informationsseite bereitgestellt (57).

Ich möchte Ihnen an dieser Stelle einige Auszüge von dieser Webseite zitieren.

> *»Ein gültiges ISO/IEC 27001-Zertifikat ist als Bestandteil der Nachweisprüfung verwendbar.*
>
> *Gleiches gilt für Zertifikate nach IT-Grundschutz.*

Die Nachweisprüfung muss zusätzlich die kritische Dienstleistung umfassen.

Soll ein ISO/IEC 27001-Zertifikat verwendet werden, sind folgende KRITIS-relevanten Aspekte dem BSI gegenüber zu dokumentieren:«

Diese KRITIS-relevanten Aspekte habe ich für Sie in Abbildung 11.12 dargestellt.

1) Abgrenzung des Geltungsbereiches	2) Erweiterter Geltungsbereich
Der Geltungsbereich muss die Anlagen nach der Kritisverordnung und Schnittstellen darstellen.	Ausgelagerte Bereiche müssen mitgebracht werden, ebenso die KRITIS-Schutzziele. Bei Überwachungsaudits kann die Nachweisprüfung gleichzeitig erbracht werden.
3) Berücksichtigung der KRITIS-Schutzziele	**4) KRITIS-IT-Schutzbedarf**
Eine Risikobetrachtung für die kritische Dienstleistung muss berücksichtigt werden. Die Maßnahmen müssen umgesetzt sein.	Im Risikomanagement müssen die Schutzziele Verfügbarkeit, Vertraulichkeit, Integrität und Authentizität bewertet sein.
5) Umgang mit Risiken	**6) Maßnahmenumsetzung**
Eine rein betriebswirtschaftlichen Betrachtung der Risiken ist unzureichend. Eine Risikoakzeptanz im Geltungsbereich kann nicht akzeptiert werden. Nur verbleibende Restrisiken können akzeptiert werden. Das Versichern von Risiken, auch als Risiko-Transfer bezeichnet, ist kein Ersatz für Sicherheitsvorkehrungen [nach dem] BSIG. Es ist der Stand der Technik umzusetzen.	Alle erforderlichen Maßnahmen zur Risikobehandlung müssen umgesetzt sein. Ausschließlich geplante Maßnahmen müssen auf die Liste der Sicherheitsmängel aufgenommen werden, und ein erklärender Umsetzungsplan ist mit einzureichen.

Abbildung 11.12 KRITIS-relevante Aspekte zum ISO/IEC 27001-Zertifikat

Um die sechs Anforderungen dem BSI gegenüber zu beantworten, habe ich eine Vorlage erstellt, die Sie als Begleitmaterial zum Buch finden.

Hinweis zum Begleitmaterial

Ein Beispiel für eine Erklärung zu bestehenden Zertifikaten habe ich für Sie im Dokument abgelegt:

- 2023-10_Erklaerung-bestehende-27K-Zertifikate

In Abbildung 11.13 zeige ich Ihnen den ersten Teil dieser Vorlage, die Sie für Ihre Betreiber ausfüllen können. Die Vorlage enthält die oben genannten sechs Anforderungen, die bestätigt oder verneint werden können.

In der Vorlage geben Sie die geprüfte Organisation, die Betreiber-ID und den Prüfzeitraum an. Anschließend wählen Sie das vorliegende Zertifikat aus und tragen die Namen der Auditoren und Fachexperten ein.

In der ersten Anforderung müssen Sie beurteilen, ob das Zertifikat auch die Kritische Infrastruktur umfasst. Würden Sie das verneinen, müssten Sie in Ihrer Nachweisprüfung die kritischen Anlagen vollständig überprüfen.

Die zweite Anforderung verlangt die Berücksichtigung der ausgelagerten Bereiche und der KRITIS-Schutzziele. Im Audit müssen Sie alle sechs Anforderungen nach dem 4-Augen-Prinzip prüfen und bewerten. Können Sie einer Anforderung nicht zustimmen, müssten Sie den fehlenden Aspekt in Ihrer Nachweisprüfung auditieren und beurteilen.

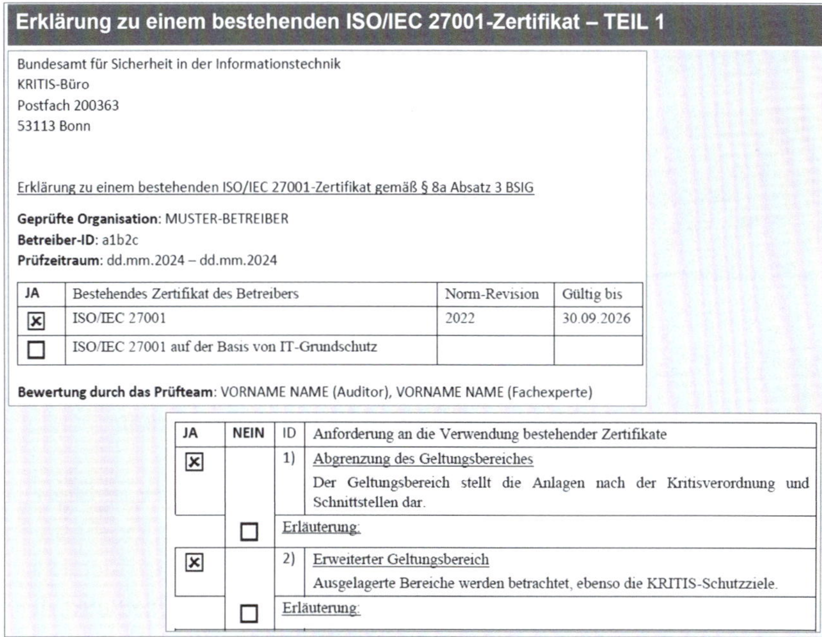

Erklärung zu einem bestehenden ISO/IEC 27001-Zertifikat – TEIL 1

Bundesamt für Sicherheit in der Informationstechnik
KRITIS-Büro
Postfach 200363
53113 Bonn

Erklärung zu einem bestehenden ISO/IEC 27001-Zertifikat gemäß § 8a Absatz 3 BSIG

Geprüfte Organisation: MUSTER-BETREIBER
Betreiber-ID: a1b2c
Prüfzeitraum: dd.mm.2024 – dd.mm.2024

JA	Bestehendes Zertifikat des Betreibers	Norm-Revision	Gültig bis
☒	ISO/IEC 27001	2022	30.09.2026
☐	ISO/IEC 27001 auf der Basis von IT-Grundschutz		

Bewertung durch das Prüfteam: VORNAME NAME (Auditor), VORNAME NAME (Fachexperte)

JA	NEIN	ID	Anforderung an die Verwendung bestehender Zertifikate
☒		1)	Abgrenzung des Geltungsbereiches Der Geltungsbereich stellt die Anlagen nach der Kritisverordnung und Schnittstellen dar.
	☐	Erläuterung:	
☒		2)	Erweiterter Geltungsbereich Ausgelagerte Bereiche werden betrachtet, ebenso die KRITIS-Schutzziele.
	☐	Erläuterung:	

Abbildung 11.13 Vorlage für die Erklärung bestehender ISO/IEC 27001-Zertifikate, Teil 1

In Abbildung 11.14 zeige ich Ihnen den zweiten Teil der Vorlage.

In der dritten Anforderung prüfen Sie den Umsetzungsgrad der Risikobehandlungsmaßnahmen für die kritische Dienstleistung.

Die vierte Anforderung gilt dem Risikomanagement. Sie prüfen an dieser Stelle, ob alle Schutzziele – also Verfügbarkeit, Integrität, Vertraulichkeit und Authentizität (VIVA) – von den Zertifizierungsauditoren bewertet wurden.

In der fünften Anforderung müssen Sie beurteilen, ob Risiken akzeptiert werden und, wenn ja, mit welcher Begründung. Alternative Maßnahmen müssen genau wie die eigentlichen Maßnahmen nach dem Stand der Technik umgesetzt sein (siehe Abschnitt 7.2.3, »Maßnahmen nach dem Stand der Technik«). Die sechste Anforderung gilt der Maßnahmenumsetzung zur Risikobehandlung.

Zum Schluss bestätigen Sie Ihre Erklärung gegenüber dem BSI noch mit dem Datum und Ihrer Unterschrift als leitender Auditor (Leadauditor).

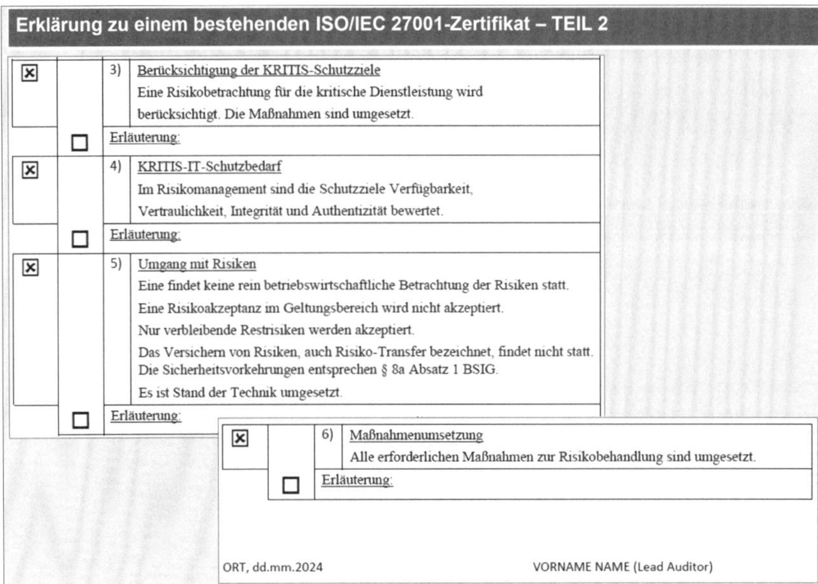

Erklärung zu einem bestehenden ISO/IEC 27001-Zertifikat – TEIL 2

[x] 3) Berücksichtigung der KRITIS-Schutzziele
Eine Risikobetrachtung für die kritische Dienstleistung wird berücksichtigt. Die Maßnahmen sind umgesetzt.
[ ] Erläuterung:

[x] 4) KRITIS-IT-Schutzbedarf
Im Risikomanagement sind die Schutzziele Verfügbarkeit, Vertraulichkeit, Integrität und Authentizität bewertet.
[ ] Erläuterung:

[x] 5) Umgang mit Risiken
Eine findet keine rein betriebswirtschaftliche Betrachtung der Risiken statt.
Eine Risikoakzeptanz im Geltungsbereich wird nicht akzeptiert.
Nur verbleibende Restrisiken werden akzeptiert.
Das Versichern von Risiken, auch Risiko-Transfer bezeichnet, findet nicht statt.
Die Sicherheitsvorkehrungen entsprechen § 8a Absatz 1 BSIG.
Es ist Stand der Technik umgesetzt.
[ ] Erläuterung:

[x] 6) Maßnahmenumsetzung
Alle erforderlichen Maßnahmen zur Risikobehandlung sind umgesetzt.
[ ] Erläuterung:

ORT, dd.mm.2024 VORNAME NAME (Lead Auditor)

Abbildung 11.14 Vorlage für die Erklärung bestehender ISO/IEC 27001-Zertifikate, Teil 2

Falls ein KRITIS-Betreiber kein ISO/IEC 27001-Zertifikat besitzt, müssen Prüfer alle Anforderungen an ein ISMS auditieren. Weist ein Betreiber ein solches Zertifikat vor, wird das Prüfen dieses Nachweises im Auditplan mit mindestens zwei Personen nach dem 4-Augen-Prinzip eingeplant. Der Auditor erklärt anschließend gegenüber dem BSI, dass die oben genannten sechs Punkte umgesetzt worden sind.

Wurde eine teilweise Überprüfung nach dem Katalog C5:2020 durchgeführt, beispielsweise nur das Risiko- oder Asset-Management, können auch diese Ergebnisse in der Nachweisprüfung zusätzlich herangezogen und bewertet werden.

F-11-7: Wie können andere durchgeführte Prüfungen berücksichtigt werden?

a) Prüfberichte aus anderen Prüfungen können per Dokumentenanalyse einbezogen werden.
b) Der Nachweis nach dem BSIG kann als Zusatzprüfung in andere Prüfungen integriert werden.
c) Vorhandene geeignete Prüfungen können berücksichtigt werden, wenn sie nicht älter als ein Jahr sind.
d) Eine reine ISO/IEC 27001-Zertifizierung genügt als Nachweis nach dem BSIG nicht.

Im nächsten Abschnitt sehen wir uns die Prüfung der umgesetzten Maßnahmen beim Betreiber an.

11.6 Prüfung der branchenspezifischen Maßnahmen

Bei einem Betreiber, der kein ISMS-Zertifikat vorweisen kann, prüfen wir nach einer vollständigen Prüfgrundlage, wie wir sie uns in Abschnitt 10.1. angesehen haben.

Um als ISO/IEC 27001-Auditor zu erkennen, ob ein Betreiber risikomindernde Maßnahmen in seinem kritischen Geltungsbereich angemessen umgesetzt hat, müssen wir in unterschiedlichen Audit-Sessions den Betreiber außer zu den regulären ISMS-Anforderungen auch zu kritischen beziehungsweise branchenüblichen Themen prüfen und relevante Standorte besuchen.

Wenn Sie als Prüfgrundlage die ISO/IEC 27001 und die *Orientierungshilfe B3S* (siehe Abschnitt 10.1.5 »Die Orientierungshilfe B3S als Prüfgrundlage«) gewählt haben, könnten Sie den Auditplan so organisieren, wie ich es in Abbildung 11.15 zeige. Bitte beachten Sie, dass Sie die Branchenaspekte zusätzlich zu den eigentlichen ISO/IEC 27001-Themen prüfen müssen.

11

Mögliche Prüfthemen in der Nachweisprüfung	
ISO/IEC 27001	**Beispiele zusätzlicher Branchenaspekte und rechtliche Anforderungen**
4 Kontext der Organisation	Geltungsbereich der Kritischen Infrastruktur und Dienstleistung
5 Führung	Leitlinie zur kritischen Dienstleistung, BSI-Ansprechpartner
6 Planung	KRITIS-Assets, Risikokriterien, Risiko-Akzeptanz und Begründungen
7 Unterstützung	Ressourcen, KRITIS-Kompetenz, Sensibilisierungen, BSI-Meldeportal
8 Betrieb	Risikobehandlung, Umsetzungsstand risikomindernder Maßnahmen
9 Bewertung der Leitung	Audits an Standorten der kritischen Infrastruktur, Managementbewertung
10 Verbesserung	Umsetzungsstand früherer Mängel
A.5 Organisatorische Maßnahmen	Kontakt zum BSI, Meldeprozess, Bedrohungsintelligenz, BCM, KritisV
A.6 Personenbezogene Maßnahmen	BSI-Meldeprozess, KRITIS-Kompetenzen und Übungen
A.7 Physische Maßnahmen	Kritische Infrastruktur, Versorgungseinrichtungen, Instandhaltung
A.8 Technologische Maßnahmen	Schwachstellenmanagement, Konfigurationsmanagement, Überwachung, Protokollierung, Redundanz, ausgegliederte Entwicklung

Abbildung 11.15 ISO/IEC 27001-Prüfplan mit branchenspezifischen Aspekten

F-11-8: Bei einer Prüfung nach dem BSIG müssen folgende Themenfelder berücksichtigt werden:

a) nur technische Themenfelder

b) Es müssen keine Themenfelder berücksichtigt werden.

c) technische und organisatorische Themenfelder

d) nur organisatorische Themenfelder

Wie ich Ihnen bereits in Abschnitt 8.1, »Aufbau eines B3S mithilfe der OH B3S«, gezeigt habe, müssen wir für die Kritischen Infrastrukturen die Prüfthemen abdecken, die ich Ihnen in Abbildung 11.16 noch einmal aufliste. Diese Themen müssen Sie nach dem Audit auch in der Mängelliste verwenden. Die Dokumentation der Mängel sehen wir uns in Abschnitt 12.1.4, »Die Mängelliste dokumentieren«, an.

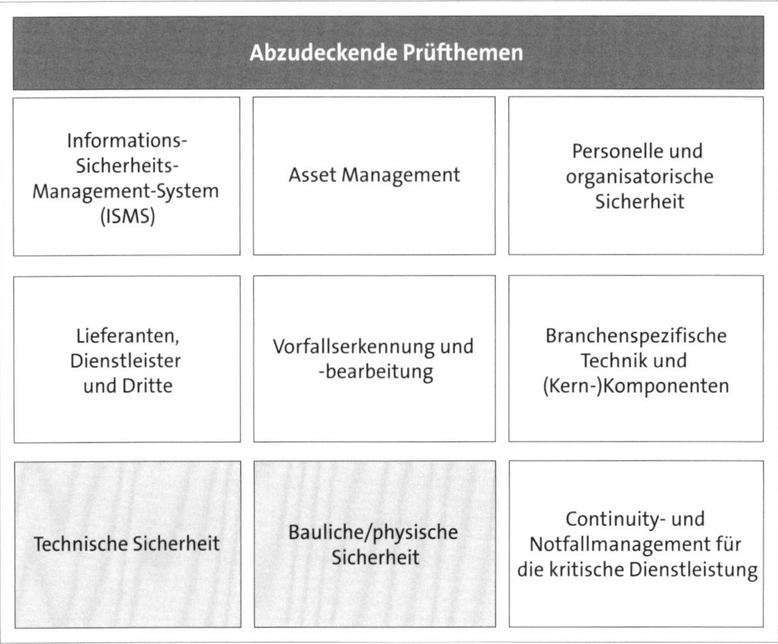

Abbildung 11.16 Abzudeckende Themen in einer Nachweisprüfung nach dem BSIG

Die Themen »Technische Sicherheit« und »Bauliche/physische Sicherheit« sind dabei mit zusätzlichen Prüfthemen untersetzt, die ich Ihnen in Abbildung 11.17 zeige. Wie Sie sehen, finden wir unter der technischen und physischen Sicherheit auch Themen, die wir in nativen ISO/IEC 27001-Audits ebenfalls prüfen würden.

F-11-9: Welche Besonderheiten sind für die Umsetzung von Maßnahmen bei einer Prüfung nach dem BSIG zu beachten?

a) Die Maßnahmen müssen auch branchenspezifische Gegebenheiten berücksichtigen.
b) Eine Planung der Maßnahmen ist ausreichend.
c) Eine Versicherung der Risiken ist ausreichend.
d) Für kurzfristige Maßnahmen reicht eine Planung allein nicht aus, diese müssen auch konkret umgesetzt werden.

Abbildung 11.17 Zusätzlich abzudeckende Themen in einer Nachweisprüfung nach dem BSIG

Da ISO/IEC 27001-Auditoren die Themen aus Anhang A dieser Norm wiedererkennen, können sie diese einfach in den Prüfplan zu entsprechenden Controls integrieren.

F-11-10: Welche weiteren Besonderheiten sind für die Umsetzung von Maßnahmen bei einer Prüfung nach dem BSIG zu beachten?

a) Die Maßnahmen müssen mit Ticketsystemen eingeplant werden.
b) Die Maßnahmen müssen der neuesten Forschung entsprechen.
c) Die Maßnahmen müssen geeignet sein, das heißt, effektiv wirken und keine unerwünschten Nebeneffekte haben.
d) Die Maßnahmen müssen dem Stand der Technik entsprechen und mit Erfolg in der Praxis bzw. innerhalb der Branche erprobt worden sein.

Die *Orientierungshilfe B3S* nennt in ihrem Abschnitt 4.1, »Die Gewährleistungsverantwortung gegenüber der Bevölkerung«, weitere Themen, die wir als Auditoren überprüfen sollen. In Abbildung 11.18 können Sie diese Themenfelder sehen.

Die Betreiber müssen die Mindestqualität in Normallagen und in Notfallsituationen definieren. Dazu benötigt die kritische Dienstleistung eigene Schutzziele.

Lediglich geplante Maßnahmen sind zur Risikominderung für KRITIS-Betreiber nicht ausreichend. Alle Maßnahmen müssen auch umgesetzt sein. Maßnahmen, die aus Kostengründen abgewählt werden, müssen durch alternative Maßnahmen ersetzt werden.

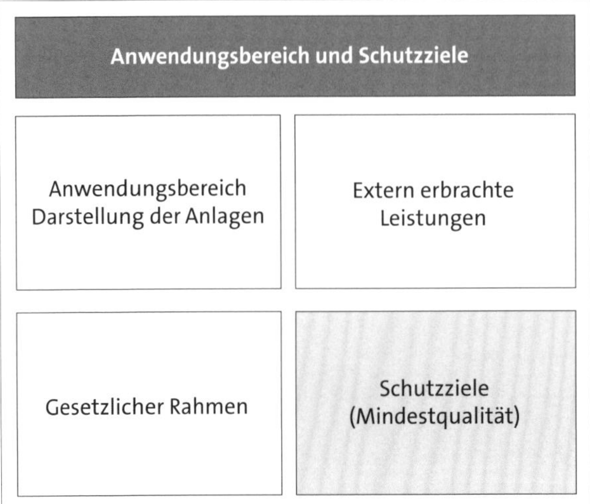

Abbildung 11.18 Zu prüfende Aspekte und Schutzziele in einer Nachweisprüfung nach dem BSIG

F-11-11: Bei der Definition der Schutzziele für eine Prüfung nach dem BSIG müssen folgende Aspekte beachtet werden:

a) Es müssen keine besonderen Schutzziele beachtet werden.

b) Für die zur Erbringung der kritischen Dienstleistung erforderlichen Standardsysteme müssen ebenfalls eigene Schutzziele abgeleitet werden.

c) Die Mindestqualität der kritischen Dienstleistung ist sowohl in Normallagen als auch in außergewöhnlichen Lagen (Störungen, Notlagen etc.) sicherzustellen.

d) Für die kritische Dienstleistung sind eigene Schutzziele (KRITIS-Schutzziele) festzulegen.

Risiken, die ohne eine nachvollziehbare schriftliche Begründung akzeptiert worden sind, gelten in einer Nachweisprüfung als nichtkonform.

Die Begründung für eine Risikoakzeptanz kann beispielsweise in der Risikoanalyse erfolgen. Zusätzlich erwarte ich das Datum der letzten Beurteilung durch die oberste Leitung.

Nicht behandelte Risiken werden von der obersten Leitung so lange akzeptiert, bis diese durch eine Behandlungsmaßnahme gemindert wurden. Die oberste Leitung trägt die Verantwortung für unbehandelte Risiken, ganz gleich, ob sie über die akzeptierten Risiken Bescheid weiß ober nicht.

F-11-12: Welche folgenden Punkte müssen bei einer BSIG-Prüfung zusätzlich beachtet werden?

a) Auch für ausgelagerte Bereiche (Outsourcing) müssen geeignete Vorkehrungen nach dem BSIG sichergestellt werden.

b) Eine Risikoakzeptanz oder Risikoübertragung (z. B. Versicherungen) sind nur eingeschränkt zulässig.

c) In der Schutzbedarfsfeststellung und Risikoanalyse müssen die Auswirkungen einer Störung der kritischen Dienstleistung (»Angemessenheit«) auch in Bezug auf Versorgungsengpässe berücksichtigt werden.

d) Der Prüfgegenstand muss die vollständige Anlage nach BSI-Kritisverordnung abdecken (also die für die Erbringung der kritischen Dienstleistung erforderlichen Systeme, Komponenten und Prozesse).

Als Prüfer schauen wir uns deshalb die Anzahl aller Maßnahmen und deren Umsetzungsstatus an. Maßnahmen, die sehr umfangreich sind und deren Umsetzung längere Zeit dauert, erfasse ich; und in der Regel attestiere ich ihnen keine Nichtkonformität, wenn ich die permanente Weiterentwicklung erkennen kann.

Im folgenden Abschnitt möchte ich Ihnen zeigen, was wir Prüfer uns ansehen dürfen, wenn wir ein BCMS auditieren.

11.7 Prüfung des BCMS

Genau wie bei einer ISO/IEC 27001-Zertifizierung prüfen wir auch bei einer Nachweisprüfung das Notfallmanagementsystem oder *Business Continuity Management-System*, also kurz das BCMS, des Betreibers.

Wenn Sie als Betreiber bisher kein BCMS aufgebaut haben, könnten Sie die BSI-Webseite zum BSI-Standard 200-4 (58) als erste Anlaufstelle verwenden. Das BSI hat außerdem einen Flyer zum »Business Continuity Management mit IT-Grundschutz« (59) bereitgestellt, den ich Ihnen als Begleitmaterial abgelegt habe.

Hinweis zum Begleitmaterial

Den BSI-Flyer zum BCM mit IT-Grundschutz finden Sie im Dokument:

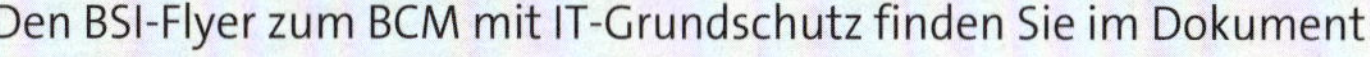

- 2023-09_BSI_Standard_200-4_BCM_Flyer

Als weitere Unterstützung können wir einen Anforderungskatalog im Excel-Format einsetzen, den das BSI ebenfalls für uns aufgebaut hat und den ich Ihnen als Begleitdokument bereitstelle.

Hinweis zum Begleitmaterial

Den Anforderungskatalog des BSI zum BCM finden Sie im Dokument:

- 2023-09_BSI_Standard_200-4_BCM_Anforderungskatalog

Wenn Sie Ihr BCMS von Grund auf neu errichten müssen, kann Ihnen der BSI-Standard 200-4 (60) helfen, der auf der ISO-Norm 22301:2019 basiert und von der Webseite des BSI heruntergeladen werden kann.

Was sind die Themen, die wir uns in einer Nachweisprüfung zum BCMS ansehen würden?

In Abbildung 11.19 zeige ich Ihnen mögliche Prüfthemen. Die ersten vier Themen, die normübergreifend (egal ob ISO/IEC 27001, ISO 22301 oder auch nach BSI-Standard 200-4) von Prüfern erwartet werden, habe ich Ihnen dunkler dargestellt. Für mich müssen mindestens die Verantwortlichkeiten geregelt sein, ein Notfallhandbuch und Notfallpläne, Wartungspläne und Inspektionsprotokolle sowie Nachweise über Notfallübungen im Audit vorliegen.

Die fünf anderen Themen mit hellem Hintergrund kann ich nicht bei allen KRITIS-Betreibern überprüfen. Dafür sind meist unterschiedliche Gründe verantwortlich: Manche Themen sind noch nicht umgesetzt oder sollen auch nicht umgesetzt werden. Andere Themen waren bei einigen Betreibern oft bis zum Audit gar nicht bekannt.

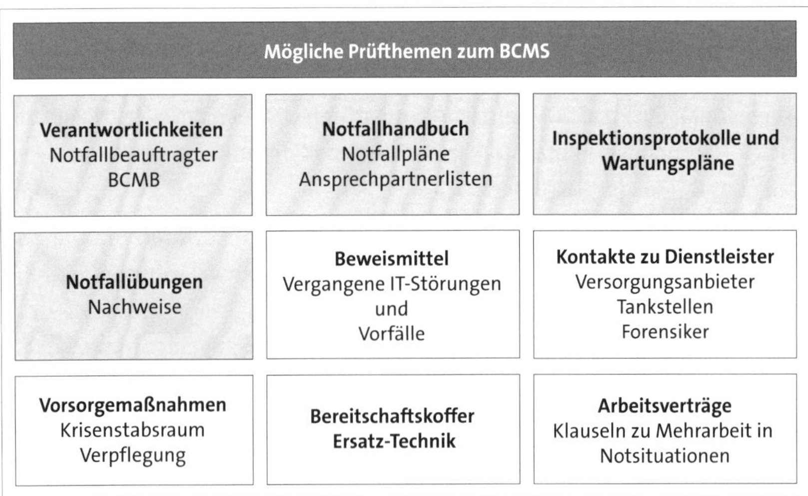

Abbildung 11.19 Mögliche Prüfthemen zum BCMS

Im nächsten Abschnitt sehen wir uns an, was in einer Nachweisprüfung beispielsweise alles zur Organisation eines BCMS geprüft werden könnte.

11.7.1 Organisation zum BCMS

Nachfolgend möchte ich Ihnen Prüfthemen zeigen, die einen eher organisatorischen Charakter besitzen. In Abbildung 11.20 sehen Sie die typischen sechs organisatorischen Themen in einer Nachweisprüfung. Die Hauptthemen habe ich für Sie dunkler eingefärbt.

Wir starten mit der Überprüfung der Verantwortlichkeiten für das BCMS. Hier sollte es mindestens eine Ernennungsurkunde geben und Kompetenznachweise, aus denen hervorgeht, dass die Notfallbeauftragten in einer Schulung die notwendigen BCM-Kenntnisse erworben haben.

Ein weiterer Aspekt ist das Notfallhandbuch. In diesem prüfe ich, ob sein Schwerpunkt auf der Kritischen Infrastruktur und der kritischen Dienstleistung liegt, die beide vor Störungen und Ausfällen geschützt werden sollen. Da überall mit Stromausfällen gerechnet werden kann, erwarte ich das Notfallhandbuch an jedem Standort auch in ausgedruckter Form und in aktueller Version.

Aus einem Notfallhandbuch leiten sich meist mehrere Notfallpläne für die identifizierten Notfallszenarien ab. In einer Nachweisprüfung sollten wenigstens die allgemein bekannten Notfälle als Notfallplan vorliegen.

Auch erwarte ich einen etablierten Meldeprozess und Ansprechpartner für die umgesetzten Notfallpläne. Das Personal muss Bescheid wissen, über welches Medium es melden kann und soll. Der Betreiber muss für den Fall eines Hackerangriffs wenigstens die Kontaktdaten eines regionalen Forensikers kennen.

Außerdem muss der Betreiber die Notfälle definiert haben, in denen er die Polizei, seine Versorgungsanbieter für Strom, Gas, Wasser und Fernwärme sowie seinen IT-Dienstleister kontaktieren will. Auch mit Tankstellen haben Betreiber mitunter Vertragspartnerschaften geschlossen.

Ich erwarte in einer Nachweisprüfung klare Regeln darüber, wer wen im Notfall informieren darf. Falls es eine Pressestelle gibt, möchte ich wissen, wann diese in Erscheinung tritt und ob sie eventuell schon vorformulierte Pressetexte für die bekannten Notfallszenarien besitzt.

Vielleicht sind bisherige Lieferanten und Dienstleister im Notfall nicht erreichbar. Deshalb haben einige Betreiber zusätzlich regionale Anbieter ausgewählt, die bei Bedarf auch mit dem Kfz oder Fahrrad in begrenzter Zeit erreichbar sind, um diese um Unterstützung zu bitten.

Alle mir gezeigten Dokumente, Notfallpläne und Kontaktdaten müssen an allen Standorten aktuell sein.

Wenn der Betreiber keinen Schichtbetrieb fährt, möchte ich vom Notfallbeauftragten oder von der Personalabteilung wissen, ob es Sonderklauseln im Arbeitsvertrag gibt, die in Notsituationen eine Mehr- oder Schichtarbeit regeln.

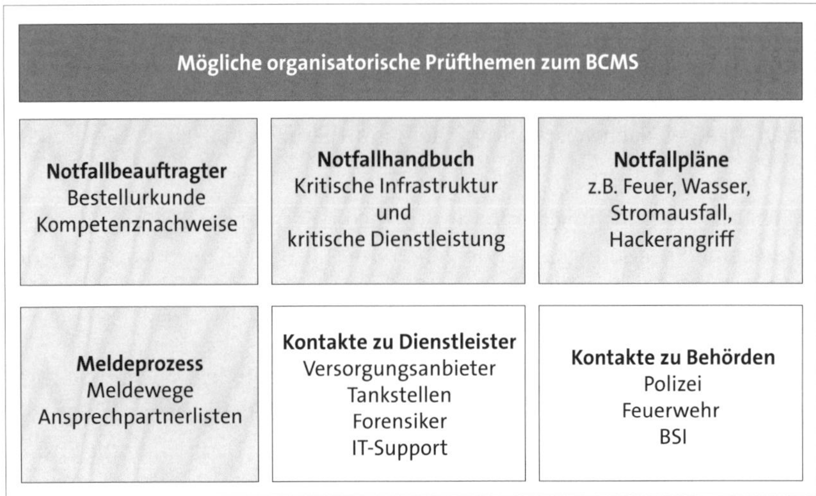

Abbildung 11.20 Organisatorische Themen in einer Nachweisprüfung zum BCMS

Mit diesen organisatorischen Aspekten können wir schon eine Weile beschäftigt sein, aber dies ist nicht alles, was uns zum BCMS des Betreibers interessiert. Kommen wir im nächsten Abschnitt zur Durchführung von Notfallübungen.

11.7.2 Vorbereitung und Durchführung von Notfallübungen

Dieser Abschnitt zeigt Ihnen die Aspekte, die wir uns zu Notfallübungen in einer Nachweisprüfung genauer ansehen.

Nachdem alle organisatorischen Themen geklärt sind, wechseln wir zu den praktischen Fragen. Uns interessiert, wie Notfallübungen geplant und durchgeführt werden.

Natürlich möchten wir zuerst wieder erfahren, wer die Ansprechpartner und Verantwortlichen sind. Für alle identifizierten Notfallszenarien muss es mindestens einen Verantwortlichen geben, der für das Thema kompetent ist und die Notfallpläne hinsichtlich ihrer Angemessenheit überprüfen und verbessern kann.

Im Audit picke ich mir dazu einige Notfallszenarien heraus und frage nach den Ansprechpartnern.

Als Nächstes interessiert mich, ob bereits Notfallübungen stattgefunden haben und zu welchen Notfallszenarien. Diese Übungen sind wichtig, werden aber von vereinzelten Betreibern etwas stiefmütterlich behandelt. Bitte ziehen Sie sich diesen Mantel nicht an, wenn Ihre Organisation Notfallübungen durchführt! Als Prüferin sehe ich an dieser Stelle meine Mission darin, die Betreiber ein wenig anzuschubsen, damit sie Übungen durchführen. Aus meiner Perspektive sind Brandschutzübungen und Feuerlöscher-Übungen am einfachsten und werden auch am häufigsten umgesetzt.

Wie Sie in Abbildung 11.21 erkennen können, habe ich neben den Verantwortlichen und den Notfallübungen auch die Beweismittel dunkler eingefärbt. Im Audit müssen wir Nachweise sammeln, und dies funktioniert am einfachsten, wenn uns die Betreiber ihre letzten Termine für Notfallübungen oder IT-Störungen mit zusätzlichen Details geben können.

Drei Themen habe ich in der Abbildung mit weißem Hintergrund belassen. Dies sind die Krisenstabsräume, die Kontakte zu anderen Betreibern und das Thema Personenrettung. Alle drei Themen werden nicht von allen Betreibern etabliert. Falls ein Betreiber einen Krisenstabsraum betreibt, sehe ich mir diesen im Audit an. Krisenstabsräume besitzen oft Wände, die teilweise mit Magnetfarbe gestrichen sind, um bei Stromausfällen handschriftliche Papiere mit Magneten an die Wände heften zu können. Auch befinden sich dort oft Feldbetten und Verpflegung für mehrere Tage. In Ersatzräumen stehen oft Ersatz-Technik, zusätzliche Handys, Laptops, Tablets oder Notebooks zur Verfügung.

11

Ein Kontakt zu anderen Betreibern im gleichen Sektor kann für gemeinsame Notfallübungen, aber auch für interne Audits von Vorteil sein.

Einige Betreiber planen ihre regelmäßigen Notfallübungen mit der Feuerwehr, um beispielsweise eine Personenrettung bei Verkehrsunfällen zu proben.

Andere Betreiber benötigen zur Rettung von Verunglückten in Gruben und Schächten ein Dreibein und testen seine Bedienung in Notfallübungen. Wieder andere Betreiber haben ihre monatlichen Notstrom-Übungen über das gesamte Jahr verteilt und testen dabei auch die Internet-Funkverbindungen.

Abbildung 11.21 Aspekte zu Notfallübungen in einer Nachweisprüfung zum BCMS

Nachdem das Thema »Überprüfung der Notfallübungen« beendet ist, möchte ich Ihnen im folgenden Abschnitt die Prüfungen zu Wartungen und Inspektionen zeigen.

11.7.3 Wartungen, Inspektionen und Wiederherstellung

Für Prüfer sind Aspekte zu Wartungen und Inspektionen, aber auch Wiederherstellungstests im Rahmen einer Nachweisprüfung interessant. Alle drei Themen sind im BCMS-Kontext ein weiteres großes und spannendes Prüffeld, das ich mit Ihnen in diesem Abschnitt betrachten möchte.

Wenn wir regelmäßig Notfälle üben, verbrauchen wir Materialien, wie beispielsweise Diesel, können aber auch einen Materialverschleiß verursachen. Das alles kostet uns zusätzliche Ressourcen.

In Abbildung 11.22 zeige ich Ihnen wieder sechs potenzielle Prüfthemen, von denen ich vier mit einem dunkleren Hintergrund für Sie dargestellt habe.

Auch dieses Mal starte ich mit den Verantwortlichen. Ich möchte in der Nachweisprüfung erfahren, wer die Ansprechpartner für die Geräte und deren Wartungen und Inspektionen sind. Außerdem interessiert mich, wer sich um die Datensicherungen und die Wiederherstellungstests kümmert.

Ich möchte im Audit die Wartungspläne und alle Protokolle zu Wartungen und Inspektionen sehen. Als Prüferin schreibe ich mir die Systeme, Termine und die Namen der durchführenden Dienstleister auf. Falls bereits Rechnungen vorliegen, schreibe ich auch dazu die Rechnungsnummer und das Rechnungsdatum auf. Diese Nachweise zeigen mir die tatsächliche Durchführung von Wartungen an.

Welche Geräte werden üblicherweise gewartet und können in einer Nachweisprüfung auditiert werden?

Die Notstromaggregate, die Netzersatzgeräte (NEAs), die Unterbrechungsfreie Stromversorgung (USV), Akkus, Batterie-Räume und auch manche Bereitschaftskoffer werden oft durch externe Dienstleister überprüft.

Im Audit prüfen wir die Aktualität von Wartungsplänen. Diese sollten nicht älter als zwölf Monate sein.

Leseempfehlung

An dieser Stelle möchte ich Sie auf das Buch »BLACKOUT – Morgen ist es zu spät« von Marc Elsberg hinweisen. Das Buch ist aus dem Jahr 2013, aber immer noch absolut empfehlenswert.

Ich habe auch das Thema IK-Technik (Informations-Kommunikations-Technik) in der Abbildung als besonders relevant für das BCMS dargestellt. Warum tat ich das?

Die ISO/IEC 27001 fordert in A.5.30, »IKT-Bereitschaft für Business Continuity«, von uns, Kontinuitätspläne zu verfassen. In diesen sollen die Reaktions- und Wiederherstellungsverfahren, regelmäßige Übungen, die Wiederherstellungszeitpunkte der priorisierten Dienste und die Wiederherstellungszeiten von IKT-Ressourcen beschrieben sein. Die Betreiber benötigen zukünftig also Pläne dazu, welche IK-Technik sie im Notfall einsetzen wollen und müssen.

Inspektionen führen viele Betreiber mit internen Kollegen durch. Hier ist mir wichtig, ein aktuelles Protokoll zu solchen Inspektionen prüfen zu können.

In Bereitschaftskoffern liegen oft Ansprechpartnerlisten, Telefone, Schichtpläne und Werkzeuge. Falls in solch einem Koffer Geräte mit Akkus verwendet werden, möchte ich im Audit erfahren, wer sich um das Laden dieser Akkus kümmert.

Auch prüfte ich vor Kurzem einen Betreiber, der Gasmessgeräte im Einsatz hatte. Diese Gasmessgeräte werden in Straßengräben gelegt und zeigen durch einen lauten Piepton an, ob ein Schwellenwert überschritten ist und für Menschen Gefahr für Leib und Leben durch Gasaustritt besteht. So ein Piepton kann natürlich nur ertönen, wenn das Gerät ausreichend funktionstüchtig ist.

11

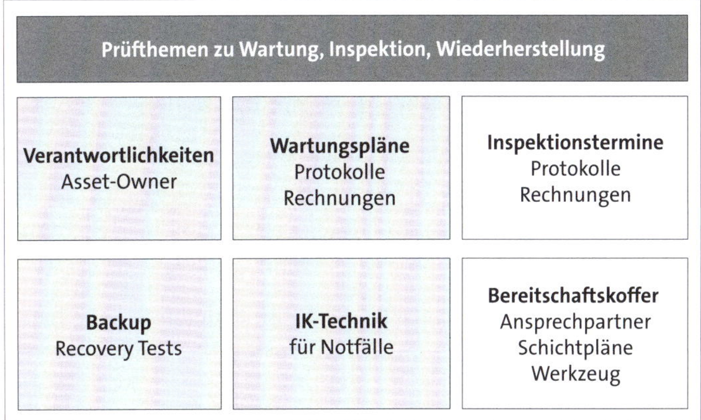

Abbildung 11.22 Prüfthemen zu Wartung und Inspektion in einer Nachweisprüfung zum BCMS

Sie sehen: Eine Nachweisprüfung zum BCMS ist hochinteressant. Ich erfahre bei jeder einzelnen Prüfung wieder Neues und liebe es, täglich dazulernen zu können.

Im letzten Abschnitt dieses Kapitels möchte ich auf die Aktualität der Nachweisdokumente eingehen.

11.8 Aktualität der BSI-Formulare und OHs beim Prüfteam

Die Nachweisdokumente, die nach dem Auditabschluss an das BSI übermittelt werden, müssen top-aktuell sein.

Sobald eine Nachweisprüfung endet, laden wir uns als Prüfer die aktuellen Nachweisdokumente von der Webseite »Downloads und Links für Betreiber und Prüfer« (42) des BSI herunter.

Unser wichtigstes Formblatt ist dabei das *Nachweisdokument P* (61). Zum Abschluss einer Nachweisprüfung dokumentieren wir den Ablauf in diesem Dokument. Die Abschlussdokumentation habe ich für Sie in Abschnitt 12.1, »Aufgaben des Prüfers«, aufbereitet.

Hinweis zum Begleitmaterial

Das Nachweisdokument P für Auditoren mit letzter Änderung vom Juli 2023 finden Sie im Dokument:

- 2023-07_Nachweisdokument_P

Falls wir mit veralteten Nachweisdokumenten arbeiten und der Betreiber diese an das KRITIS-Büro übermittelt, führt das regelmäßig zu Rückfragen, die der Betreiber beantworten muss.

Im Mai 2023 gab es bezüglich der Nachweisdokumente umfangreiche Ergänzungen, die in früheren Formblättern fehlten. Beispielsweise mussten wir ab dem 1. Mai 2023 immer auch eine Aussage zu »Systemen zur Angriffserkennung« treffen.

Im Juni 2023, als das KRITIS-Büro die eingereichten Nachweise überprüfte, erhielten viele Betreiber, die ihre Nachweisdokumente bereits im März oder April 2023 eingereicht hatten, Rückfragen zum im Mai aktualisierten Nachweisdokument P. Nicht wenige Prüfer und Prüfstellen mussten dieses Dokument nachträglich neu ausstellen.

Das Nachweisdokument P, das ich Ihnen als Begleitmaterial bereitgestellt habe, stammt vom Juli 2023. Sie sehen: Sogar nach dem Mai 2023 gab es eine weitere Aktualisierung.

Die Neuerungen im Jahr 2023 betrafen vor allem die Beschreibung und Darstellung des Geltungsbereichs der Prüfung. Die neuen Anforderungen kamen aus dem Dokument »Grundsätzliche Anforderungen im Nachweisverfahren (GAiN)« (siehe Abschnitt 6.4.1).

Es gab außerdem eine Änderung im KRITIS-Prüfplan vom 2. Mai 2023. Zwei zusätzliche Spalten, die sich auf die neuen GAiN-Anforderungen bezogen, wurden durch das BSI ergänzt. Den Aufbau des KRITIS-Prüfplans habe ich Ihnen in Abschnitt 10.4, »Die Prüfungsplanung durch die Prüfstelle«, gezeigt. Auch wegen dieses Dokuments mussten 2023 einige Prüfer ihren bisherigen Prüfplan in die neue Excel-Vorlage übertragen, auch wenn das Audit bereits einige Wochen oder Monate vor Veröffentlichung der neuen Version des Prüfplans abgeschlossen war.

Hinweis zum Begleitmaterial

Die Vorlage zum Prüfplan, die das BSI im Excel-Format zur Verfügung stellt, finden Sie im Dokument:

- 2023-05_Pruefplan-Vorlage-Excel

Bitte beachten Sie, dass diese Excel-Vorlage wahrscheinlich in den nächsten Monaten erneut aktualisiert wird.

Neben der Einhaltung des Abgabetermins für Nachweise sind vor allem die Versionen der eingereichten Nachweisdokumente für das KRITIS-Büro von Bedeutung. Für die Zukunft würde ich mich sehr freuen, wenn es feste Aktualisierungstermine durch das BSI gäbe, mit denen Auditoren planen könnten.

Am Ende dieses Kapitels möchte ich Ihnen noch drei potenzielle Prüfungsfragen zeigen. In der ersten geht es um den Umgang mit der Versionierung von BSI-Dokumenten:

F-11-13: Wie können Prüfer veralteten BSI-Nachweisdokumenten entgegenwirken?

a) vor dem Audit die Nachweisdokumente von der BSI-Webseite downloaden
b) eigene Nachweisdokumente erstellen
c) die Versionsnummer des BSI-Dokuments überschreiben
d) am Ende des Audits die Nachweisdokumente von der BSI-Webseite downloaden

Die zweite Prüfungsfrage dreht sich um den Begriff »Nachweis«:

F-11-14: Was gilt als Nachweis?

a) die Dokumentation einer angesehene Richtlinie mit Freigabedatum
b) alles, was die Geschäftsführung sagt
c) ein Foto von einer Videoanlage
d) ein ausgefüllter Fragebogen

Und in der dritten und letzten Frage dieses Kapitels können Sie Ihr Wissen zu den Aufgaben von Prüfern testen:

F-11-15: Welche Aufgaben hat der Prüfer im Prüfprozess?

a) Auswahl der Stichproben
b) Durchführung der Vor-Ort-Prüfung
c) Dokumentation der Nachweise
d) Übergabe der Nachweise an den Betreiber

Fazit

In diesem Kapitel ging es um die Durchführung der Nachweisprüfung. Es gehört, neben dem ersten Kapitel zur Historie und dem zweiten Kapitel zur Kritisverordnung mit zu den umfangreichsten Kapiteln dieses Buches.

Steigen wir nun im nächsten Kapitel in die Nachbereitung der Nachweisprüfung ein.

Kapitel 12

Nacharbeiten nach der Nachweisprüfung

Auf dem Pfad der Erkenntnis offenbart erst die Betrachtung der Gänze die vollbrachte Harmonie.

Wenn die Nachweisprüfung bei Ihnen abgeschlossen ist, setzen sich die Prüfer zusammen, entscheiden über die Feststellungen und befüllen das Formularblatt P und andere Nachweisdokumente. Der Auditbericht wird gewöhnlich erst nach dem Audit erstellt.

Dann folgt das Abschlussgespräch. Welche Themen nach der ISO 19011 (49) darin besprochen werden, zeige ich Ihnen in Abbildung 12.1.

Abbildung 12.1 Themen für das Abschlussgespräch nach ISO 19011, Kap. 6.4.10

Ja, wir bedanken uns bei allen Beteiligten dafür, das Audit gemeinsam erfolgreich umgesetzt zu haben, für die Zeit, für die Kooperation, für das Engagement aller Interviewpartner, für die interne Organisation von Räumen und Fahrgemeinschaften zu Standorten.

Anschließend fassen wir die Auditergebnisse zusammen und erläutern das Vorgehen der Dokumentation von Nichtkonformitäten in der Mängelliste. Wir informieren über die ungefähren Zeiträume bis zum Versand des Auditberichtes und der Nachweisdokumente für das BSI.

Wir geben im Abschlussgespräch noch einmal Auskunft zu Beschwerdemöglichkeiten und weisen darauf hin, dass wir alle im Audit gewonnenen Informationen weiterhin vertraulich behandeln.

Zum Schluss vereinbaren wir, wenn möglich, Termine für Folgeaudits.

Aber auch für KRITIS-Betreiber gibt es noch einiges zu tun. Die folgenden Abschnitte zeigen Ihnen die Aufgaben, unterteilt nach Prüfern und Betreibern.

12.1 Aufgaben des Prüfers

Nach dem Audit fallen Aufgaben zuerst für die Prüfer an. Diese müssen nach dem Abschluss einer Nachweisprüfung die Nachweisdokumente für das BSI ausfüllen und an die Betreiber übermitteln. Ein Teil dieser Dokumentation umfasst die Bewertungen für das ISMS, das BCMS und die Systeme zur Angriffserkennung.

Wie diese Bewertungen durchgeführt werden, zeige ich Ihnen in den folgenden drei Abschnitten.

12.1.1 Bewertung des ISMS-Reifegrades

Als Prüfer bewerten wir nach dem Audit den Reifegrad des ISMS. Dabei streben wir einen Reifegrad von 4 oder 5 als Zielwert an. Die meisten KRITIS-Betreiber standen im Jahr 2023 bei einem Reifegrad von etwa 3 bis 4. Der ISMS-Reifegrad hat sich in der Zeit von der ersten bis zur mittlerweile bei vielen Betreibern dritten Nachweisprüfung erheblich verbessert.

In Abbildung 12.2 zeige ich Ihnen die fünf möglichen ISMS-Reifegrade, die im Nachweisdokument P (siehe Abschnitt 6.4.4) von uns Prüfern bewertet werden müssen.

Beispiele	Reifegrad ISMS	Bedeutung
KPI, KVP, ISMS	Reifegrad ISMS 5	▪ Regelmäßige Verbesserung
Prüfungen, Tests, Übungen, Audits	Reifegrad ISMS 4	▪ Regelmäßige Überprüfung der Effektivität
Richtlinien, Bewusstsein, dokumentierte Prozesse	Reifegrad ISMS 3	▪ Etablierung und Dokumentation des ISMS
Rollen, Gelebte Praxis	Reifegrad ISMS 2	▪ Teilweise Umsetzung
Ideen, Pläne, Visionen	Reifegrad ISMS 1	▪ Planung des ISMS

Zielreifegrad – kontinuierliche Verbesserung

Abbildung 12.2 Bewertung des ISMS-Reifegrades im Nachweisdokument P

Zukünftig könnten die Reifegrade 1 bis 2 nicht mehr akzeptiert werden.

In Abbildung 12.3 zeige ich Ihnen einen kleinen Ausschnitt aus dem Nachweisdokument P im Abschnitt PE.1, »Reifegrad des ISMS«.

Wie Sie sehen können, besitzt das Dokument fünf Checkboxen, von denen eine vom Prüfer ausgewählt und markiert wird. Im unteren Bereich der Abbildung sehen Sie ein Texteingabefeld, in das die Prüfer eine Begründung für den von ihnen gewählten Reifegrad eintragen.

Angaben zum Reifegrad des ISMS im Nachweisdokument P

PE.1 Reifegrad des ISMS

1. Bewertung des Reifegrads
   1 ☐ ISMS ist geplant, aber nicht etabliert.
   2 ☐ ISMS ist zum Teil etabliert.
   3 ☐ ISMS ist etabliert und dokumentiert.
   4 ☐ Zusätzlich zum Reifegrad 3 wurde das ISMS regelmäßig auf Effektivität überprüft.
   5 ☐ Zusätzlich zum Reifegrad 4 wurde das ISMS regelmäßig verbessert.
2. Begründung der vorgenommenen Bewertung des Reifegrads des ISMS

Abbildung 12.3 Nachweisdokument P, Reifegrad des ISMS

Im nächsten Abschnitt gehe ich auf die Bewertung des Business Continuity Management-Systems ein.

12.1.2 Bewertung des BCMS-Reifegrades

Den nächsten Reifegrad, den wir als Auditoren bewerten müssen, ist der des Business Continuity Management-Systems (BCMS). Auch dieser Reifegrad verbesserte sich über die Jahre stetig. Mehr als die Hälfte der KRITIS-Betreiber standen im Jahr 2023 bei einem Reifegrad von etwa 2 bis 3. Aber auch dies hat sich stark verbessert im Vergleich zu den ersten Nachweisprüfungen in den Jahren 2018 und 2019.

In Abbildung 12.4 sehen Sie die fünf möglichen BCMS-Reifegrade, die im Nachweisdokument P von den Prüfern bewertet werden müssen.

In Abbildung 12.5 zeige ich Ihnen den zugehörigen Ausschnitt aus dem Nachweisdokument P, und zwar Abschnitt PE.2, »Reifegrad des BCMS«.

Auch hier stehen uns Prüfern fünf Checkboxen zur Verfügung, von denen wir eine nach unserer Bewertung auswählen. Im unteren Bereich geben wir für ebenfalls eine Begründung für unsere Bewertung des BCMS an.

Beispiele	Reifegrad BCMS	Bedeutung
KPI, KVP, BCMS	Reifegrad BCMS 5	▪ Regelmäßige Verbesserung
Prüfungen, Notfall-Übungen, Audits	Reifegrad BCMS 4	▪ Regelmäßige Überprüfung der Effektivität
Notfallpläne, Notfall-Handbuch, Bewusstsein	Reifegrad BCMS 3	▪ Etablierung und Dokumentation des BCMS
Rollen, gelebte Praxis	Reifegrad BCMS 2	▪ Teilweise Umsetzung
Ideen, Pläne, Visionen	Reifegrad BCMS 1	▪ Planung des BCMS

Zielreifegrad – kontinuierliche Verbesserung

Abbildung 12.4 Bewertung des BCMS-Reifegrades im Nachweisdokument P

Angaben zum Reifegrad des BCMS im Nachweisdokument P

PE.2 Reifegrad des BCMS

1. Bewertung des Reifegrads

   1 ☐ BCMS ist geplant, aber nicht etabliert.
   2 ☐ BCMS ist zum Teil etabliert.
   3 ☐ BCMS ist etabliert und dokumentiert.
   4 ☐ Zusätzlich zum Reifegrad 3 wurde das BCMS regelmäßig auf Effektivität überprüft.
   5 ☐ Zusätzlich zum Reifegrad 4 wurde das BCMS regelmäßig verbessert.

2. Begründung der vorgenommenen Bewertung des Reifegrads des BCMS

Abbildung 12.5 Nachweisdokument P, Reifegrad des BCMS

Im Jahr 2023 kam noch die Bewertung der Systeme zur Angriffserkennung (SzA) hinzu, auf die ich im nächsten Abschnitt eingehen möchte.

12.1.3 Bewertung des SzA-Umsetzungsgrades

Die Bewertung des Umsetzungsgrades für die Systeme zur Angriffserkennung erfolgte ab 1. Mai 2023 mit jeder Nachweisprüfung. Die Anforderung diesbezüglich haben wir uns in Abschnitt 5.2, »OH zu Systemen zur Angriffserkennung (SzA)«, angesehen.

Für KRITIS-Betreiber im Energie-Sektor galt die Nachweisfrist sogar schon bis zum 1. Mai 2023.

In Abbildung 12.6 zeige ich Ihnen die fünf möglichen Umsetzungsgrade für SzA, die im Nachweisdokument P von uns Prüfern bewertet werden müssen. Sie können in der Abbildung erkennen, dass die Umsetzungsgrade nicht mit 1, sondern mit 0 starten. Die Null zeigt an, dass der Betreiber noch nicht einmal mit der Planung begonnen hat. Einige Betreiber wussten Ende 2023 sogar noch nicht einmal von ihrer Pflicht, SzA einzuführen.

Beispiele	Umsetzungsgrad	Bedeutung
SzA, KVP, KPIs	Umsetzungsgrad 4	▪ Optimierte vollständige Umsetzung
Protokollierung, Detektion, Reaktion	Umsetzungsgrad 3	▪ Umsetzung aller MUSS-Anforderungen ▪ Teilweise SOLLTE-Anforderungen
Richtlinie SzA, teilweise MUSS erfüllt	Umsetzungsgrad 2	▪ Teilweise Umsetzung MUSS-Anforderungen ▪ Planung der SOLLTE-Anforderungen
Rollen, Pläne, gelebte Praxis	Umsetzungsgrad 1	▪ Planung der MUSS-Anforderungen
Unkenntnis, Ideen	Umsetzungsgrad 0	▪ Keine Planung

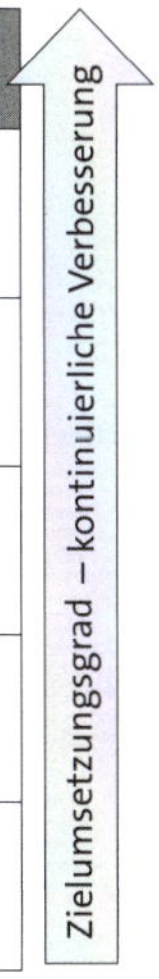

Zielumsetzungsgrad – kontinuierliche Verbesserung

Abbildung 12.6 Bewertung des SzA-Umsetzungsgrades in den Nachweisdokumenten P und P*

In Abbildung 12.7 zeige ich Ihnen den Abschnitt PE.3, »Umsetzungsgrad der Systeme zur Angriffserkennung (SzA)«, im Nachweisdokument P für die meisten KRITIS-Betreiber.

Sie erkennen, dass wir hier wir keinen Reifegrad bewerten, sondern den Umsetzungsgrad.

Im ersten Halbjahr 2023 erreichte der Großteil der KRITIS-Betreiber den Umsetzungsgrad 2 und nur wenige den Umsetzungsgrad 3. Wenn Sie in Abbildung 12.6 schauen, erkennen Sie, dass die Betreiber nicht alle MUSS-Anforderungen für den Umsetzungsgrad 2 nachzuweisen brauchten.

Auch diese Bewertung müssen wir in einem Textfeld schriftlich begründen (siehe Abbildung 12.7).

In Abbildung 12.8 zeige ich Ihnen den Ausschnitt zur Bewertung des Umsetzungsgrades im Nachweisdokument P* für die Energienetz-Betreiber. Wie Sie sehen, sind die Bewertungskriterien gleich.

Angaben zum Umsetzungsgrad der SzA im Nachweisdokument P

1. Bewertung des Umsetzungsgrads

0 ☐ Es sind bisher keine Maßnahmen zur Erfüllung der Anforderungen umgesetzt und es bestehen auch keine Planungen zur Umsetzung von Maßnahmen.

1 ☐ Es bestehen Planungen zur Umsetzung von Maßnahmen zur Erfüllung der Anforderungen, jedoch für mindestens einen Bereich noch keine konkreten Umsetzungen.

2 ☐ In allen Bereichen wurde mit der Umsetzung von Maßnahmen zur Erfüllung der Anforderungen begonnen. Es sind noch nicht alle MUSS-Anforderungen[9] erfüllt worden.

3 ☐ Alle MUSS-Anforderungen[9] wurden für alle Bereiche erfüllt. Idealerweise wurden SOLLTE-Anforderungen hinsichtlich ihrer Notwendigkeit und Umsetzbarkeit geprüft. Ein kontinuierlicher Verbesserungsprozess wurde etabliert oder ist in Planung.

4 ☐ Alle MUSS-Anforderungen[9] wurden für alle Bereiche erfüllt. Alle SOLLTE-Anforderungen wurden erfüllt, außer sie wurden stichhaltig und nachvollziehbar begründet ausgeschlossen. Ein kontinuierlicher Verbesserungsprozess wurde etabliert.

5 ☐ Alle MUSS-Anforderungen[9] wurden für alle Bereiche erfüllt. Alle SOLLTE-Anforderungen und KANN-Anforderungen wurden für alle Bereiche erfüllt, außer sie wurden stichhaltig und nachvollziehbar begründet ausgeschlossen. Für alle Bereiche wurden sinnvolle zusätzliche Maßnahmen entsprechend der Risikoanalyse/Schutzbedarfsfeststellung identifiziert und umgesetzt. Ein kontinuierlicher Verbesserungsprozess wurde etabliert.

Abbildung 12.7 Nachweisdokument P, Umsetzungsgrad SzA

Angaben zum Umsetzungsgrad der SzA im Nachweisdokument P*

I. Bewertung des Umsetzungsgrads

☐ 0. Es sind bisher keine Maßnahmen zur Erfüllung der Anforderungen umgesetzt und es bestehen auch keine Planungen zur Umsetzung von Maßnahmen.

☐ 1. Es bestehen Planungen zur Umsetzung von Maßnahmen zur Erfüllung der Anforderungen, jedoch für mindestens einen Bereich noch keine konkreten Umsetzungen.

☐ 2. In allen Bereichen wurde mit der Umsetzung von Maßnahmen zur Erfüllung der Anforderungen begonnen. Es sind noch nicht alle MUSS-Anforderungen[3] erfüllt worden.

☐ 3. Alle MUSS-Anforderungen[3] wurden für alle Bereiche erfüllt. Idealerweise wurden SOLLTE-Anforderungen hinsichtlich ihrer Notwendigkeit und Umsetzbarkeit geprüft. Ein kontinuierlicher Verbesserungsprozess wurde etabliert oder ist in Planung.

☐ 4. Alle MUSS-Anforderungen[3] wurden für alle Bereiche erfüllt. Alle SOLLTE-Anforderungen wurden erfüllt, außer sie wurden stichhaltig und nachvollziehbar begründet ausgeschlossen. Ein kontinuierlicher Verbesserungsprozess wurde etabliert.

☐ 5. Alle MUSS-Anforderungen[3] wurden für alle Bereiche erfüllt. Alle SOLLTE-Anforderungen und KANN-Anforderungen wurden für alle Bereiche erfüllt, außer sie wurden stichhaltig und nachvollziehbar begründet ausgeschlossen. Für alle Bereiche wurden sinnvolle zusätzliche Maßnahmen entsprechend der Risikoanalyse/Schutzbedarfsfeststellung identifiziert und umgesetzt. Ein kontinuierlicher Verbesserungsprozess wurde etabliert.

II. Begründung der vorgenommenen Bewertung des Umsetzungsgrads der SzA

Abbildung 12.8 Nachweisdokument P*, Umsetzungsgrad SzA

Mit Stand Oktober 2023 waren die Reifegrad-Bewertungen für das ISMS und das BCMS für den Energie-Sektor im Nachweisdokument P* nicht erforderlich. Dafür reichen die Zertifizierungsstellen die IT-SiKat-Zertifikate der Netz- und Anlagenbetreiber bei der Bundesnetzagentur ein.

Auch für die Bewertung des SzA-Umsetzungsgrades reicht es nicht aus, nur eine Checkbox zu markieren; wir müssen zusätzlich eine textuelle Begründung angeben. Das Texteingabefeld für beide Nachweisdokumente, also P und P*, sehen Sie in Abbildung 12.9.

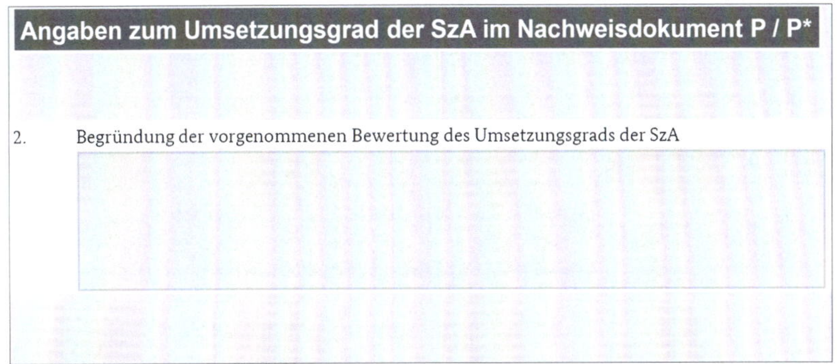
Angaben zum Umsetzungsgrad der SzA im Nachweisdokument P / P*

2. Begründung der vorgenommenen Bewertung des Umsetzungsgrads der SzA

Abbildung 12.9 Begründung der Bewertung zum Umsetzungsgrad der SzA

Um den Gesamt-Umsetzungsgrad bestimmen zu können, muss ein Prüfer zuvor jede einzelne MUSS-Anforderung bewerten. In Tabelle 12.1 zeige ich Ihnen, wie ein Prüfer eine einzelne MUSS-Anforderung bewerten könnte. Diese Bewertung findet häufig in Excel-Listen statt.

Umsetzung beim Betreiber	Bewertung des Umsetzungsgrades einer Anforderung durch den Prüfer
Eine MUSS-Anforderung ist nicht geplant.	0
Eine MUSS-Anforderung ist geplant.	1
Eine MUSS-Anforderung in Arbeit.	2
Eine MUSS-Anforderung ist umgesetzt.	3
Eine MUSS-Anforderung ist optimiert.	4
Eine MUSS-Anforderung wird kontinuierlich verbessert.	5

Tabelle 12.1 Beispielhafte Bewertung einer einzelnen MUSS-Anforderung

Zum Schluss der Prüfung besitzt der Prüfer eine Liste mit über einhundert bewerteten MUSS- und SOLLTE-Anforderungen und ermittelt daraus einen Gesamt-Umsetzungsgrad.

Diese Bewertung wird durch Prüfer unterschiedlich gehandhabt, und ich möchte Ihnen in den folgenden vier Tabellen Beispiele zeigen, welche Bewertungen 2023 erfolgten. Kein Kunde teilte mir mit, bei einem Reifegrad von 0 gelandet zu sein. Also starte ich in Tabelle 12.2 mit dem von Prüfern vergebenen »Umsetzungsgrad 1« und den tatsächlichen Umsetzungsgraden bei Betreibern. Die folgenden Bewertungen und Umsetzungen sind lediglich meine Beobachtungen.

Bewertung des Umsetzungsgrades 1 durch den Prüfer	Umsetzung beim Betreiber
1	Eine MUSS-Anforderung ist nur geplant.
1	Eine MUSS-Anforderung ist in Arbeit.
1	Eine SOLLTE-Anforderung ist nur geplant.

Tabelle 12.2 Bewertung des Gesamt-Umsetzungsgrades mit 1 im Nachweisdokument P und P*

An dieser Stelle noch der Hinweis, dass viele Betreiber mit der Bewertung ihrer Umsetzungsgrade unglücklich waren. Anhand meiner Beispiele für die vergebenen Umsetzungsgrade können Sie erkennen, wie unterschiedlich die Bewertungen ausfielen.

In Tabelle 12.3 zeige ich Ihnen beispielhafte Bewertungen von Prüfern, die zum »Umsetzungsgrad 2« führten.

Bewertung des Umsetzungsgrades 2 durch den Prüfer	Umsetzung beim Betreiber
2	Eine MUSS-Anforderung ist nur geplant.
2	Eine MUSS-Anforderung ist in Arbeit.
2	Mehrere MUSS-Anforderungen sind geplant.
2	Mehrere MUSS-Anforderungen sind in Arbeit.
2	Einige SOLLTE-Anforderung sind umgesetzt.
2	Neben mehreren geplanten MUSS-Anforderungen existieren mehrere optimierte MUSS-Anforderungen.

Tabelle 12.3 Bewertung des Gesamt-Umsetzungsgrades mit 2 im Nachweisdokument P und P*

In Tabelle 12.4 zeige ich Ihnen die Bewertung von Prüfern mit dem »Umsetzungsgrad 3«. Sie sehen, dass mehrere Unternehmen auch den »Umsetzungsgrad 3« erhielten, obwohl nicht alle MUSS-Anforderungen umgesetzt worden waren.

Bewertung des Umsetzungsgrades 3 durch den Prüfer	Umsetzung beim Betreiber
3	Eine MUSS-Anforderung ist in Arbeit.
3	Mehrere MUSS-Anforderungen sind geplant.
3	Mehrere MUSS-Anforderungen sind in Arbeit.
3	Mehrere MUSS-Anforderungen sind umgesetzt.
3	Einige SOLLTE-Anforderung sind umgesetzt.
3	Neben mehreren teilweise umgesetzten MUSS-Anforderungen existieren mehrere optimierte MUSS-Anforderungen.

Tabelle 12.4 Bewertung des Gesamt-Umsetzungsgrades mit 3 im Nachweisdokument P und P*

In Tabelle 12.5 zeige ich Ihnen, wie unterschiedlich die Bewertungen der Prüfer im Jahr 2023 für den Gesamtumsetzungsgrad ausfielen, was zu einigem Unmut bei Betreibern führte. Nicht wenige von ihnen fühlten sich benachteiligt.

Umsetzung beim Betreiber	Bewertung des Umsetzungsgrades durch den Prüfer
Eine MUSS-Anforderung ist nur geplant.	1
Eine MUSS-Anforderung ist nur geplant.	2
Eine MUSS-Anforderung ist in Arbeit.	1
Eine MUSS-Anforderung ist in Arbeit.	2
Eine MUSS-Anforderung ist in Arbeit.	3
Mehrere MUSS-Anforderungen sind geplant.	2
Mehrere MUSS-Anforderungen sind geplant.	3
Neben mehreren geplanten MUSS-Anforderungen existieren mehrere optimierte MUSS-Anforderungen.	2
Neben mehreren teilweise umgesetzten MUSS-Anforderungen existieren mehrere optimierte MUSS-Anforderungen.	3

Tabelle 12.5 Bewertung des Gesamt-Umsetzungsgrades im Nachweisdokument P und P*

An dieser Stelle fände ich es persönlich günstig, wenn die Einzelbewertungen für das ISMS, das BCMS und die SzA zahlenbasiert erfolgen könnten und zum Schluss die Gesamtbewertungen mathematisch gerundet werden würden.

Zum Abschluss der Bewertungen erhalten Sie noch eine potenzielle Prüfungsfrage:

F-12-1: Welche Aspekte muss ein Prüfer im Nachweisblatt P bewerten?

a) den Reifegrad des ISMS

b) die Gültigkeit des B3S

c) den Reifegrad des BCMS

d) den Umsetzungsgrad der SzA (Systeme zur Angriffserkennung)

Wenn die Bewertungen abgeschlossen sind, vielleicht auch davor, werden die Mängel in die Mängelliste eingetragen. Dies sehen wir uns im nächsten Abschnitt an.

12.1.4 Die Mängelliste dokumentieren

Wenn Sie als Prüfer die Nachweisprüfung beendet haben, tragen Sie die Mängel in die vom BSI bereitgestellte Excel-Mängelliste (siehe Abschnitt 6.4.10) ein. Das Vorgehen möchte ich Ihnen in diesem Abschnitt erläutern.

Bitte laden Sie sich dazu immer das aktuelle Excel-Dokument von der BSI-Seite (42) herunter. Einige Prüfer ergänzen in einer zusätzlichen Spalte noch die Prüfgrundlage für einen Mangel.

Hinweis zum Begleitmaterial

Die Excel-Vorlage für die Mängelliste für Auditoren vom Juni 2023 finden Sie im Dokument:

- 2023-06_Maengelliste-Vorlage-Excel

In Abbildung 12.10 sehen Sie die Mängelliste, in der ich die Spalten mit Buchstaben markiert habe. Zusätzlich sehen Sie in dieser Abbildung die Nummern der drei Prozessschritte zum Befüllen der Mängelliste.

Im ersten Schritt füllen Prüfer die Spalten A bis F aus, die ich Ihnen in Tabelle 12.6 erläutere.

Die Spalten G bis J füllen die Betreiber im zweiten Schritt aus. Diese Spalten erläutere ich in Tabelle 12.7. Die Spalten K und J füllen die Prüfer in einem dritten Schritt aus. Diese Spalten zeige ich Ihnen in Tabelle 12.8.

Beginnen wir mit dem ersten Schritt und den ersten Eintragungen in der Mängelliste durch die Prüfer. Für diese Eintragungen gebe ich Ihnen in Tabelle 12.6 kurze Erläuterungen. Die Empfehlung des BSI ist, die Mängel-ID mit der Jahreszahl und einer fortlaufenden Nummer in Spalte A zu definieren.

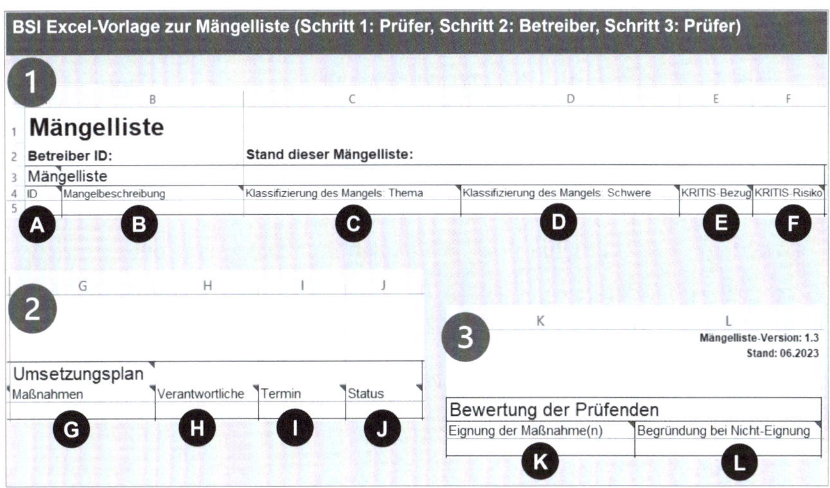

Abbildung 12.10 Die Excel-Vorlage der Mängelliste vom BSI (Stand 06.2023, Version: 1.3)

Bitte beachten Sie, dass die nicht behobenen Mängel der Vorjahre seit 2023 immer in die neue Mängelliste aufgenommen werden müssen. Wir setzen vor eine alte Maßnahme auch die Zeichenkette »ALT«.

Spalte	Eintragungen durch Prüfer (zur Mängelliste)
A	Eindeutige fortlaufende **Mangel-ID** vom Prüfer vergeben. Darstellung nicht abgestellter Mängel aus früheren Prüfungen: »ALT«-[JAHR]-[alte Mangel-Nummer] Hinweis: GAiN-Anforderung: N.AM.03 z. B. »ALT-2023-5«
B	**Mangelbeschreibung** Überschrift zum Sicherheitsmangel + kurze Beschreibung ▸ z. B. »Keine Zugangssteuerung«
C	**Klassifizierung des Sicherheitsmangels nach Thema** anhand der OH Nachweise, Anhang E siehe auch Tabelle 8.2, »Die abzudeckenden Themen eines B3S in Teil 2 gemäß OH B3S« ▸ z. B. »6. Bauliche/physische Sicherheit«

Tabelle 12.6 Die Spalten A bis F in der BSI-Excel-Mängelliste für Prüfer

Spalte	Eintragungen durch Prüfer (zur Mängelliste)
D	**Klassifizierung des Sicherheitsmangels nach Schwere** mit Angabe der Mängelkategorien gemäß OH Nachweise, Abschnitt 5.7.2> siehe auch Tabelle 10.2, »Mängelkategorien« ▸ z. B. »Schwerwiegender Sicherheitsmangel«
E	**KRITIS-Bezug** Angabe, auf welche Anlage oder Teile einer Anlage sich der Mangel bezieht, mit kurzer Beschreibung, wenn nicht nur eine Anlage betroffen ist. ▸ z. B. »Leitzentrale«
F	**KRITIS-Risiko** Textuelle Beschreibung des KRITIS-Risikos ▸ z. B. »Unbefugte könnten die Leitwarte betreten und Störungen verursachen«

Tabelle 12.6 Die Spalten A bis F in der BSI-Excel-Mängelliste für Prüfer (Forts.)

Sind die Spalten A bis F durch die Prüfer ausgefüllt worden, schickt die Prüfstelle die Mängelliste an den KRITIS-Betreiber.

In Tabelle 12.7 sehen Sie die Spalten G bis J, die nun der Betreiber befüllt. Bei der Planung müssen Sie darauf achten, Termine und Verantwortliche realistisch anzugeben. Falls Sie Maßnahmen der obersten Leitung oder Kollegen zuweisen wollen, sollten Sie unbedingt vor Einreichung an das BSI von jeder eingetragenen verantwortlichen Person die Zustimmung einholen.

Spalte	Eintragungen durch Betreiber (zum Umsetzungsplan)
G	**Maßnahmen** Nachvollziehbare Beschreibung der geplanten Maßnahme. Jede Maßnahme erhält eine eigene Zeile.
H	**Verantwortliche** Person, die eine Maßnahme umsetzt
I	**Termin** Abschlusstermin, an dem die Maßnahme umgesetzt und der Sicherheitsmangel behoben sein soll.

Tabelle 12.7 Die Spalten G bis J in der BSI-Excel-Mängelliste für Betreiber

Spalte	Eintragungen durch Betreiber (zum Umsetzungsplan)
J	**Status** Fortschrittswert der Maßnahme von 0 % bis 100 % Hinweis zu GAiN: Status nach *D.AM.02* *In Planung*, *In Umsetzung* und *Abgeschlossen*

Tabelle 12.7 Die Spalten G bis J in der BSI-Excel-Mängelliste für Betreiber (Forts.)

In die Spalte J müssen Betreiber den Status der Maßnahme eintragen. Schätzen Sie dabei selbst ein, wie weit Ihre Umsetzungen bisher fortgeschritten sind.

Angenommen, Sie haben mit der Umsetzung überhaupt noch nicht begonnen, würde das einem Umsetzungsgrad von 0 % entsprechen. In Tabelle 12.8 gebe ich Ihnen eine mögliche beispielhafte Erläuterung Ihres Umsetzungsstatus.

Umsetzungsstatus	Erläuterung
0 %	Keine Planung zur Umsetzung
25 %	Planung zur Umsetzung ist erfolgt.
50 %	Es sind organisatorische Regelungen getroffen und dokumentiert.
75 %	Die technologische Umsetzung ist in Arbeit.
100 %	Organisatorisch und technologisch wurde alles nach dem Stand der Technik umgesetzt, was derzeit geplant war.

Tabelle 12.8 Umsetzungsstatus in der Mängelliste

Über die GAiN-Anforderungen *D.AM.02* kam die neue Status-Bewertung mit den Kategorien

- In Planung
- In Umsetzung und
- Abgeschlossen

in die Mängelliste. Wenn Sie auf der BSI-Download-Seite eine Excel-Mängelliste ab Januar 2024 herunterladen können, sollten diese neuen Status-Kategorien bereits für die Spalte J gelten.

In Abbildung 12.11 zeige ich Ihnen die Sender und Empfänger der Mängelliste. Haben Sie als Betreiber Ihren Umsetzungsplan in den Spalten G bis J eingetragen, schicken Sie die Mängelliste wieder zurück zur Prüfstelle.

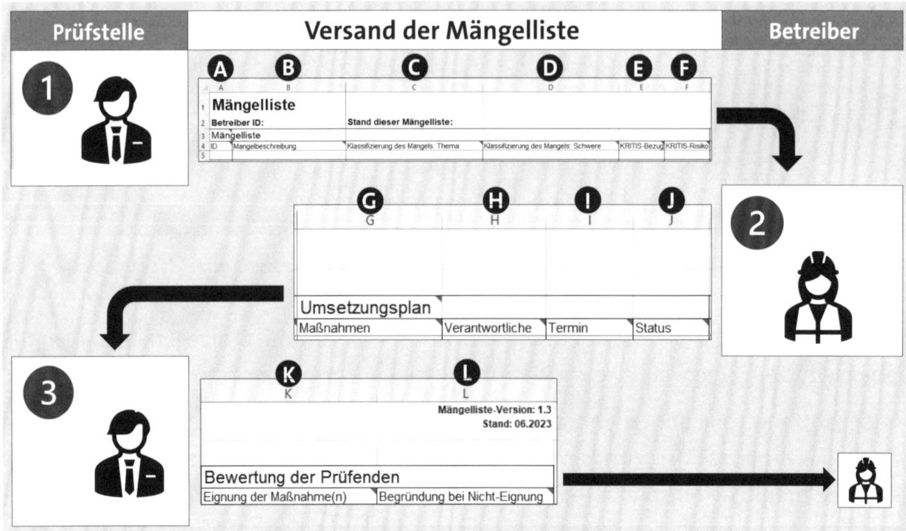

Abbildung 12.11 Verfahren des Versandes der Mängelliste

Was bei der Prüfstelle passiert, zeige ich Ihnen in Tabelle 12.9.

Die Prüfer bewerten die vom KRITIS-Betreiber geplanten Maßnahmen und müssen eine Begründung angeben, wenn sie die Maßnahme für ungeeignet halten.

Spalte	Eintragungen durch Prüfer (zur Bewertung der Maßnahmen)
K	**Eignung der Maßnahme(n)** Der Prüfer bewertet die geplanten Maßnahmen daraufhin, ob diese geeignet sind, den Sicherheitsmangel zu beheben. (vgl. Anforderungen GAiN, *D.PE.12*)
L	**Begründung bei Nicht-Eignung** Hat der Prüfer die Maßnahme als ungeeignet bewertet, begründet er dies in Spalte L.

Tabelle 12.9 Die Spalten G bis J in der BSI-Excel-Mängelliste für Betreiber

An dieser Stelle stört mich, dass nicht geregelt ist, was passieren soll, wenn eine Maßnahme als ungeeignet bewertet wird. Als Prüfer sollen wir unabhängig sein und keine Beratung durchführen. Halten wir allerdings eine Maßnahme für ungeeignet, wäre es dem Betreiber gegenüber unfair, nur die Nichteignung anzuzeigen.

Auch fehlt mir das weitere Vorgehen auf Betreiber-Seite, wenn seine Prüfstelle ihm attestiert, seine Maßnahme sei ungeeignet. Kann er die Mängelliste dennoch an das BSI schicken? Immerhin existieren Abgabefristen, die ein Betreiber einhalten muss.

Deshalb würde ich auch eine Mängelliste mit ungeeigneten Maßnahmen erst einmal fristgerecht einreichen und intern weiter geeignete Maßnahmen erarbeiten.

Unklar erscheint mir auch das Vorgehen, wenn die Prüfstelle eine Maßnahme als ungeeignet bewertet und der Betreiber die Bewertung anschließend eigenhändig auf Eignung ändert. In einem Erfahrungsaustausch unter Auditoren wurde von so einem Vorgehen bereits einmal berichtet.

Aus meiner bisherigen Erfahrung empfehle ich, die geplanten Maßnahmen direkt im Anschluss der Nachweisprüfung mit allen Anwesenden zu besprechen, also auch mit den Prüfern, weil dies Zeit sparen kann.

Wenn die Liste vollständig ausgefüllt ist, ist sie ein Teil Ihrer Nachweispapiere für das BSI.

Welche Dokumente die prüfende Stelle an Betreiber übermitteln muss, sehen wir uns im folgenden Abschnitt an.

12.1.5 Übermittlung der Auditdokumentation an den Betreiber

Die Betreiber warten nach dem Abschlussgespräch regelmäßig ungeduldig auf ihre Nachweise. Was zu den Nachweisen gehört, sehen wir uns in diesem Abschnitt an.

In Abbildung 12.12 habe ich den Prozess zur Nachweisprüfung und Übermittlung der Nachweisdokumente vereinfacht dargestellt. Den Nachweisprozess hatten wir uns in Abschnitt 6.3, »Der Nachweisprozess«, angesehen. Dabei hatte ich auf die GAiN-Anforderung hingewiesen, dass die Mängelliste vom Prüfer, danach vom Betreiber und zuletzt wieder vom Prüfer ausgefüllt werden muss. Im Prüfplan sind alle Ansprechpartner und Auditoren dokumentiert, was einer Teilnehmerliste gleichkommt.

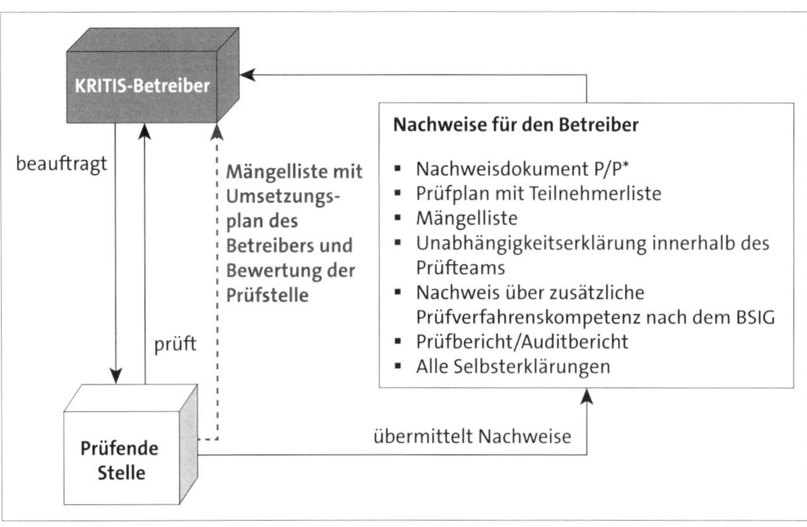

Abbildung 12.12 Die Prüfstelle muss die genannten Nachweise dem Betreiber übermitteln.

Der Infokasten zeigt Ihnen, welche Unterlagen der Betreiber anschließend bei sich vorliegen haben sollte. Der Prüf- oder Auditbericht ist zuerst nur für den Betreiber und wird nicht an das BSI übermittelt. Sollte das BSI an diesem Prüfbericht Interesse haben, fordert es ihn nach.

Von der Prüfstelle übermittelte Nachweise an den Betreiber

- Formular P/P*,
- Prüfplan mit Teilnehmerliste,
- Mängelliste,
- Unabhängigkeitserklärung innerhalb des Prüfteams,
- Nachweis zur zusätzlichen Prüfverfahrenskompetenz nach dem BSIG,
- Prüfbericht /Auditbericht und
- alle Selbsterklärungen.

Vor einer ersten Nachweisprüfung könnten Prüfer dem Betreiber auch zusätzliche Kompetenznachweise zusenden, damit der Betreiber die Eignung des geplanten Prüfers besser beurteilen kann.

F-12-2: Welche Aufgaben hat das Prüfteam im Prüfprozess?

a) Vor-Ort-Prüfung durchführen

b) Auditbericht erstellen

c) Maßnahmen planen

d) Maßnahmen umsetzen

Welche Aufgaben der Betreiber anschließend erledigen muss, zeige ich Ihnen in den folgenden Abschnitten.

12.2 Aufgaben des Betreibers

In diesem Abschnitt kommen wir zu Ihren Aufgaben als KRITIS-Betreiber, nachdem die prüfende Stelle Ihnen die Nachweisdokumente inklusive der Mängelliste zugesandt hat. Diese Mängelliste enthält eine im Abschlussgespräch genannte Anzahl von Nichtkonformitäten, um deren Behebung Sie sich als Betreiber nach der Prüfung kümmern müssen.

In Abschnitt 12.1.4, »Die Mängelliste dokumentieren«, haben wir uns angesehen, wie Prüfer und Betreiber die Mängelliste nacheinander befüllen. Ich empfehle Betreibern, darauf zu achten, die Fristen nicht durch zu lange Dokumentenaustausch-Intervalle zu gefährden.

[/]

F-12-3: Welche Aufgaben hat der Betreiber im Nachweisprozess?

a) eine Selbsterklärung über sein ISMS erstellen
b) die Beauftragung der prüfenden Stelle
c) die Festlegung des Prüfgegenstandes (Scope)
d) die Einreichung der Nachweise beim BSI

Im folgenden Abschnitt sehen wir uns die Umsetzungsplanung von Maßnahmen durch den Betreiber an.

12.2.1 Nachverfolgung und Überwachung der geplanten Maßnahmen

Die Umsetzung der geplanten Maßnahmen steuert in der Regel der Informationssicherheitsbeauftragte (ISB), und er achtet auf die Einhaltung der gesetzten Termine. Da die BSI-Mängelliste seit Mai 2023 im Excel-Format eingereicht werden muss, können ISBs den Status der Maßnahme direkt in die Mängelliste eintragen.

Einige meiner Kunden hatten ihre Mängellisten im PDF-Format beim BSI eingereicht und begründeten dies mit eigenen internen Anforderungen an Integrität.

Das PDF-Format war jedoch nicht ausreichend, und die Mängelliste im Excel-Format musste nachgereicht werden. Die Daten aus Excel können auf der Seite vom BSI einfacher ausgewertet und verglichen werden.

Ich empfehle Ihnen, bei Nachforderungen auch gleich den Umsetzungsstatus zu aktualisieren.

Viele Betreiber tragen ihre geplanten Maßnahmen in Ticketsysteme ein und können so den Status überwachen. Auch im Audit fällt mir die Nachvollziehbarkeit der Tickets anhand von Historien und Versionierungen leichter als in Excel-Dateien. Auf Excel-Dateien haben meist nur der ISB und die Stellvertreter Zugriff. In Ticketsystemen erhalten oft alle Beteiligten Schreibberechtigungen und erfassen so zeitnah alle Änderungen an ihren Aufgaben.

12.2.2 Selbsterklärung der AWV-UBI (UBI 1)

Dieser Abschnitt ist für die AWV-UBIs von Belang und kann von allen anderen übersprungen werden. Interessant ist der Abschnitt eventuell auch für externe Berater, die ihre UBI-Kunden beim Ausfüllen der Selbsterklärung unterstützen wollen.

Wir haben uns in Abschnitt 6.4.9, »Selbsterklärung für AWV-UBI (UBI 1)«, die allgemeinen Informationen angesehen, die UBIs in der Selbsterklärung angeben müssen. Nun wollen wir die eigentliche Selbsteinschätzung der Umsetzungsgrade betrachten.

Hinweis zum Begleitmaterial

Die Selbsterklärung für AWV-UBI (UBI 1) mit Ausgabestand vom November 2022 finden Sie im Dokument:

- 2022-11_BSI_Selbsterklaerung_UBI-1

Auf Seite 4 dieser Selbsterklärung finden wir die Umsetzungsgrade, die ähnlich denen für die SzA sind. Auch diese beginnen mit dem Grad 0 für den noch ungeplanten Zustand von Prozessen und Maßnahmen, enden aber beim Umsetzungsgrad 5. In Abbildung 12.13 können Sie die Umsetzungsgrade schematisch dargestellt erkennen.

Beispiele	Umsetzungsgrad	Bedeutung
KVP	**Umsetzungsgrad 5**	▪ KVP vorhanden
Überprüfungen, Effektivität	**Umsetzungsgrad 4**	▪ Regelmäßige Prüfung
Richtlinien, Konzepte	**Umsetzungsgrad 3**	▪ Umsetzung und Dokumentation aller Maßnahmen
Teilweise Umsetzung	**Umsetzungsgrad 2**	▪ Teilweise Umsetzung der Maßnahmen, ▪ keine Dokumentation
Pläne, Konzepte	**Umsetzungsgrad 1**	▪ Planung, ▪ keine Umsetzung
Unkenntnis, Ideen	**Umsetzungsgrad 0**	▪ Keine Planung

Zielumsetzungsgrad – kontinuierliche Verbesserung

Abbildung 12.13 Umsetzungsgrade für die IT-Sicherheit bei UBI 1

Die in Abbildung 12.13 gezeigten Umsetzungsgrade benötigen wir auf den Seiten 5 bis 11 der UBI-Selbsterklärung.

In Abbildung 12.14 zeige ich Ihnen die Seite 5 der Selbsterklärung, die Fragen zum IT-Sicherheitsmanagement enthält. Hier haben UBIs die Aufgabe, selbst zu beurteilen, wie weit ihre Prozesse und Maßnahmen umgesetzt sind.

Ich habe das Formular beispielhaft so ausgefüllt, wie es aussehen könnte, wenn ein UBI nach ISO/IEC 27001 zertifiziert wäre. In der Abbildung sehen Sie in der letzten Spalte die ausgewählten Umsetzungsgrade. Wie Sie erkennen, stehen die Umsetzungsgrade bei 3 bis 4.

Die Selbsterklärung umfasst neben dem IT-Sicherheitsmanagement noch sechs weitere Themen, die Sie als AWV-UBI in dieser Selbsteinschätzung bewerten müssen. Alle sieben Themen zeige ich Ihnen im Infokasten.

Umsetzungsgrad des IT-Sicherheitsmanagements

1. IT-Sicherheitsmanagement

Nr.	Thema	Wurde das Thema mindestens entsprechend Umsetzungsgrad 2 behandelt?		Falls Zertifizierung, Sicherheitsaudit, Prüfung, etc. durchgeführt wurden: Angabe der Nr. aus A, B und/oder Verweis auf C (Mehrfachnennung möglich)	Umsetzungsgrad des Themas 5
1.1	Verstehen der Erfordernisse und Erwartungen interessierter Parteien	X ja	nein	ISO/IEC 27001:2022	4
1.2	Geltungsbereich des ISMS	X ja	nein	ISO/IEC 27001:2022	3
1.3	ISMS	X ja	nein	ISO/IEC 27001:2022	4
1.4	Übernahme der Verantwortung für IT-Sicherheitsmanagement durch die Leitung	X ja	nein	ISO/IEC 27001:2022	3
1.5	Organisation des Sicherheitsprozesses	X ja	nein	ISO/IEC 27001:2022	3
1.6	Risikoanalyse und -behandlung	X ja	nein	ISO/IEC 27001:2022	3

Abbildung 12.14 Selbsteinschätzung der Umsetzungsgrade für das IT-Sicherheitsmanagement, Seite 5 der Selbsterklärung für AWV-UBI (UBI 1)

Themen, die mit Reifegraden bewertet werden

- IT-Sicherheitsmanagement
- Organisation und Personal
- Konzepte und Vorgehensweisen
- Asset Management
- physische Sicherheit
- technische Sicherheit
- Detektion und Reaktion

Ihre Selbsterklärung übermitteln Sie über das MIP (siehe Abschnitt 6.2, »Das Melde- und Informationsportal (MIP)«) an das BSI. Welche Fristen für Betreiber gelten, zeige ich im folgenden Abschnitt.

12.2.3 Fristen für Betreiber

In diesem Abschnitt habe ich für Sie die im Dezember 2023 gültigen Fristen zusammengefasst. Wir beginnen mit den Pflichten.

Welche Pflichten hat ein KRITIS-Betreiber?

In Abbildung 1.20 in Abschnitt 1.2.1, »Änderungen im BSIG«, konnten wir die Verpflichtung zu organisatorischen und technischen Vorkehrungen zum Schutz der Verfügbarkeit, Integrität, Vertraulichkeit und Authentizität (VIVA) sehen. Wenn wir wissen möchten, bis wann ein Betreiber dies zu tun hat, konnten wir in Abbildung 1.42 in Abschnitt 1.4.1, »Änderungen im BSIG«, feststellen, dass ein Betreiber, der seine KRITIS-Bedeutung erkennt, spätestens bis zum nächsten Werktag Zeit hat, diese Vorkehrungen zu treffen.

[»]

Frist zur Umsetzung von Vorkehrungen zum Schutz von VIVA

Spätestens zum nächsten Werktag

Es macht also Sinn, mit der Planung und Umsetzung bereits vor der Feststellung der eigenen Betroffenheit und KRITIS-Relevanz zu beginnen, um die Fristen halten zu können.

Einige Informationssicherheitsbeauftragte berichteten mir davon, ihr Unternehmen nähme keine Registrierung beim BSI vor und sie gingen deshalb davon aus, die Umsetzungs- und Nachweisfristen verschöben sich nach hinten. Andere wiederum lehnten eine Registrierung mit der Begründung ab, ein interner Jurist hätte keine Betroffenheit feststellen können.

Ich empfehle Ihnen nachdrücklich, sich beim BSI zu registrieren und eine Kontaktstelle zu benennen, sobald Sie feststellen, dass Sie die Schwellenwerte der Kritisverordnung erreichen. Die Anforderung dazu haben Sie in Abbildung 1.45 in Abschnitt 1.4.1, »Änderungen im BSIG«, gesehen. Einige Betreiber führen auch vor der Registrierung ein offenes Gespräch mit dem BSI, um sich ihre Betroffenheit bestätigen zu lassen.

Frist zur Benennung einer Kontaktstelle beim BSI

Spätestens zum nächsten Werktag

Spätestens bis zum ersten Werktag, der darauf folgt, dass ein Betreiber erstmals oder erneut als KRITIS-Betreiber gilt, muss er sich registrieren und eine ständig erreichbare Kontaktstelle benennen.

Nun beginnt die Nachweispflicht.

Etwa drei bis sechs Monate vor dem Nachweispflichttermin schickt das BSI per E-Mail oder per Post eine Erinnerung über den nahenden Abgabetermin an die KRITIS-Betreiber.

Meine Kunden informieren mich regelmäßig über diese Schreiben, und unsere Audittermine stehen zu diesen Zeitpunkten meist bereits seit einigen Monaten fest.

In Abbildung 12.15 und Abbildung 12.16 zeige ich Ihnen ein anonymisiertes Erinnerungsschreiben des BSI an einen Netzbetreiber. Vertrauliche Informationen habe ich vor dem Einscannen abgeklebt. Die weißen Flächen habe also ich hinzugefügt.

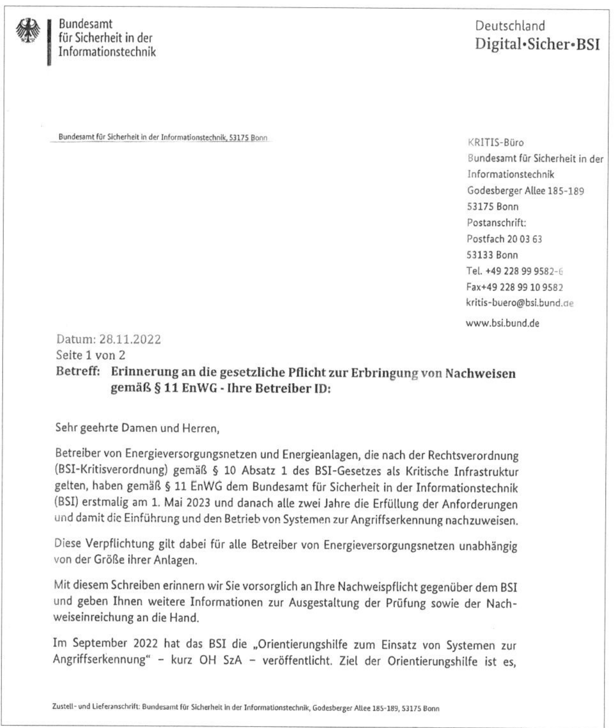

Bundesamt
für Sicherheit in der
Informationstechnik

Deutschland
Digital•Sicher•BSI

Bundesamt für Sicherheit in der Informationstechnik, 53175 Bonn

KRITIS-Büro
Bundesamt für Sicherheit in der
Informationstechnik
Godesberger Allee 185-189
53175 Bonn
Postanschrift:
Postfach 20 03 63
53133 Bonn
Tel. +49 228 99 9582-6
Fax+49 228 99 10 9582
kritis-buero@bsi.bund.de
www.bsi.bund.de

Datum: 28.11.2022
Seite 1 von 2
Betreff: Erinnerung an die gesetzliche Pflicht zur Erbringung von Nachweisen gemäß § 11 EnWG - Ihre Betreiber ID:

Sehr geehrte Damen und Herren,

Betreiber von Energieversorgungsnetzen und Energieanlagen, die nach der Rechtsverordnung (BSI-Kritisverordnung) gemäß § 10 Absatz 1 des BSI-Gesetzes als Kritische Infrastruktur gelten, haben gemäß § 11 EnWG dem Bundesamt für Sicherheit in der Informationstechnik (BSI) erstmalig am 1. Mai 2023 und danach alle zwei Jahre die Erfüllung der Anforderungen und damit die Einführung und den Betrieb von Systemen zur Angriffserkennung nachzuweisen.

Diese Verpflichtung gilt dabei für alle Betreiber von Energieversorgungsnetzen unabhängig von der Größe ihrer Anlagen.

Mit diesem Schreiben erinnern wir Sie vorsorglich an Ihre Nachweispflicht gegenüber dem BSI und geben Ihnen weitere Informationen zur Ausgestaltung der Prüfung sowie der Nachweiseinreichung an die Hand.

Im September 2022 hat das BSI die „Orientierungshilfe zum Einsatz von Systemen zur Angriffserkennung" – kurz OH SzA – veröffentlicht. Ziel der Orientierungshilfe ist es,

Zustell- und Lieferanschrift: Bundesamt für Sicherheit in der Informationstechnik, Godesberger Allee 185-189, 53175 Bonn

Abbildung 12.15 Beispiel für ein Erinnerungsschreiben vom 20.11.2022 an einen Netzbetreiber sechs Monate vor dem 1. Mai 2023, Seite 1, Absender KRITIS-Büro BSI

Bundesamt
für Sicherheit in der
Informationstechnik

Deutschland
Digital•Sicher•BSI

Seite 2 von 2

Betreibern sowie den prüfenden Stellen einen Anhaltspunkt für die individuelle Umsetzung und Prüfung der Vorkehrungen zu geben.

https://www.bsi.bund.de/SharedDocs/Downloads/DE/BSI/KRITIS/oh-sza.html

Des Weiteren hat das BSI häufig gestellte Fragen in Zusammenhang mit der neuen Regulierung beantwortet und auf der Webseite des BSI veröffentlicht.

https://www.bsi.bund.de/dok/faq-sza

Auf der Webseite finden Sie außerdem die Formulare KI* und P*, die zur Nachweiseinreichung verwendet werden müssen. Zudem ist den Formularen KI* und P* zu entnehmen, welche zusätzlichen Dokumente für einen vollständigen Nachweis gemäß § 11 EnWG im BSI einzureichen sind. Die vollständigen Nachweisdokumente können, vorzugsweise per E-Mail, an das KRITIS-Büro (kritis-buero@bsi.bund.de) gesendet werden.

https://www.bsi.bund.de/kritis-downloads

Hinweise zu unterstützten Verschlüsselungsverfahren finden Sie ebenfalls auf der Webseite des BSI.

https://www.bsi.bund.de/dok/kontakt-kritis

Mit freundlichen Grüßen

Ihr KRITIS-Büro

Mit freundlichen Grüßen
Im Auftrag

Abbildung 12.16 Erinnerungsschreiben, Seite 2, Absender KRITIS-Büro BSI

Wie Sie sehen können, wurde das Schreiben am 20.11.2022 verschickt. Somit hatte der angeschriebene Betreiber zum Zeitpunkt des Schreibens noch sechs Monate Zeit bis zum ersten Einreichungstermin am 1. Mai 2023.

Das BSI erinnert somit an die gesetzliche Pflicht der Betreiber, die Nachweise einzureichen.

2023 wuchs der Umfang an Nachweisen für alle Betreiber. In Abbildung 1.43 konnten Sie die Nachweispflicht über Systeme zur Angriffserkennung ab dem 1. Mai 2023 erkennen.

[»]

Frist zum Nachweis von Systemen zur Angriffserkennung (SzA)

Ab dem 1. Mai 2023

Für Betreiber im Sektor Energie galt diesbezüglich sogar die Verpflichtung, bis zum 1. Mai 2023 einen Nachweis über implementierte SzA zu erbringen. Sie können in Abbildung 1.49 in Abschnitt 1.4.2, »Änderungen im EnWG«, noch einmal den Gesetzestext dazu nachlesen.

[»]

Frist zum Nachweis von SzA für Energieversorger

Bis zum 1. Mai 2023

Zu dem Zeitpunkt, an dem ich dieses Buch schrieb, galt eine zweijährliche Nachweispflicht. Jedoch wurde durch das NIS-2-Diskussionspapier im September 2023 eine dreijährliche Nachweispflicht in Aussicht gestellt.

Wenn die zweijährliche Nachweispflicht bestehen bleiben würde, könnten wir uns Abbildung 1.22 in Abschnitt 1.2.1, »Änderungen im BSIG«, ansehen und dort den Gesetzestext nachlesen. Das Prozedere wird jedoch gleichbleiben, auch wenn sich die Abgabefristen auf drei Jahre erhöhen.

[»]

Frist zum regelmäßigem Nachweis nach dem BSIG gegenüber dem BSI

Ab 2018 regelmäßig alle 2 Jahre.

Zukünftig sind durch NIS-2 längere Fristen von 3 Jahren in der Diskussion.

Weitere Fristen betreffen die Ermittlung der Schwellenwerte durch die Betreiber. Wo wir diese finden, haben wir uns in Abschnitt 2.6.3, »Teil 3 – Anlagenkategorien und Schwellenwerte«, angesehen. Für die meisten Dienstleistungen gilt ein Zeitraum von März oder April des Vorjahres bis März oder April des aktuellen Jahres. Für diese zwölf Monate messen die Betreiber ihre Versorgungsgrade und vergleichen diese mit den Schwellenwerten der Kritisverordnung.

Frist zur Ermittlung von eigenen Schwellenwerten

Teil 3 des eigenen Sektor-Anhangs der Kritisverordnung

Oft: März/April des Vorjahres bis März/April des aktuellen Jahres

Die UBIs (siehe Abschnitt 2.8, »Unternehmen im besonderen öffentlichen Interesse (UBIs)«) müssen IT-Sicherheitsvorfälle an das BSI melden. Für AWV-UBIs (UBI 1) gilt dies ab 1. Mai 2023. Für die Störfall-UBIs (UBI 3) galt die Frist bereits seit dem 1. November 2021.

Frist zum Melden von Störungen für Störfall-UBIs

Ab dem 1. November 2022

Für die Wertschöpfungs-UBIs (UBI 2) fehlte 2023 eine Rechtsverordnung, weshalb diese noch keinen Umsetzungspflichten unterliegen. Diese Rechtsverordnung wird als UBI-Verordnung (UBI-VO) bezeichnet und vom »Bundesministerium des Inneren und für Heimat« erlassen. Ein Zeitplan zu deren Veröffentlichung war vom BSI Stand November 2023 noch nicht bekannt gegeben worden.

AWV-UBIs müssen sich ab Mai 2023 beim BSI registrieren und eine Kontaktstelle benennen. Die Fristen sehen wir im UBI-Flyer (62), den das BSI im September 2023 veröffentlicht hat. Die Störfall-UBIs können sich auf freiwilliger Basis registrieren und eine Kontaktstelle benennen.

Frist zum Melden von Störungen für AWV-UBIs

Ab dem 1. Mai 2023

Für die Wertschöpfungs-UBI werden für frühestens 2024 Änderungen erwartet. Möglicherweise werden dann ebenfalls Selbsterklärungen erlaubt sein.

Die Selbsterklärungen zur IT-Sicherheit (siehe Abschnitt 6.4.9, »Selbsterklärung für AWV-UBI (UBI 1)«) müssen UBIs alle zwei Jahre an das BSI übermitteln.

Frist zur Abgabe der ersten Selbsterklärung der AWV-UBIs

Bis zum 1. Mai 2023

Die Termine können Sie im UBI-Flyer nachlesen, den ich Ihnen als Begleitmaterial abgelegt habe.

Hinweis zum Begleitmaterial

Den UBI-Flyer des BSI mit Terminen finden Sie im Dokument:

- 2023-09_BSI_UBI-Flyer

Welche Dokumente KRITIS-Betreiber an das BSI übermitteln sollen, sehen wir uns im nächsten Abschnitt an.

12.2.4 Übergabe der Nachweise an das BSI

Ihre Nachweisprüfung ist abgeschlossen. Die prüfende Stelle hat Ihnen alle Nachweisdokumente übermittelt. Nun müssen Sie Betreiber den Versand beziehungsweise die Übermittlung vorbereiten und durchführen.

Verantwortlich für die Übergabe der Nachweisdokumente an das BSI ist immer der KRITIS-Betreiber.

In Abbildung 12.17 sehen Sie zwei Gruppen von Nachweisdokumenten, die Sie als Betreiber an das BSI übermitteln müssen: Zum einen übergeben Sie die Nachweisdokumente der prüfenden Stelle und zum anderen Ihre eigenen Dokumente, die Sie für das BSI zusammengestellt haben.

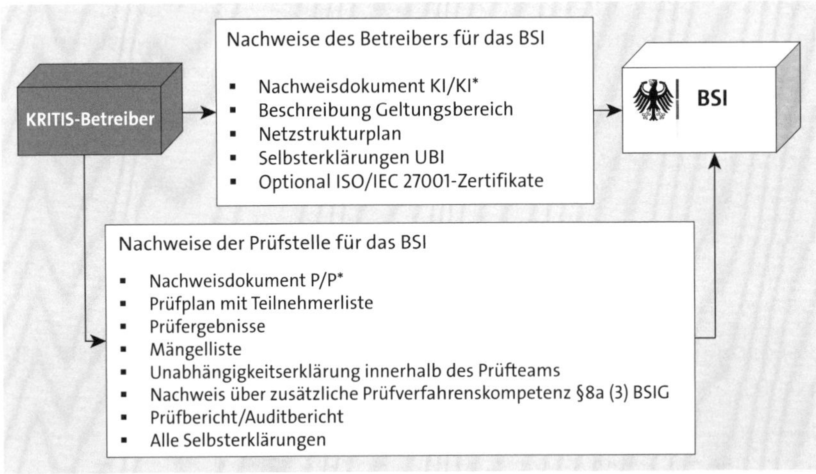

Abbildung 12.17 Diese Nachweise müssen Betreiber beim BSI KRITIS-Büro einreichen.

Welche Dokumente die prüfende Stelle beisteuert, haben wir uns in Abschnitt 12.1.5, »Übermittlung der Auditdokumentation an den Betreiber«, angesehen. Welche Dokumente zusätzlich von Ihnen eingereicht werden müssen, zeige ich Ihnen im Infokasten:

Vom KRITIS-Betreiber zusätzlich übermittelte Nachweise an das BSI

- Formular KI/KI*
- Beschreibung des kritischen Geltungsbereiches
- Netzstrukturplan
- optional ISO/IEC 27001-Zertifikate

Prüfen Sie vor der Übergabe, ob alle Stempel gesetzt sind.

Nachweisdokument KI / KI*

Vergessen Sie nicht den Stempel der Organisation.

Für UBIs reicht derzeit eine Selbsterklärung, die wir uns in Abschnitt 6.4.9, »Selbsterklärung für AWV-UBI (UBI 1)«, angesehen haben und die Sie an das BSI übermitteln.

Zur elektronischen Übertragung der Nachweise müssen alle Betreiber das BSI-Meldeportal (siehe Abschnitt 6.2, »Das Melde- und Informationsportal (MIP)«) verwenden.

F-12-4: Wie werden die Nachweise an das BSI (Stand 2023) übermittelt?

a) Nachweisblatt P mit einem Organisationsstempel der Prüfstelle
b) Auditplan und Mängelliste im Excel-Format
c) in elektronischer Form über das Melde- und Informationsportal
d) Nachweisblatt KI mit einem Organisationsstempel des KRITIS-Betreibers

Für Betreiber im Energie-Sektor galt bis Mai 2023 ebenfalls die Verpflichtung, dem BSI gegenüber einem Nachweis zu erbringen. Auf die Unterschiede möchte ich im nächsten Abschnitt eingehen.

12.2.5 Übergabe der Nachweise im Energie-Sektor

Dieser Abschnitt ist nur für Betreiber, Berater und Prüfer im Sektor Energie von Bedeutung. Alle anderen können diesen Abschnitt überspringen.

Für die Netz- und Anlagenbetreiber übermitteln die Zertifizierungsstellen die Konformitätsnachweise an die Bundesnetzagentur. Dies umfasst ein Zertifikat nach dem jeweiligen IT-Sicherheitskatalog. In Tabelle 12.10 zeige ich Ihnen mögliche erlaubte Scope-Definitionen für einen Strom- und Gasnetz-Betreiber, die von der DAkkS vorgegeben werden.

Betreiber	KRITIS-Scope	Konformitätsnachweis
Der Betreiber steuert das eigene Netz, ist also ausschließlich Netzbetreiber.	Betrieb eines Strom- und Gasnetzes	Zertifikat nach IT-Sicherheitskatalog § 11 Abs. 1a EnWG für KRITIS-Scope
Der Betreiber ist reiner Betriebsführer und steuert nur das Netz eines anderen Netzbetreibers.	Betriebsführung eines Strom- und Gasnetzes	
Der Betreiber ist Netzbetreiber und Betriebsführer.	Betrieb und Betriebsführung eines Strom- und Gasnetzes	

Tabelle 12.10 Zertifikats-Scopes für Netzbetreiber nach dem IT-Sicherheitskatalog für die BNetzA

In Tabelle 12.10 sehen Sie mögliche erlaubte Scope-Definitionen für Anlagenbetreiber.

Betreiber	KRITIS-Scope	Konformitätsnachweis
Der Betreiber steuert seine Anlage und ist ausschließlich Anlagenbetreiber.	Betrieb einer Anlage	Zertifikat nach IT-Sicherheitskatalog § 11 Abs. 1b EnWG für KRITIS-Scope
Der Betreiber ist reiner Betriebsführer und steuert die Anlage eines anderen Anlagenbetreibers.	Betriebsführung einer Anlage	
Der Betreiber ist Anlagenbetreiber und Betriebsführer.	Betrieb und Betriebsführung einer Anlage	

Tabelle 12.11 Zertifikats-Scopes für Anlagenbetreiber nach dem IT-Sicherheitskatalog für die BNetzA

Zusätzlich müssen diese Betreiber seit Mai 2023 alle zwei Jahre einen Nachweis über ihre Systeme zur Angriffserkennung (siehe Tabelle 12.12) an das BSI übermitteln.

KRITIS-Betreiber	Konformitätsnachweis
Strom- und Gasnetzbetreiber, Anlagenbetreiber	Nachweis über SzA

Tabelle 12.12 Nachweise über SzA für das BSI

In Abbildung 12.18 zeige ich Ihnen, welche Dokumente an welchen Empfänger übermittelt werden und durch wen.

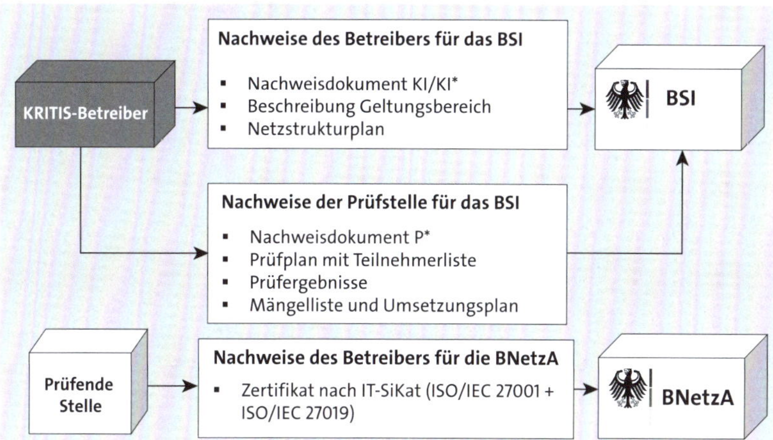

Abbildung 12.18 Übergaben an BNetzA und BSI durch Betreiber im Energie-Sektor

Der Betreiber übermittelt die Nachweisdokumente der prüfenden Stelle und zusätzlich die Dokumente, die ich Ihnen im Infokasten zeige, an das BSI:

Vom KRITIS-Betreiber zusätzlich übermittelte Nachweise an das BSI

- Formular KI/KI*
- Beschreibung des kritischen Geltungsbereiches
- Netzstrukturplan

Auch diese Betreiber nutzen das BSI-Meldeportal MIP, das wir uns in Abschnitt 6.2, »Das Melde- und Informationsportal (MIP)«, angesehen haben.

Hiermit enden die vorläufigen Aufgaben für Betreiber. Nun heißt es, sich in Geduld zu üben. Das BSI prüft die eingereichten Unterlagen unterschiedlich lange. Betreiber berichteten mir von Rückmeldungen, die innerhalb weniger Tage erfolgten; manchmal dauerte es aber auch mehrere Monate. Um welche Rückmeldungen es sich dabei handeln kann, sehen wir uns im folgenden Kapitel an.

Kapitel 13

Prüfung der eingereichten Nachweise durch das BSI

Vorbei sollte das Audit sein. Lückenlos sollte der Nachweis sein. Rechtzeitig sollte die Meldung sein. Nicht sollte das Sollte und seine Ahndung sein.

Was Sie als KRITIS-Betreiber nach Ihrem Abgabetermin oder einem verpassten Termin erwarten können, möchte ich in den folgenden Abschnitten erläutern. Vieles von dem, was ich beschreiben werde, haben KRITIS-Betreiber bereits erlebt. Im folgenden Abschnitt beginnen wir mit der harmlosesten Konsequenz, die für fehlende oder mangelhafte Dokumentation droht.

13.1 Nachforderung von Dokumenten

Wenn Sie Ihre Nachweisdokumente an das KRITIS-Büro übermittelt haben, kann es vorkommen, dass bei der Überprüfung Unterlagen fehlen, unvollständig sind oder dass Versionen veraltet sind. Dann werden Sie in der Regel per E-Mail aufgefordert, die fehlenden Inhalte oder Dokumente innerhalb von zwei bis vier Wochen mit neueren Versionen nachzuliefern.

Die Überprüfung der Nachweisdokumente führte für viele KRITIS-Betreiber in den letzten Jahren öfter zu Nachforderungen und Nachlieferungen.

Im Infokasten möchte ich Ihnen einige Gründe für Nachforderungen auflisten, die mir Informationssicherheitsbeauftragte nannten.

Mögliche Gründe für Nachforderungen zu einer Nachweisprüfung

- ein fehlender Organisationsstempel auf dem Formblatt KI,
- ein Prüfplan, der keine Teilnehmerliste enthält,
- eine fehlende Erläuterung zu einem bestehenden ISO/IEC 27001-Zertifikat,

- fehlende Nachweise der Prüfstelle zur Zusätzlichen Prüfverfahrenskompetenz,
- eine fehlende Beschreibung oder fehlende grafische Darstellung des Geltungsbereichs,
- ein unvollständiger Netzstrukturplan,
- eine fehlende Unabhängigkeitserklärung im Prüfteam,
- eine fehlende Selbsterklärung der prüfenden Stelle,
- ein Prüfplan oder eine Mängelliste im PDF-Format anstatt in Excel oder
- ein veraltetes Nachweisdokument P oder KI.

Dabei war im Sommer 2023 für die Version der Nachweisdokumente P und KI nicht der Prüfungszeitpunkt oder das Einreichungsdatum maßgeblich, sondern das viel spätere Datum der internen BSI-Prüfung. Dies führte im großen Umfang zu Nachforderungen, weil noch bis Juli 2023 neue Nachweisdokumente veröffentlicht wurden. Betreiber, die Nachforderungen in einem persönlichen Gespräch mit dem BSI ablehnten, hatten damit meist Erfolg und mussten keine neuen Dokumente nachliefern.

Mittlerweile enthält das Formblatt KI alle einzureichenden Dokumente, was ich außerordentlich begrüße.

Bisher gibt es keine bestimmte Anzahl an Nachforderungen, nach der eine weitere Eskalation folgt. Somit könnten die Nachforderungen fortlaufend erfolgen. Aus meiner Erfahrung heraus kann ich sagen, dass meine Kunden bisher maximal zwei Nachforderungen erhielten. Auch ein persönliches Rückfragen zur Abstimmung per Telefon hat sich meist positiv auf die Bewertung der eingereichten Nachweise und die geforderten Nachlieferungen ausgewirkt.

F-13-1: Wann werden Nachforderungen durch das BSI gestellt?

a) fehlende Nachweise der Prüfstelle zur Zusätzlichen Prüfverfahrenskompetenz
b) fehlende Beschreibung oder grafische Darstellung des Geltungsbereiches oder unvollständiger Netzstrukturplan
c) fehlende Erläuterungen zu einem bestehenden ISO/IEC 27001-Zertifikat
d) veraltete Nachweisformblätter, z. B. P oder KI

Viele KRITIS-Betreiber fragen mich, wohin Nachforderungen führen können, und sind wegen möglicher Eskalationen besorgt. Deshalb möchte ich im nächsten Abschnitt auf das Thema Eskalation eingehen.

13.2 Eskalation bei Unvollständigkeit

In Abschnitt 1.4.1, »Änderungen im BSIG«, sehen Sie in Abbildung 1.44 die Ergänzungen, die durch das IT-Sicherheitsgesetz 2.0 aus dem Jahr 2018 in das BSI-Gesetz überführt wurden.

Wir erinnern uns: Das BSI erhielt zusätzliche Befugnisse, Anforderungen an Nachweisprüfungen festzulegen sowie die Prüfungsart vorzugeben oder Dokumente nachzufordern. In Abbildung 13.1 zeige ich Ihnen einen typischen Eskalationsweg bei fehlenden Dokumenten oder Sicherheitsmängeln:

1. Die KRITIS-Betreiber lassen ihre Anlagen von einer Prüfstelle überprüfen und übersenden dem BSI ihre Nachweisdokumente.
2. Sollten die Nachweisdokumente unvollständig sein, wird das BSI dem KRITIS-Betreiber gegenüber Nachforderungen stellen, um die Dokumentation zu vervollständigen.
3. Nach Überprüfung aller eingereichten Dokumente kann das BSI sich bei Bedarf mit Aufsichtsbehörden abstimmen und diese beauftragen, bei der Mängelbeseitigung mitzuwirken.

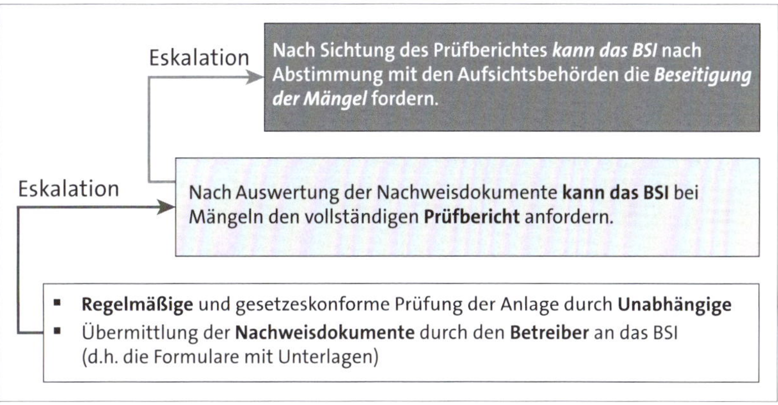

Abbildung 13.1 Eskalationsschritte nach Einreichung der Nachweise

Das BSI hat die Befugnisse, Aufsichtsbehörden oder auch Dienstleister darüber zu informieren, wenn bei einem KRITIS-Betreiber schwerwiegende Mängel bestehen. Die Aufsichtsbehörden können anschließend Vor-Ort-Besichtigungen durchführen und sprechen Umsetzungsempfehlungen aus. IT-Dienstleister könnten eventuell verpflichtet werden, ihre KRITIS-Kunden bei der Behebung von schwerwiegenden IT-Technik-Mängeln zu unterstützen. In gravierenden Fällen könnte dem KRITIS-Betreiber auch ein vorübergehender Entzug der Betriebserlaubnis drohen.

[/]

F-13-2: Das Bundesamt kann zur Ausgestaltung des Verfahrens der Sicherheitsaudits, Prüfungen und Zertifizierungen Anforderungen an die Art und Weise der Durchführung, an die hierüber auszustellenden Nachweise sowie die fachlichen und organisatorischen Anforderungen an die prüfende Stelle [...] festlegen.

a) Diese Aussage ist falsch.

b) Diese Aussage ist richtig und findet sich in der Kritisverordnung.

c) Diese Aussage ist richtig und findet sich im Energiewirtschaftsgesetz.

d) Diese Aussage ist richtig und findet sich im BSI-Gesetz.

In Ausnahmefällen beauftragt das BSI auch eine zusätzliche unabhängige Stelle für Sonderprüfungen. Was das ist, sehen wir uns im folgenden Abschnitt an.

13.3 Sonderprüfungen nach dem BSIG

Die Überprüfung der Nachweisdokumentation durch das BSI kann auch dazu führen, dass das BSI nicht nur Dokumente nachfordert, sondern es für notwendig erachtet, einen Betreiber für eine Nachprüfung oder Sonderprüfung auszuwählen. Beim *TeleTrusT* (63) können wir auch den Begriff *Tiefenprüfung* dazu finden.

Die Befugnis, eine Sonderprüfung beim KRITIS-Betreiber anzuordnen, erhielt das BSI über das NIS-Umsetzungsgesetz im Jahr 2017. Wir haben uns dazu den Gesetzestext in Abbildung 1.35 in Abschnitt 1.3, »Das Gesetz zur Umsetzung der NIS-Richtlinie«, angesehen.

Auch vermag ich mir vorzustellen, dass Betreiber, die sich bewusst gegen eine Registrierung und Nachweiserbringung entscheiden, zukünftig solch einer Sonderprüfung unterzogen werden könnten.

Wie erfahren Sie von einer geplanten Sonderprüfung in Ihrem Haus?

Dass es Ihre Organisation für eine Sonderprüfung ausgewählt hat, teilt Ihnen das BSI schriftlich mit. Außerdem wählt das BSI eine Prüfstelle für diese Sonderprüfung aus und informiert Sie, durch wen Sie ein erstes oder weiteres Mal überprüft werden.

Die ausgewählte Prüfstelle kontaktiert Sie als KRITIS-Betreiber anschließend, vereinbart einen Prüfzeitraum und nennt die Anzahl der Prüfer.

Die Sonderprüfung findet vor Ort oder teilweise vor Ort und remote statt.

Ob die vom BSI beauftragte Prüfstelle Ihnen einen Prüfplan für die Sonderprüfung übergibt, hängt von ihr ab. Kunden teilten mir mit, sich selbst einen Prüfplan erstellt zu haben, um Räume und die potenziellen Interviewpartner für Termine zu reservieren. Meist wird die Sonderprüfung innerhalb einer Woche durchgeführt.

Die Ergebnisse übergibt solch eine Prüfstelle nicht dem KRITIS-Betreiber, sondern direkt dem BSI. Das BSI begleicht auch die Rechnung für die beauftragte Sonderprüfung. Bezahlen müssten Sie als KRITIS-Betreiber die Rechnung nur, wenn die beauftragte Prüfstelle keine organisatorischen und technischen Schutzmaßnahmen bei Ihnen feststellen konnte.

Bis Ihnen die Ergebnisse durch das BSI zugestellt werden, vergehen einige Monate.

Nehmen Sie deshalb alle im Audit angesprochenen Nichtkonformitäten und Mängel direkt in Ihre Maßnahmenplanung auf und beginnen Sie zeitnah mit deren Umsetzung!

Manche Betreiber erhalten nach der Abgabe ihrer Nachweise die Information, ihr Geltungsbereich sei für die erfolgte Nachweisprüfung zu klein gewählt gewesen. Was danach folgt, sehen wir uns im folgenden Abschnitt an.

13.4 Nachprüfung wegen zu kleinem Geltungsbereich

Im Sommer 2023 erhielt ich erstmals in einem Seminar die Information, dass die Nachweise eines KRITIS-Betreibers nicht akzeptiert worden seien. Als Grund wurde dem Betreiber die Prüfung eines zu kleinem Geltungsbereich attestiert.

Die Folge war eine zeitnahe, vollständige Nachprüfung des KRITIS-Betreibers, was mit erneuten zeitlichen Aufwänden und auch zusätzlichen Kosten verbunden war.

Eines der Hauptprobleme von Nachaudits besteht meiner Meinung nach darin, dass die bisherigen Auditoren oft bereits verplant sind und kurzfristig keine Nachprüfungen übernehmen können. Deshalb übernehmen andere Auditoren die Prüfung. Diese neuen Auditoren kennen den Betreiber jedoch nicht und benötigen dadurch ein komplettes Audit.

Versuchen Sie aus diesem Grund die Aspekte, die wir uns in Abschnitt 7.1, »Der Geltungsbereich für die kritische Dienstleistung«, angesehen haben, möglichst vollständig zu berücksichtigen, wenn Sie eine Prüfstelle beauftragen.

Ein Auditor kann nur das prüfen, was Sie ihm als Scope vorgeben. Wenn Sie ihm weniger von Ihrer Kritischen Infrastruktur mitteilen, als Sie tatsächlich verantworten, wird er zu wenig prüfen und der Nachweis wird nicht alle Anlagen umfassen. Haben Sie verschiedene Scope-Dokumente für unterschiedliche Anlagen, könnte es ebenfalls passieren, dass die Nachweise nicht für alle Anlagen vollständig sind.

In Abschnitt 6.4.4, »Das Nachweisdokument P für Prüfer«, haben wir uns darüber verständigt, dass der Nachweis für eine Anlage erbracht wird und nicht für einen Betreiber. Fehlen auf dem Nachweisdokument P einige Ihrer registrierten Anlagen, müssen Sie die Nachweisprüfung im ungünstigsten Fall vollständig wiederholen.

Ähnliches kann auch passieren, wenn erst nach der Prüfung beim BSI auffällt, dass Sie viel zu wenige Anlagen registriert haben und dass die Nachweisprüfung deshalb unvollständig war. Manche Betreiber versuchen, die Nachweisprüfungen auszusitzen, und warten seit mehreren Jahren auf eine Einladung durch das BSI. Das könnte zu Bußgeldern führen.

In welchen Fällen ein KRITIS-Betreiber Bußgelder zahlen muss, möchte ich Ihnen im folgenden Abschnitt aufzeigen.

13.5 Bußgelder

Bis April 2023 war mir kein einziger Fall einer Bußgeld-Zahlung bekannt. Das änderte sich im Mai 2023. Ein Kunde mit sehr vielen Standorten hatte seine Nachweispflicht zweimal verschoben und keine Nachweise eingereicht. Auf Nachfrage, ob er schon einmal ein Bußgeld zahlen musste, bestätigte er dies und nannte die Höhe von 50.000 €. Im Mai 2023 absolvierte er seine erste Nachweisprüfung nicht ganz vollständig und musste erneut ein Bußgeld von 10.000 € zahlen. Frühere Bußgelder für andere Betreiber gab es auch, aber die wurden nicht veröffentlicht.

Woher kommen die Bußgeldforderungen? In Abschnitt 1.6, »Das BSI-Gesetz (BSIG)«, haben wir uns die Abbildung 1.54 angesehen, in der ich Ihnen acht mögliche Verstöße zeigte, die zu Strafzahlungen führen können.

In diesem Abschnitt wollen wir uns die unterschiedlichen Bußgeldhöhen aufgrund unterschiedlicher Verstöße genauer ansehen. Die Bußgelder gelten für KRITIS-Betreiber, die anhand der Kritisverordnung die Schwellenwerte erreichen.

Beim stichprobenhaften Vergleich der Kritisverordnungen der Jahre 2017, 2021 und 2023 konnte ich nur geringfügige Unterschiede für die Anlagenkategorien und deren Schwellenwerte feststellen. Das bedeutet für mich: Ein KRITIS-Betreiber, der im Jahr 2022 die Schwellenwerte erreichte und damit als KRITIS-Betreiber galt, war es mit etwas höherer Wahrscheinlichkeit auch schon in früheren Jahren.

Um Ihnen den Vergleich dieser drei Kritisverordnungen zu erleichtern, verweise ich für Sie noch einmal auf das Begleitmaterial.

Hinweis zum Begleitmaterial

Die Kritisverordnung vom 21. Juni 2017 finden Sie im Dokument:

- 2017-06_BSI-KritisV

Hinweis zum Begleitmaterial

Die Kritisverordnung vom 23. Juni 2021 finden Sie im Dokument:

- 2021-06_BSI-KritisV

Hinweis zum Begleitmaterial

Die Kritisverordnung vom 23. Juni 2023 finden Sie im Dokument:

- 2023-06_BSI-KritisV

Ich empfehle deshalb allen Betreibern, die ihre Registrierung erst für das Folgejahr planen, nicht anzunehmen, die Fristen für die Umsetzungs- und Nachweispflichten würden erst dann beginnen.

[!]

Ordnungswidrigkeit

Möglicherweise begehen einige Betreiber durch ihre fehlende Registrierung beim BSI bereits eine Ordnungswidrigkeit, weshalb zukünftig Bußgelder drohen könnten.

13

Die jeweiligen Verstöße, die Bußgelder nach sich ziehen, können Sie im BSIG nachlesen. Ich habe den langen Gesetzestext aus dem BSIG für Sie in Tabelle 13.1 gekürzt und nach absteigenden Bußgeldhöhen sortiert. Die Paragrafen werden sich im Oktober 2024 ändern, jedoch gehe ich davon aus, dass eine Ordnungswidrigkeit im Jahr 2023 auch in den Folgejahren als Ordnungswidrigkeit gelten wird.

Wie ich zu Beginn dieses Abschnitts berichtete, erhielt ein Betreiber ein Bußgeld in Höhe von 50.000 € für den nicht erbrachten Nachweis. Wenn Sie in der Tabelle in der dritten Zeile nachsehen, erkennen Sie: Der Betreiber hätte auch mit 1.000.000 € bestraft werden können. Fehlende oder verspätete Nachweise können besonders schmerzhaft wirken.

Paragraph und Absatz im BSIG	Ordnungswidrigkeit	Bußgeld bis zur Höhe
§ 14 Abs. 1 BSIG	Erbringung von Nachweisen alle 2 Jahre; Kein Nachweis oder verspäteter Nachweis (§ 8a Abs. 3)	1.000.000 €
§ 14 Abs. 2 Nr. 2 BSIG	Vorkehrungen bis zum ersten Werktag; Keine Vorkehrungen (§ 8a Abs. 1)	1.000.000 €

Tabelle 13.1 § 14 Bußgeldvorschriften im BSIG vom Juni 2021, Auszug

Paragraph und Absatz im BSIG	Ordnungswidrigkeit	Bußgeld bis zur Höhe
§ 14 Abs. 2 Nr. 3 BSIG	Erbringung von Nachweisen alle 2 Jahre; Kein Nachweis oder verspäteter Nachweis (§ 8a Abs. 3)	1.000.000 €
§ 14 Abs. 2 Nr. 5 BSIG	Registrierung und Nennung einer Kontaktstelle; Keine Registrierung, keine Benennung einer Kontaktstelle (§ 8b Abs. 3)	500.000 €
§ 14 Abs. 2 Nr. 6 BSIG	Erreichbarkeit der Kontaktstelle; Keine Erreichbarkeit (§ 8b Abs. 3)	100.000 €
§ 14 Abs. 2 Nr. 7 BSIG	Meldung von Störungen; Keine Meldung, verspätete Meldung, nicht richtige Meldung (§ 8b Abs. 4)	500.000 €
§ 14 Abs. 2 Nr. 8 BSIG	§ 8c Abs. 1: Umsetzung von Maßnahmen durch Anbieter digitaler Dienste; eine genannte Maßnahme nicht trifft zu	500.000 €
§ 14 Abs. 2 Nr. 9 BSIG	Selbsterklärung durch UBIs bis zum nächsten Werktag und dann alle zwei Jahre; Keine Selbsterklärung, keine richtige, eine unvollständige, eine nicht rechtzeitige Selbsterklärung (§ 8f Abs. 1)	500.000 €
§ 14 Abs. 2 Nr. 10 BSIG	Das BSI ist die Konformitäts-bewertungsstelle und kann anderen diese Aufgabe übertragen; Unbefugte arbeiten als Konformitätsbewertungsstelle (§ 9a Abs. 2)	500.000 €

Tabelle 13.1 § 14 Bußgeldvorschriften im BSIG vom Juni 2021, Auszug (Forts.)

Paragraph und Absatz im BSIG	Ordnungswidrigkeit	Bußgeld bis zur Höhe
§ 14 Abs. 2 Nr. 11 BSIG	Einsatz von IT-Sicherheitskennzeichen, Unbefugter Einsatz von IT-Sicherheitskennzeichen (§ 9c Abs. 4)	500.000 €
§ 14 Abs. 2 Nr. 4 BSIG	Erlaubnis zum Betreten der Räumlichkeiten; Erlaubnis verweigert (§ 8a Abs. 4)	100.000 €

Tabelle 13.1 § 14 Bußgeldvorschriften im BSIG vom Juni 2021, Auszug (Forts.)

Nach dem Studium der Tabelle 13.1 kennen Sie nun die Bußgelder. Wenn Sie Ihr Wissen zu Eskalationen kontrollieren möchten, können Sie sich mit den beiden folgenden Prüfungsfragen testen.

F-13-3: Wann drohen Betreibern Bußgelder?

a) bei fehlender oder falscher Registrierung
b) bei fehlender oder falscher Meldung einer Kontaktstelle
c) bei fehlender oder falscher Verwendung eines passenden B3S
d) bei fehlender oder falscher Abgabe eines Nachweises

Die letzte Prüfungsfrage dieses Kapitels und damit auch des Buches handelt von Eskalationsmöglichkeiten des BSI bezüglich Nachweisprüfungen. Kennen Sie alle Eskalationen?

F-13-4: Welche Eskalationsmöglichkeiten kann das BSI im Rahmen von Nachweisprüfungen nutzen?

a) Nachforderung von Dokumenten
b) Mahnung bei fehlender Abgabe der Nachweise
c) Bußgelder
d) Veranlassung von Sonderprüfungen nach dem BSIG durch unabhängige Dritte

Fazit zu Teil 4

Der vierte Teil des Buches ist hiermit abgeschlossen. Wir haben uns in ihm die Planung der Nachweisprüfung aufseiten der Betreiber und Prüfer angesehen. Anschließend sind wir Schritt für Schritt die Nachweisprüfung durchgegangen und haben danach die Übergaben von Nachweisen an Betreiber und BSI oder BNetzA betrachtetet. Zuletzt wurden die unterschiedlichen Eskalationsmittel des BSI besprochen.

Wir wechseln jetzt in den fünften und letzten Teil des Buches. In ihm geht es um praktische Erfahrungen aus vergangenen Nachweisprüfungen und um die Weiterbildung zum Nachweisprüfer.

TEIL V

Aus der Praxis – in die Praxis

Kapitel 14

Untersuchung zu Umfang und Komplexität der Nachweisprüfung

Gezeichnete Diagramme dienen Betreibern zum Vergleich. Dank anonymer Stimmen, die in Studien erhoben, können wir heut' reflektieren, was perfekten Prüfungen fehlt.

Wir sind nun im letzten Teil des Buches angelangt. In diesem ist es mir wichtig, Ihnen die Praxis der vergangenen Nachweisprüfungen sowie die Ausbildung zum Nachweisprüfer zu zeigen.

Zuerst möchte ich mit Ihnen in diesem Kapitel in die Erfahrungen der KRITIS-Betreiber eintauchen und dazu Studienergebnisse aus dem Jahr 2023 betrachten. Die erste Studie stammt vom BSI, die zweite von mir. 14

Ich zeige Ihnen in Abbildung 14.1 noch einmal den doppelten Reformprozess für Kritische Infrastrukturen, um zu verdeutlichen, zu welchen Prozessschritten die beiden Studien erfolgten.

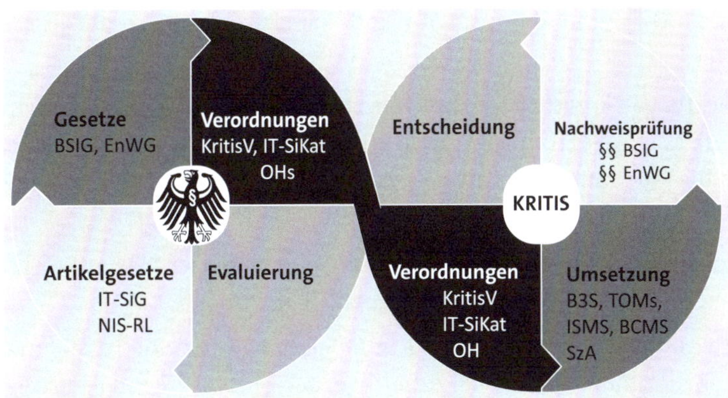

Abbildung 14.1 Der doppelte Reformprozess für Kritische Infrastrukturen

Der doppelte Reformprozess startet links im öffentlichen Bereich mit den Artikelgesetzen. Genau dort finden wir den Startpunkt der BSI-Studie, die von Februar bis März 2023 lief. Das BSI erfragte darin, inwieweit den KRITIS-Betreibern die IT-Sicherheitsgesetze bekannt sind und inwieweit sie umgesetzt wurden. Die Umsetzung durch die Betreiber finden wird im rechten Reformprozess.

Den Schwerpunkt meiner Studie legte ich ausschließlich auf den wirtschaftlichen Bereich der KRITIS-Betreiber. Mich reizten die Nachweisprüfungen, und ich wollte ihre Komplexität erfragen. Wie Sie sehen, lag die Aufmerksamkeit der BSI-Umfrage auf dem Start des doppelten Reformprozesses und dem Übergang von Verordnungen zur Umsetzung. In der meiner Studie fokussierte ich mich auf das Ende, also die Nachweisprüfung. Somit wurden im Jahr 2023 fast alle Bestandteile des doppelten Reformprozesses bewertet und sollten zukünftig zu einer Verbesserung führen.

Im folgenden Abschnitt möchte ich Ihnen die BSI-Studie kurz vorstellen und die Unterschiede zu den Ergebnissen meiner Studie aufzeigen.

14.1 Die BSI-Studie zur Umsetzung der IT-Sicherheitsgesetze

Das BSI führte vom 21. Februar bis zum 12. März 2023 eine Untersuchung zur Umsetzung der IT-Sicherheitsgesetze unter KRITS-Betreibern durch. Die Ergebnisse entdeckte ich zufällig am 2. Oktober 2023.

An der BSI-Studie beteiligten sich 379 KRITIS-Unternehmen. Das BSI hatte dazu eine Einladung mit einem individualisierten Link an alle gelisteten Betreiber von Kritischen Infrastrukturen versandt.

Im Gegenzug dazu war die Beteiligung an meiner Studie, die ich vom 1. Juli 2023 bis zum 31. August 2023 freigeschaltet hatte, eher gering. Ehrlicherweise muss ich zugeben, dass sogar viel weniger Personen teilnahmen, als ich in der Planungsphase erwartet hatte. Bei der Auswahl des Umfragepaketes und damit des Preises ging ich leichtfertig von etwa 1000 Teilnehmern aus. Am Ende kam ich auf etwas mehr als 2 % meines Schätzwertes.

Nur ganze 22 Antwortbögen konnte ich auswerten. Dies ist bei der Menge an tatsächlich durchgeführten Nachweisprüfungen keinesfalls repräsentativ, und ich hoffe, dies ist ein Anlass für Studenten, zukünftig weitere Untersuchungen zu Nachweisprüfungen durchzuführen und an meinen ersten Ergebnissen anzuknüpfen.

Die BSI-Studie gewichtet die Antworten nach Sektoren. Dies plante ich bewusst nicht, und ich möchte Ihnen auch die Gründe dafür nennen:

- Erstens handelte es sich bei meiner Untersuchung um eine anonyme Teilnahme, und eine Sektorenzuordnung könnte bei zu geringer Sektorenbeteiligung den echten Betreiber auf der Seite des BSI enttarnen.
- Zweitens sollten Sektoren sich gerade nicht in besonders lange und umfangreiche oder kurze Nachweisprüfungen einsortieren. Ich wollte stattdessen allen Betreibern die Möglichkeit bieten, sich sektorenunabhängig zur Komplexität von Nachweisprüfungen informieren zu können.
- Drittens sollten die Ergebnisse dazu führen, die Vergleichbarkeit und Angemessenheit aller Nachweisprüfungen zu erhöhen und nicht nur für einzelne Sektoren.

Interessant waren für mich die Ergebnisse der BSI-Studie, die sich nahezu mit den Ergebnissen meiner Studie deckten. Sie können diese in Abbildung 14.2 sehen.

Beide Studien bestätigten folgende Beobachtungen:

- Die Nachweisprüfungen benötigen mittlerweile höhere Aufwände als früher,
- der Personalmangel ist herausfordernd für die KRITIS-Betreiber,
- die sich ändernden Aspekte im Nachweisprozess stellen eine Belastung dar,
- das ISMS konnte sich stärker verbessern als das BCMS der Betreiber,
- die Geschäftsführungen wertschätzen die Arbeit der Informationssicherheitsbeauftragten stärker als in den Anfangsjahren und
- es besteht eine Vertrautheit mit relevanten Gesetzen.

In meiner Studie habe ich beispielsweise auch schon nach den SzA-Pflichten gefragt, die weitestgehend bekannt waren. In beiden Studien fiel außerdem auf, dass es wenige Betreiber gibt, die nichts oder sehr wenig umgesetzt hatten.

Überlappende Ergebnisse der Studien zu Artikelgesetzen und zu Nachweisprüfungen

IT-Sicherheitsgesetze (BSI-Studie)		Nachweisprüfungen (Naumann-Studie)
	Erhöhte Aufwände für Nachweisprüfungen	
	Personalmangel	
	Herausforderungen wegen sich ändernder Aspekte	
	Höhere kontinuierliche Verbesserung beim ISMS als beim BCMS	
	Höhere Wertschätzung durch Geschäftsführung	
	Vertrautheit mit Gesetzen	
	Betreiber, die nichts oder wenig umsetzen	

Abbildung 14.2 Überlappende Ergebnisse der Studien zu Artikelgesetzen und Nachweisprüfungen

Es existieren auch einige Unterschiede zwischen den beiden Studien, die ich Ihnen in Abbildung 14.3 zeige.

Wie ich eingangs schrieb, führte das BSI seine Studie ausführlich zur Umsetzung der IT-Sicherheitsgesetze durch; in meiner Studie stand die Nachweisprüfung im Mittelpunkt.

Das BSI erfragte das bereitgestellte IT-Sicherheitsbudget; mir ging es um die Anzahl an Personentagen. Ich schätze, die Tagessätze für Prüfer sind ähnlich. Deshalb war für mich nicht der Preis einer Prüfung relevant, sondern die abgerechneten Tage, und diese können wir wiederum gut gegenüberstellen.

Das BSI befragte die Unternehmen nach bereits eingetretenen wirtschaftlichen Schäden; mir war es wichtig zu erfahren, wie hoch die benötigten Aufwände vor der eigentlichen Nachweisprüfung für die Betreiber waren.

Das BSI erkundigte sich nach dem Stand der Digitalisierung im Unternehmen; ich wollte wissen, ob es Remote-Prüfungen gab. Das BSI fragte beispielsweise auch nach der Nutzung der von ihm bereitgestellten Publikationen. Mir war wichtig zu erfahren, ob Betreiber die Möglichkeit hatten, eine Prüfgrundlage auszuwählen.

Unterschiede der Studien zu Artikelgesetzen und zu Nachweisprüfungen	
IT-Sicherheitsgesetze (BSI-Studie)	**Nachweisprüfungen (Naumann-Studie)**
Spezifisch zur Umsetzung	Spezifisch zu Nachweisprüfungen
Eingesetztes IT-Sicherheitsbudget	Anzahl an Personentagen
Wirtschaftliche Schäden	Aufwände bezüglich Nachweisprüfungen
Digitalisierung im Unternehmen	Vor-Ort- oder Remote-Prüfungen
Nutzung der BSI-Publikationen	Auswahl der Prüfgrundlage

Abbildung 14.3 Unterschiedliche Themen der Studien zu Artikelgesetzen und Nachweisprüfungen

Informationen zur BSI-Studie finden Sie auf der BSI-Webseite (64) und auch im Ergebnisbericht (65). Diesen habe ich für Sie als Begleitmaterial abgelegt.

Hinweis zum Begleitmaterial

Die BSI-Studie habe ich für Sie unter der folgenden Bezeichnung abgelegt:

- 2023-10_Evaluierung-ITSiG2-Ergebnisbericht

Meine Ergebnisse zur Komplexität von Nachweisprüfungen möchte ich im nächsten Abschnitt für Sie wiedergeben.

14.2 Studie zu Nachweisprüfungen nach BSIG

Als Trainerin für Seminare zur »Zusätzlichen Prüfverfahrenskompetenz« treffe ich jedes Jahr viele Informationssicherheitsbeauftragte, KRITIS-Berater und Nachweisprüfer. Es ist immer wieder interessant zu hören, wie Nachweisprüfungen in mir unbekannten Organisationen ablaufen.

Die Unterschiede zu von mir durchgeführten oder als Beobachterin erlebten Nachweisprüfungen sind stellenweise gravierend, und ich fragte mich oft, wieso es diese Differenzen gibt.

Wenn ich mir eine *KFZ-Hauptuntersuchung* (*HU*) vorstelle, scheint diese Art der Untersuchung immer ähnlich abzulaufen, was Dauer und Komplexität betrifft. Auch der regelmäßige Besuch beim Zahnarzt ist vorhersehbar, was Dauer und Leistung betrifft.

Bei Nachweisprüfungen sind genau diese beiden Aspekte eher vage und hängen zum großen Teil davon ab, welche Prüfstelle die Nachweisprüfung durchführt.

Ich selbst will ebenfalls angemessene Prüfungen anbieten und durchführen und hätte deshalb gern konkretere Vorgaben.

Dies war für mich der Auslöser, eine Umfrage zur Nachweisprüfung durchzuführen, damit wir uns alle vergleichen können und sich eine Nachweisprüfung in Zukunft zu einer Art KFZ-Untersuchung oder Vorsorge-Regeltermin entwickelt.

Im nächsten Abschnitt möchte ich Ihnen einen Einblick in die Durchführung meiner Untersuchung geben.

14.2.1 Durchführung der Umfrage

Für die Umfrage setzte ich das Statistik-Tool *LimeSurvey Cloud* von der *Lime Survey* GmbH mit Sitz in Hamburg ein. Mir war es wichtig, eine vollständig anonyme Umfrage mit einer Datenerfassung in Deutschland durchzuführen.

Für den Fragenaufbau plante ich etwa zwei Monate, und ich wollte die Umfrage vor den Sommerferien am 1. Juli 2023 starten, um nach den Ferien mit der Auswertung beginnen zu können.

Am 30. Juni 2023 setzte ich in den Plattformen der sozialen Medien von *Xing* und *LinkedIn* einen Aufruf ab und bat mein Netzwerk, die Umfrage an Personen weiterzureichen, die an Nachweisprüfungen beteiligt waren. Die Umfrage terminierte ich zum 31. August 2023.

Die Kosten beliefen sich pro Monat auf 34 €, also 68 € für die beiden Monate, in denen die Umfrage lief. Das Limit liegt dabei bei 1000 Teilnehmern, und ich befürchtete, durch diese Begrenzung einige Antworten zu verlieren. Wie ich Ihnen schon in Abschnitt 14.1 geschildert habe, nahmen aber nur 22 Personen an der Umfrage teil.

In den nächsten Abschnitten gehen wir gemeinsam die Ziele und Ergebnisse meiner Untersuchung durch.

14.2.2 Ziele der Umfrage

In diesem Abschnitt möchte ich Ihnen die Ziele meiner Untersuchung darlegen. Ich plante, Anfang 2024 anonyme Kennzahlen zu bisher fehlenden Möglichkeiten zu veröffentlichen. Meine Ziele sehen Sie im Infokasten.

Ziele der Umfrage

1. KRITIS-Betreiber sollen ihre eigenen Nachweisprüfungen mit den Nachweisprüfungen anderer KRITIS-Betreiber vergleichen können.
2. Auditoren sollen die Komplexität, die Dauer und die Aufwände für Nachweisprüfungen mit anderen prüfenden Stellen vergleichen können.
3. Die Ergebnisse sollen eine Diskussionsgrundlage für zukünftige Nachweisprüfungen bieten, um bei Empfehlungen und Orientierungshilfen ein angemessenes Maß vorgeben zu können.
4. KRITIS-Betreiber sollen zukünftig ähnlich komplexe und vom Aufwand vergleichbare Nachweisprüfungen erhalten können.

Aus diesen Zielen entwickelte ich Thesen, die ich Ihnen im folgenden Infokasten zeigen möchte.

Diese Thesen waren spekulativ und fußten auf keinerlei Beweisen. Fakten lagen vor meiner Umfrage nicht vor. Es hätte also sein können, dass sich alle meine Thesen sich als unzutreffend herausstellten.

Bevor ich meine Untersuchung durchführte, lauteten meine zehn Thesen so, wie im Infokasten gezeigt:

Thesen bezüglich Nachweisprüfungen

1. Betreiber Kritischer Infrastrukturen bauen ein ISMS nach einem Standard auf und werden mit einem anderen Standard beziehungsweise mit einer anderen Prüfgrundlage als dem Standard ihres ISMS überprüft.
2. Die Nachweisprüfungen sind von ihrer Komplexität nicht vergleichbar.
3. Betreiber Kritischer Infrastrukturen werden durch einen hohen zeitlichen Aufwand aufgrund einer Nachweisprüfung von ihren eigentlichen Aufgaben abgehalten oder behindert.
4. Gerade bei KRITIS-Betreibern, die durch ihre kritischen Dienstleistungen eher wenige Gewinne erwirtschaften, kommen mitunter sehr hohe Kosten für Nachweisprüfungen zusammen.
5. Das ISMS und das BCMS der kritischen Betreiber verbessert sich allgemein durch Nachweisprüfungen, da sie alle zwei Jahre einen Nachweis liefern und Betreiber somit an ihren Managementsystemen arbeiten müssen und Hinweise durch die Auditoren erhalten.
6. Die Art und die Komplexität der Nachweisprüfungen hat auf den Reifegrad eines ISMS oder BCMS der Betreiber Kritischer Infrastrukturen keinen Einfluss. Die Verbesserung der Reifegrade kommt zustande, weil regelmäßig Nachweisprüfungen durchgeführt werden.

7. Die Art der Prüfstelle ist zweitrangig, da durch die Regelmäßigkeit der Nachweisprüfungen ein kontinuierlicher Verbesserungsprozess angestoßen worden ist.
8. Nachweisprüfungen, bei denen die gleiche Prüfgrundlage genutzt wird, z. B. der ISMS-Standard des Betreibers, kommen mit einer kürzeren Prüfzeit aus.
9. Für einige Nachweisprüfungen füllen die Betreiber eine Selbsterklärung aus, die einzelnen Prüfstellen zur Bewertung ausreicht.
10. Der unterjährige Wechsel der BSI-Formulare stellt eine Herausforderung für Prüfer und Betreiber dar.

Um diese Thesen zu untersuchen, stellte ich einen Fragenkatalog auf.

Meine Fragen gliederte ich in sechs Fragengruppen. Um die Zielgruppe einzugrenzen, fragte ich in der ersten Gruppe nach dem Sektor und den Jahreszahlen für die vergangenen Nachweisprüfungen.

Zu jeder Frage gab ich an, in welcher Quelle, beispielsweise der KritisV oder im BSIG, eine Anforderung oder Definition zu finden ist.

Im nächsten Abschnitt sehen Sie jeweils die Fragen und Ergebnisse meiner Untersuchung. Da mir das Lesen von Studien meist Vergnügen bereitet, wünsche ich Ihnen jetzt auch viel Vergnügen beim Lesen meiner Ergebnisse.

14.2.3 Statistische Auswertung und Ergebnisse

In diesem Abschnitt möchte ich Ihnen die Ergebnisse meiner Studie vorstellen. Die Fragen waren in sechs Gruppen unterteilt, und ich starte für Sie mit der ersten Gruppe.

Gruppe 1 – Eingrenzung der Zielgruppe

Die Gruppe 1 umfasst drei Fragen, mit denen ich meine Zielgruppe eingrenzen wollte und die Personen, die bezüglich Nachweisprüfungen unerfahren sind, sofort zum Ende führen wollte, um die Umfrage für sie abzukürzen.

Alle Fragen habe ich für Sie in Infokästen dargestellt und fast alle Antworten als Diagramme.

Für die Gruppe 1 wählte ich als Quellen das *BSIG* (1), die *Orientierungshilfe zu Nachweisen* (39) und die *KritisV* (13).

Die erste Frage diente mir zur Ermittlung des Sektors. Wie ich bereits erwähnt habe, ging es mir nicht um die spätere Zuordnung der Antworten zu Sektoren, sondern allgemein darum, welche Sektoren sich an der Umfrage überhaupt beteiligten. In dieser Frage habe ich bereits auch nach dem neuen Sektor Siedlungsabfallentsorgung gefragt.

[»]

Frage 1: Zu welchem Sektor wurde Ihre Nachweisprüfung oder die Ihres Kunden durchgeführt?

Quelle: Sektoren, KritisV §§ 2-8

☐ Energie

☐ Ernährung

☐ Finanzen / Versicherungen

☐ Gesundheit

☐ IT/TK

☐ Siedlungsabfälle

☐ Transport / Verkehr

☐ Wasser / Abwasser

☐ keine Angabe

Die Sektoren, die am häufigsten vertreten waren, sind mit 32 % *Transport und Verkehr* sowie *Energie* mit 18 %, gefolgt von *Wasser / Abwasser* sowie *Gesundheit* mit jeweils 9 %. Die wenigsten Antworten hatte der Sektor *Finanzen und Versicherungen* mit 5 %. Keine Antworten gab es für die Sektoren *Ernährung, IT/TK* und *Siedlungsabfälle*.

Die Werte der Skala in Abbildung 14.4 geben die Prozentwerte an.

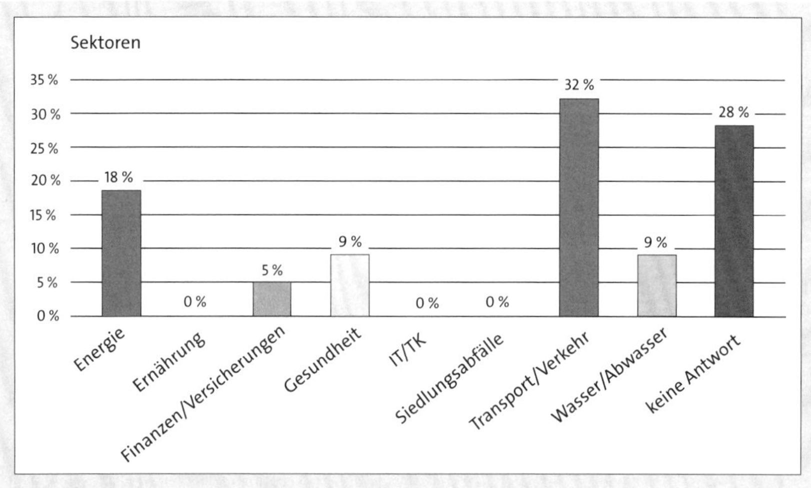

Abbildung 14.4 Sektoren der Kritischen Infrastrukturen

In der zweiten Frage erkundigte ich mich nach dem Jahr der ersten Nachweisprüfung. Es ging mir darum, zu erfahren, ob die Personen, die an der Umfrage teilnahmen, überhaupt schon eine Nachweisprüfung erlebt hatten.

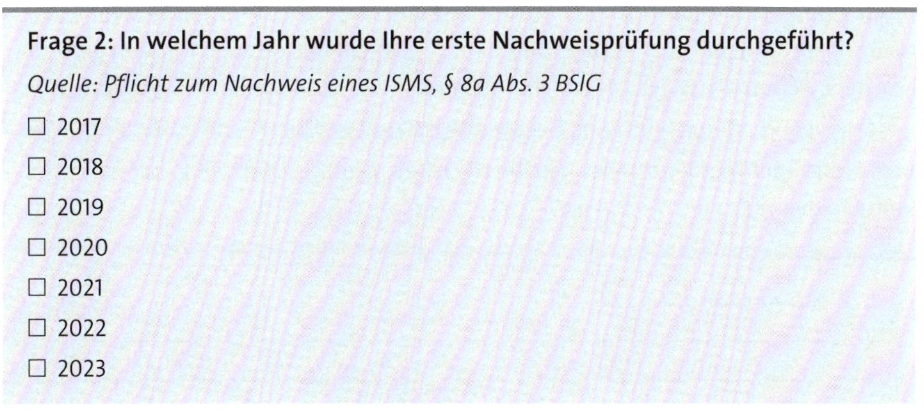

Frage 2: In welchem Jahr wurde Ihre erste Nachweisprüfung durchgeführt?

Quelle: Pflicht zum Nachweis eines ISMS, § 8a Abs. 3 BSIG

- ☐ 2017
- ☐ 2018
- ☐ 2019
- ☐ 2020
- ☐ 2021
- ☐ 2022
- ☐ 2023

In Abbildung 14.5 sehen Sie: 41 % der Unternehmen, die an der Umfrage teilnahmen, hatten ihre erste Nachweisprüfung im Jahr 2019, gefolgt vom Jahr 2018 mit 9 %. Bei 30 % der Antworten gab es keine erste Nachweisprüfung.

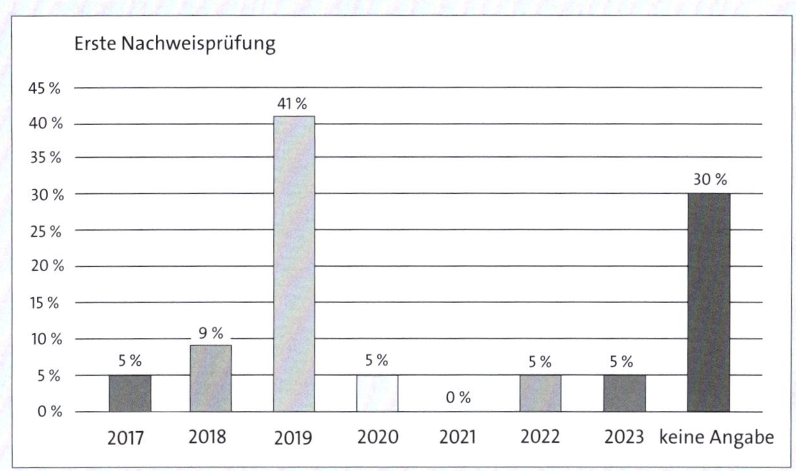

Abbildung 14.5 Das Jahr der ersten Nachweisprüfung

In der dritten Frage wollte ich erfahren, ob es bereits eine zweite Nachweisprüfung gab, um die Prüfungen nachher vergleichen zu können.

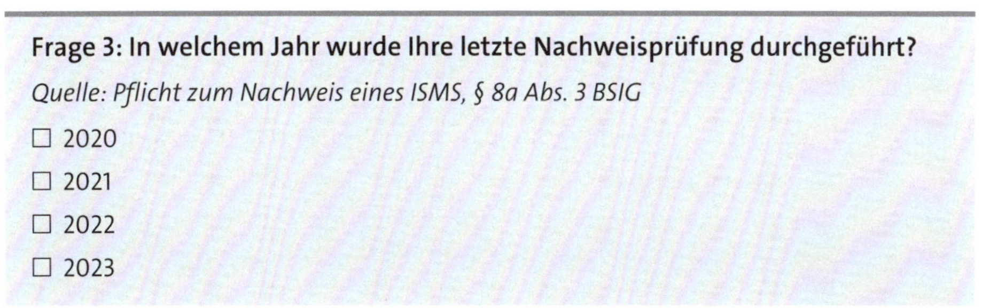

Frage 3: In welchem Jahr wurde Ihre letzte Nachweisprüfung durchgeführt?

Quelle: Pflicht zum Nachweis eines ISMS, § 8a Abs. 3 BSIG

- ☐ 2020
- ☐ 2021
- ☐ 2022
- ☐ 2023

In Abbildung 14.6 sehen Sie, dass im Jahr 2023 für 45 % der Unternehmen die letzten Nachweisprüfungen stattfanden. Dies hängt möglicherweise auch mit den geforderten Nachweisen zu *Systemen zur Angriffserkennung* zusammen, die bis zum 1. Mai 2023 im Sektor *Energie* erbracht werden mussten.

14 % der Teilnehmer hatten noch keine Nachweisprüfung, und 23% gaben keine Auskunft zu dieser Frage.

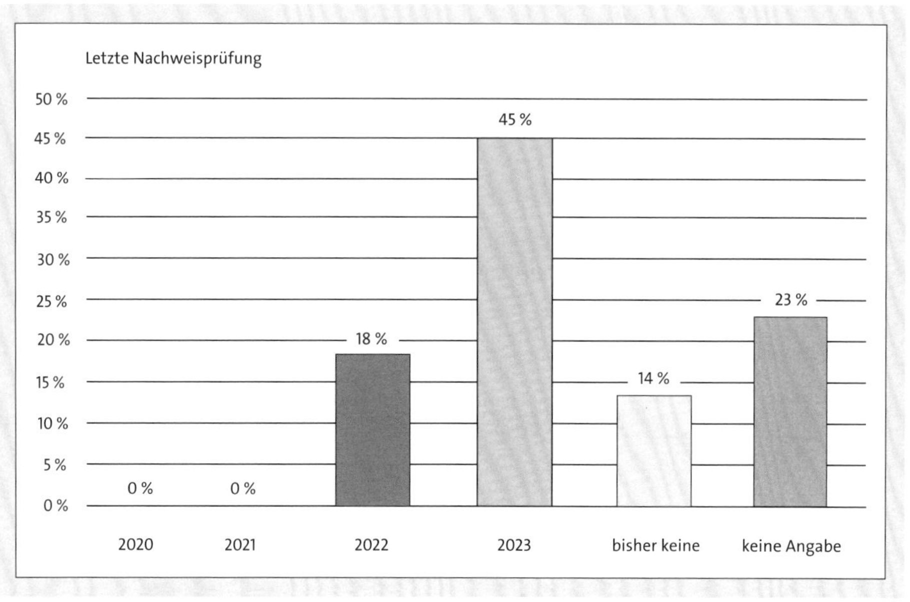

Abbildung 14.6 Das Jahr der letzten Nachweisprüfungen

Wenn Umfrageteilnehmer bis zur dritten Frage keine Auswahl getroffen hatten, war die Umfrage an dieser Stelle für sie beendet. Für alle anderen ging es zu weiteren Fragen in die Gruppe 2.

Gruppe 2 – Allgemeine Fragen zur letzten Nachweisprüfung

In der zweiten Gruppe wollte ich klären, nach welchem Standard das ISMS des Betreibers aufgebaut worden war und ob dieser Standard auch als Prüfgrundlage eingesetzt wurde.

Für die Gruppe 2 wählte ich als Quellen für alle Fragen das *BSIG* (1) und die *Orientierungshilfe zu Nachweisen* (39).

In Frage 4 erfragte ich, nach welchem Standard ein Betreiber sein ISMS aufgebaut hat.

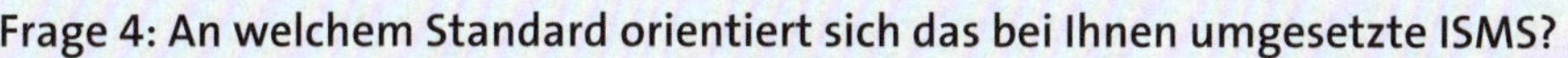

Frage 4: An welchem Standard orientiert sich das bei Ihnen umgesetzte ISMS?

Quelle: Pflicht zum Aufbau eines ISMS, § 8a Abs. 1 BSIG

Bitte geben Sie Ihren ISMS-Standard an:

☐ ISO/IEC 27001

☐ IT-Grundschutz

☐ Branchenspezifischer Sicherheitsstandard (B3S)

☐ Konkretisierte Anforderungen an umzusetzende Maßnahmen des IDW

☐ Ein anderer ISMS-Standard

In Abbildung 14.7 sehen Sie, dass 55 % der teilnehmenden Unternehmen die *ISO/IEC 27001* als ISMS-Standard eingeführt hatten. Mit jeweils 9 % wurden der *IT-Grundschutz* und ein *Branchenspezifischer Sicherheitsstandard* (*B3S*) implementiert. Kein Unternehmen gab an, die *Konkretisierten Anforderungen an umzusetzende Maßnahmen* als Vorlage für das eigene ISMS einzusetzen.

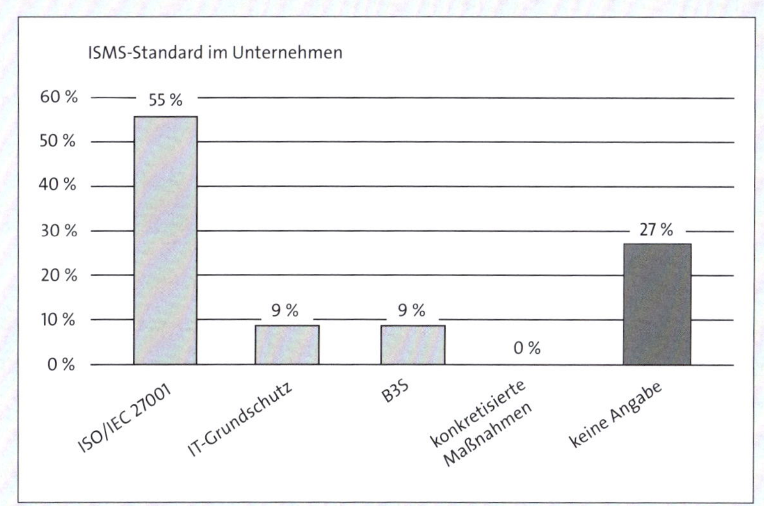

Abbildung 14.7 Der ISMS-Standard der KRITIS-Betreiber

Wurde die Option `Ein anderer ISMS-Standard` ausgewählt, ließ ich noch eine zusätzliche Antwort zu, um auch diesen ISMS-Standard zu erfahren.

Kein Betreiber hatte einen anderen Standard eingesetzt.

In der fünften Frage erkundigte ich mich, welche Art von Prüfstelle die letzte Nachweisprüfung verantwortete.

[»]

Frage 5: Welche Art Prüfstelle verantwortete Ihre letzte Nachweisprüfung?

Quelle: Geeignete prüfende Stellen, OH Nachweise, Kap 3.3

☐ Zertifizierungsstelle (DAkkS-akkreditiert)

☐ zertifizierter IT-Sicherheitsdienstleister

☐ vom BSI anerkannte Prüfstelle

☐ Interne Revision

☐ Wirtschaftsprüfungsinstitution

☐ Selbsterklärung gegenüber dem BSI

☐ eine andere Prüfstelle

In Abbildung 14.8 sehen Sie: Mit 36 % am häufigsten führen Zertifizierungsstellen die Nachweisprüfungen bei den untersuchten Organisationen durch, gefolgt Prüfstellen, die vom BSI anerkannt sind (18 %).

Zu 9 % führen Prüfer mit einer Selbsterklärung gegenüber dem BSI die Nachweisprüfungen durch, und bei knapp 5 % wird die Interne Revision tätig.

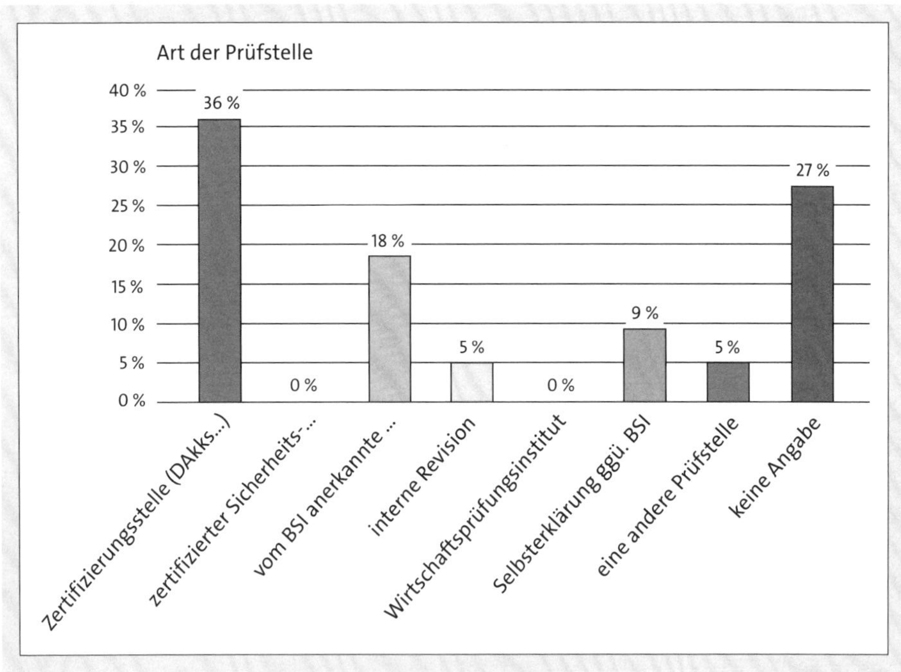

Abbildung 14.8 Die Art der Prüfstelle, die die letzte Nachweisprüfung durchführte

Wurde die Option `Eine andere Prüfstelle` ausgewählt, stellte ich noch ein Texteingabefeld zur Verfügung, um die noch nicht aufgelistete Prüfstelle zu erfahren. Für andere Prüfstellen erhielt ich keine Eintragungen.

In der sechsten Frage wollte ich wissen, welche Prüfgrundlage für die letzte Nachweisprüfung eingesetzt wurde.

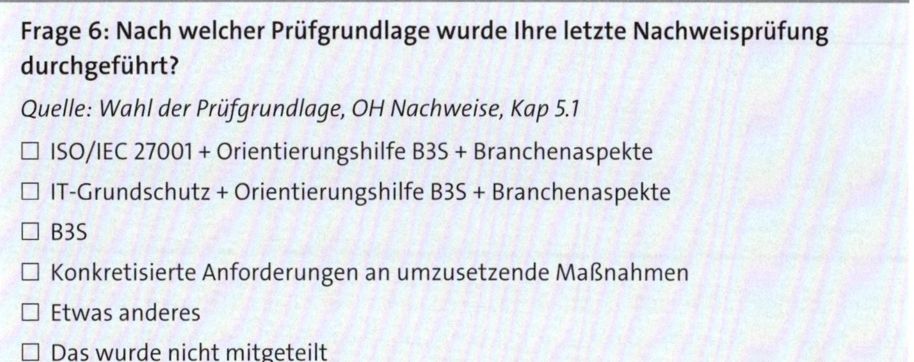

Frage 6: Nach welcher Prüfgrundlage wurde Ihre letzte Nachweisprüfung durchgeführt?

Quelle: Wahl der Prüfgrundlage, OH Nachweise, Kap 5.1

- ☐ ISO/IEC 27001 + Orientierungshilfe B3S + Branchenaspekte
- ☐ IT-Grundschutz + Orientierungshilfe B3S + Branchenaspekte
- ☐ B3S
- ☐ Konkretisierte Anforderungen an umzusetzende Maßnahmen
- ☐ Etwas anderes
- ☐ Das wurde nicht mitgeteilt

In Abbildung 14.9 sehen Sie, dass in 32 % der Fälle als Prüfgrundlage die *ISO/IEC 27001* mit der *Orientierungshilfe B3S* und *Branchenaspekten* eingesetzt wurde. Die *Konkretisierten Anforderungen an umzusetzende Maßnahmen* kamen als Prüfgrundlage bei 27 % der Organisationen zum Einsatz.

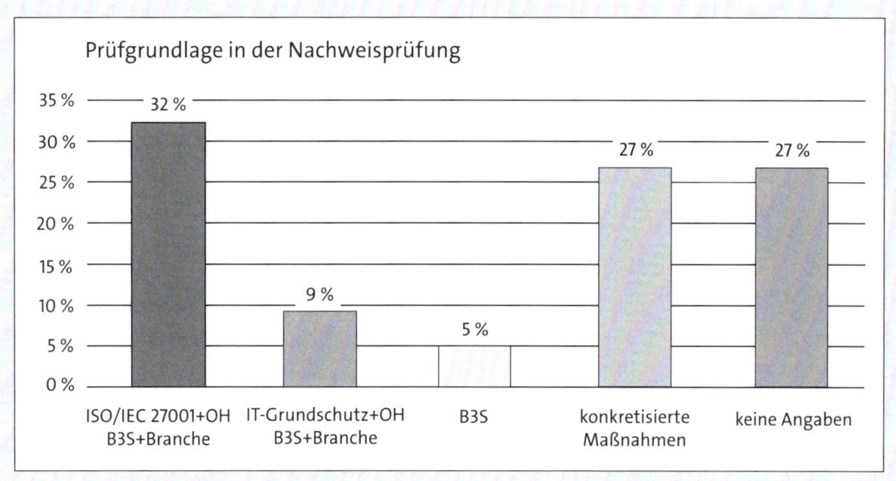

Abbildung 14.9 Die beim KRITIS-Betreiber eingesetzte Prüfgrundlage

Von den 9 % der Organisationen, die einen *B3S* umgesetzt hatten, wurde dieser bei 5 % als Prüfgrundlage verwendet. Der *IT-Grundschutz* war von 9 % der Organisationen implementiert worden und wurde genauso häufig als Prüfgrundlage verwendet.

Wurde die Option `Etwas anderes` ausgewählt, stellte ich zusätzlich eine Frage zur Bezeichnung der Prüfgrundlage. Für andere Prüfgrundlagen erhielt ich keine Angaben.

Außerdem wollte ich wissen, ob die Unternehmen im Vorfeld eine Prüfgrundlage auswählen konnten, und stellte dazu die siebte Frage.

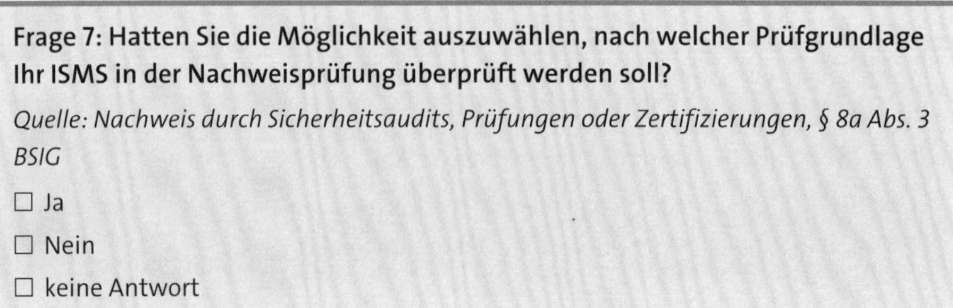

Frage 7: Hatten Sie die Möglichkeit auszuwählen, nach welcher Prüfgrundlage Ihr ISMS in der Nachweisprüfung überprüft werden soll?

Quelle: Nachweis durch Sicherheitsaudits, Prüfungen oder Zertifizierungen, § 8a Abs. 3 BSIG

☐ Ja

☐ Nein

☐ keine Antwort

In Abbildung 14.10 zeige ich Ihnen, dass genau 50 % der Unternehmen sich die Prüfgrundlage nicht selbst auswählen konnten. Die Prüfgrundlage auswählen konnten 23 % der Unternehmen. Bei weiteren 27 % fehlte diese Angabe.

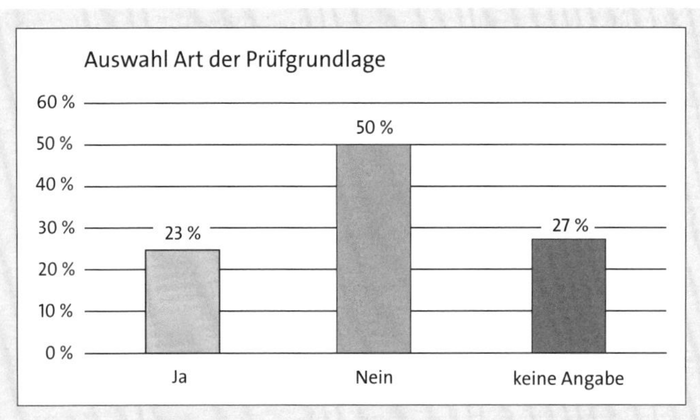

Abbildung 14.10 Die Möglichkeit des KRITIS-Betreibers, eine Prüfgrundlage auszuwählen

Nach den Antworten der zweiten Gruppe hätte ich bereits einige Aussagen zu Nachweisprüfungen treffen können. Doch nun wollte ich genauere Aussagen zu möglichen Aufwänden der Betreiber gegenüber der Prüfstelle im Vorfeld der Nachweisprüfung erhalten. Die Fragen dazu sammelte ich in Gruppe 3.

Gruppe 3 – Vorarbeit des Betreibers gegenüber der Prüfstelle vor dem Audit

Für diese Gruppe wählte ich als Quellen wieder das *BSIG* (1) und die *Orientierungshilfe zu Nachweisen* (39).

In Frage 8 erkundigte ich mich dazu, ob die Betreiber in der letzten Nachweisprüfung höhere Mitwirkungspflichten hatten als in früheren Nachweisprüfungen.

Frage 8: Haben sich Ihre Aufwände bzw. Mitwirkungspflichten im Vorfeld der Nachweisprüfung in den letzten Jahren erhöht?

Quelle: Aufwand der Prüfung, OH Nachweise, Kap. 5.4

☐ Ja

☐ Nein

☐ keine Angabe

Knapp 60 % der Unternehmen bestätigten eine Erhöhung der Mitwirkungspflichten, wie Sie in Abbildung 14.11 sehen können. Nur 14 % verneinten dies. 27 % gaben keine Antwort dazu an. Diese Antworten bestätigen die Ergebnisse der BSI-Studie zu höheren Aufwänden.

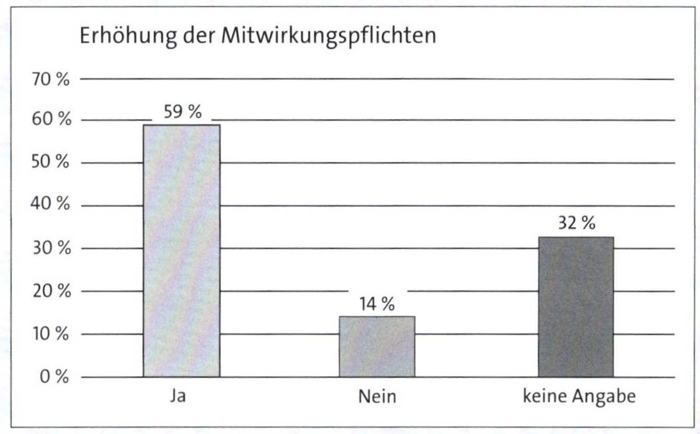

Abbildung 14.11 Die Antworten darauf, ob sich die Mitwirkungspflichten erhöht haben

Wurde diese Frage mit `JA` beantwortet (wenn sich die Mitwirkungspflichten vor der Nachweisprüfung also für die Unternehmen erhöht hatten), stellte ich in einer zusätzlichen Frage zwei mögliche Gründe zur Auswahl, die mir im Vorfeld von Betreibern oder Seminarteilnehmern genannt worden waren. Ich ließ aber auch die Möglichkeit offen, andere Gründe zu nennen.

Frage 8.1: Haben sich Ihre Aufwände bzw. Mitwirkungspflichten im Vorfeld der Nachweisprüfung in den letzten Jahren erhöht?

Welche Aspekte könnten den Mehraufwand bei Ihnen begründen?

☐ Vorbereitung der Nachweisprüfung zu Systemen zur Angriffserkennung (SzA), § 8a Abs. 1a BSIG

☐ das Ausfüllen einer Auditoren-Frageliste

☐ andere Gründe

In Abbildung 14.12 erkennen Sie, dass 45 % die SzA-Vorbereitung als Begründung für ihre Mehraufwände angaben. 41 % nannten das Ausfüllen von Auditoren-Fragelisten als Grund. 23 % der Unternehmen nannten andere Gründe, wie beispielsweise:

1. kurzfristige Umstellung der Nachweispapiere durch das BSI,
2. Unklarheiten bezüglich SzA, Selbstrecherche bezüglich Anforderungsverständnis,
3. neues IT-Sicherheitsgesetz, Prüfung, ob SzA schon relevant ist,
4. detailliertere Prüfungen mit erhöhtem Zeitaufwand und
5. Projekt für SzA initiieren und Ausschreibung durchführen.

Es zeigte sich, dass SzA auch in der Begründung für andere Aspekte häufig genannt wurden.

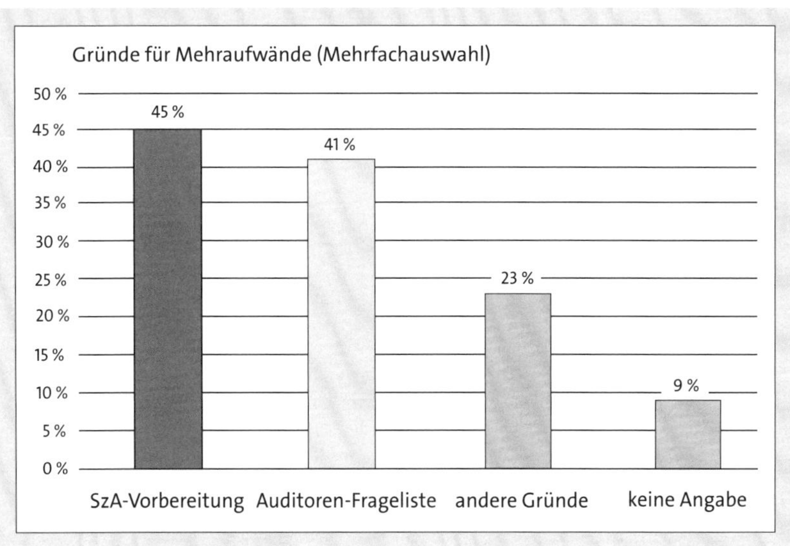

Abbildung 14.12 Mögliche Gründe für die Erhöhung von Mitwirkungspflichten

Wurde die Antwort `das Ausfüllen einer Auditoren-Frageliste` ausgewählt, stellte ich weitere Fragen zu benötigten Ressourcen. Die nächsten Fragen dienten mir dazu, zu erkennen, wie komplex die Aufgabe für Betreiber gewesen war.

[»]

Frage 8.1.1: Konnten Sie die Frageliste des Prüfteams im Vorfeld allein ausfüllen?

☐ Ja

☐ Nein

☐ keine Antwort

Einige Prüfstellen verschickten im Vorfeld der Prüfung ihre Fragelisten und ließen diese von den Unternehmen bereits ausfüllen. Ich wollte erfahren, ob das Ausfüllen einen relevanten Mehraufwand darstellt, und fragte die Unternehmen, ob die Frageliste allein ausgefüllt werden konnte.

Mit »allein« wollte ich von der Person, die möglicherweise als Informationssicherheitsbeauftragter den Fragebogen ausfüllte, wissen, ob sie das Ausfüllen ohne Unterstützung bewerkstelligt hatte.

Die Frage ging nur an die 41 % der Unternehmen, die in der letzten Frage angegeben hatten, dass ihre Mehraufwände mit dem Ausfüllen einer Auditoren-Frageliste zusammenhingen. 59 % der Unternehmen erhielten diese Frage deshalb nicht.

In Abbildung 14.13 sehen Sie: Der Rest teilte sich in 9 % der Unternehmen, in denen nur eine Person die Auditoren-Frageliste ausfüllte, und in 32 %, die beim Ausfüllen der Frageliste Unterstützung benötigten.

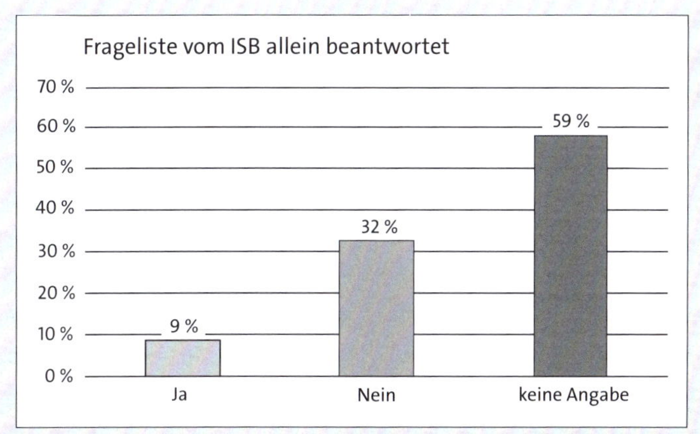

Abbildung 14.13 Antworten zu der Frage, ob Informationssicherheitsbeauftragte die Auditoren-Frageliste selbstständig ausfüllen konnten

Wurde diese Frage mit `NEIN` beantwortet (war es also nicht möglich, die Frageliste allein auszufüllen), bat ich um die Angabe der Personenanzahl, die zum Ausfüllen der Frageliste benötigt wurde.

Frage 8.1.1.1: Bitte geben Sie an, wie viele Personen nötig waren, um die Frageliste der Prüfstelle auszufüllen.

☐ Angabe einer Ziffer

Diese Frage erhielten die 32 % der Teilnehmer, die die letzte Frage mit `Nein` beantwortet hatten. In Abbildung 14.14 können Sie sehen, dass die Angaben gleichverteilt waren. Jeweils zwei bis vier Personen halfen beim Ausfüllen der Auditoren-Frageliste.

Je mehr Personen eine Frageliste ausfüllen, desto höhere zeitliche Aufwände generieren sie. Um ein vollständiges Bild vom Zeitaufwand zum Ausfüllen der Frageliste zu erhalten, fragte ich zusätzlich, wie viele Personentage das Ausfüllen von Auditoren-Fragelisten im Unternehmen umfasste.

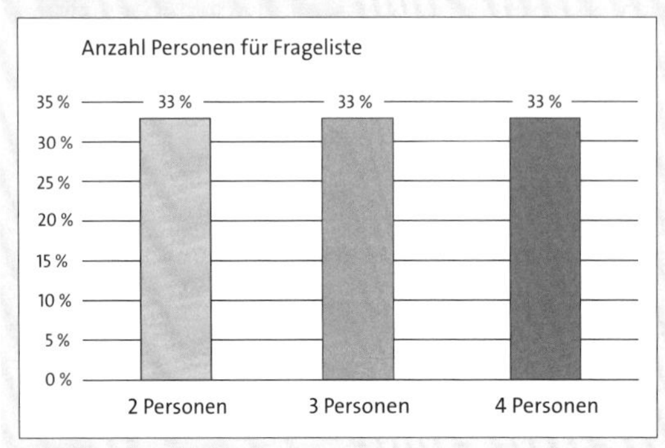

Abbildung 14.14 Anzahl an Personen, die zum Ausfüllen der Auditoren-Fragelisten notwendig waren

[»]

Frage 8.1.1.2: Wie viele Personentage benötigten Sie in etwa, um die Frageliste für die Prüfstelle vorauszufüllen?

☐ Angabe einer Ziffer

Als Minimum an Personentagen wurden 3 Tage angegeben, als Maximum 80 Tage. Durchschnittlich brauchten die Unternehmen 21 Personentage, um die Fragelisten der Auditoren auszufüllen, wie Sie in Abbildung 14.15 sehen.

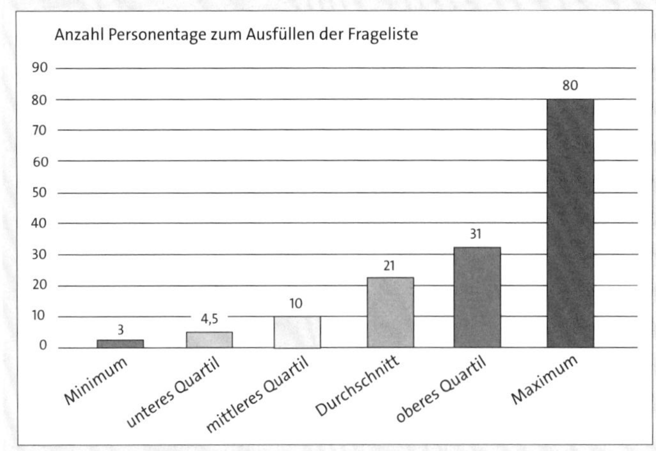

Abbildung 14.15 Personentage, die zum Ausfüllen von Auditoren-Fragelisten benötigt wurden

Die folgende Fragengruppe diente mir dazu, die Komplexität von Nachweisprüfungen zu erfassen.

Gruppe 4 – Komplexität der letzten Nachweisprüfung

In der vierten Gruppe interessierten mich die Komplexität der Nachweisprüfungen und die Aufwände für sie. Für diese Gruppe wählte ich als Quellen wieder das *BSIG* (1) und die *Orientierungshilfe zu Nachweisen* (39).

Ich ermittelte in der neunten Frage, ob die Nachweisprüfung remote durchgeführt wurde. In der Corona-Pandemie erfolgte dies möglicherweise.

[«]

Frage 9: Fand die Nachweisprüfung remote statt?

- ☐ nein, vollständig vor Ort
- ☐ teilweise remote und vor Ort
- ☐ ja, vollständig remote

In Abbildung 14.16 sehen Sie, dass 36 % der Unternehmen angaben, eine vollständige Vor-Ort-Prüfung erhalten zu haben. 27 % gaben an, die Nachweisprüfung sei teilweise remote und vor Ort durchgeführt worden. 5 % erhielten eine vollständige remote Durchführung.

32 % gaben keine Antwort auf diese Frage.

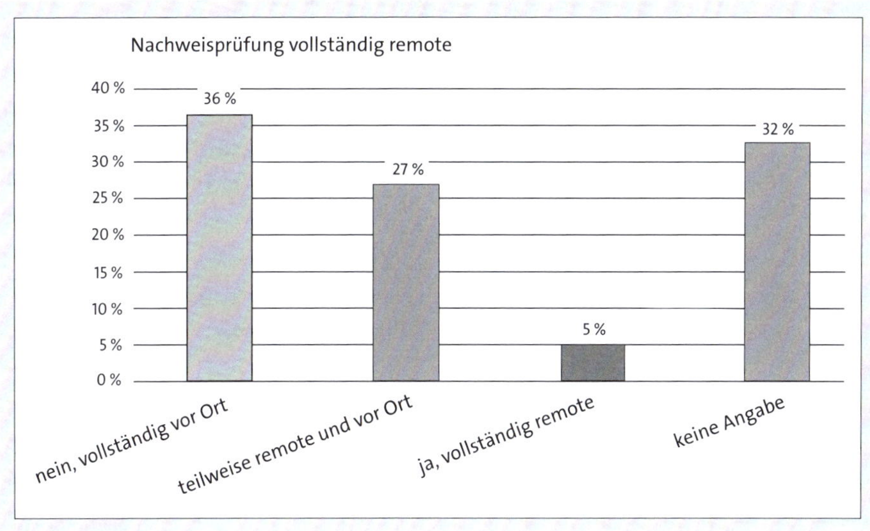

Abbildung 14.16 Aussagen bezüglich einer vollständigen Remote-Durchführung der Nachweisprüfung

Wurden die Optionen `nein`, `vollständig vor Ort` oder `teilweise remote und vor Ort` ausgewählt, stellte ich zusätzlich eine Frage zur Anzahl der besuchten Standorte.

[»]

Frage 9.1: Wie viele Standorte inklusive der Zentrale wurden in der letzten Nachweisprüfung durch das Prüfteam besucht?

Quelle: Aufwand der Prüfung, OH Nachweise, Kap. 5.4

☐ Angabe einer Ziffer

Mindestens 2 und maximal 6 Standorte besuchte jedes Prüfteam. Durchschnittlich wurden 3 Standorte besucht, wie Sie in Abbildung 14.17 sehen können.

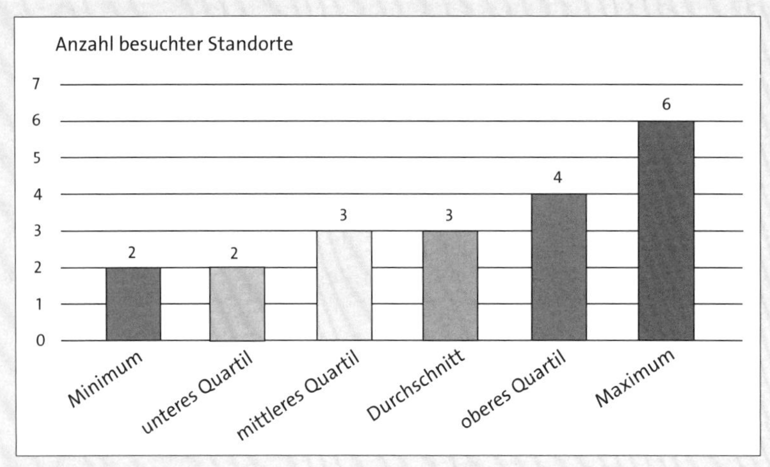

Abbildung 14.17 Anzahl besuchter Standorte in der letzten Nachweisprüfung

Um diese Anzahl auf Angemessenheit beurteilen zu können, fragte ich zusätzlich nach dem Verhältnis der besuchten Standorte zur Anzahl aller Standorte eines Unternehmens.

[»]

Frage 9.2: Welches Verhältnis haben die besuchten Standorte zur Gesamtanzahl aller Standorte im Geltungsbereich?

Quelle: Aufwand der Prüfung, OH Nachweise, Kap. 5.4

☐ 1 %

☐ 10 %

☐ 25 %

☐ 50 %

☐ 75 %

☐ 100 %

Mit jeweils 18 % gaben die meisten Unternehmen an, dass bei ihnen Dreiviertel der Standorte, also 75 %, oder sogar alle Standorte vor Ort besucht wurden (siehe Abbildung 14.18).

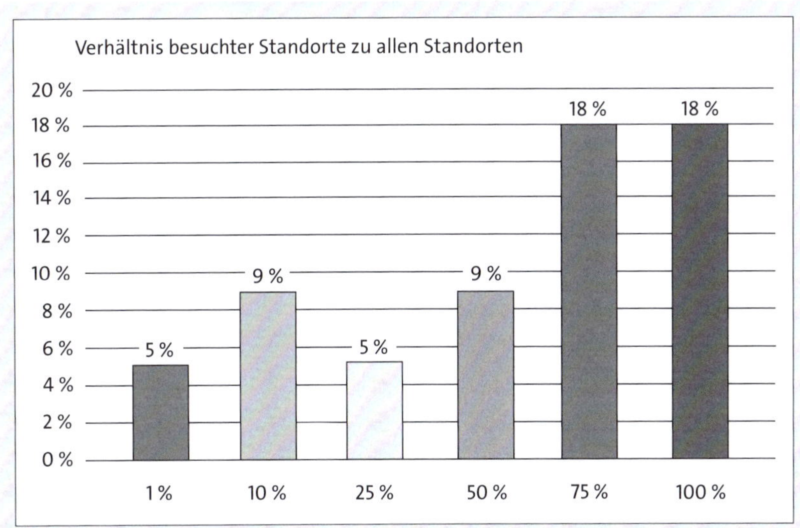

Abbildung 14.18 Das Verhältnis von besuchten Standorten zu allen Standorten

Von allen Unternehmen, die auf diese Frage geantwortet hatten, waren es insgesamt 14 %, bei denen nur 1 bis 10 % der Standorte besucht worden waren.

In der zehnten Frage wollte ich wissen, wie viele Personen zum Prüfteam gehörten, um die Anzahl an Prüfern später vergleichen zu können.

Frage 10: Wie viele Personen gehörten zum Prüfteam (zum Beispiel: Auditoren und Fachexperten)?

Quelle: Das Prüfteam, OH Nachweise, Kap. 4

☐ Angabe einer Ziffer

In Abbildung 14.19 sehen Sie, dass ein Prüfteam bei den befragten Unternehmen durchschnittlich 3 Personen umfasste. Das Minimum betrug 1 Person und das Maximum 9 Personen.

Auch die Anzahl an Personentagen interessierte mich, und ich fragte die Unternehmen in der elften Frage, wie viele Personentage inklusive Vor- und Nacharbeit die letzte Nachweisprüfung für die Auditoren umfasste.

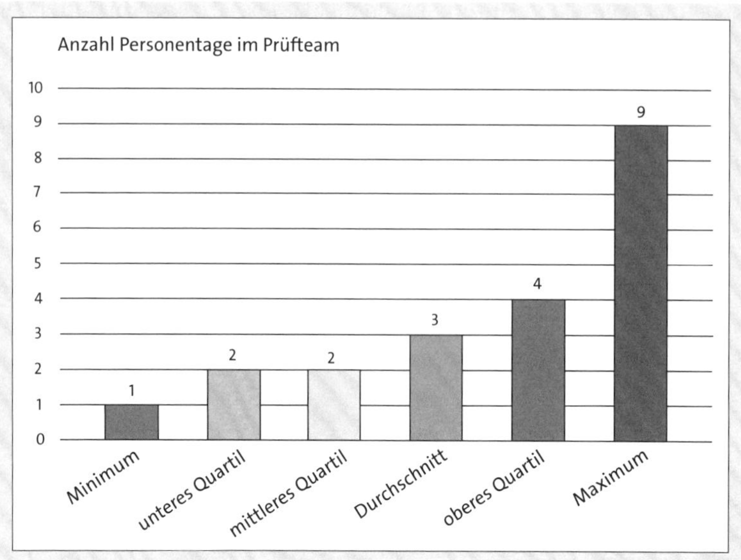

Abbildung 14.19 Die Gesamtzahl aller Auditoren und Fachexperten im Prüfteam

Frage 11: Wie viele Personentage inklusive Vor- und Nacharbeit umfasste Ihre letzte Nachweisprüfung für die Auditoren?

Quelle: Aufwand der Prüfung, OH Nachweise, Kap. 5.4

☐ Angabe einer Ziffer

Wie Sie in Abbildung 14.20 sehen können, benötigten die Auditoren durchschnittlich 16 Audittage. Das Minimum betrug 5 und das Maximum 30 Personentage für die gesamte Prüfung.

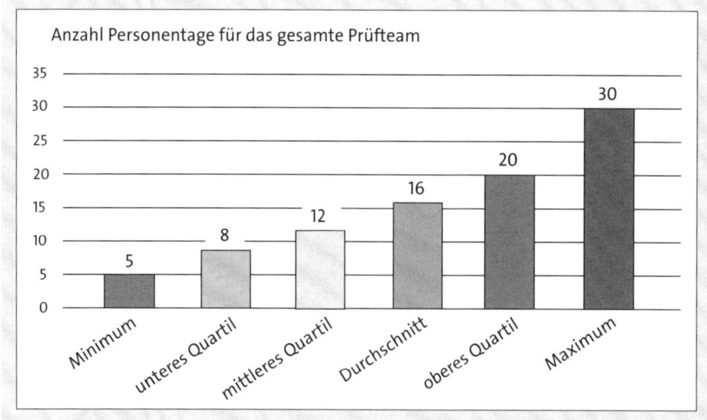

Abbildung 14.20 Anzahl der berechneten Audittage für das gesamte Prüfteam

In der zwölften Frage ging es mir darum, zu erfahren, ob die letzte Nachweisprüfung länger dauerte als die erste.

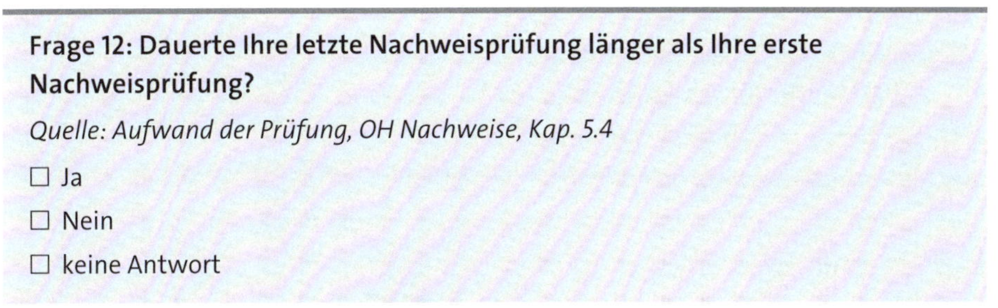

Frage 12: Dauerte Ihre letzte Nachweisprüfung länger als Ihre erste Nachweisprüfung?

Quelle: Aufwand der Prüfung, OH Nachweise, Kap. 5.4

☐ Ja

☐ Nein

☐ keine Antwort

In Abbildung 14.21 sehen Sie: Diese Frage verneinten 41 %, und 27 % stimmten der Frage zu. 32 % äußerten sich nicht zu dieser Frage.

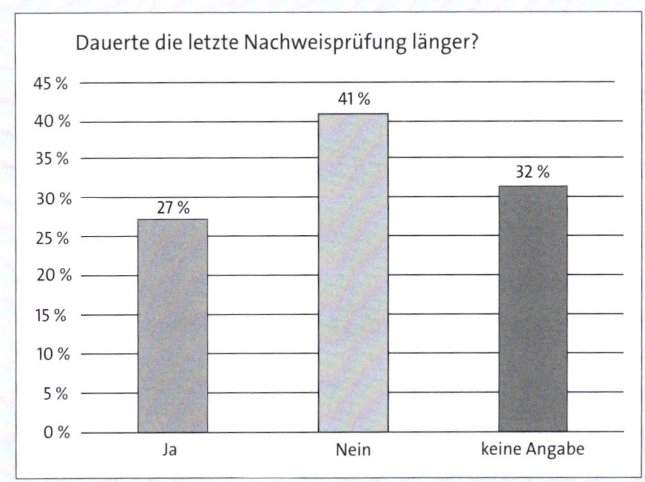

Abbildung 14.21 Aussagen bezüglich der zeitlichen Verlängerung der Nachweisprüfung

Da mir von vielen Betreibern und Seminarteilnehmern immer mal wieder von Nachforderungen durch das BSI berichtet wird, wollte ich mit der dreizehnten Frage feststellen, ob Nachforderungen alle Unternehmen betreffen.

Frage 13: Hatte das BSI KRITIS-Büro schon einmal eine Nachforderung an Sie?

Quelle: Anforderungen des Bundesamtes, § 8a Abs. 4 BSIG

☐ Ja

☐ Nein

☐ keine Antwort

Wie Sie in Abbildung 14.22 erkennen können, wurde die Frage zu Nachforderungen mit 59 % bestätigt. Für 9 % gab es bisher keine Nachforderungen durch das BSI. 32 % beantworteten diese Frage nicht.

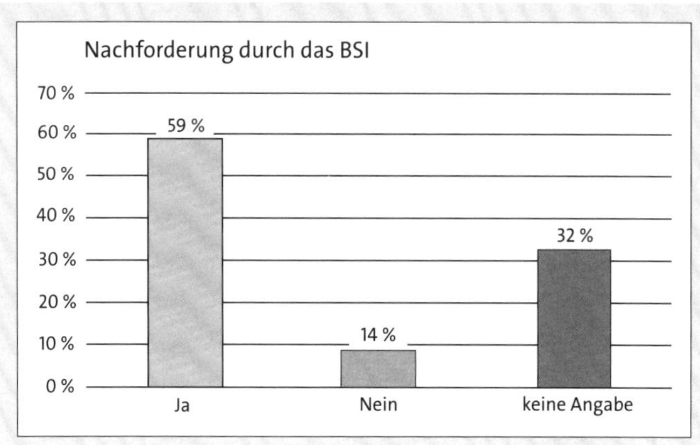

Abbildung 14.22 Aussagen zu bereits erfolgten Nachforderungen durch das BSI

Nachdem alle Fragen zur Komplexität gestellt waren, wollte ich in der fünften Fragengruppe mehr über Kennzahlen erfahren.

Gruppe 5 – Kennzahlungen zur Verbesserung

In der fünften Gruppe ging es mir um Reife- und Umsetzungsgraderhöhungen durch die Nachweisprüfungen.

Für diese Gruppe wählte ich als Quellen die *Orientierungshilfe zu Nachweisen* (39) und die *Orientierungshilfe zu Systemen zur Angriffserkennung* (*SzA*) (38). In dieser Fragengruppe versuchte ich stets zuerst zu erfragen, ob sich ein Reifegrad verbessert hat und, wenn ja, warum.

Von den Unternehmen, die zu Nachweisprüfungen verpflichtet sind, wollte ich in Frage 14 wissen, ob sich der Reifegrad ihres ISMS im Laufe der letzten Nachweisprüfungen verbessert hat.

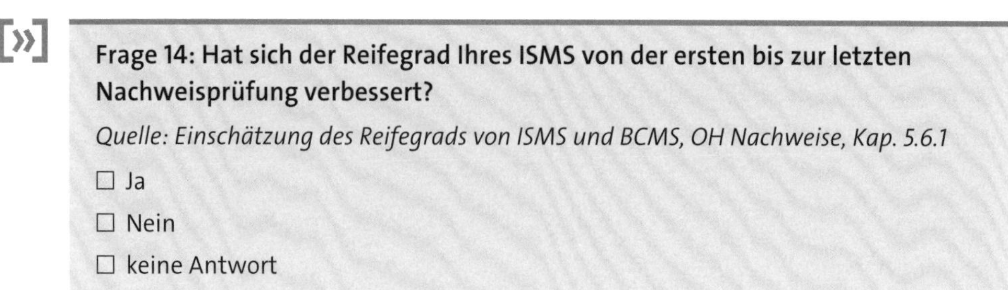

Frage 14: Hat sich der Reifegrad Ihres ISMS von der ersten bis zur letzten Nachweisprüfung verbessert?

Quelle: Einschätzung des Reifegrads von ISMS und BCMS, OH Nachweise, Kap. 5.6.1

☐ Ja

☐ Nein

☐ keine Antwort

55 % der Unternehmen gaben an, der Reifegrad des ISMS habe sich verbessert (siehe Abbildung 14.23). Diese Aussage wurde auch in der BSI-Studie bestätigt. 14 % gaben an, der Reifegrad habe sich nicht verbessert.

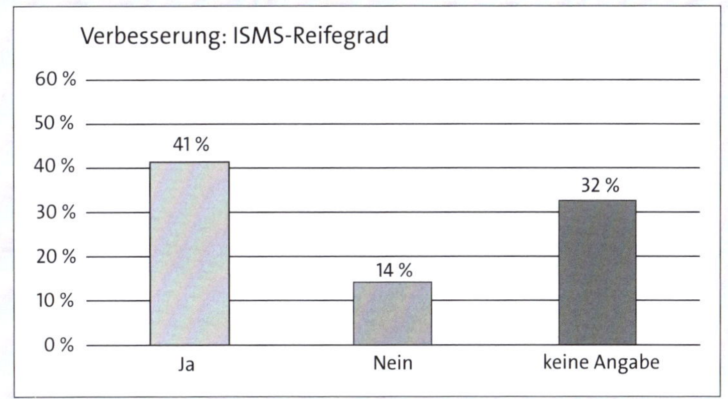

Abbildung 14.23 Antworten auf die Frage, ob sich der ISMS-Reifegrad seit der ersten Nachweisprüfung verbessert hat

Wurde die vorige Frage mit Ja beantwortet, bat ich um die Angabe möglicher Gründe, die zur Verbesserung des ISMS geführt haben könnten.

Ich bot vier mögliche Aspekte an und ließ zusätzlich eigene Angaben zu.

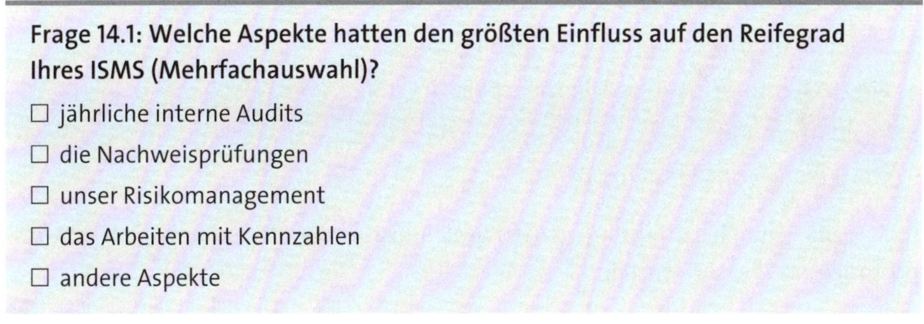

Frage 14.1: Welche Aspekte hatten den größten Einfluss auf den Reifegrad Ihres ISMS (Mehrfachauswahl)?

- ☐ jährliche interne Audits
- ☐ die Nachweisprüfungen
- ☐ unser Risikomanagement
- ☐ das Arbeiten mit Kennzahlen
- ☐ andere Aspekte

Die Antworten auf diese Frage habe ich nicht prozentual bewertet, sondern nach der Anzahl der Antworten, da mehrere Antworten ausgewählt werden konnten. In Abbildung 14.24 sehen Sie, dass bei 8 Betreibern die jährlichen internen Audits sowie bei 6 Betreibern das eigene Risikomanagement vorn lagen.

Die Nachweisprüfungen hatten im Verbesserungsprozess einen Einfluss auf 5 Organisationen. 1 Person gab an, die Arbeit mit Kennzahlen hätte ihr ISMS verbessert, und 6 Personen gaben andere Gründe für die ISMS-Reifegrad-Verbesserung an.

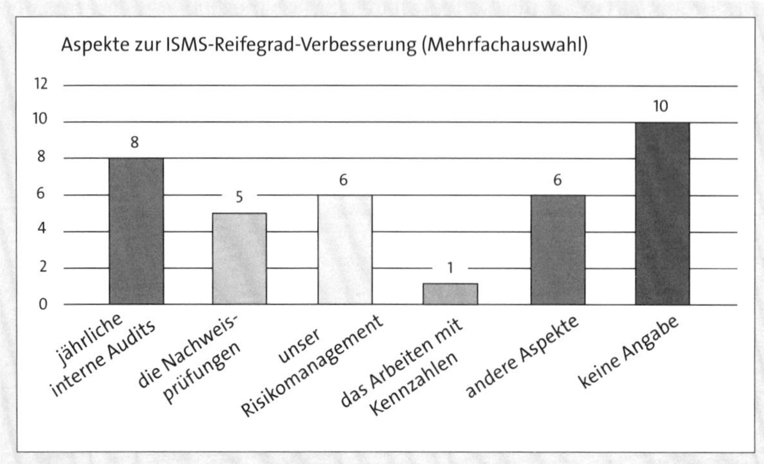

Abbildung 14.24 Genannte Gründe, weshalb sich der ISMS-Reifegrad verbessert haben könnte

Wurde die Option `andere Aspekte` ausgewählt, bat ich um die Nennung der Aspekte, die zur Verbesserung des ISMS-Reifegrades geführt haben könnten.

Folgende andere Gründe wurden genannt:

1. übergreifende Sicht auf Prozesse und Managementsysteme, Integration in das ISMS,
2. Austausch mit anderen Unternehmen der Kritischen Infrastruktur,
3. laufende interne Weiterentwicklung des ISMS,
4. ein zweiter Informationssicherheitsbeauftragter,
5. Teamarbeit und
6. Umsetzung von Maßnahmen.

In Frage 15 wollte ich erfahren, ob das BCMS im Laufe der Jahre durch die Nachweisprüfungen verbessert wurde.

Frage 15: Hat sich der Reifegrad Ihres BCMS von der ersten bis zur letzten Nachweisprüfung verbessert?

Quelle: Einschätzung des Reifegrads von ISMS und BCMS, OH Nachweise, Kap. 5.6.1

☐ Ja

☐ Nein

☐ Keine Antwort

Die Frage nach der Verbesserung des BCMS-Reifegrades bestätigten 32 %, und 36 % konnten keine Verbesserung feststellen (siehe Abbildung 14.25).

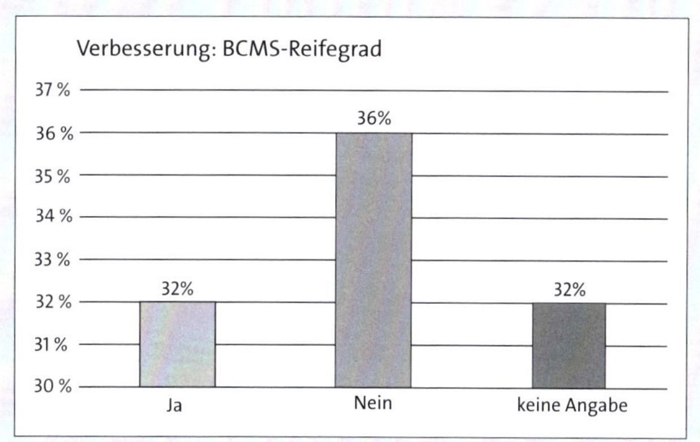

Abbildung 14.25 Antworten auf die Frage, ob sich der BCMS-Reifegrad seit der ersten Nachweisprüfung verbessert hat

Wurde diese Frage mit `Ja` beantwortet, bat ich um die Angabe möglicher Gründe, die zur BCMS-Verbesserung geführt haben könnten.

Nur die Unternehmen, die eine Verbesserung des BCMS-Reifegrades bestätigten, erhielten die Folgefrage nach den möglichen Gründen. Auch hier gab ich eine Liste mit vier möglichen Verbesserungsgründen vor und ließ auch freie Angaben zu. Die Betreiber konnten alle Gründe auswählen, die sie für passend hielten.

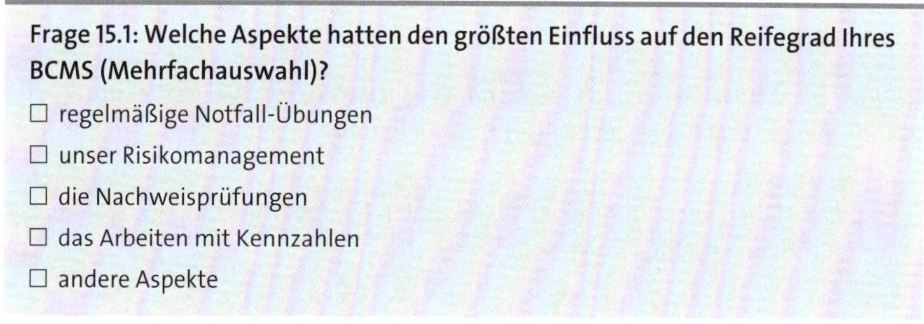

Frage 15.1: Welche Aspekte hatten den größten Einfluss auf den Reifegrad Ihres BCMS (Mehrfachauswahl)?

- ☐ regelmäßige Notfall-Übungen
- ☐ unser Risikomanagement
- ☐ die Nachweisprüfungen
- ☐ das Arbeiten mit Kennzahlen
- ☐ andere Aspekte

In Abbildung 14.26 sehen Sie, dass von den 32 % der Unternehmen, die eine Verbesserung festgestellt hatten, 6 Teilnehmer angaben, die Verbesserung sei aufgrund der regelmäßigen Notfall-Übungen erfolgt. 5 Personen gaben an, dass das eigene Risikomanagement für die Verbesserung des BCMS verantwortlich war. 2 Personen gaben andere Gründe an.

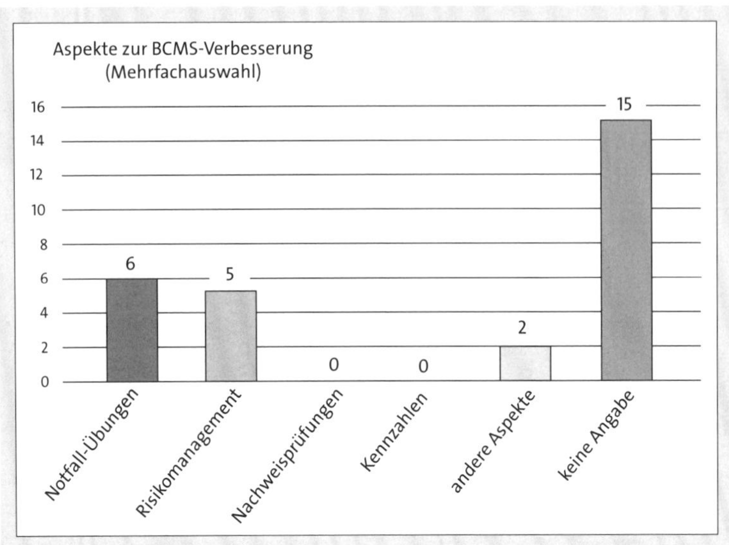

Abbildung 14.26 Genannte Gründe, weshalb sich der BCMS-Reifegrad verbessert haben könnte

Wurde die Option `andere Aspekte` ausgewählt, bat ich um die Nennung der Aspekte, die zur Verbesserung des BCMS-Reifegrades geführt haben könnten.

Als andere Gründe wurden von den Betreibern genannt:

1. Überarbeitung von Sicherheitskonzepten,
2. Aufbau von Fachexpertise zu den Themen im Unternehmen sowie
3. Schulungen.

In Frage 16 wollte ich wissen, ob die Betreiber »Systeme zur Angriffserkennung« aufgrund einer anstehenden Nachweisprüfung eingeführt haben.

Frage 16: Haben Sie aufgrund der anstehenden Nachweisprüfung »Systeme zur Angriffserkennung« (SzA) eingeführt?

Quelle: Pflicht zur Umsetzung von SzA ab 1. Mai 2023, § 8a Abs. 1a BSIG

☐ Ja

☐ Nein

☐ keine Antwort

Die Frage, ob das Unternehmen »Systeme zur Angriffserkennung« wegen der anstehenden Nachweisprüfung einführte, bestätigten 41 % und 27 % verneinten dies (siehe Abbildung 14.27). 32 % beantworteten diese Frage nicht.

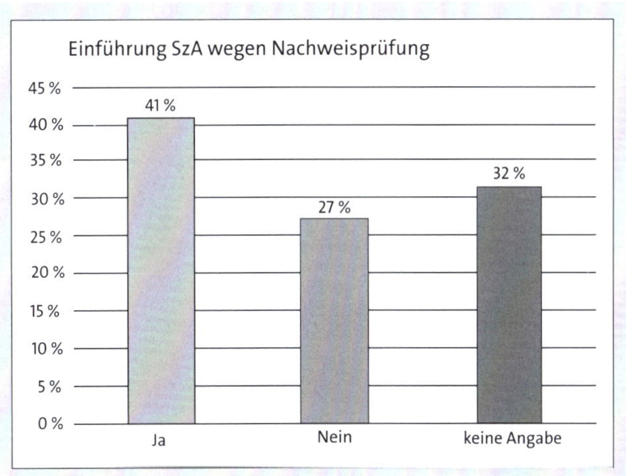

Abbildung 14.27 Antworten darauf, ob Systeme zur Angriffserkennung wegen einer anstehenden Nachweisprüfung eingeführt wurden

Wurde diese Frage mit `Ja` beantwortet, bat ich um die Angabe des erreichten Umsetzungsgrades. In Abschnitt 12.1.3, »Bewertung des SzA-Umsetzungsgrades«, haben Sie die fünf Umsetzungsgrade gesehen, die bei 0 starten.

Frage 16.1: Welchen Reifegrad konnten Sie bis zur Nachweisprüfung erreichen?

Quelle: Das Umsetzungsgradmodell für SzA, OH SzA, Kap. 4

0. bisher keine Maßnahmen
1. Planung zur Umsetzung von Maßnahmen
2. Umsetzung der Maßnahmen teilweise erfolgt
3. Umsetzung aller MUSS-Anforderungen, teilweise
4. Umsetzung aller SOLLTE-Anforderungen, KVP etabliert
5. Umsetzung aller KANN-Anforderungen, KVP etabliert

Die Auswertung der Antworten sehen Sie in Abbildung 14.28.

Von den Unternehmen, die die vorangegangene Frage bestätigt hatten, gaben 14 % an, sie hätten den Umsetzungsgrad **1** für ihre SzA erreicht. 18 % gaben den Umsetzungsgrad **2** an, und weitere 9 % gaben den Umsetzungsgrad **3** an. Den Umsetzungsgrad **4** erreichte keiner.

Zur besseren Lesbarkeit des Diagramms habe ich auf die Reifegrade **0** und **5** verzichtet. Beide wurden ebenfalls nicht ausgewählt.

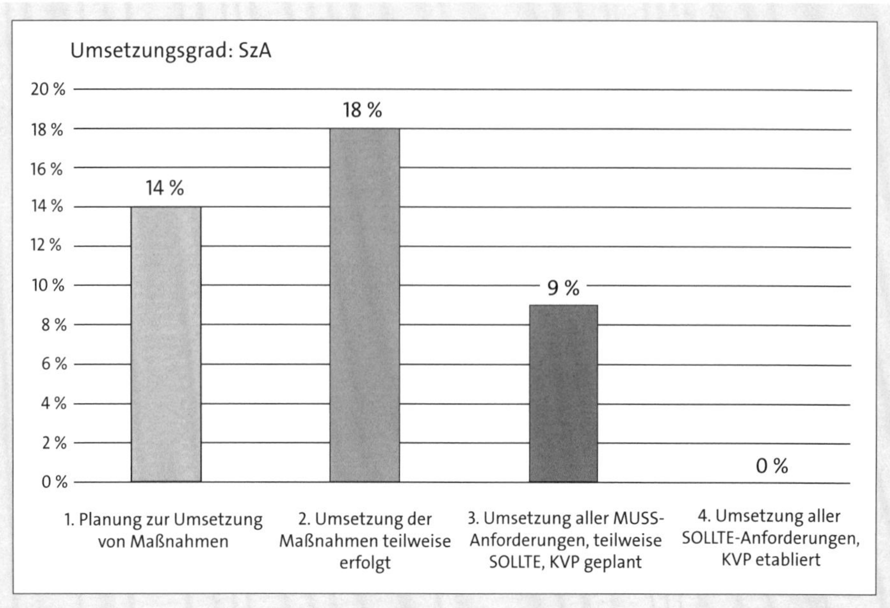

Abbildung 14.28 Erreichte Umsetzungsgrade in den jeweiligen Nachweisprüfungen

Auf die Frage, ob die Pflicht zur Einführung von »Systemen zur Angriffserkennung« im Unternehmen bekannt ist, bestätigten alle Unternehmen dies. Diese Frage erhielten nur Unternehmen, die bisher keine SzA implementiert hatten.

Zum Schluss wollte ich noch einige Aussagen vorgeben und prüfen, wie die Positionen der Betreiber zu diesen sind.

Gruppe 6 – Reputation der Nachweisprüfung bei Betreibern

In der sechsten und letzten Gruppe bot ich 13 Aussagen von Personen an, die an Nachweisprüfungen beteiligt waren, und überprüfte, ob diese generell zutreffen oder Ausreißer sind. Für die sechste Gruppe waren keine Quellen möglich. Alle zutreffenden Antworten konnten mit Doppelklick ausgewählt werden.

Frage 17: Die folgenden Aussagen stammen von Personen, die an Nachweisprüfungen beteiligt waren. Welchen Aussagen stimmen Sie zu? (Mehrfachauswahl)

☐ Die Geschäftsführung wertschätzt die Rolle ISB stärker.

☐ Das ISMS wird unabhängig überprüft und kann sich verbessern.

☐ Wir lernen von den Hinweisen der Auditoren.

- ☐ Unsere technologische Sicherheit hat sich erhöht.
- ☐ Das BSI hat uns ein Lob für die gute Umsetzung per E-Mail gesandt.
- ☐ Wir sind systemrelevant.
- ☐ Es ist schwer, Auditoren für die Nachweisprüfung zu finden.
- ☐ Wir fühlen uns als Betreiber in unserer systemrelevanten Arbeit gestört.
- ☐ Die Nachweisprüfung dauert länger, als ursprünglich erwartet.
- ☐ Die Prüfungen werden komplexer, komplizierter und teurer.
- ☐ Die Anforderungen an Nachweisprüfungen machen uns Angst.
- ☐ Ich selbst habe einmal gekündigt, weil Nachweisprüfungen stressen.
- ☐ Das BSI hat uns für eine Sonderprüfung nach § 8a Abs. 4 BSIG ausgewählt.

Die Umfrageteilnehmer konnten eine Mehrfachauswahl treffen, wodurch eine konkrete Auswertung nicht möglich ist. Ich liste im folgenden Infokasten die am häufigsten ausgewählten Aussagen in absteigender Reihenfolge auf.

Es zeigte sich, genau wie in der BSI-Studie, dass die Geschäftsführungen das Thema Informationssicherheit im Jahr 2023 vermehrt würdigen und den Informationssicherheitsbeauftragten gegenüber eine höhere Wertschätzung aufbringen.

14

Häufigste bestätigte Aussagen in absteigender Reihenfolge (Mehrfachauswahl)

- Wir lernen von den Hinweisen der Auditoren.
- Das ISMS wird unabhängig überprüft und kann sich verbessern.
- Die Geschäftsführung wertschätzt die Rolle ISB stärker.
- Unsere technologische Sicherheit hat sich erhöht.
- Die Prüfungen werden komplexer, komplizierter und teurer.
- Die Nachweisprüfung dauert mittlerweile länger, als ursprünglich erwartet.
- Wir fühlen uns als KRITS-Betreiber stark in unserer systemrelevanten Arbeit gestört.
- Es ist schwer, Auditoren für die Nachweisprüfung zu finden.
- Die Anforderungen an Nachweisprüfungen machen mir/uns vor jeder Nachweisprüfung Angst.
- Das BSI hat mir/uns ein Lob für die gute Umsetzung per E-Mail gesandt.
- Wir sind systemrelevant.

Nachdem wir uns die Ergebnisse angesehen haben, möchte ich im folgenden Abschnitt ein Fazit meiner Mini-Untersuchung ziehen.

14.2.4 Fazit der Ergebnisse

In diesem Abschnitt möchte ich zusammenfassen, was die Untersuchung meiner Meinung nach gezeigt hat und wo eine Verbesserung wünschenswert wäre. Ich möchte meine Erkenntnisse wertungsfrei veröffentlichen, um keine Fronten aufzubauen, sondern Brücken.

Die Auswertung der Ergebnisse bezieht sich nur auf 22 Antwortbögen. Einige Antworten wurden nicht von allen Teilnehmern beantwortet.

Die Untersuchungsergebnisse könnten verzerrt sein, da nicht alle KRITIS-Betreiber unbekannte Webseiten im Netz, wie es dieser Umfrage entsprach, besuchen dürfen. Eine Vielzahl von Angestellten der KRITIS-Betreiber könnten so an der Teilnahme an meiner Umfrage gehindert worden sein.

Deshalb stellen die Ergebnisse keine absoluten Fakten dar, sondern nur eine sehr kleine Stichprobe.

Ich hatte Ihnen in Abschnitt 14.2.2, »Ziele der Umfrage«, meine zehn Thesen gezeigt und möchte Ihnen nun zu jeder These meine subjektive Beurteilung und Empfehlungen liefern.

These 1

Betreiber Kritischer Infrastrukturen bauen ein ISMS nach einem Standard auf und werden mit einem anderen Standard beziehungsweise mit einer anderen Prüfgrundlage als dem Standard ihres ISMS überprüft.

Es hat sich gezeigt, dass einige Betreiber nach einer Prüfgrundlage auditiert werden, die nicht ihrem ISMS-Standard entspricht. Das bestätigt meine erste These. Hier empfehle ich den Betreibern, genauere Vorgaben zur gewünschten Prüfgrundlage an Prüfstellen zu schicken, um eine leichtere Vorbereitung zu ermöglichen.

These 2

Die Nachweisprüfungen sind von ihrer Komplexität nicht vergleichbar.

Außerdem zeigte die Untersuchung eine große Spanne bei der Anzahl an Auditoren und Audittagen, was zu unterschiedlichen Kosten für Betreiber führt und meine zweite These bestätigt. Ich empfehle den Betreibern, mehr Angebote einzufordern und zu vergleichen. Vom BSI wünsche ich mir, konkretere Vorgaben zum Umfang einer Nachweisprüfung in der *Orientierungshilfe zu Nachweisen* anzubieten.

Wenn ich nach ISO/IEC 27001 prüfe, weiß ich spätestens am dritten Tag, ob ein ISMS etabliert ist. Da eine Nachweisprüfung das 4-Augen-Prinzip fordert, könnten somit sechs Audittage für das Managementsystem vorgeschlagen werden. Weitere ein bis zwei Tage sollten für Rundgänge an Standorten oder Produktionsstätten vorgesehen werden, und für die Vor- und Nachbereitung der Dokumentation empfehle ich ebenfalls drei Tage. Zusätzlich sind im Jahr 2023 noch die Überprüfungen der SzA hinzugekommen, die bei nicht wenigen Prüfern über 100 Zusatzfragen bedeuteten.

These 3

Betreiber Kritischer Infrastrukturen werden durch einen hohen zeitlichen Aufwand bezüglich einer Nachweisprüfung von ihren eigentlichen Aufgaben abgehalten oder behindert.

Es zeigte sich, dass einige Betreiber hohe Zeitaufwände in das Ausfüllen von Auditoren-Fragelisten investieren. Teilweise werden auch mehrere Personen für die Vorbereitung auf Betreiber-Seite geblockt. Ich empfehle Betreibern, bei Angeboten auf die Mitwirkungspflichten zu achten.

These 4

Gerade bei KRITIS-Betreibern, die durch ihre kritischen Dienstleistungen eher wenige Gewinne erwirtschaften, kommen mitunter sehr hohe Kosten für Nachweisprüfungen zusammen.

Es zeigte sich, dass einige Betreiber bis zu neun Auditoren empfangen durften. Diese Personen werden sich sicherlich aufteilen und müssen dadurch von unterschiedlichen Internen betreut werden. Es wäre deshalb erstrebenswert, wenn wir zukünftig in der *Orientierungshilfe zu Nachweisen* eine angemessene Personenanzahl finden könnten.

Ich selbst stelle fest, dass ISO/IEC 27001-Zertifizierungen seit einiger Zeit wegen der geänderten DAkkS-Interpretation immer länger dauern, was dazu führt, dass immer weniger Organisationen einen verfügbaren Zertifizierungsauditor erhalten. Daher können sie ihre Informationssicherheit nicht zeitnah unabhängig überprüfen lassen.

Genau wie ein angemesseneres Maß für Zertifizierungen wäre auch ein angemesseneres Maß für Nachweisprüfungen erstrebenswert, um mehr Organisationen prüfen zu können, da es derzeit eine begrenzte Anzahl von Auditoren gibt und wir damit rechnen müssen, demnächst etwa viermal so viele Prüfungen durchführen zu müssen wie im Jahr 2023.

These 5

Das ISMS und das BCMS der Betreiber Kritischer Infrastrukturen verbessert sich allgemein durch Nachweisprüfungen, da sie alle zwei Jahre einen Nachweis liefern und Betreiber somit an ihren Managementsystemen arbeiten müssen und Hinweise durch die Auditoren erhalten.

Diese These wurde in der Umfrage nur für das ISMS bestätigt. Bis zum Jahr 2021 lag in meinen Nachweisprüfungen der BCMS-Reifegrad bei 2, aber 2023 bereits bei 3. Ich denke deshalb, dass sich auch das BCMS verbesserte, nur nicht so schnell und offensichtlich wie das ISMS. Bestätigt wurde die Verbesserung des BCMS in meiner Studie jedoch nicht.

These 6

Die Art und die Komplexität der Nachweisprüfungen hat auf den Reifegrad eines ISMS oder BCMS der Betreiber Kritischer Infrastrukturen keinen Einfluss. Die Verbesserung der Reifegrade kommt zustande, weil regelmäßig Nachweisprüfungen durchgeführt werden.

Diese These wurde meiner Meinung nach ebenfalls in der kleinen Stichprobe bestätigt. Die Regelmäßigkeit der Nachweisprüfungen und der internen Audits führt zu einer kontinuierlichen Verbesserung.

These 7

Die Art der Prüfstelle ist zweitrangig, da durch die Regelmäßigkeit der Nachweisprüfungen ein kontinuierlicher Verbesserungsprozess angestoßen worden ist.

Die Stichprobe zeigte unterschiedliche Prüfstellen mit gleichverteilten Ergebnissen. Somit scheint die Art der Prüfstelle nebensächlich zu sein.

These 8

Nachweisprüfungen, bei denen die gleiche Prüfgrundlage genutzt wird, z. B. der ISMS-Standard des Betreibers, kommen mit einer kürzeren Prüfzeit aus.

Es zeigte sich, dass die Betreiber in den meisten Fällen die ISO/IEC 27001 als ISMS-Standard nutzen; danach folgten IT-Grundschutz oder ein B3S. Dort, wo eine andere Prüfgrundlage als das im Haus etablierte ISMS eingesetzt wurde, waren umfangreiche Fragelisten der Auditoren notwendig.

Hier empfehle ich den Betreibern, die Prüfgrundlage passend zum eigenen ISMS bei der Auftragsvergabe zu definieren.

These 9

Für einige Nachweisprüfungen füllen die Betreiber eine Selbsterklärung aus, die einzelnen Prüfstellen zur Bewertung ausreicht.

Diese These kann ich nicht bewerten, da ich dazu keine Antworten erhielt. Selbsterklärungen sollten aber als einziger Auditnachweis nicht gültig sein, außer für die AWV-UBIs.

These 10

Der unterjährige Wechsel der BSI-Formulare stellt eine Herausforderung für Prüfer und Betreiber dar.

Diese These kann ich anhand der Stichprobe und meiner eigenen Erfahrungen bestätigen, und ich würde mir vom BSI wünschen, dass es einen halbjährlichen oder jährlichen Veröffentlichungsturnus ähnlich dem des IT-Grundschutz-Kompendiums einführt. Eine Vorabankündigung würde den Nachweisprozess planbarer gestalten.

Fazit

Damit möchte ich die Auswertung der Ergebnisse abschließen und ins nächste Kapitel überleiten. Wenn Sie gerne als Nachweisprüfer arbeiten möchten, finden Sie in Kapitel 15, »Zusätzliche Prüfverfahrenskompetenz nach dem BSIG«, alle Informationen diesbezüglich.

Kapitel 15
Zusätzliche Prüfverfahrenskompetenz nach dem BSIG

Weiterbildung zum Auditor, Wissen für die Prüfung, Zertifikate für Nachweisprüfer, Partner für KRITIS-Betreiber

In meinen Seminaren habe ich oft den Eindruck, dass es viele Berater oder Auditoren gibt, die gern selbst eigene Nachweisprüfungen umsetzen würden. In diesem Kapitel gebe ich deshalb einige Informationen zur Weiterbildung und zu der Prüfung, um die für Nachweisprüfungen notwendige Kompetenz zu erlangen. Und ich bin überzeugt, dass in den nächsten Jahren weit mehr Prüfer benötigt werden, als derzeit bereitstehen.

In diesem Buch fanden Sie eine Menge potenzieller Prüfungsfragen, deren Lösungen Sie in Abschnitt 15.2, »Überprüfung Ihrer Antworten«, mit Ihren eigenen überprüfen können.

Beginnen wir im folgenden Abschnitt mit der Weiterbildung zur »Zusätzlichen Prüfverfahrenskompetenz nach dem BSIG«.

15.1 Weiterbildung und schriftliche Prüfung

Die Weiterbildung zum Nachweisprüfer erstreckt sich über mindestens zwei und maximal drei Tage. Die Themen der Weiterbildung umfassen die gesetzlichen Hintergründe (siehe Kapitel 1 bis 3), die gesetzlichen Aufgaben des BSI (siehe Kapitel 4 bis 6), die Pflichten und Chancen der KRITIS-Betreiber (siehe Kapitel 7 bis 8) und praktisches Wissen zur Nachweisprüfung (siehe Kapitel 9 bis 13).

In diesen Kapiteln haben Sie alles Wissenswerte aus dem Seminar erfahren, um die Prüfung zu bestehen, und Sie haben darüber hinaus viele zusätzliche Themen kennengelernt, für die in einem zweitägigen Seminar gar keine Zeit existiert. Außerdem habe ich Ihnen potenzielle Prüfungsfragen gestellt.

Die Prüfung zur »Zusätzlichen Prüfverfahrenskompetenz nach dem BSIG« ist eine schriftliche Prüfung, die als *Multiple-Choice*-Verfahren stattfindet. Das bedeutet: Es besteht die Möglichkeit, dass eine Antwort, mehrere oder sogar alle Antworten richtig sein können.

Jede Frage besitzt die vier Antwortmöglichkeiten a), b), c) und d). Sie erhalten aber nur dann einen Punkt für eine Frage, wenn alle Antworten zu einer Frage richtig beantwortet sind. Sobald eine Antwortmöglichkeit fehlerhaft ausgewählt oder vergessen wurde, wird die gesamte Frage als falsch bewertet und Sie erhalten keinen Punkt.

Die Prüfung dauert sechzig Minuten, und als Prüfling müssen Sie fünfzig Fragen beantworten. Lösen Sie mindestens dreißig Fragen richtig, haben Sie die Prüfung bestanden.

Diese Prüfung darf meines Wissens bei Nichtbestehen einmal wiederholt werden. Ich kenne allerdings bisher auch keinen Fall, in dem jemand diese Wiederholungsprüfung nicht bestanden hätte. Also könnte somit auch eine zweite Wiederholung erlaubt sein.

Die Prüfung ist ein *Closed-Book*-Verfahren. Das bedeutet, es dürfen keine Hilfsmittel verwendet werden. Wer im Anschluss an diese Prüfung ein Zertifikat erhält, kann sich zukünftig an Nachweisprüfungen beteiligen.

Falls Sie während des Studiums des Buches versucht haben, die in die Kapitel eingestreuten Prüfungsfragen zu lösen, können Sie in Abschnitt 15.2 überprüfen, wie umfangreich Ihr Wissen bereits ist.

15.2 Überprüfung Ihrer Antworten

Die Prüfungsfragen in diesem Buch habe ich in Anlehnung an die tatsächlichen Fragen aus dem Jahr 2018 zusammengestellt. Sie erinnern sich: Erst ab 2017 und 2018 starteten die Schulungen. Etwa ein Drittel der Fragen stammt von mir, da ich die Prüfungsfragen realistisch ins Jahr 2024 überführen und dabei alle Neuerungen der letzten Jahre integrieren wollte.

In **Kapitel 1** haben wir uns mit den geschichtlichen und gesetzlichen Hintergründen zur Nachweisprüfung beschäftigt. Tabelle 15.1 zeigt Ihnen die richtigen Antworten zu den potenziellen Prüfungsfragen.

Frage	a)	b)	c)	d)
F-01-1		X		
F-01-2		X		
F-01-3	X	X		X
F-01-4			X	

Tabelle 15.1 Lösungen zu den potenziellen Prüfungsfragen in Kapitel 1

Frage	a)	b)	c)	d)
F-01-5		X		
F-01-6	X	X	X	

Tabelle 15.1 Lösungen zu den potenziellen Prüfungsfragen in Kapitel 1 (Forts.)

In **Kapitel 2** sahen wir uns die Kritisverordnung an und fanden heraus, welche Betreiber zu den Kritischen Infrastrukturen zählen. Dieses Kapitel war sehr wichtig und Ihnen standen viele Fragen zur Verfügung. Tabelle 15.2 zeigt Ihnen die erwarteten Antworten.

Frage	a)	b)	c)	d)
F-02-1		X	X	
F-02-2	X	X	X	
F-02-3				X
F-02-4	X	X	X	X
F-02-5				X
F-02-6	X			X
F-02-7			X	X
F-02-8		X		
F-02-9	X			
F-02-10		X		
F-02-11			X	X
F-02-12	X			
F-02-13	X	X		
F-02-14	X	X	X	

Tabelle 15.2 Lösungen zu den potenziellen Prüfungsfragen in Kapitel 2

In **Kapitel 3** ging es um die IT-Sicherheitskataloge für den Sektor Energie. Tabelle 15.3 zeigt Ihnen die richtige Antwort.

Frage	a)	b)	c)	d)
F-03-1		X	X	

Tabelle 15.3 Lösungen zu der potenziellen Prüfungsfrage in Kapitel 3

Die Aufgaben des BSI sahen wir uns in **Kapitel 4** an. Konnten Sie alle Fragen beantworten? Prüfen Sie Ihre Lösungen in Tabelle 15.4.

Frage	a)	b)	c)	d)
F-04-1	X			X
F-04-2	X		X	X
F-04-3				X
F-04-4	X		X	
F-04-5		X	X	X

Tabelle 15.4 Lösungen zu den potenziellen Prüfungsfragen in Kapitel 4

In **Kapitel 5** standen die Orientierungshilfen des BSI im Mittelpunkt. Tabelle 15.5 zeigt Ihnen die richtigen Antworten für dieses Kapitel.

Frage	a)	b)	c)	d)
F-05-1	X	X		
F-05-2		X	X	
F-05-3	X			
F-05-4	X	X		X

Tabelle 15.5 Lösungen zu den potenziellen Prüfungsfragen in Kapitel 5

In **Kapitel 6** sahen wir uns die Dokumente an, die für eine Nachweisprüfung eingesetzt werden müssen. Außerdem sahen wir uns die Orientierungshilfen an. Kennen Sie alle Dokumente, und konnten Sie die Fragen richtig beantworten? Tabelle 15.6 zeigt es Ihnen.

Frage	a)	b)	c)	d)
F-06-1	X			
F-06-2	X		X	
F-06-3			X	X
F-06-4				X
F-06-5			X	
F-06-6	X	X		
F-06-7		X		X

Tabelle 15.6 Lösungen zu den potenziellen Prüfungsfragen in Kapitel 6

Die Aufgaben von KRITIS-Betreibern betrachteten wir in **Kapitel 7**. Ob Sie nun über alles Bescheid wissen, zeigt Ihnen Tabelle 15.7.

Frage	a)	b)	c)	d)
F-07-1				X
F-07-2			X	
F-07-3	X	X		X
F-07-4				X
F-07-5	X	X	X	

Tabelle 15.7 Lösungen zu den potenziellen Prüfungsfragen in Kapitel 7

In **Kapitel 8** ging es um den Aufbau eines eigenen B3S. Tabelle 15.8 zeigt Ihnen für dieses Thema die richtigen Antworten.

Frage	a)	b)	c)	d)
F-08-1		X		
F-08-2		X	X	
F-08-3	X			

Tabelle 15.8 Lösungen zu den potenziellen Prüfungsfragen in Kapitel 8

Wie die Betreiber eine Nachweisprüfung vorbereiten, sahen wir uns in **Kapitel 9** an. Konnten Sie dazu alle Fragen richtig beantworten? Tabelle 15.9 zeigt es Ihnen.

Frage	a)	b)	c)	d)
F-09-1	X	X		
F-09-2	X	X	X	X

Tabelle 15.9 Lösungen zu den potenziellen Prüfungsfragen in Kapitel 9

Prüfer müssen eine Menge berücksichtigen, wie wir in **Kapitel 10** feststellten. Tabelle 15.10 zeigt Ihnen, ob Sie das Wissen schon vollständig besitzen.

Frage	a)	b)	c)	d)
F-10-1	X			
F-10-2		X		X
F-10-3	X	X	X	
F-10-4	X	X		
F-10-5		X		X

Tabelle 15.10 Lösungen zu den potenziellen Prüfungsfragen in Kapitel 10

In **Kapitel 11** ging es um die Durchführung einer Nachweisprüfung. Dieses Kapitel war sehr vielschichtig und es gab sehr viel zu beachten; deshalb mussten Sie auch eine Menge Fragen beantworten. Wie vollständig Ihr Wissen aus diesem Kapitel ist, zeigt Ihnen Tabelle 15.11. Schlagen Sie einfach noch einmal im Kapitel nach, falls Sie nicht alle Fragen richtig beantwortet haben.

Frage	a)	b)	c)	d)
F-11-1	X			
F-11-2	X	X	X	X
F-11-3	X	X	X	X
F-11-4	X	X	X	X
F-11-5	X	X		X

Tabelle 15.11 Lösungen zu den potenziellen Prüfungsfragen in Kapitel 11

Frage	a)	b)	c)	d)
F-11-6	X	X	X	X
F-11-7	X	X	X	X
F-11-8			X	
F-11-9	X			X
F-11-10			X	X
F-11-11		X	X	X
F-11-12	X	X	X	X
F-11-13				X
F-11-14	X		X	X
F-11-15	X	X	X	X

Tabelle 15.11 Lösungen zu den potenziellen Prüfungsfragen in Kapitel 11 (Forts.)

Was uns nach dem Abschluss einer Nachweisprüfung erwartet, sahen wir uns in **Kapitel 12** an. Auditoren müssen Dokumente fertigstellen und Betreiber Umsetzungstermine für identifizierte Sicherheitsmängel planen. Ob Sie alle Fragen richtig beantworten konnten, zeigt Ihnen Tabelle 15.12.

Frage	a)	b)	c)	d)
F-12-1	X		X	X
F-12-2	X	X		
F-12-3		X	X	X
F-12-4	X	X	X	X

Tabelle 15.12 Lösungen zu den potenziellen Prüfungsfragen in Kapitel 12

In **Kapitel 13** ging es um die eingereichten, fehlerhaft eingereichten oder gar nicht eingereichten Nachweise und um die daraus folgenden Konsequenzen. Kennen Sie nach dem Studium dieses Kapitels alle Eskalationen und Bußgelder? Tabelle 15.13 gibt Ihnen ein Feedback zu Ihren ausgewählten Antworten.

Frage	a)	b)	c)	d)
F-13-1	X	X	X	X
F-13-2				X
F-13-3	X	X		X
F-13-4	X	X	X	X

Tabelle 15.13 Lösungen zu den potenziellen Prüfungsfragen in Kapitel 13

Wenn Sie die Fragen zu etwa 60 % richtig beantwortet haben, können Sie getrost in die Prüfung zur Erlangung der »Zusätzlichen Prüfverfahrenskompetenz nach BSIG« gehen. Ich wünsche Ihnen an dieser Stelle viel Erfolg und auch etwas Glück mit den Zufallsfragen!

Kapitel 16
Fazit und Ausblick

Vom Anfang zum Ende, vom Ende zum Anfang. Kein Ende ist in Sicht im doppelten Reformprozess.

Mit dem Schreiben dieses Buches hatte ich das Ziel, Betreiber bei der Vorbereitung von Nachweisprüfungen zu unterstützen und Berater und Auditoren zu motivieren, über den Weg als zukünftige Nachweisprüfer nachzudenken und diesen eventuell auch zu gehen.

Während ich das Buch schrieb – und ich schrieb von März bis Dezember 2023 beinahe täglich –, gab es unzählige Änderungen, was Dokumentation und Anforderungen betrifft. Auch die Aufregung über NIS-2 und das Dachgesetz war allgegenwärtig. Ich fragte mich oft: »Ist dieses Phänomen der Nachfolger der Datenschutzgrundverordnung? Und wird es mit beiden ähnlich ablaufen wie mit dem Thema Datenschutz im Mai 2018?«

Hörte ich im Jahr 2018 Datenschutzbeauftragten zu, war mein Eindruck, dass da wohl bald ein großer Tsunami über uns hereinbrechen wird. Am Ende stellte sich die vermutete Katastrophe aus meiner Perspektive eher als Regenschauer dar.

Ein Schauer, der etwa bei jedem Webseitenbesuch unendlich viele manuelle Ablehnungen meinerseits nach sich zöge, wenn ich nicht nach dem dritten aufgezwungenen Klick auf die Informationen solcher unseriöser Webseiten verzichten würde.

Zu NIS-2 und dem KRITIS-Dachgesetz erlebe ich seit Anfang 2023 eine ähnliche Panikmache, und in der Presse tauchten bereits einige Artikel auf, die vor allem mehr Pflichten für Betreiber ankündigten. Ich möchte Ihnen dazu zwei Beispiele zeigen:

- Am 18. Juli 2023 erschien ein *Welt.de*-Artikel mit dem Titel *»Faeser schlägt Gesetz zum Schutz kritischer Infrastrukturen vor«* (66).

  Dieser Artikel wies auf den Gesetzentwurf von Bundesinnenministerin Nancy Faeser zu strengeren Vorgaben für die Kritischen Infrastrukturen hin. In seinem letzten Abschnitt wird auch angemerkt, dass die EU-Vorgaben (CER-Richtlinie) als KRITIS-Dachgesetz bis Oktober 2024 in Kraft treten müssten und dass die Maßnahmen zum Schutz Kritischer Infrastrukturen bis 1. Januar 2026 umgesetzt sein sollten. Für den Zeitraum nach dem 1. Januar 2027 kündigte der Artikel bereits Bußgelder an.

- Am 19. Juli 2023 veröffentlichte der *Spiegel*-Verlag einen Artikel mit dem Titel *»BSI soll Geschäftsführer von Firmen abziehen dürfen«* (67).

  Der Artikel thematisierte die Pläne des Innenministeriums, besser auf Cyberangriffe zu reagieren. Außerdem sollten zukünftig 29.000 Unternehmen (von derzeit etwa 4.500), in den Fokus gesetzt werden, was für diese auch Nachweisprüfungen beinhalten wird. Auch dieser Artikel begründete das Vorgehen mit der EU-Richtlinie.

  »den Menschen, die als Geschäftsführung oder gesetzliche Vertreter für Leitungsaufgaben in der besonders wichtigen Einrichtung zuständig sind, die Wahrung der Leitungsaufgaben vorübergehend [zu] untersagen«.

Beinahe zeitgleich im Juli 2023 veröffentlichte das *Bundesministerium des Innern und für Heimat* (BMI) zwei Referentenentwürfe:

- Am 3. Juli 2023 lag der Referentenentwurf zu einem Gesetz zur Umsetzung der NIS-2-Richtlinie und zur Regelung wesentlicher Grundzüge des Informationssicherheitsmanagements in der Bundesverwaltung vor. Dieses erwartete Gesetz wurde als *NIS-2-Umsetzungs- und Cybersicherheitsstärkungsgesetz oder NIS2UmsuCG* bezeichnet. Der Entwurf umfasst 146 Seiten.

Hinweis zum Begleitmaterial

Den Referentenentwurf vom 3. Juli 2023 zum Umsetzungsgesetz der NIS-2-Richtlinie finden Sie im Dokument:

- 2023-07_BMI_RefE_NIS2UmsuCG

- Am 25. Juli 2023 lag ein weiterer Referentenentwurf aus dem BMI vor. Dieser galt einem Gesetz zur Umsetzung der CER-Richtlinie und zur Stärkung der Resilienz kritischer Anlagen. Dieses Gesetz wurde seit Anfang 2023 unter Betreibern als *KRITIS-Dachgesetz* bezeichnet und in Artikeln oft mit »KRITIS-DachG« abgekürzt. Dieser Entwurf umfasst 48 Seiten.

Hinweis zum Begleitmaterial

Den Referentenentwurf vom 25. Juli 2023 zur Umsetzung des KRITIS-Dachgesetzes finden Sie im Dokument:

- 2023-07_BMI_KRITIS-DachG

Mitte Juli 2023 begann die Abstimmung der Bundesregierung zu den Entwürfen. Fast allen Betreibern war bekannt, dass von ihnen die Umsetzung weiterer Maßnahmen erwartet wird. Im September veröffentlichte das BMI ein Diskussionspapier mit Anpassungen des NIS-2-Referentenentwurfs, und im November 2023 folgte ein Werkstattgespräch zum Diskussionspapier, in dem erste konkrete Neuerungen fixiert wurden. Beides finden Sie als Begleitmaterial.

Hinweis zum Begleitmaterial

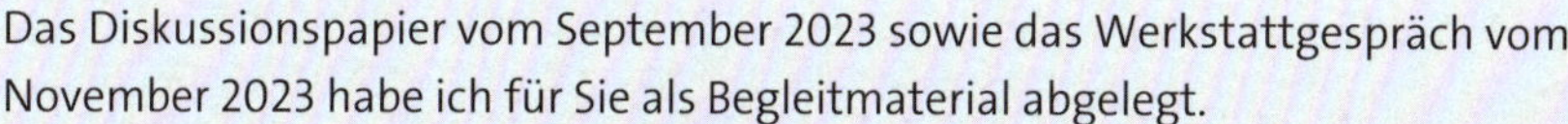

Das Diskussionspapier vom September 2023 sowie das Werkstattgespräch vom November 2023 habe ich für Sie als Begleitmaterial abgelegt.

- 2023-09_BMI_NIS-2-UmsetzungWirtschaft_DisP
- 2023-11_BMI_Werkstattgespraech-NIS-2-Dokumentation

Mit Stand Dezember 2023 sah es so aus, als wenn die im Juni 2021 in Kraft getretenen Vorgaben zu zweijährlichen Nachweispflichten auf drei Jahre verlängert werden. Alle Paragrafen werden sich ohnehin ändern, da das BSIG umstrukturiert wird.

Der »Kompetenzerwerb nach § 8a Absatz 3 BSIG« wird zukünftig umbenannt. Wird das Diskussionspapier des BMI im BSIG genauso umgesetzt wie veröffentlicht, wäre der relevante Paragraf dann nicht mehr § 8a, sondern § 39 BSIG.

Am 21. Dezember 2023 veröffentlichte das BMI einen weiteren Referentenentwurf zum KRITIS-Dachgesetz. In diesem können wir für das *Bundesamt für Bevölkerungsschutz und Katastrophenhilfe* (BBK) auf der dritten Seite die Aufgabe lesen, einen Katalog mit Mindestanforderungen an sektorübergreifende Resilienzmaßnahmen zu erarbeiten. Diese Aufgabe werden wir zukünftig in § 5 »Einrichtung der Bundesverwaltung« im fünften Abschnitt finden.

KRITIS-Betreiber müssen sich spätestens drei Monate, nachdem sie festgestellt haben, dass sie von den Regelungen des Gesetzes betroffen sind, beim BBK registrieren.

Wird die Registrierung versäumt, schließen sich BSI und BBK sowie relevante Aufsichtsbehörden zusammen, um die Registrierung behördlich durchzuführen. Nach der Registrierung erhält der Betreiber die Information, welche Landesbehörde für ihn zuständig ist. Sie finden diese Vorschriften unter § 6 »Registrierung der kritischen Anlage und Ansprechpartner; Geltungszeitpunkt« auf den Seiten 12 und 13.

Durch § 9 »Risikoanalysen und Risikobewertungen der Betreiber kritischer Anlagen« erhält das BBK die Verantwortung, KRITIS-Betreibern Vorgaben zu machen, wie diese ihre Risikoanalysen und -bewertungen durchführen sollen.

In § 11 »Nachweise; behördliche Anordnungen« auf Seite 19 finden Sie Hinweise darauf, wie sich die bisherigen Nachweise zukünftig weiterentwickeln werden. Wir können damit rechnen, den geplanten Kriterienkatalog zu Resilienzmaßnahmen in Nachweisprüfungen prüfen und bewerten zu müssen.

Auf Seite 8 wird in § 3 »Zentrale Anlaufstelle; Zuständigkeiten; behördliche Zusammenarbeit« den Ländern die Frist gesetzt, bis zum 2. Januar 2025 eine Landesbehörde an das BBK zu melden, die sich um sektorübergreifende Angelegenheiten kümmert.

Das BBK erhält außerdem die Aufgabe, Betreiber darüber zu informieren, ob diese unter das Dach-Gesetz fallen (siehe Seite 10).

Zuletzt möchte ich noch auf § 12 »Meldewesen für Vorfälle« auf Seite 21 eingehen. Im ersten Abschnitt werden KRITIS-Betreiber aufgefordert, Störungen bei der Erbringung ihrer kritischen Dienstleistung unverzüglich an das BBK und das BSI zu melden.

Das Gesetz wird am 18. Oktober 2024 in Kraft treten. Die Fristen, zu denen einzelne Paragrafen und Artikel in Kraft treten, finden Sie auf Seite 28 in Artikel 3. Diese Fristen reichen zum Teil bis zum 1. Januar 2029.

Hinweis zum Begleitmaterial

Den Referentenentwurf vom 21. Dezember 2023 habe ich für Sie als Begleitmaterial abgelegt.

- 2023-12-21_BMI_Referentenentwurf_KRITIS-DachG.pdf

Die Nachweisprüfungen nach neuen Fristen und erweiterten Kriterien starten voraussichtlich ab Januar 2026, und dafür müsste eine momentan nicht greifbare Anzahl an neuen Prüfern ausgebildet werden. Die Vorgaben an die Weiterbildung für Prüfer und auch an Branchenexperten waren jedoch im Dezember 2023 noch nicht definiert.

Durch die Umsetzung der »Systeme zur Angriffserkennung« sind Betreiber meiner Meinung nach bis 2026 gut aufgestellt. Ich bin gespannt, welche neuen konkreten Anforderungen wir durch die Verordnungen aufseiten Betreiber, aber auch als Prüfer erhalten werden.

Ich wünsche uns allen gutes Gelingen im doppelten Reformprozess für Kritische Infrastrukturen!

Literaturverzeichnis

1. **Bund (Hrsg.).** Gesetz über das Bundesamt für Sicherheit in der Informationstechnik (BSI-Gesetz – BSIG). [Online] 23. 06 2021. [Zitat vom: 30. 05 2023.] *https://www.gesetze-im-internet.de/bsig_2009/BSIG.pdf.*

2. **BMI.** Umsetzungsplan KRITIS. [Online] 2005. *https://www.bmi.bund.de/SharedDocs/downloads/DE/publikationen/themen/it-digitalpolitik/umsetzungsplan-kritis.pdf?__blob=publicationFile&v=4.*

3. —. Bundesgesetzblatt 20023 Nr. 53. [Online] 23. 02 2023. [Zitat vom: 10. 08 2023.] *https://www.recht.bund.de/bgbl/1/2023/53/VO.*

4. **BSI.** UP KRITIS. *UP KRITIS.* [Online] [Zitat vom: 23. 06 2023.] *https://www.bsi.bund.de/DE/Themen/KRITIS-und-regulierte-Unternehmen/Kritische-Infrastrukturen/UP-KRITIS/up-kritis_node.html.*

5. **UP KRITIS.** UP KRITIS Öffentliche-Private Partnerschaft zum Schutz Kritischer Infrastrukturen. [Online] 01. 02 2014. [Zitat vom: 04. 07 2023.] *https://www.bsi.bund.de/SharedDocs/Downloads/DE/BSI/KRITIS/UPK/upk-grundlagen-ziele.pdf?__blob=publicationFile&v=6.*

6. **BSI.** Sektorübergreifende Publikationen des UP KRITIS. [Online] [Zitat vom: 04. 07 2023.] *https://www.bsi.bund.de/DE/Themen/KRITIS-und-regulierte-Unternehmen/Kritische-Infrastrukturen/UP-KRITIS/Publikationen/publikationen_node.html.*

7. —. Organisation des UP KRITIS. [Online] [Zitat vom: 01. 05 2023.] *https://www.bsi.bund.de/DE/Themen/KRITIS-und-regulierte-Unternehmen/Kritische-Infrastrukturen/UP-KRITIS/Organisation/organisation.html.*

8. **Bund.** Gesetz zur Umsetzung der Richtlinie (EU) 2016/1148. [Online] 23. 06 2017. [Zitat vom: 09. 08 2023.] *https://www.bgbl.de/xaver/bgbl/start.xav?startbk=Bundesanzeiger_BGBl&jumpTo=bgbl117s1885.pdf#__bgbl__%2F%2F*%5B%40attr_id%3D%27bgbl117s1885.pdf%27%5D__1691584191647.*

9. **Europäischen Parlaments und des Rates.** Richtlinie (EU) 2016/1148. [Online] 06. 07 2016. [Zitat vom: 09. 08 2023.] *https://eur-lex.europa.eu/legal-content/DE/TXT/?uri=CELEX%3A32016L1148.*

10. **Bund (Hrsg.).** Gesetz zur Umsetzung der NIS-Richtlinie. [Online] 23. 06 2017. [Zitat vom: 09. 08 2023.] *https://www.bsi.bund.de/DE/Das-BSI/Auftrag/Gesetze-und-Verordnungen/NIS-Richtlinie/nis-richtlinie_node.html.*

11. **BMI (Hrsg.).** Zweites Gesetz zur Erhöhung der Sicherheit informationstechnischer Systeme. [Online] 18. 05 2021. [Zitat vom: 30. 05 2023.] *https://www.bmi.bund.de/SharedDocs/downloads/DE/gesetzestexte/it-sicherheitsgesetz-2.pdf.*

12. **EU (Hrsg.).** Richtlinie (EU) 2022/2555 über Maßnahmen für ein hohes gemeinsames Cybersicherheitsniveau in der Union. [Online] 14. 12 2022. [Zitat vom: 09. 08 2023.] *https://eur-lex.europa.eu/legal-content/DE/TXT/PDF/?uri=CELEX:32022L2555&qid=1691589060087.*

13. **Bund (Hrsg.).** Verordnung zur Bestimmung Kritischer Infrastrukturen nach dem. [Online] 23. 02 2023. [Zitat vom: 30. 05 2023.] *https://www.gesetze-im-internet.de/bsi-kritisv/BSI-KritisV.pdf.*

14. **BSI.** Unternehmen im besonderen öffentlichen Interesse (UBI). [Online] 01. 11 2021. [Zitat vom: 28. 06 2023.] *https://www.bsi.bund.de/DE/Themen/KRITIS-und-regulierte-Unternehmen/Weitere_regulierte_Unternehmen/UBI/ubi_node.html.*

15. —. Vorlage einer Selbsterklärung für UBI 1. [Online] 01. 05 2023. [Zitat vom: 09. 09 2023.] *https://www.bsi.bund.de/DE/Themen/KRITIS-und-regulierte-Unternehmen/Weitere_regulierte_Unternehmen/UBI/Selbsterklaerung/selbsterklaerung_node.html.*

16. **BNetzA.** Bundesnetzagentur - Über uns. [Online] [Zitat vom: 28. 06 2023.] *https://www.bundesnetzagentur.de/DE/Allgemeines/DieBundesnetzagentur/Ueberuns/start.html.*

17. —. Gesetz über die Elektrizitäts- und Gasversorgung (Energiewirtschaftsgesetz – EnWG). [Online] 22. 05 2023. [Zitat vom: 28. 06 2023.] *https://www.gesetze-im-internet.de/enwg_2005/EnWG.pdf.*

18. —. IT-Sicherheitskatalog für Strom- und Gasnetze 11 (1a) - Info. [Online] 12. 01 2015. [Zitat vom: 03. 09 2023.] *https://www.bundesnetzagentur.de/DE/Fachthemen/ElektrizitaetundGas/Versorgungssicherheit/IT_Sicherheit/Netzbetreiber/artikel.html.*

19. —. IT-Sicherheitskatalog für Energieanlagen 2018 - 11 (1b). [Online] 1. 12 2018. [Zitat vom: 11. 09 2023.] *https://www.bundesnetzagentur.de/SharedDocs/Downloads/DE/Sachgebiete/Energie/Unternehmen_Institutionen/Versorgungssicherheit/IT_Sicherheit/IT_Sicherheitskatalog_2018.pdf?__blob=publicationFile&v=4.*

20. —. IT-Sicherheitskatalog gem. § 11 (1a) EnWG. [Online] 01. 08 2015. [Zitat vom: 03. 09 2023.] *https://www.bundesnetzagentur.de/SharedDocs/Downloads/DE/Sachgebiete/Energie/Unternehmen_Institutionen/Versorgungssicherheit/IT_Sicherheit/IT_Sicherheitskatalog_08-2015.pdf?__blob=publicationFile&v=2.*

21. **DIN (Hrsg.).** DIN EN ISO/IEC 27001:2023-04 - Entwurf. [Online] 14. 03 2023. [Zitat vom: 26. 06 2023.] *https://www.beuth.de/de/norm-entwurf/din-en-iso-iec-27001/365634117.*

22. **BNetzA.** IT-Sicherheitskatalog für Energieanlagen 11 (1b) - Info - 2018. [Online] 1. 12 2018. [Zitat vom: 11. 09 2023.] *https://www.bundesnetzagentur.de/DE/Fachthemen/ElektrizitaetundGas/Versorgungssicherheit/IT_Sicherheit/Anlagenbetreiber/artikel.html.*

23. **DIN (Hrsg.).** DIN EN ISO/IEC 27019:2020-08. [Online] 08 2020. [Zitat vom: 24. 06 2023.] *https://www.beuth.de/de/norm/din-en-iso-iec-27019/321617779.*

24. —. DIN EN ISO/IEC 27002:2022-08 - Entwurf. [Online] 08 2022. [Zitat vom: 24. 06 2023.] *https://www.beuth.de/de/norm-entwurf/din-en-iso-iec-27002/354833769.*

25. **BSI.** Historie des BSI. [Online] 01. 01 2019. [Zitat vom: 19. 08 2023.] *https://www.bsi.bund.de/DE/Das-BSI/Zeitstrahl/BSI-Zeitstrahl_node.html.*

26. —. Die Leitung des BSI. [Online] 01. 07 2023. [Zitat vom: 19. 08 2023.] *https://www.bsi.bund.de/DE/Das-BSI/Organisation-und-Aufbau/Leitung/leitung_node.html.*

27. —. Melde- und Informationsportal (MIP). [Online] [Zitat vom: 29. 05 2023.] *https://mip2.bsi.bund.de/.*

28. —. Lageberichte und Lagebilder. [Online] 31. 05 2023. [Zitat vom: 26. 08 2023.] *https://www.bsi.bund.de/DE/Themen/Unternehmen-und-Organisationen/Cyber-Sicherheitslage/Lageberichte/lageberichte_node.html.*

29. —. Statistik-Berichte. [Online] 31. 07 2023. [Zitat vom: 26. 08 2023.] *https://www.bsi.bund.de/DE/Themen/Unternehmen-und-Organisationen/Cyber-Sicherheitslage/Lageberichte/Kennzahlen-Statistiken/kennzahlen-statistiken_node.html.*

30. —. Abos für Verbraucherinnen und Verbraucher. [Online] 31. 07 2023. [Zitat vom: 26. 08 2023.] *https://www.bsi.bund.de/DE/Service-Navi/Abonnements/Newsletter/Buerger-CERT-Abos/buerger-cert-abos_node.html.*

31. —. Cyber-Sicherheitswarnungen. [Online] 22. 08 2023. [Zitat vom: 26. 08 2023.] *https://www.bsi.bund.de/DE/Themen/Unternehmen-und-Organisationen/Cyber-Sicherheitslage/Technische-Sicherheitshinweise-und-Warnungen/Cyber-Sicherheitswarnungen/cyber-sicherheitswarnungen.html.*

32. —. CERT-Bund Meldungen. [Online] 14. 06 2022. [Zitat vom: 26. 08 2023.] *https://www.bsi.bund.de/DE/Service-Navi/Abonnements/Warnmeldungen/warnmeldungen_node.html.*

33. **BSI (Hrsg.).** Allianz für Cyber-Sicherheit (ACS). [Online] 25. 08 2023. [Zitat vom: 26. 08 2023.] *https://www.allianz-fuer-cybersicherheit.de/Webs/ACS/DE/Home/home_node.html.*

34. **ACS (Hrsg.).** Allianz für Cyber-Sicherheit. [Online] 01. 01 2022. [Zitat vom: 26. 08 2023.] *https://www.allianz-fuer-cybersicherheit.de/SharedDocs/Downloads/Webs/ACS/DE/ACS_Broschuere.pdf?__blob=publicationFile&v=3.*

35. **OASISOPEN (Hrsg.).** Common Security Advisory Framework. [Online] 18. 11 2022. [Zitat vom: 23. 09 2023.] https://docs.oasis-open.org/csaf/csaf/v2.0/csaf-v2.0.html.

36. **BSI.** Orientierungshilfe zu Inhalten und Anforderungen an branchenspezifische Sicherheitsstandards (B3S). [Online] 11. 07 2023. [Zitat vom: 01. 09 2023.] *https://www.bsi.bund.de/SharedDocs/Downloads/DE/BSI/KRITIS/oh-b3s.pdf.*

37. —. Orientierungshilfe zu B3S. [Online] 09. 08 2023. [Zitat vom: 09. 08 2023.] *https://www.bsi.bund.de/DE/Themen/KRITIS-und-regulierte-Unternehmen/Kritische-Infrastrukturen/Allgemeine-Infos-zu-KRITIS/Stand-der-Technik-umsetzen/Orientierungshilfe-zu-B3S/orientierungshilfe-zu-b3s_node.html.*

38. —. Orientierungshilfe zum Einsatz von Systemen zur Angriffserkennung. [Online] 26. 09 2022. [Zitat vom: 30. 05 2023.] *https://www.bsi.bund.de/SharedDocs/Downloads/DE/BSI/KRITIS/oh-sza.pdf.*

39. —. Orientierungshilfe zu Nachweisen gemäß § 8a Absatz 3 BSIG. [Online] 12. 05 2023. [Zitat vom: 30. 05 2023.] *https://www.bsi.bund.de/SharedDocs/Downloads/DE/BSI/KRITIS/oh-nachweise.pdf.*

40. —. Registrierung. [Online] 2023. [Zitat vom: 15. 09 2023.] *https://mip2.bsi.bund.de/authentifizierung/registrieren/.*

41. —. Anforderungen nach § 8a Absatz 5 BSIG - Grundsätzliche Anforderungen im Nachweisverfahren (GAiN). [Online] 12. 05 2023. [Zitat vom: 15. 06 2023.] *https://www.bsi.bund.de/SharedDocs/Downloads/DE/BSI/KRITIS/anforderungen_gain.html.*

42. —. Downloads und Links für Betreiber und Prüfer. [Online] 28. 05 2023. [Zitat vom: 29. 06 2023.] *https://www.bsi.bund.de/DE/Themen/KRITIS-und-regulierte-Unternehmen/Kritische-Infrastrukturen/Service-fuer-KRITIS-Betreiber/KRITIS-Downloads/kritis-downloads_node.html.*

43. —. Dokumentation Geltungsbereich. [Online] [Zitat vom: 01. 06 2023.] *https://www.bsi.bund.de/SharedDocs/Downloads/DE/BSI/KRITIS/sdt-1-geltungsbereich.html.*

44. —. Informationen zur Wahl des Geltungsbereiches. [Online] 2023. [Zitat vom: 15. 06 2023.] *https://www.bsi.bund.de/DE/Themen/KRITIS-und-regulierte-Unternehmen/Kritische-Infrastrukturen/KRITIS-Nachweise/Wahl-des-Geltungsbereiches/wahl-des-geltungsbereiches_node.html.*

45. —. BSI-Standard 200-1: Managementsysteme für Informationssicherheit (ISMS). [Online] 15. 11 2017. [Zitat vom: 26. 06 2023.] *https://www.bsi.bund.de/SharedDocs/Downloads/DE/BSI/Grundschutz/BSI_Standards/standard_200_1.html?nn=128578.*

46. —. IT-Grundschutz-Kompendium (Edition 2023). [Online] [Zitat vom: 29. 05 2023.] *https://www.bsi.bund.de/DE/Themen/Unternehmen-und-Organisationen/Standards-und-Zertifizierung/IT-Grundschutz/IT-Grundschutz-Kompendium/it-grundschutz-kompendium_node.html.*

47. —. IT-Grundschutz-Bausteine. [Online] 2023. [Zitat vom: 06. 06 2023.] *https://www.bsi.bund.de/DE/Themen/Unternehmen-und-Organisationen/Standards-und-Zertifizierung/IT-Grundschutz/IT-Grundschutz-Kompendium/IT-Grundschutz-Bausteine/Bausteine_Download_Edition_node.html.*

48. **LSI.** Intrusion-Detection-/Intrusion-Prevention-System (IDS/IPS). [Online] 16. 05 2022. *https://www.lsi.bayern.de/mam/aktuelles/lsi-info_t05_ids-ips.pdf.*

49. **DIN (Hrsg.).** DIN EN ISO 19011:2018-10. [Online] 10 2018. [Zitat vom: 26. 06 2023.] *https://www.beuth.de/de/norm/din-en-iso-19011/287794262.*

50. **BSI.** Kontaktstelle benennen. [Online] 01. 05 2023. [Zitat vom: 09. 10 2023.] *https://www.bsi.bund.de/dok/12211782.*

51. **ISO.** ISO/IEC 27005. [Online] 10 2022. [Zitat vom: 30. 05 2023.] *https://www.beuth.de/de/norm/iso-iec-27005/360980347.*

52. **BSI.** BSI-Standard 200-3 Risikomanagement. [Online] 10 2017. [Zitat vom: 30. 05 2023.] *https://www.bsi.bund.de/DE/Themen/Unternehmen-und-Organisationen/Standards-und-Zertifizierung/IT-Grundschutz/BSI-Standards/BSI-Standard-200-3-Risikomanagement/bsi-standard-200-3-risikomanagement_node.html.*

53. —. Antrag auf Feststellung der Eignung eines Branchenspezifischen Sicherheitsstandards (B3S). [Online] 23. 06 2023. [Zitat vom: 10. 10 2023.] *https://www.bsi.bund.de/SharedDocs/Downloads/DE/BSI/KRITIS/Formular_Einreichung_B3S.html.*

54. —. Übersicht der Branchenspezifischen Sicherheitsstandards (B3S). [Online] [Zitat vom: 30. 05 2023.] *https://www.bsi.bund.de/DE/Themen/KRITIS-und-regulierte-Unternehmen/Kritische-Infrastrukturen/Allgemeine-Infos-zu-KRITIS/Stand-der-Technik-umsetzen/Uebersicht-der-B3S/uebersicht-der-b3s_node.html.*

55. —. Anerkennung von Stellen und Zertifizierung von IT-Sicherheitsdienstleistern. [Online] 01. 10 2022. [Zitat vom: 13. 10 2023.] *https://www.bsi.bund.de/dok/10023146.*

56. **BSI (Hrsg.).** Konkretisierung der KRITIS-Anforderungen nach § 8a Absatz 1 BSIG. [Online] 28. 02 2020. [Zitat vom: 23. 06 2023.] *https://www.bsi.bund.de/SharedDocs/Downloads/DE/BSI/KRITIS/Konkretisierung_Anforderungen_Massnahmen_KRITIS.html.*

57. **BSI.** Nutzung bestehender ISO/IEC 27001-Zertifikate. [Online] [Zitat vom: 30. 05 2023.] *https://www.bsi.bund.de/DE/Themen/KRITIS-und-regulierte-Unternehmen/Kritische-Infrastrukturen/KRITIS-FAQ/FAQ-Nutzung-ISO-27001-Zertifikat/faq-nutzung-iso-27001-zertifikat_node.html.*

58. —. BSI-Standard 200-4 BCM. [Online] [Zitat vom: 23. 10 2023.] *https://www.bsi.bund.de/DE/Themen/Unternehmen-und-Organisationen/Standards-und-Zertifizierung/IT-Grundschutz/BSI-Standards/BSI-Standard-200-4-Business-Continuity-Management/bsi-standard-200-4_Business_Continuity_Management_node.html.*

59. —. Flyer: BCM mit IT-Grundschutz und Einstieg BSI-Standard 200-4. [Online] 25. 09 2023. *https://www.bsi.bund.de/SharedDocs/Downloads/DE/BSI/Grundschutz/Hilfsmittel/Standard200_4_BCM/Standard_200-4_BCM_Flyer.html?nn=531576.*

60. **BSI (Hrsg.).** Business Continuity Management BSI-Standard 200-4. [Online] [Zitat vom: 29. 10 2023.] *https://www.bsi.bund.de/SharedDocs/Downloads/DE/BSI/Grundschutz/BSI_Standards/standard_200_4.pdf?__blob=publicationFile&v=8.*

61. **BSI.** Nachweisdokument P - Angaben zur Prüfung. [Online] 05. 07 2023. [Zitat vom: 01. 09 2023.] *https://www.bsi.bund.de/SharedDocs/Downloads/DE/BSI/KRITIS/Nachweisdokument_P.html.*

62. —. UBI-Flyer. [Online] 09 2023. [Zitat vom: 30. 10 2023.] *https://www.bsi.bund.de/SharedDocs/Downloads/DE/BSI/Regulierte_Unternehmen/UBI/Flyer.pdf?__blob=publicationFile&v=5.*

63. **TeleTrusT.** TeleTrustT "IT-Sicherheitsrechtstag 2021". [Online] 24. 09 2021. *https://www.teletrust.de/fileadmin/user_upload/02_IT-Sicherheitsrechtstag_2021_Sanders_BSI.pdf.*

64. **BSI.** Evaluierung IT-Sicherheitsgesetz 2.0: Befragung der KRITIS-Betreiber. [Online] 16. 02 2023. [Zitat vom: 02. 10 2023.] *https://www.bsi.bund.de/dok/km-befragung-kritis.*

65. —. BSI Studie Evaluierung des IT-Sicherheitsgesetzes 2.0. [Online] 02. 10 2023. [Zitat vom: 02. 10 2023.] *https://www.bsi.bund.de/dok/km-befragung-kritis-ergebnisse.*

66. **Hrsg. Welt, Axel Springer.** *https://www.welt.de/politik/deutschland/article246434958/Faeser-schlaegt-Gesetz-zum-Schutz-kritischer-Infrastruktur-vor.html.* [Online] 18. 07 2023. [Zitat vom: 18. 07 2023.] *https://www.welt.de/politik/deutschland/article246434958/Faeser-schlaegt-Gesetz-zum-Schutz-kritischer-Infrastruktur-vor.html.*

67. **Hrsg. Der Spiegel GmbH & Co. KG.** BSI soll Geschäftsführer von Firmen abziehen dürfen. [Online] 19. 07 2023. [Zitat vom: 19. 07 2023.] *https://www.spiegel.de/netzwelt/bsi-soll-geschaeftsfuehrer-von-firmen-abziehen-duerfen-a-9b3aec54-d2c1-4e03-9126-9f892ea5b314.*

Index

C

D

E

N

O

P

R

S

U

V

W

Z